Harald Messmer

TRICAD® MS

Grundlagen und Anwendungen anhand der Module Lüftung 2D und 3D

B. G. Teubner Stuttgart · Leipzig · Wiesbaden

Bibliografische Information der Deutschen Bibliothek
Die Deutsche Bibliothek verzeichnet diese Publikation in der Deutschen Nationalbibliographie; detaillierte bibliografische Daten sind im Internet über <http://dnb.ddb.de> abrufbar.

Harald Messmer ist selbstständiger CAD-Konstrukteur und gibt Schulungen in MicroStation und TRICAD® MS.

email: technik@cad-assistenz.de
Internet: www.cad-assistenz.de

1. Auflage April 2004

Der B. G. Teubner Verlag ist ein Unternehmen von Springer Science+Business Media.
www.teubner.de

Umschlaggestaltung: Ulrike Weigel, www.CorporateDesignGroup.de

Gedruckt auf säurefreiem und chlorfrei gebleichtem Papier.

ISBN 978-3-519-00458-5 ISBN 978-3-322-92128-4 (eBook)
DOI 10.1007/978-3-322-92128-4

Harald Messmer

TRICAD® MS

Vorwort

Moderne Computerunterstützte Technologien prägen unser heutiges Berufsleben und unseren Alltag. Informations- und Produktionswege werden immer kürzer. Trotzdem, oder vielleicht gerade deswegen, mangelt es uns an der nötigen Zeit. Im Bereich der Technischen Gebäudeausrüstung macht sich dies vor allem an den engen Planungs- und Umsetzungsterminen bemerkbar. Unter großem Zeitdruck müssen qualitativ einwandfreie und effiziente Lösungen erarbeitet werden. Alle Projektbeteiligten sind in dieser Phase stark gefordert. Da die zeichnerische und planerische Umsetzung eines Projektes heutzutage meist über eine CAD-Anlage erfolgt, sind vor allem die CAD-Anwender stark belastet, oft sogar überlastet. Nebst dem Geschick des CAD-Anwenders, spielt das CAD-Grundkernsystem eine wesentliche Rolle zur Entlastung.
Optimalerweise steht dem CAD-Anwender eine gewerksspezifische CAD-Applikation zur Verfügung, mit deren Unterstützung die zeichnerische Umsetzung harmonisiert und vereinfacht wird. Die Konzeption und Handhabung der Applikation (Third Party) sollte den zeichnerischen und konstruktiven Ablauf begünstigen und nicht behindern. Eine der führenden CAD/CAE Branchenapplikationen für die Technische Gebäudeausrüstung ist TRICAD-MS VENTURIS.
TRICAD-MS besticht durch seine praxisorientierten Funktionalitäten und durch seine benutzerfreundliche Handhabung. Die Datendurchgängigkeit der 2D und 3D Module und die nahezu identische Handhabung aller Fachgewerke unterstützen den CAD-Anwender die zumeist eng terminierten Projekte flexibel zu planen und umzusetzen.
TRICAD-MS VENTURIS basiert auf dem international weit verbreiteten CAD-Grundkernsystem MicroStation von Bentley Systems Inc. (USA).
Bentley Systems brachte mit der neuen MicroStation V8 Version ein Hybridsystem auf den Markt, das nebst größtmöglicher Flexibilität auch den optimalen Datenaustausch mit anderen CAD-Systemen ermöglicht. So kann zum Beispiel in Echtzeit auch im DWG-Format (AutoCAD) ohne Datenverluste gearbeitet werden.
Innerhalb Deutschlands werden MicroStation und TRICAD-MS Systeme sowohl in der Automotive Branche zur Fabrikplanung als auch im Anlagenbau bevorzugt eingesetzt.
Als Honorar-Dozent von MicroStation und TRICAD-MS Schulungen, erlebe ich eine steigende Nachfrage an „praxisorientierten" Kursen. Dies ist u. a. wie folgt erklärbar:
Aufgrund des VDA Beschlusses (Verein Deutscher Automobil Hersteller) von 2002, wurde festgelegt das die virtuelle Fabrikplanung der Automotive Branche vorwiegend mit den CAD-Systemen MicroStation und TRICAD-MS erfolgen soll. Dieser Beschluss zieht weite Kreise und erfordert auch eine Anpassung und Umstrukturierung bei den Auftragnehmern und deren zuarbeitenden Firmen.
Begleitend zu meinen CAD-Kursen pflege ich den Kursteilnehmern eigens erstellte Handbücher mitzugeben. Anfang letzten Jahres begann ich aufgrund der steigenden Kursnachfrage ein Nachschlagewerk für TRICAD-MS VENTURIS zu erarbeiten.
Der Gedanke selbst ein Fachbuch für TRICAD-MS zu schreiben lag mir jedoch fern.
Erst auf Anregung von Ralph Maria Bidner und Gert Müller, mit denen ich zur damaligen Zeit ein Projekt bearbeitete, wurde ich dazu motiviert ein umfangreicheres Buch zu erstellen und dies über einen Fachverlag der Allgemeinheit zugänglich zu machen.
Durch die positive Resonanz von Herrn Meißner, Lektor des TEUBNER-Verlages, wurde die Idee des Buches wahr! Vielen Dank für Ihr Engagement...
Mein besonderer Dank gilt meiner Frau und meinen Kindern, die an vielen Wochenenden wegen des Buchprojektes auf Ihren Papa verzichten mussten. Ganz besonders möchte ich auch Frau Estelle Epple für Ihre Unterstützung bei der Gestaltung und Formatierung des Buches danken, Herrn Alexander Bews, von dem ich in Bezug auf MicroStation und TRICAD-MS sehr viel gelernt habe, Herrn Niels Gondesen für das positive Feedback, Herrn Eberhard Engfer und Michael Schaller für die Aufklärung bezüglich DIN 18 379, Herrn Schwipp und Herrn Gudrian der TRIPLAN AG für Ihre freundliche Unterstützung.
Ziel dieses Buches ist, die Funktionalität von TRICAD-MS anhand der Lüftungsmodule 2D und 3D praxisorientiert zu erschließen und dem Anwender transparent zu machen.
Ich hoffe das dieses Buch vielen Kollegen zu einem nützlichen und praktischen Begleiter in Ihrem beruflichen Alltag wird.

Pliezhausen, Februar 2004 Harald Messmer

INHALTSVERZEICHNIS

Was ist TRICAD® MS ?

TRICAD® MS ist die führende Haustechnik- und virtuelle Fabrikplanungssoftware für die Technische Gebäudeausrüstung (TGA), und ist eine 100%-tige Branchenapplikation basierend auf dem internationalen **CAD-Grundkernsystem MicroStation** von Bentley Systems Inc.
TRICAD® MS setzt sich aus einzelnen Modulen zusammen für die Gewerke: Heizung, Rohrleitungsbau, Lüftung, Sanitär, Elektroinstallation, Sprinklertechnik und Fördertechnik.

Was kennzeichnet TRICAD® MS?

TRICAD® MS überzeugt den CAD-Anwender durch die praxisorientierten 2D und 3D-Funktionalitäten und durch die benutzerfreundliche Handhabung. Viele Funktionen erklären sich durch die übersichtlichen Dialogfenster und Eingabemasken fast von selbst. Ein gewandter Autodidakt kann mit dieser Software in kürzester Zeit große Erfolge erzielen...
Von der **Schemataerstellung** über die **Detailplanung** bis hin zur **Montageplanung** werden mit dieser Applikation alle TGA -Bereiche mit den täglich anfallenden Arbeiten abgedeckt. Über die **Listengenerierung**/Materialauszug wird aus allen Modulen jede Art von Materialliste erzeugt. Alle Listen (Stücklisten) werden direkt im Access- oder Excel-Format generiert.
Mit Hilfe des TRICAD-Beamers können 2D-Konstruktionen nachträglich dreidimensional umgesetzt (gebeamt), berechnet und visualisiert werden. Im 3D-Bereich kann gewerke-übergreifend eine **Planerstellung/ Schnittgenerierung** sowie eine **Kollisionsprüfung** inkl. Architektur erfolgen. Die ursprüngliche Kollisionsprüfungssoftware hierfür (aus dem Hause TRIPLAN) wurde ersetzt durch die leistungsstarke Visualisierungs- und Kollisions-prüfungssoftware: NavisWorks der britischen Firma „NAVISWORKS LTD" in Sheffield. NavisWorks ist eine der leistungsstärksten Lösungen für 3D-Modelle und ermöglicht es dem Anwender problemlos durch die erstellten Anlagen in Echtzeit zu navigieren und etwaige Kollisionen zu prüfen. NavisWorks liest unter anderem die Datenformate: DGN, DWG, DXF, STEP, IGES und ist ein sinnvolles und effektives Werkzeug zur Planungs-kontrolle. Die Softwarelösung eignet sich auch für Online-Modellbesprechungen innerhalb der jeweiligen Projektteams.

Über welche Schnittstellen verfügt TRICAD® MS?

TRICAD® MS verfügt über die MicroStation **Standardschnittstellen:** DWG, DGN, DXF, IGES, und STEP, und über vielfältige Bildformate wie: bmp, jpeg, tiff usw.
TRICAD® MS kann direkt mit dem Engineering- und Lifecycle-Data-Management-System „TRIBASE" der TRIPLAN AG gekoppelt werden. Dieses EDM-Werkzeug gewährleistet eine gewerkeübergreifende Dokumentation und Verwaltung aller technisch relevanten Daten bis hin zum Lifecycle-Management im Anlagenbetrieb.

Was bieten die TRICAD® MS Lüftungsmodule 2D oder 3D?

- 2D oder 3D-Konstruktion eines Kanalnetzes.
- Integrierte DIN-Symbolbibliotheken (Zellen) für Komponenten und Geräte.
- Herstellerspezifische Auslässe/Gitter.. von SCHAKO oder TROX.
- Umfangreiche Datenbankverwaltung für Kanäle, Komponenten und Geräte.
- Listengenerierung (Materialauszug) und Oberflächenberechnung nach DIN 18379.
- Definition, Darstellung und Auswertung verschiedener Dämm- u. Isolationsarten.
- Vollintegrierte Druckverlustberechnung.
- Planerstellung/Schnittgenerierung (nur 3D-Modul) und automatische Ermittlung verdeckter Kanten und vieles mehr...

TRICAD® MS -VENTURIS ist ein auf MicroStation SE, J, V8 basierendes CAD-Programm (Applikation). Es umfasst die Gewerke: **Lüftung; Heizung; Sanitär; Elektro-MSR** (MSR = Messen-Steuern-Regeln) sowie **Fördertechnik**. Die Module sind auch einzeln, (pro Gewerk) sowohl in 2D als auch in 3D erhältlich. Ein zusätzliches Tool bildet u. a. auch der VENTURIS **Beamer**. Dieser dient der automatischen Erzeugung von 3D-Modellen aus 2D VENTURIS Zeichnungen. Die Module können über die entsprechenden Toolboxen gestartet werden:

Lüftung 2/3D Heizung 2/3D Sanitär 2/3D Elektro Fördertechnik Beamer/HLI-Schnittstelle

VENTURIS-Module sind sehr benutzerfreundlich und bezogen auf die jeweiligen Gewerke, sehr fachlich und praxisorientiert gestaltet. Viele Funktionen erklären sich durch die übersichtlichen Eingabemasken fast von selbst. Ein gewandter Autodidakt kann bei dieser Applikation in kürzester Zeit große Erfolge erzielen...

Starten von Modul: Lüftung 2D

Im folgenden wird davon ausgegangen, dass die CAD-Programme „MicroStation" sowie die Applikation VENTURIS-TRICAD/MS auf dem PC bzw. Workstation richtig installiert sind.
Da VENTURIS mit Umgebungsvariablen arbeitet, muss die Variable "VENTURIS" in MicroStation gesetzt werden. Ohne diese Variable kann VENTURIS nicht eingesetzt oder gestartet werden. Bei der Installation von TRICAD MS wird i. d. R. die Variable automatisch gesetzt. Diese verweist auf den Ordner (Installationsverzeichnis) von VENTURIS.
Beim Start von MicroStation (im MicroStation-Manager) unter Arbeitsbereich (Workspace) → Schnittstelle (Interface) muss die entsprechende VENTURIS Version angewählt werden (siehe Grafik unten).

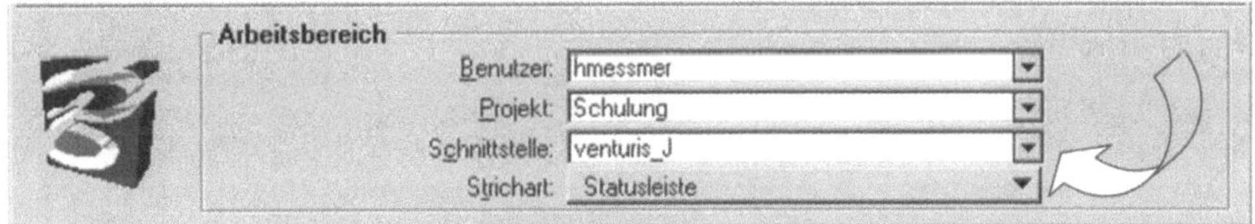

Aufruf von VENTURIS-Modulen über die Tastatureingabe von MicroStation:

- **für Lüftung**: mdl load trivent (MS-SE) mdl load triventj (MS-J)
- für Heizung: mdl load triheat (MS-SE) und mdl load triheatj (MS-J)
- **für Sanitär**: mdl load trisani (MS-SE) und mdl load trisanij (MS-J)
- für MSR: mdl load trimsr (MS-SE) und mdl load trimsrj (MS-J)
- **für Elektro**: mdl load triele (MS-SE) und mdl load triele (MS-J)

- für BEAMER 2D->3D: mdl load beamer (MS-SE) und mdl load beamerj (MS-J)
- **für Lüftung 3D**: mdl load trivent3d (MS-SE) und mdl load trivent3dj (MS-J)
- für Heizung 3D: mdl load triheat3d (MS-SE) und mdl load triheat3dj (MS-J)
- **für Sprinkler 3D**: mdl load trispri3d (MS-SE) und mdl load trispri3dj (MS-J)
- für Elektro 3D: mdl load triele3d (MS-SE) und mdl load triele3dj (MS-J)

- **für HLI-Schnittstelle**: mdl load hli (MS-SE und J)
- für Nemecheck-Schnittstelle: mdl load nem (MS-SE und J)

Die Variablen für VENTURIS können nachträglich in NT oder in MicroStation gesetzt werden. **Aus Sicherheitsgründen** werden hier keine weitere Angaben gemacht, da die Systemeinrichtung (Konfiguration) und Projekteinrichtung, sei es netzübergreifend oder auch Stand-Alone zu komplex ist. Diesbezüglich sollte auf jeden Fall ein MicroStation-Administrator oder Ihr TRICAD-Betreuer kontaktiert werden, der mit der Einrichtung vertraut ist. Bei Schwierigkeiten kann die Triplan-Zentrale in Bad-Soden weiterhelfen, Tel.: 06196-60920.

Hinweis: Weitere Inhalte zu projektorientiertem Arbeiten werden in Kapitel: 76. Datei-Einstellungen, Seite 125 und in Kapitel 74. Attribut-Dateien, Seite 122 beschrieben.

Begriffsdefinitionen der Maustasten:

DATAPNT: Mit dem DATAPNT (Datenpunkt/Datapoint) wird i. d. R. bestätigt oder ein Datenpunkt gesetzt. DATAPNT liegt normalerweise auf der linken Maustaste.

TENTPNT: Mit dem TENTPNT (Tentativpunkt/Tentativpoint) werden Objekte/Elemente oder Punkte angesnappt. TENTPNT liegt normalerweise auf der mittleren Maustaste. (Bei einer 2-Tasten Maus auf beiden gleichzeitig gedrückt.)

RESET (Abbrechen): Funktionstaste zum Abbrechen. RESET liegt normalerweise auf der rechten Maustaste.

Einstellen der Maustasten:
unter MicroStation im Menü: Arbeitsbereich (Workspace) -> Tastenzuordnung (Button-Assignments) (siehe Grafik).

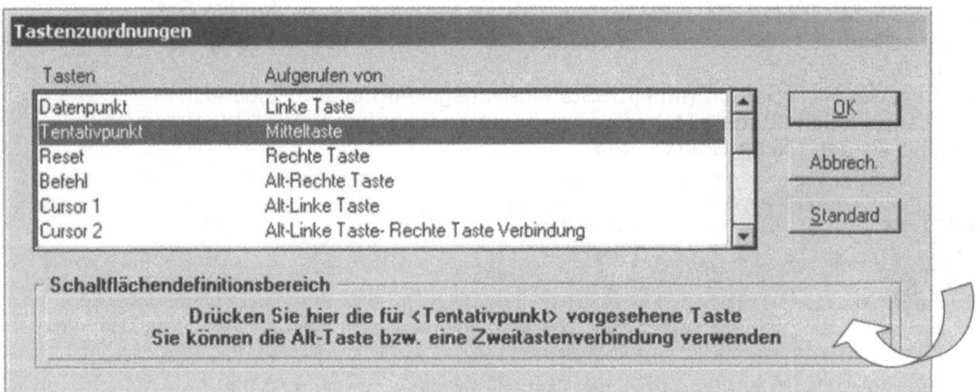

Allgemein gesehen wird in VENTURIS zuerst mit dem **TENTPNT** ein Objekt/Element angesnappt und anschließend mit dem **DATAPNT** bestätigt.

Fangfunktionsmodus (SNAPMODE KEYPOINT): Beim Snappen der Anfangs- oder Endpunkte von Objekten muss unbedingt der unten gezeigte Snapmode **Eigenpunkt** (Key Point Snap) verwendet werden!

Fangfunktion auf Eigenpunkt (Key Point Snap)

Der **Snapmode-Divisor** (Eigenpunkt-Fangfunktionssperre) muss auf 2 stehen! (Somit hat ein Element oder eine Zelle 3 Fangpunkte: Anfang; Mitte; Ende.)

Divisor Einstellen: (Tastenkombination *nach* setzen eines Datenpunktes) Hochstelltaste ⇑ + K oder: Dialogfenster –Voll- (Full) [Sperren] -> **Fangfkt.** (Snap) in der Statusleiste von MicroStation. *(Diese Einstellung steht in Zusammenhang mit der Planungskante von VENTURIS.)*

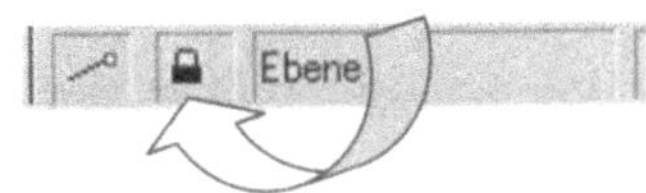

Ein VENTURIS Objekt wird immer mit **TENTPNT** angesnappt und anschließend mit **DATAPNT** (Bestätigen) angeschlossen. Hierbei werden alle voreingestellten Attribute (Level; Höhenlage Kanal „OKK"; Anlage; etc.) übernommen bzw. bei Versprüngen geändert.

VENTURIS Lüftung 2D

Das **Erscheinungsbild von VENTURIS** (Modul Lüftung) setzt sich wie folgt zusammen: (Die meisten Funktionen der einzelnen VENTURIS Module sind im Prinzip ähnlich.)

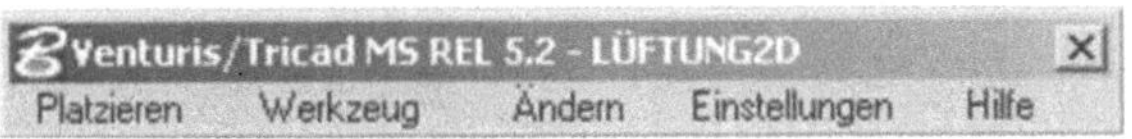

Menüleiste
VENTURIS/TRICAD MS

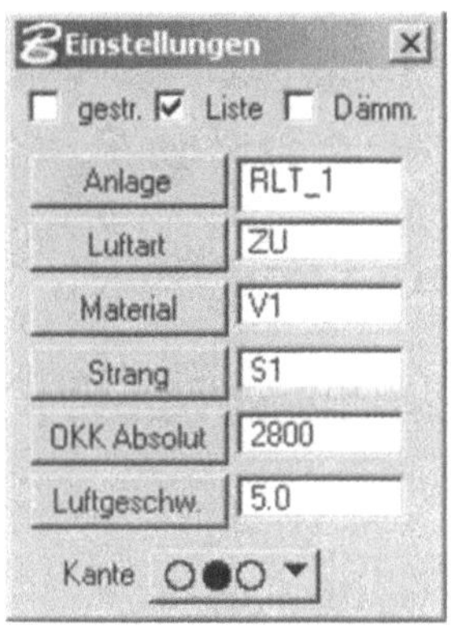

→ Dialogfeld: **Einstellungen**

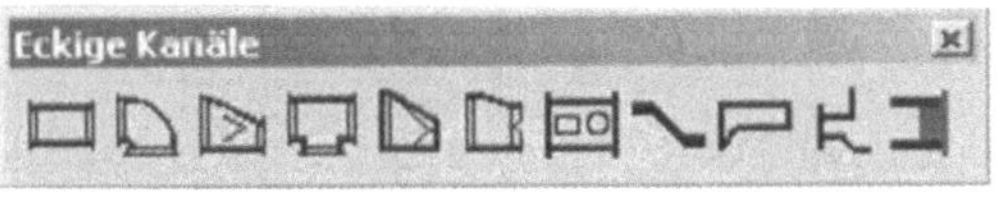

→ Toolbox: **Eckige Kanäle**

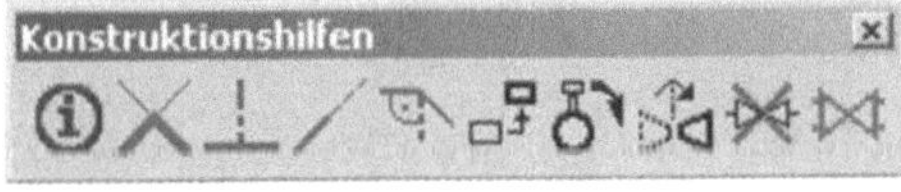

→ Toolbox: **Runde Kanäle**

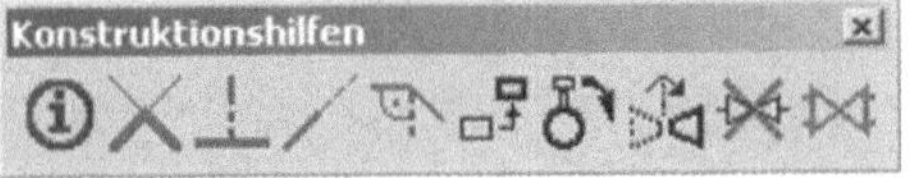

→ Toolbox: **Konstruktionshilfen**

In der Menüleiste → **Hilfe** von TRICAD MS-VENTURIS finden Sie eine ausführliche Online-Hilfe die sich auf das jeweils aktive Modul bezieht. Während der Arbeitsphase ist diese sehr hilfreich zur Schnellauswahl eines Themas (Hilfe → Index → Stichwort eingeben). Selbstverständlich ist der Einsatz von **mehreren VENTURIS Modulen** (z. Bsp. Lüftung; Heizung und Sanitär) innerhalb eines Designfile möglich, sofern der Arbeitsspeicher dies zulässt, und vorausgesetzt dass auch die entsprechenden Lizenzen vorhanden sind.

Erläuterung der Planungskante und Einstellungen von AccuDraw.

Die Planungskante: (Menü -VENTURIS: Einstellungen → Dialogfeld Einstellungen) ist die Seite/Kante des VENTURIS Objekts von der aus geplant wird. Diese kann auf 9 (neun) verschiedene Punkte eingestellt werden. Am Beispiel unten ist die Planungskante die Mitte des Objekts. Planungskante „Mitte" entspricht Divisor 2 und ist in der Regel die Standard Einstellung von VENTURIS.

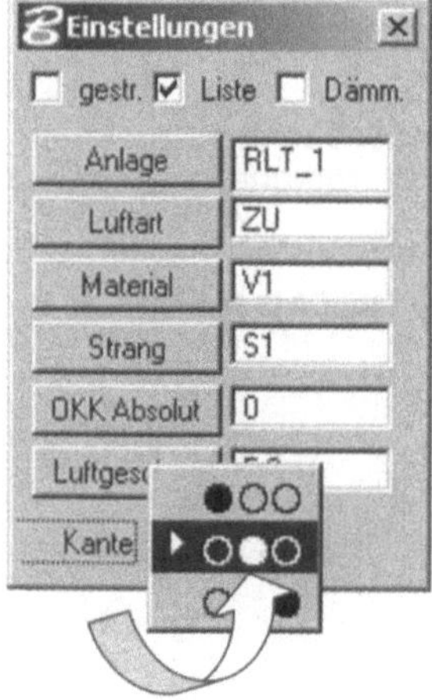

Beispiel: Planungskante **„Mitte"**

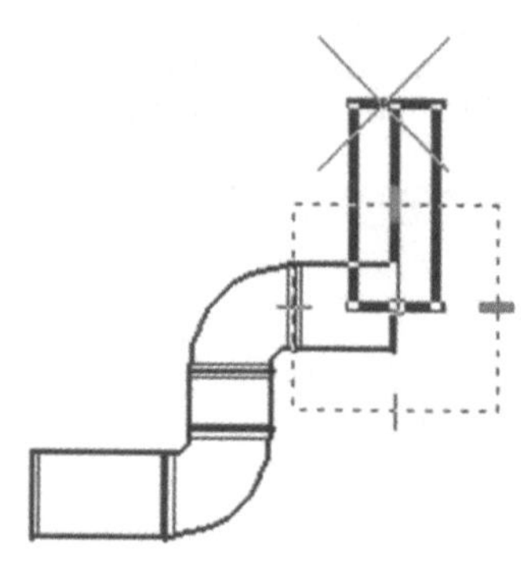

Je nach Konstruktionsrichtung kann hier die passende Planungskante angewählt werden:

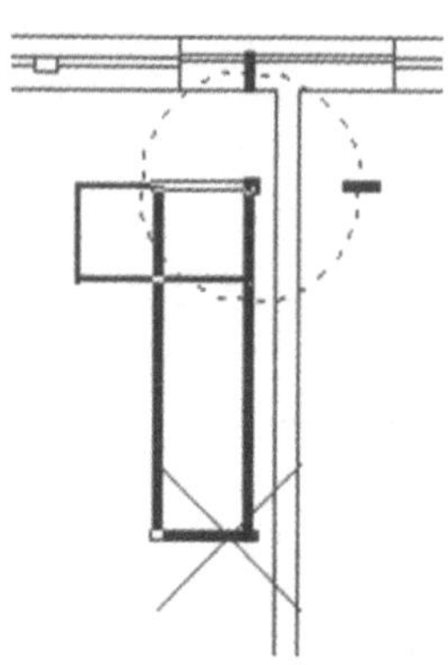

Beispiel: Planungskante **„Oben links"**

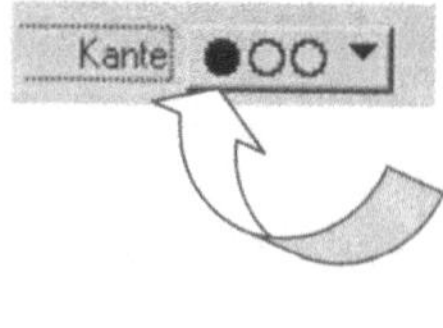

Merke: Sobald mit TENTPNT an ein VENTURIS Objekt angeschlossen wird, werden alle Eigenschaften des Referenzobjektes wie: Anlage, Querschnitt, Luftart, Material; Höhenquote (Z-Achse) und Level etc. übernommen.

VENTURIS arbeitet grundsätzlich mit **ACCUDRAW** (Kontextsensitive Eingabehilfe) zusammen, dem intelligenten MicroStation -Tool zur Koordinateneingabe. AccuDraw kann in der primären Symbolleiste von MicroStation aktiviert werden.

AccuDraw **rechtwinklig** (2D) zur Eingabe **kartesischer Koordinaten.**

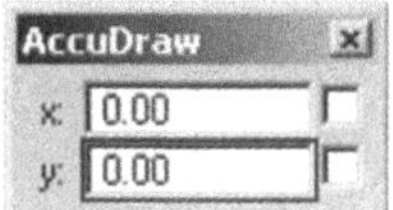

Rechtwinkliger AccuDraw zur Eingabe von Abständen entlang der x/y Achse. (Quadratische AccuDraw Anzeige) →

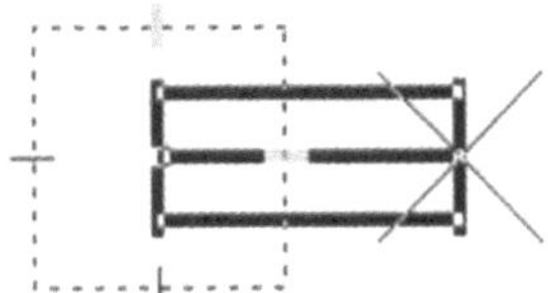

AccuDraw **Polar** (2/3D) zur Eingabe **polarer Koordinaten.**

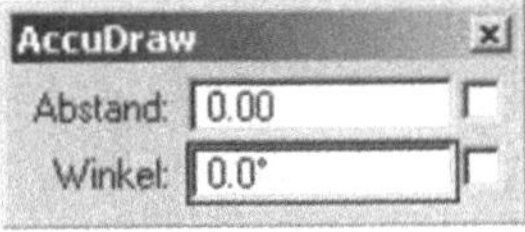

Polarer AccuDraw zur Eingabe von Abständen und Winkel. (Kreisförmige AccuDraw Anzeige) →

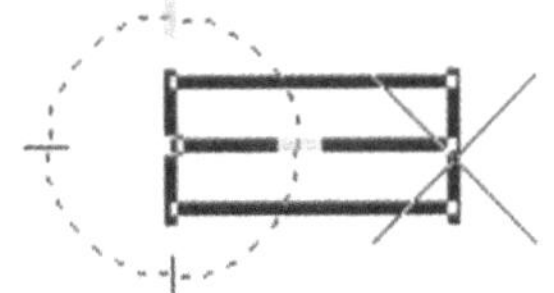

Zum **Umschalten** zwischen rechtwinkligem und polarem Koordinatensystem mit der li. Maustaste das AccuDraw-Eingabefeld antippen (fokussieren) und anschließend die <Leertaste> („Blank") drücken.

Hinweis: Detailierte AccuDraw Einstellungen können in MicroStation unter dem Menü: Einstellungen (Settings) → AccuDraw vorgenommen werden.

1. Planen eines eckigen Kanalteils:

(VENTURIS Menü: Platzieren → Eckig)

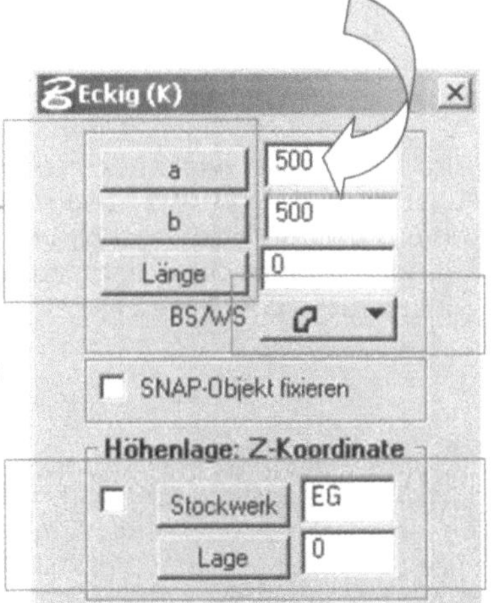

> In der Toolbox **Gerader Kanal (K) planen** anwählen.

Im Einstellungsfenster „Eckig (K)" können vor dem Setzen des Kanalteils die Abmessungen a=Breite; b=Höhe und die Länge definiert werden. Durch Doppelklick in das entsprechende Kästchen können die aktuellen Werte überschrieben werden. Mit der Taste Bestätigen (Return) wird der eingegebene Wert übernommen. Auf den hervorgehobenen VENTURIS-Schaltflächen (siehe Markierungen mit Rechteck) können voreingestellte Standard-Werte ausgewählt und gesetzt werden.

> Durch **Setzen eines DATAPNT** in der Zeichnung wird der Anfangspunkt des Kanalteiles bestimmt.

Beispiel: Kanalteil planen entlang der x+ Achse
Planungskante: Mitte (Div. 2).

Nach Setzen des DATAPNT kann mit Hilfe von AccuDraw sowohl in x (+/-)- oder y (+/-)- Richtung gesteuert werden. Die Achsensperre/Inkrement (Axis Lock) ist standardmäßig auf 90° voreingestellt.
Die **Inkrement Einstellungen** können im MicroStation Menü: Einstellungen (Settings) → Sperren (Locks) → Voll (Full) Achse → Inkrement geändert werden. Alternativ in der Statusleiste von MicroStation Schalter „Sperre" (Lock) doppelklicken.

> Nach der **Richtungsvorgabe** (im Beispiel die x+ Achse) empfiehlt sich, durch Betätigen der Taste: Bestätigen/Return, die Achse vorübergehend zu sperren (Smart Lock). Nun kann die **Länge des Kanalteils** (Endpunkt) über die Tastatur eingegeben werden z. Bsp. 1500. (Zu beobachten im AccuDraw Eingabefeld).

Wird die Funktion „Kanalteil planen" fortgeführt, so wird bei der Richtungsänderung z. Bsp. in y+ Achse am Schnittpunkt der Achsen automatisch ein Bogen gesetzt. Der Bogen (BS) übernimmt alle Eigenschaften des Referenzobjektes.

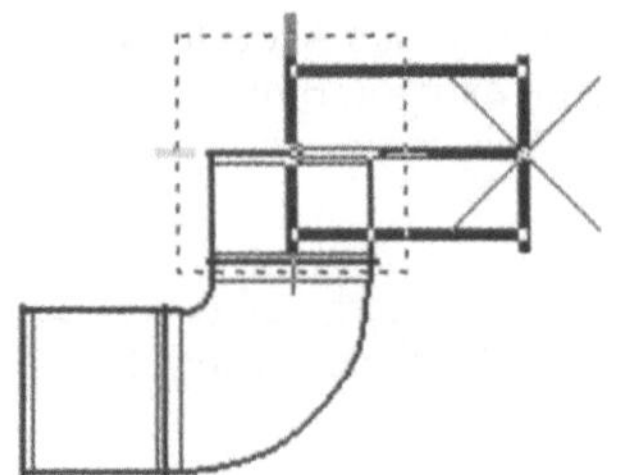

Wird optional „Winkelstück (Knie)" im Einstellungs-Fenster „Eckig" (BS/WS) angewählt, (siehe Grafik oben) so wird bei der Richtungsänderung z. Bsp. in y+ Achse am Schnittpunkt der Achsen automatisch ein Winkelstück (WS) gesetzt.

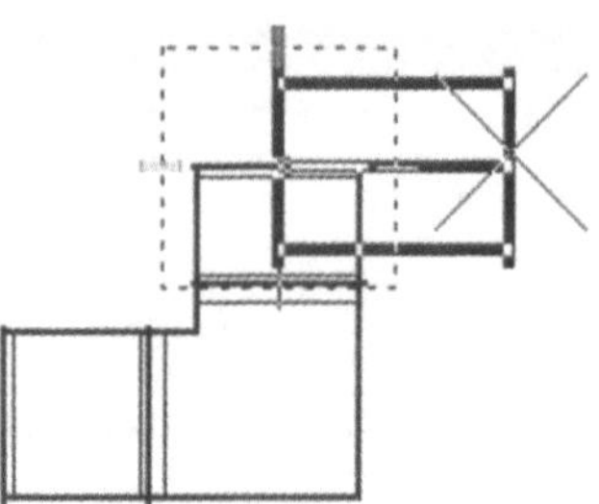

Zusammenfassung „Kanalteil eckig planen":

- In der Toolbox „Gerader Kanal (K) planen" anwählen.
- Im Einstellungsfeld „Eckig" die Abmessungen bestimmen.
- Anfangspunkt des Kanalteils durch DATAPNT in Zeichnung setzen.
- Richtungsvorgabe und Achse mit Bestätigen/Return sperren.
- Eingabe der Länge (Endpunkt) über Tastatur (oder über die RESET -Taste ablehnen).

2. Kanalteil an Kanal planen (seitlicher Anschluss):

(VENTURIS Menü: Platzieren → Eckig)

VENTURIS bietet hier die Möglichkeit ein Kanalteil lotrecht auf einen vorhandenen Kanal zu planen. Bei dieser Funktion wird am Anschluss der Kanalteile automatisch ein Bundkragen (NB) gesetzt.

> Durch **Setzen eines TENTPNT** an das Referenzobjekt wird der Anschluss/Anfangspunkt der Abzweigung bestimmt.

> Durch **Setzen eines DATAPNT** wird der Anschluss gesetzt (Bestätigt).

In der Regel ist der Querschnitt der Abzweigung kleiner als der Hauptkanal. Daher ergeben sich mehrere Anschlussmöglichkeiten in Bezug zur (in 2D nicht sichtbaren) Z-Achse. VENTURIS öffnet zur Anpassung der Höhenquote ein Dialog-Fenster. Nach der Auswahl einer der drei gegebenen Optionen (Oben bündig, Einmitten, Unten bündig) passt VENTURIS die Höhenquote automatisch zu der des Hauptkanals an.

Beispiel: Seitlicher Anschluss an Kanalteil (OKK = Oberkante Kanal) → **Einmitten**

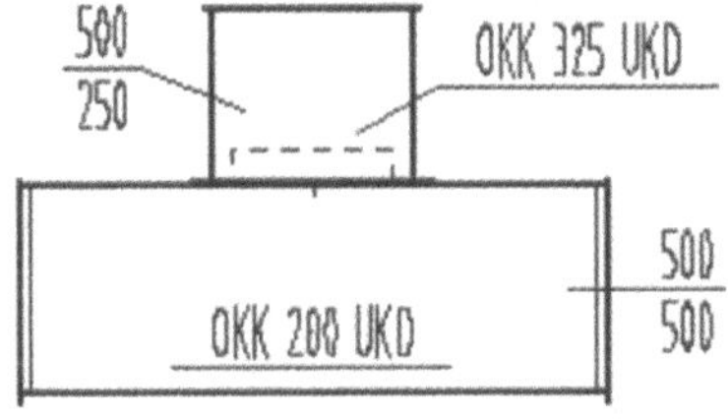

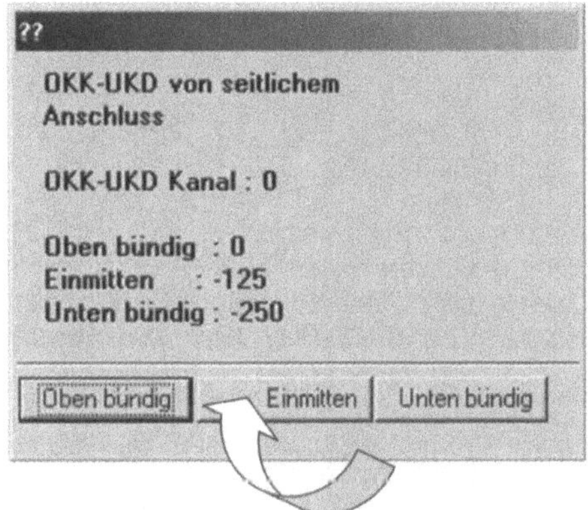

> Bestimmen der **Anschlusskante-OKK**

> Nun kann die **Länge des Kanalteils** (Endpunkt) über die Tastatur eingegeben werden z. b. 800 (Zu beobachten im AccuDraw Eingabefeld).

Zusammenfassung „Kanalteil an Kanal planen":

- In der Toolbox „Gerader Kanal (K) planen" anwählen.
- Im Einstellungsfeld „Eckig" die Abmessungen bestimmen.
- Abzweigung über TENTPNT seitlich an das Referenzobjekt anschließen.
- Mit DATAPNT bestätigen (oder über die RESET -Taste ablehnen).
- Bestimmen der Anschlusskante -OKK (Oben bündig; Einmitten; Unten bündig)
- Eingabe der Länge (Endpunkt) über Tastatur.

3. Bogen/Winkelstück an Kanal planen:

(VENTURIS Menü: Platzieren → Eckig→Bogen)

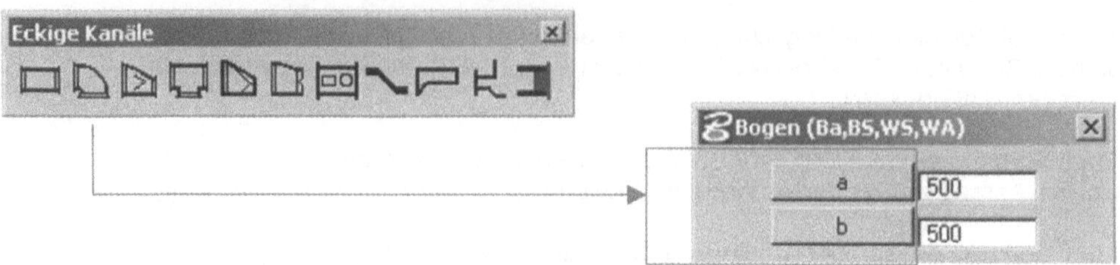

Im Einstellungsfenster **„Bogen eckig (BS/BA/WS/WA)"** können vor dem Setzen des Bogens die Abmessungen „a= Breite, b= Höhe" definiert werden. Durch Doppelklick in das entsprechende Kästchen des Einstellungsfensters können die aktuellen Werte bei Bedarf überschrieben werden. Mit der Taste Bestätigen/Return wird der eingegebene Wert übernommen. Auf den hervorgehobenen VENTURIS- Schaltflächen (siehe Markierung mit Rechteck) können voreingestellte Werte ausgewählt und gesetzt werden. **Diese relativieren sich** jedoch sobald ein Kanalteil angesnappt wird, da die Eigenschaften des Referenzobjektes von VENTURIS automatisch übernommen werden.

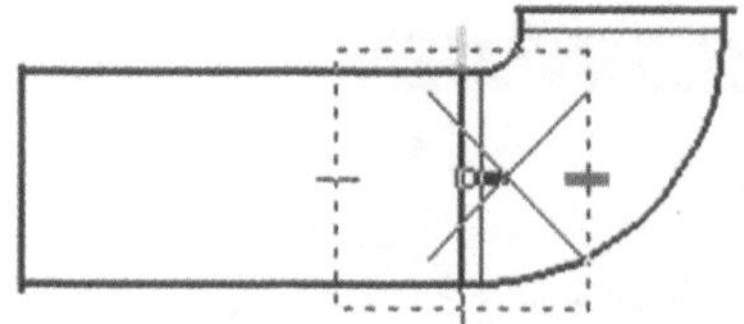

Beispiel: Bogen symmetrisch an Kanalteil planen.

> Durch **setzen eines TENTPNT** an einen Kanal (stirnseitig) wird im Anschluss ein Bogen gesetzt. Dabei werden alle Eigenschaften des Kanalteils übernommen und es erscheint die **VENTURIS Eingabemaske** für Bogen eckig (BS/BA/WS/WA).

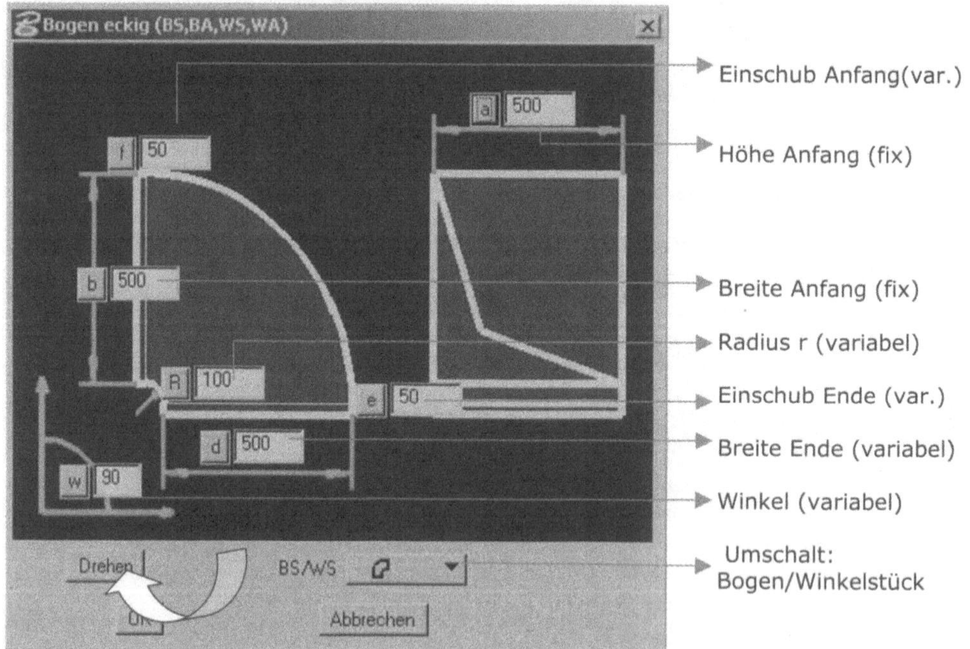

> Durch Betätigen des Schalters **„Drehen"** (Voreinstellung 90°) kann der Bogen nach Bedarf ausgerichtet werden.

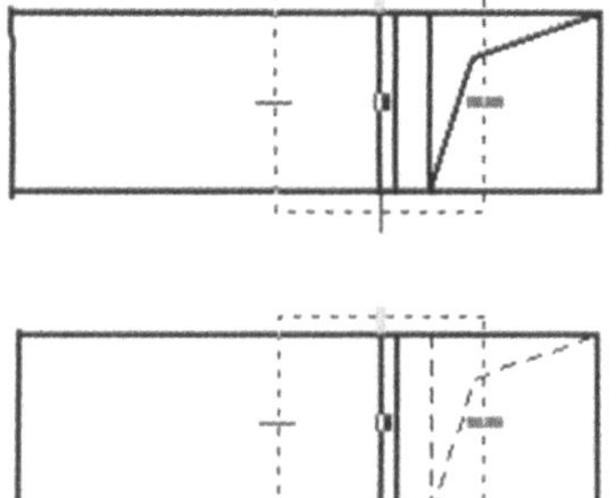

Beispiel: Bogen nach oben (Schatten als Voll-Linie)

Beispiel: Bogen nach unten (Schatten gestrichelt)

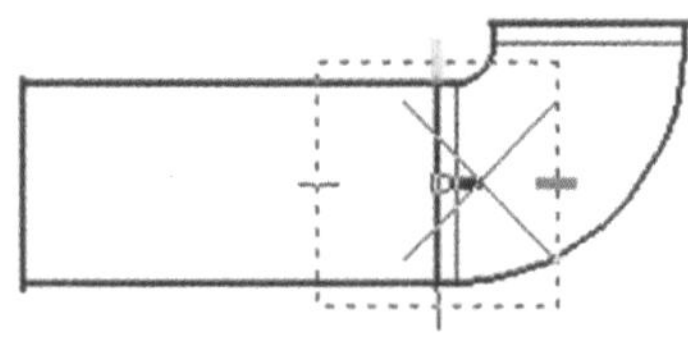

Beispiel: Bogen nach links

> **Die variablen Werte** des Bogens wie: **Einschub; Winkel; Radius** und **Breite Ende** und optional: **Winkelstück (Knie)** können nun in der Bogen-Eingabemaske nach Bedarf angepasst werden. (Durch Betätigen der Bestätigen/Return Taste werden die neu definierten Werte zugleich graphisch umgesetzt)

> Nachdem alle variablen Werte angepasst wurden, wird der Bogen durch Betätigen der **<OK>** -Taste in der VENTURIS Eingabemaske gesetzt.

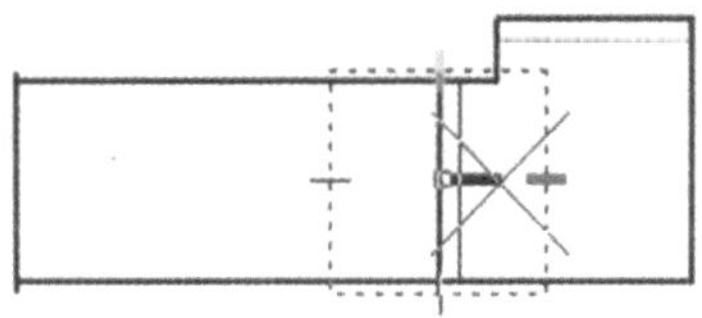

Beispiel: Winkelstück (Bei voreingestelltem Radius von 100mm + 50mm Einschub ergibt sich ein Einschub von insgesamt 150mm!)

Zusammenfassung „Bogen/Winkelstück an Kanal planen":

- In der Toolbox „Bogen eckig planen" anwählen.
- Bogen durch setzen von TENTPNT an das Referenzobjekt anschließen.
- Variable Werte in der VENTURIS Eingabemaske nach Bedarf anpassen.
- Bogen setzen durch Betätigen der <OK> -Taste in der VENTURIS Eingabemaske (oder über die RESET -Taste ablehnen).

4. Bogenabgang an Bogen planen:

(VENTURIS Menü: Platzieren → Eckig→ Bogen)

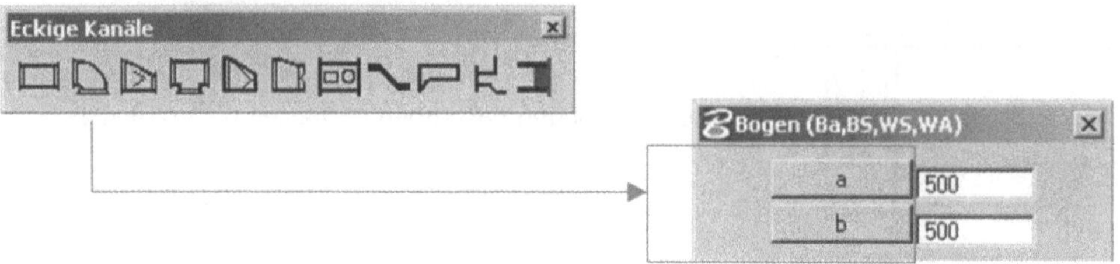

> Durch **Setzen eines TENTPNT** an die Seite eines vorhandenen Bogens, der nach oben oder nach unten gerichtet ist, wird im Anschluss ein Bogenabgang gesetzt. Dabei werden alle Eigenschaften des Bogens übernommen und es erscheint das Einstellungsfenster für **Bogen Abgang** eckig (BS/BA).

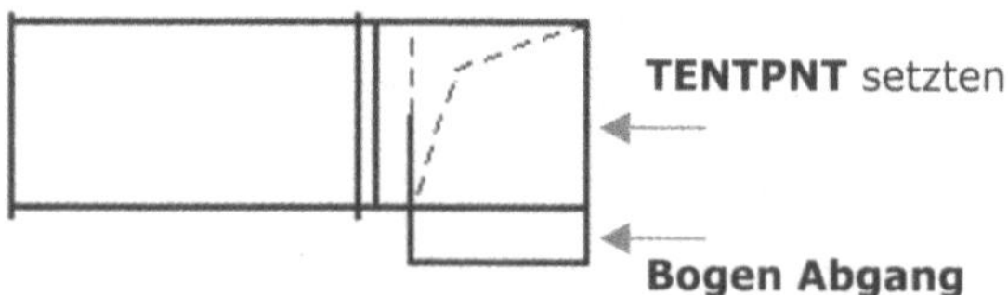

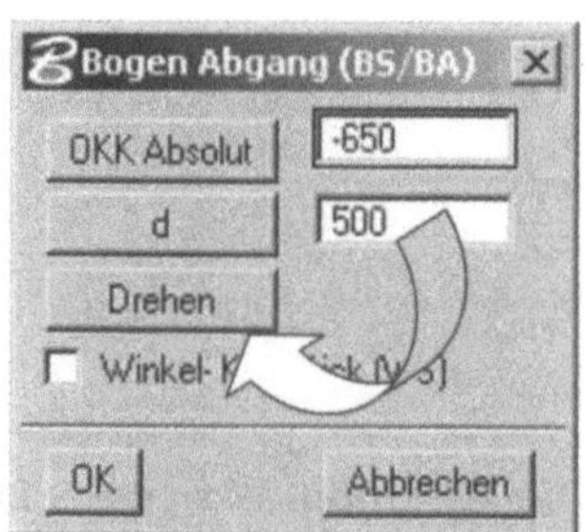

Beispiel: Bogen Abgang nach unten, OKK -650
Bogen Abgang Maß >d< unverändert (500).

> **Die variablen Werte** des Bogens wie: **Breite Ende** <d> **OKK Absolut** und **Drehen** (Optional: **Winkel-Kniestück**) können nun im Bogen-Einstellungsfenster nach Bedarf angepasst werden. Durch Betätigen der Bestätigen/Return Taste werden die neu definierten Werte zugleich graphisch umgesetzt.

(OKK Absolut muss hier genau definiert werden, sonst erscheint eine **Warnung** wie in der nebenstehenden Graphik.
Bei einem Bogen in Richtung Z+ Achse erfolgt die Höhenangabe ohne Vorzeichen, bei einem Bogen in Richtung Z- Achse erfolgt die Höhenangabe mit einem minus (-) Zeichen vorangestellt.)

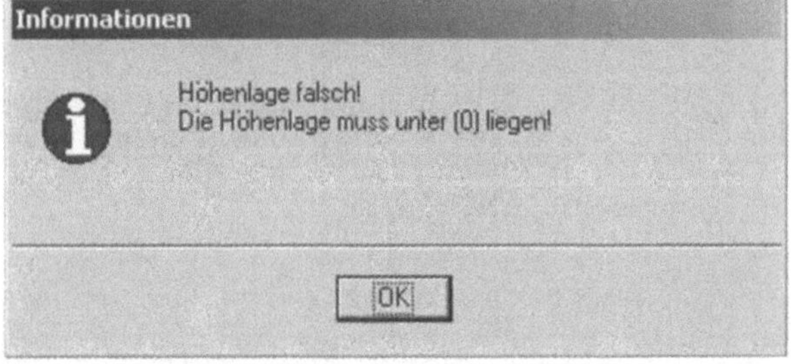

> Nachdem alle variablen Werte angepasst wurden, wird der Bogen durch Betätigen der **<OK>** -Taste im Bogen-Einstellungsfenster gesetzt.

Zusammenfassung „Bogen Abgang an Bogen planen":

- In der Toolbox „Bogen eckig planen" anwählen.
- Bogen durch setzen von TENTPNT an Bogenzentrum anschließen.
- Variable Werte im Bogen-Einstellungsfenster nach Bedarf anpassen.
- OKK Absolut definieren!
- Bogen setzen durch Betätigen der <OK> -Taste im Bogen-Einstellungsfenster (oder über die RESET -Taste ablehnen).

5. Übergang eckig planen:

(VENTURIS Menü: Platzieren → Eckig → Übergang)

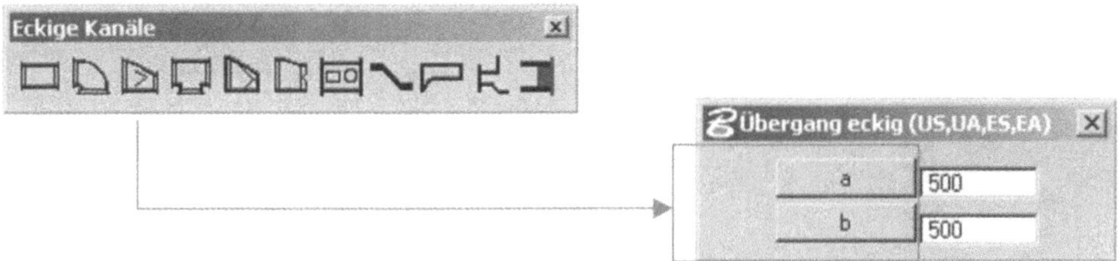

Im Einstellungsfenster **„Übergang eckig (US/UA/ES/EA)"** können vor dem Setzen des Übergangs die Abmessungen „a= Breite, b= Höhe" definiert werden.
Durch Doppelklick in das entsprechende Kästchen des Einstellungsfensters können die aktuellen Werte bei Bedarf überschrieben werden. Mit der Taste Bestätigen/Return wird der eingegebene Wert übernommen. Auf den hervorgehobenen VENTURIS- Schaltflächen (siehe Markierung mit Rechteck) können voreingestellte Werte ausgewählt und gesetzt werden. **Diese relativieren sich** jedoch sobald ein vorhandenes Kanalteil angesnappt wird, da die Eigenschaften des Referenzobjektes automatisch übernommen werden.

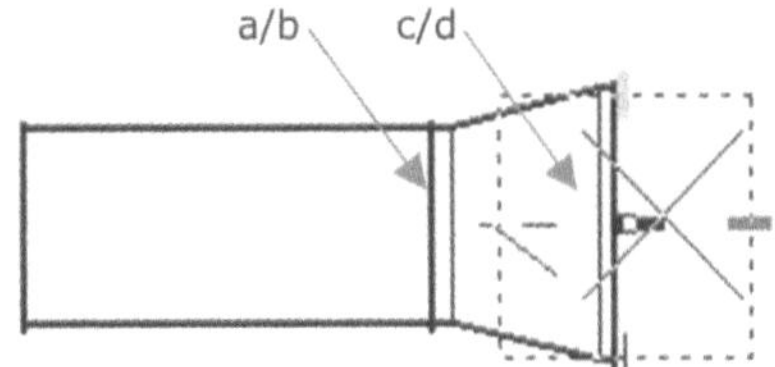

Beispiel: Übergang asym. an Kanalteil planen.
(OKK=glatt / f=symetrisch / e=0)

> Durch **setzen eines TENTPNT** an einen Kanal (stirnseitig) wird im Anschluss ein Übergang gesetzt. Dabei werden alle Eigenschaften des Referenzobjektes übernommen und es erscheint die **VENTURIS Eingabemaske** für Übergang eckig (US/UA/ES/EA).

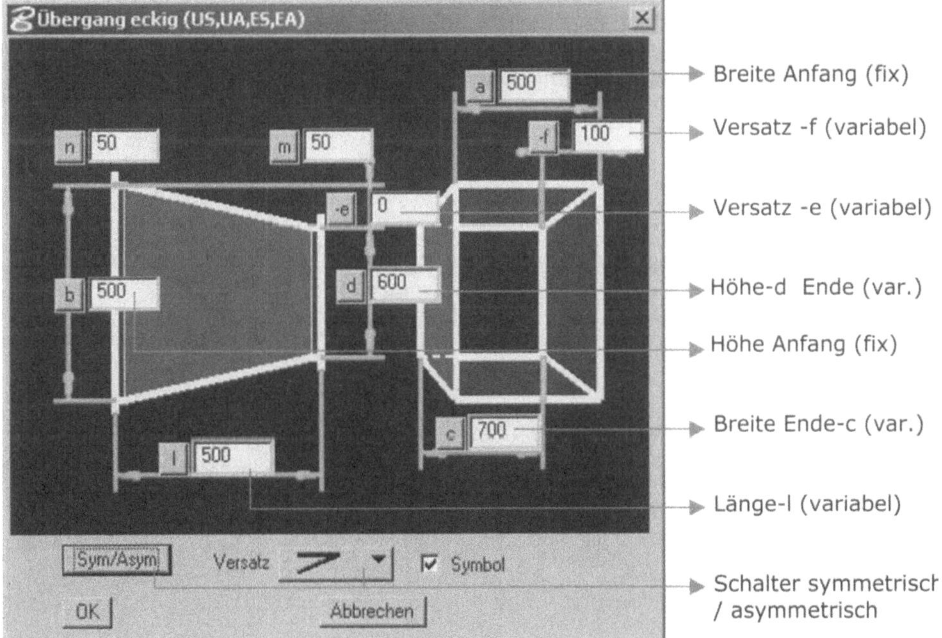

Der Versatz „e" des Übergangs ist im 2D-Bereich nicht sichtbar. Daher bietet VENTURIS die Voreinstellungen: Oberkante Kanal (OKK) glatt; Unterkante Kanal glatt und symmetrisch zur Auswahl an. Diese Planungskante sollte in der **VENTURIS Eingabemaske** (siehe Schalter Versatz) stets beachtet werden.

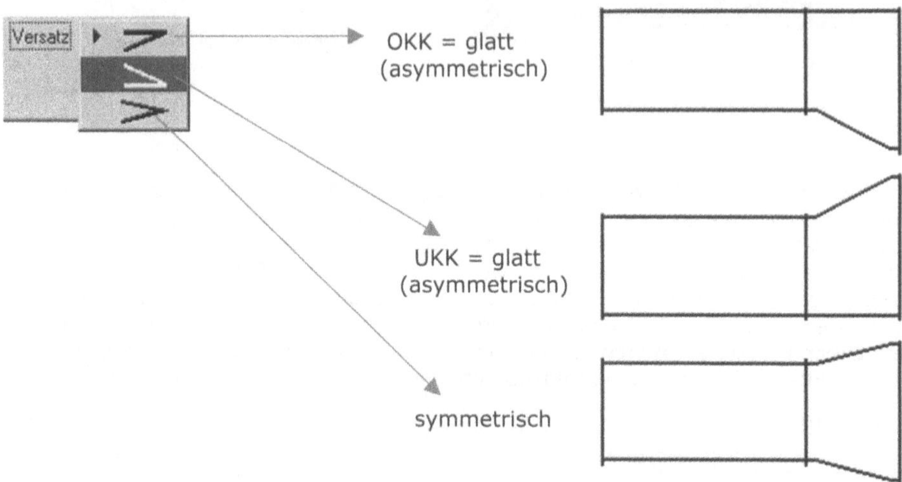

Erläuterung zu e und f -Versatz:

a) Nur e-Versatz (Kanal-Querschnitt bleibt unverändert → Etage.)
b) Nur f-Versatz (Kanal-Querschnitt unterschiedlich → Übergang sym/asym.)
c) e und f-Versatz (Kanal-Querschnitt unterschiedlich → Übergang asym.)

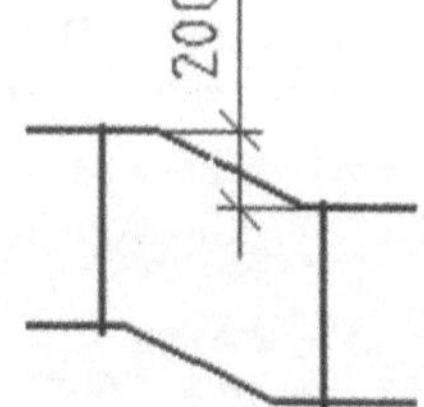

a) **Nur e-Versatz** (Etage):
Bei einem Versatz von OKK 0,00 nach OKK -200mm wäre der Eingabewert im e-Versatz Datenfeld: -200 [e= -200]. Bei einem Versprung in e+ Richtung wäre der Eingabewert: 200 [e= 200] also *ohne* + Zeichen.

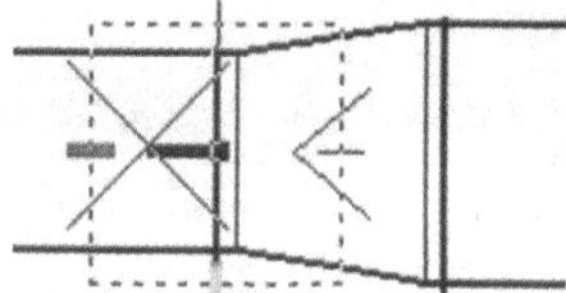

b) **Nur f -Versatz** (Übergang sym/asym): Hierbei bleibt das e-Maß (OKK) unverändert. Bei einem Übergang von Maß a=600 mm nach Maß a=500 mm wäre der f -Versatz = 50mm bei symmetrisch, bei asymmetrisch =100 mm.

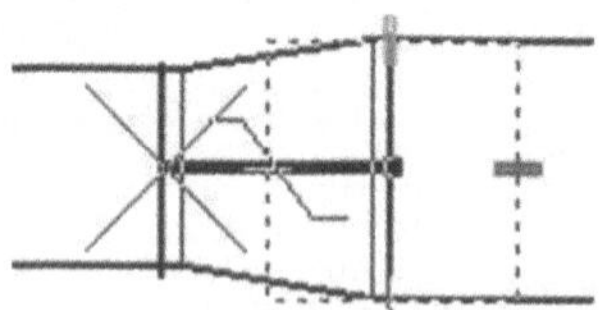

c) **e- und f -Versatz** (Übergang asymmetrisch):
Hierbei wird sowohl das e-Maß (OKK -200 mm) als auch der f -Versatz (f= 50 mm) verändert.

> Durch Betätigen des Schalters **„Sym/Asym"** kann der Übergang nach Bedarf ausgerichtet werden.

> **Die variablen Werte** des Übergangs wie: **Einschub; Versatz- e/f; Breite Ende; Höhe Ende** sowie **Länge** (optional Symbol ein/aus) können in der Übergang eckig-Eingabemaske nach Bedarf angepasst werden. Durch Betätigen der Bestätigen/Return Taste werden die neu definierten Werte zugleich graphisch umgesetzt.

Alternativ kann der Übergang auch von Kanal zu Kanal gesetzt werden. TENTPNT (Snap) an Kanal a setzen und anschließend TENTPNT an Kanal b. Hierbei passt sich der Übergang (i. d. R.) den gegebenen Werten automatisch an. (Eine zusätzliche Prüfung der Werte ist immer richtig!)

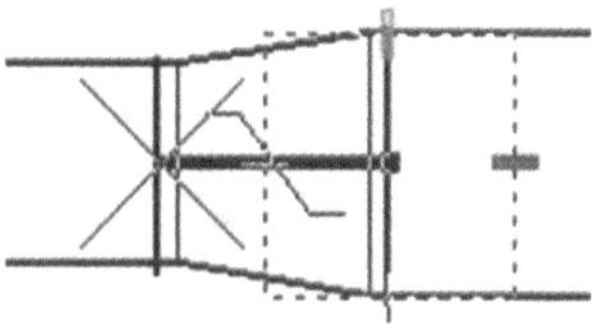

> Nachdem alle variablen Werte angepasst wurden, wird der Übergang durch Betätigen der **<OK>** -Taste in der VENTURIS Eingabemaske gesetzt.

Falls ein Versprung/Versatz über der zulässigen Toleranzgrenze liegt, erscheint automatisch eine Warnmeldung wie am Beispiel unten. Der Winkel sollte aus funktionstechnischen und auch optischen Gründen nicht größer als 30° sein. In manchen Fällen wird jedoch ein Winkel von bis zu 40° und mehr toleriert, falls die räumlichen und technischen Gegebenheiten keine Alternativen zulassen.

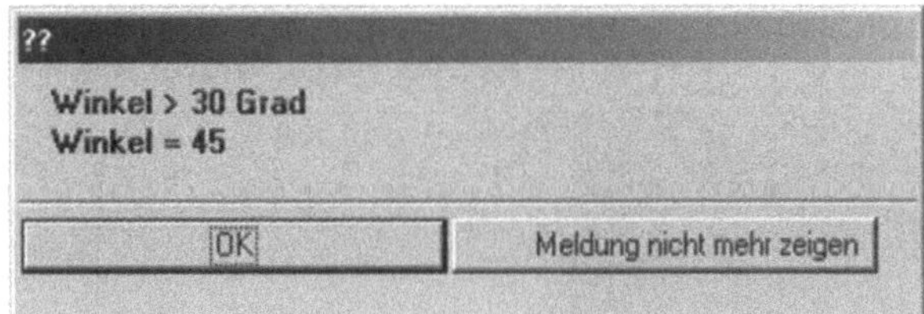

Beispiel:
Die Warnmeldung weist auf einen Versprung hin, dessen Winkel größer ist als 30°.

Zusammenfassung „Übergang eckig planen":

- In der Toolbox „Übergang eckig (US/UA/ES/EA) planen" anwählen.
- Übergang durch setzen von TENTPNT an das Referenzobjekt anschließen.
- (*Alternativ*: TENTPNT (Snap) an Kanal a setzen und anschl. TENTPNT an Kanal b.)
- Variable Werte in der „Übergang eckig" Eingabemaske nach Bedarf anpassen.
- Übergang setzen durch betätigen der <OK> -Taste in der VENTURIS Eingabemaske. (oder über die RESET -Taste ablehnen.)

6. T-Stück eckig planen:

(VENTURIS Menü: Platzieren → Eckig → T-Stück)

Im Einstellungsfenster **„T-Stück (TS/TA)"** können vor dem Setzen des T-Stücks die Abmessungen „a= Breite, b= Höhe" definiert werden. Durch Doppelklick in das entsprechende Kästchen des Einstellungsfensters können die aktuellen Werte bei Bedarf auch überschrieben werden. Mit der Taste Bestätigen/Return wird der eingegebene Wert übernommen. Auf den hervorgehobenen VENTURIS- Schaltflächen (siehe Markierung mit Rechteck) können voreingestellte Werte ausgewählt und gesetzt werden.
Diese relativieren sich jedoch sobald ein vorhandenes Kanalteil angesnappt wird, da die Eigenschaften des Referenzobjektes automatisch übernommen werden.

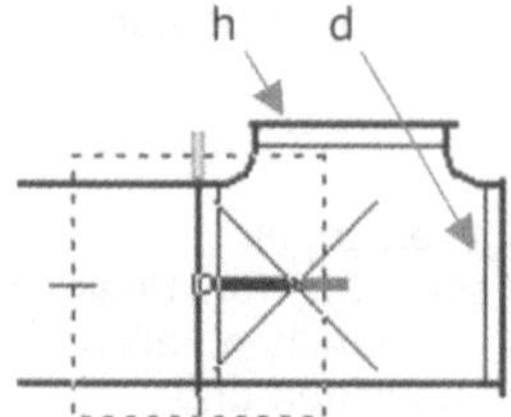

Beispiel: T-Stück symmetrisch an Kanalteil planen. (Abgang h und d variabel einstellbar).

> Durch **setzen eines TENTPNT** an einen Kanal (stirnseitig) wird im Anschluss ein T-Stück gesetzt. Dabei werden alle Eigenschaften des Referenzobjektes übernommen und es erscheint die **VENTURIS Eingabemaske** für T-Stück (TS/TA).

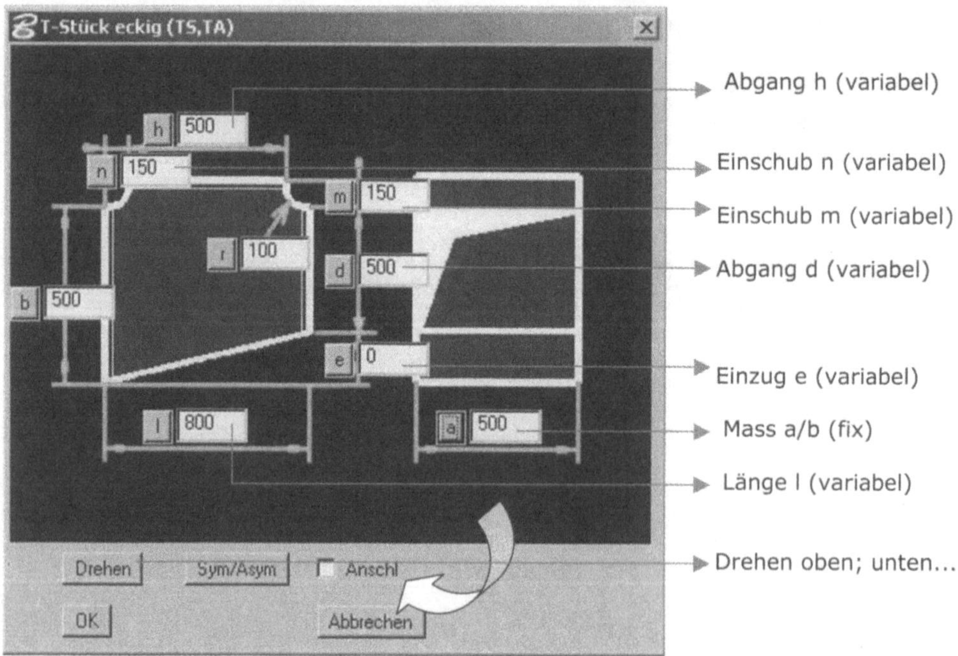

> **Die variablen Werte** des T-Stücks wie: **Abgang- h; Einschub- n; Breite Ende- d; Einzug- e; Einschub- m; Länge- l** sowie **Drehen** und **Anschl**(uss) können in der VENTURIS- Eingabemaske nach Bedarf angepasst werden. Radius- **r** sollte nicht kleiner als r=50 mm betragen. (Durch Betätigen der Bestätigen/Return Taste werden die neu definierten Werte zugleich graphisch umgesetzt).

> Durch Betätigen des Schalters **„Sym/Asym"** kann das T-Stück nach Bedarf angepasst werden.

> Bei aktivem Toggle-Schalter: **„Anschl"** schließt das T-Stück (bei Anschluss-h) optional als Verzweigung an.

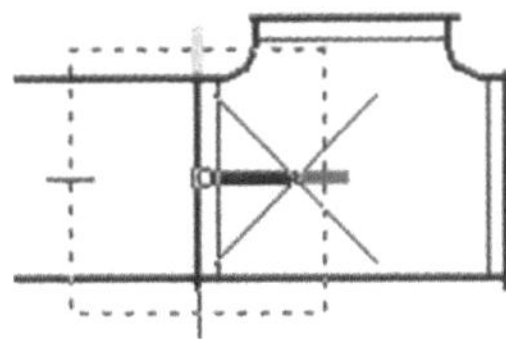

Beispiel: T-Stück an Kanalteil planen **(TS)**. (Anschluss-b Voreinstellung)

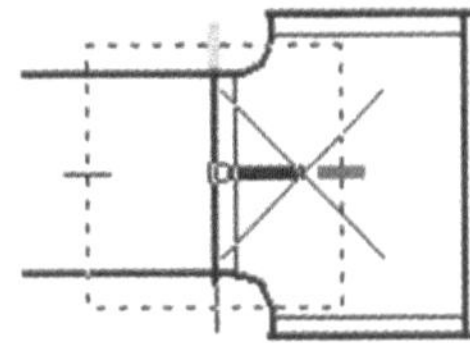

Beispiel: T-Stück an Kanalteil planen. Anschluss-h (Verzweigung, bei aktivem Toggle-Schalter: **Anschl**.)

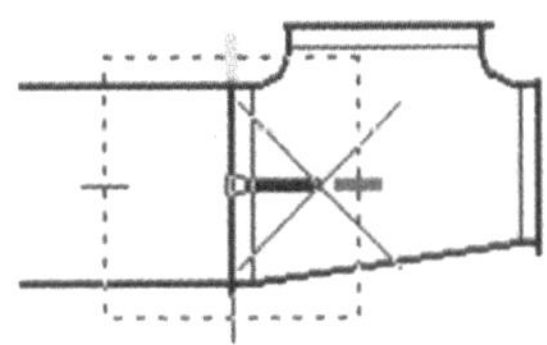

Beispiel: T-Stück an Kanalteil planen. Anschluss-asymmetrisch **(TA)**. (Schalter **Sym/Asym** betätigen, nur bei Querschnittsänderung an Abgang-d möglich!)

> Nachdem alle variablen Werte angepasst wurden, wird das T-Stück durch Betätigen der **<OK>** -Taste in der VENTURIS Eingabemaske gesetzt.

<u>Zusammenfassung „T-Stück eckig planen":</u>
- In der Toolbox „T-Stück eckig (TS/TA) planen" anwählen.
- T-Stück durch setzen von TENTPNT an das Referenzobjekt anschließen.
- Variable Werte in T-Stück eckig Eingabemaske nach Bedarf anpassen.
- *(Alternativ*: Anschluss als Verzweigung über Toggle-Schalter: „Anschl".)
- T-Stück setzen durch betätigen der <OK> -Taste in der VENTURIS-Eingabemaske (oder über die RESET -Taste ablehnen).

7. Übergang eckig-rund planen:
(VENTURIS Menü: Platzieren → Eckig → Übergang e/r)

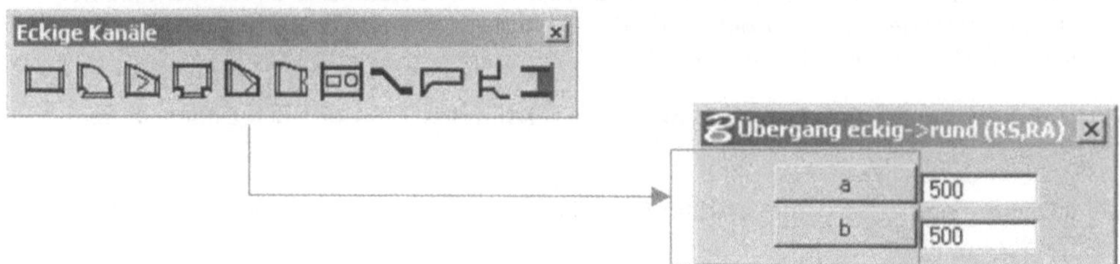

Im Einstellungsfenster **„Übergang eckig->rund (RS/RA)"** können vor dem Setzen des Übergangs die Abmessungen „a= Breite, b= Höhe" definiert werden. Durch Doppelklick in das entsprechende Kästchen des Einstellungsfensters können die aktuellen Werte nach Bedarf überschrieben werden. Mit der Taste: Bestätigen/Return wird der eingegebene Wert übernommen. Auf den hervorgehobenen VENTURIS Schaltflächen (siehe Markierung mit Rechteck) können voreingestellte Werte ausgewählt und gesetzt werden.
Diese relativieren sich jedoch sobald ein vorhandenes Kanalteil angesnappt wird, da die Eigenschaften des Referenzobjektes automatisch übernommen werden.

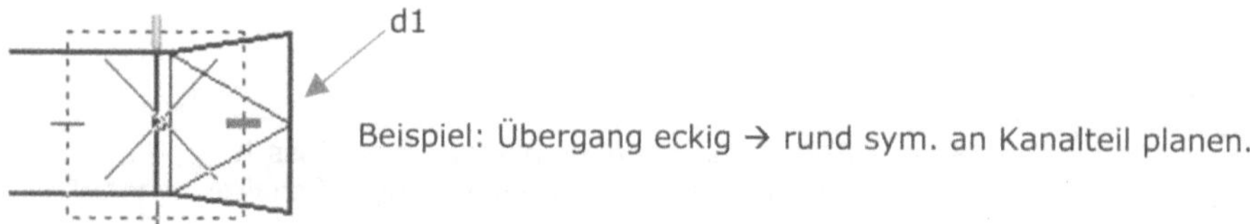

Beispiel: Übergang eckig → rund sym. an Kanalteil planen.

> Durch **setzen eines TENTPNT** an einen Kanal wird im Anschluss ein Übergang eckig → rund gesetzt. Dabei werden alle Eigenschaften des Referenzobjektes übernommen und es erscheint die **VENTURIS Eingabemaske** für Übergang eckig → rund (RS/RA).

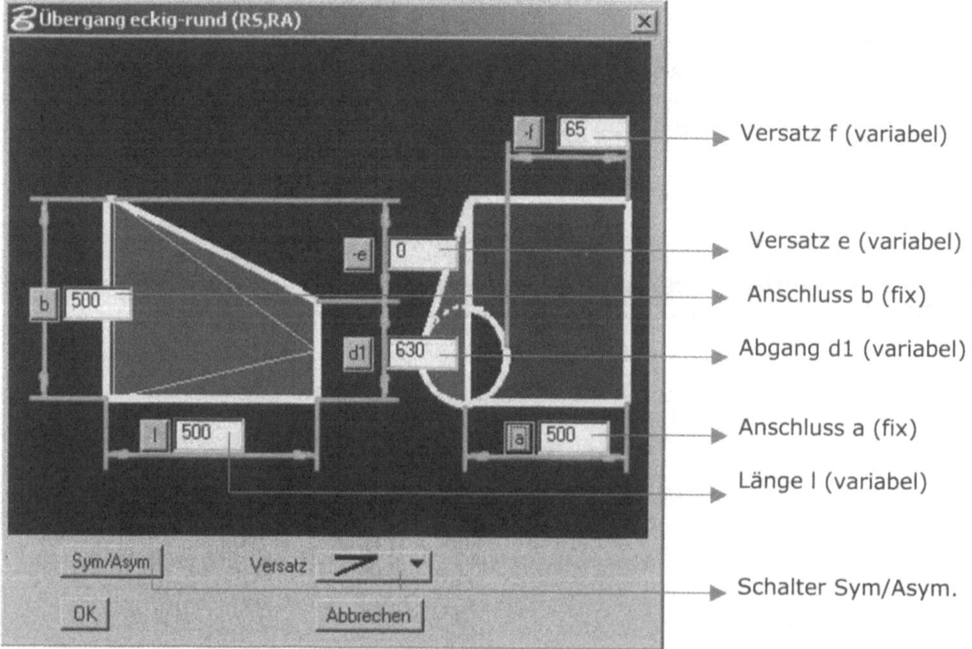

Zur Auswahl der Nennweite für Abgang rund, stehen unter dem Kästchen **„d1"** der VENTURIS Eingabemaske **genormte Standard Nennweiten/**Rohrdurchmesser zur Auswahl.

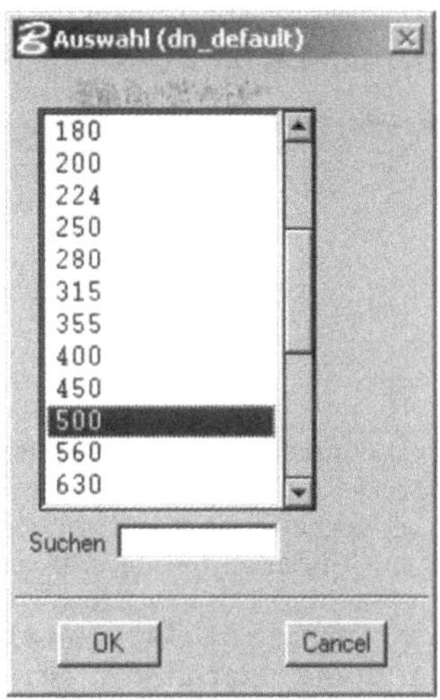

Beispiel: Auswahl der Nennweite für Abgang rund unter dem Kästchen **„d1"** der VENTURIS Eingabemaske. (Mit Doppelklick auf Rohrdurchmesser eine Auswahl treffen.)

Der **Versatz -e** des Übergangs ist im 2D-Bereich nicht sichtbar. Daher bietet VENTURIS die Voreinstellungen: Oberkante Kanal (OKK) glatt, Unterkante Kanal glatt und symmetrisch zur Auswahl an. Diese Planungskante sollte in der **VENTURIS Eingabemaske** (siehe Schalter Versatz) stets beachtet werden.

> Nachdem alle variablen Werte angepasst wurden, wird der Übergang durch Betätigen der **<OK>** -Taste in der VENTURIS Eingabemaske gesetzt.

Zusammenfassung „Übergang eckig → rund (RS/RA) planen":
- In der Toolbox „Übergang eckig → rund (RS/RA) planen" anwählen.
- Übergang durch Setzen von TENTPNT an Kanal/Rohr/Komponente anschließen.
- Variable Werte in Übergang eckig → rund Eingabemaske nach Bedarf anpassen.
- Übergang setzen durch Betätigen der <OK> -Taste in der VENTURIS Eingabemaske (oder über die RESET -Taste ablehnen).

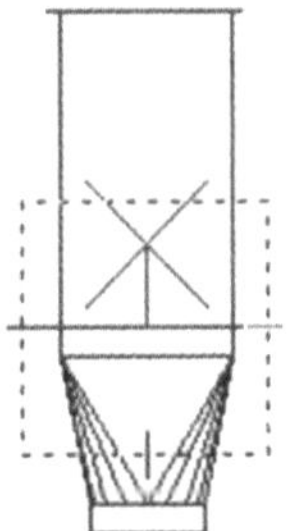

Beispiel: Übergang **RS** (rund-sym.)

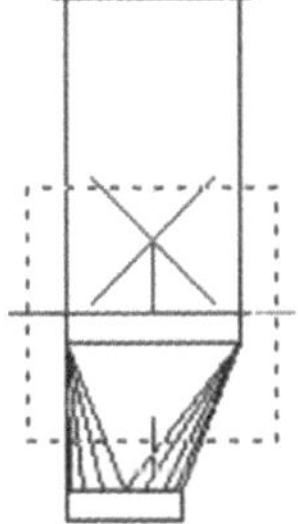

Übergang **RA** (rund-asym.)

Hinweis: Der runde Abgang sollte den genormten Nennweiten entsprechen. Die Attribut-Datei: **„dn_default"** entspricht den allgemein üblichen Nennweiten. Daher ist es ratsam die Nennweite für Abgang rund, über den Schalter „d1" der Venturis Eingabemaske festzulegen.

8. Hosenstück eckig (HS) planen:

(VENTURIS Menü: Platzieren → Eckig → Hosenstück)

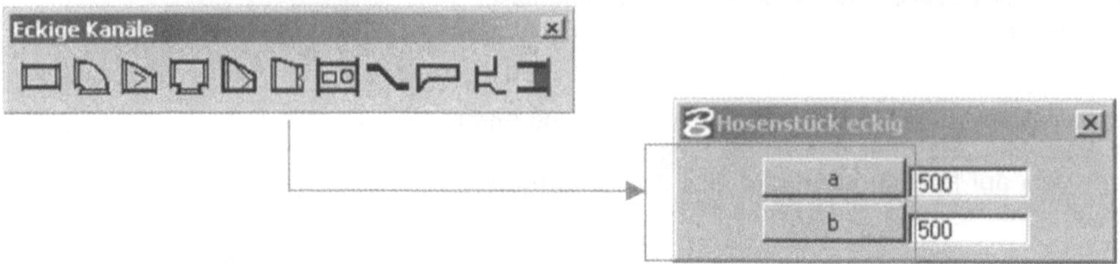

Im Einstellungsfenster **„Hosenstück eckig (HS)"** können vor dem Setzen des Hosenstücks die Abmessungen „a= Breite, b= Höhe" definiert werden. Durch Doppelklick in das entsprechende Kästchen des Einstellungsfensters können die aktuellen Werte bei Bedarf auch überschrieben werden. Mit der Taste Bestätigen/Return wird der eingegebene Wert übernommen. Auf den hervorgehobenen VENTURIS-Schaltflächen (siehe Markierung mit Rechteck) können voreingestellte Werte ausgewählt und gesetzt werden. **Diese relativieren sich** jedoch sobald ein vorhandenes Kanalteil angesnappt wird, da die Eigenschaften des Referenzobjektes automatisch übernommen werden.

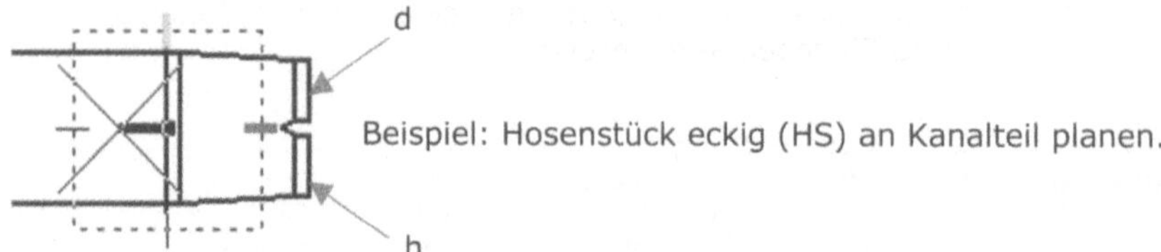

Beispiel: Hosenstück eckig (HS) an Kanalteil planen.

> Durch **setzen eines TENTPNT** an einen vorhandenen Kanal (stirnseitig) wird im Anschluss ein Hosenstück eckig gesetzt. Dabei werden alle Eigenschaften des Referenzobjektes übernommen und es erscheint die **Eingabemaske** für Hosenstück eckig (HS).

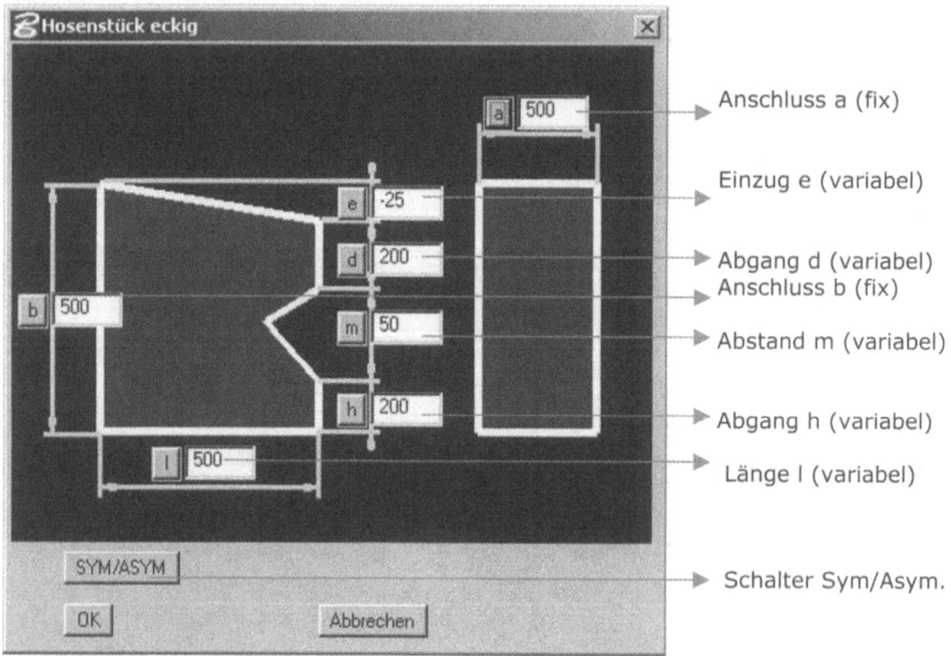

> **Die variablen Werte** des Hosenstücks wie: **Abgang-d; Einzug- e; Abstand- m; Abgang- h** sowie **Länge- l** können in der VENTURIS Eingabemaske nach Bedarf angepasst werden. Abgang „d" sollte immer zuerst angepasst werden.
(Durch Betätigen der Bestätigen/Return Taste werden die neu definierten Werte zugleich graphisch umgesetzt)

> Durch betätigen des Schalters **„Sym/Asym"** kann das Hosenstück nach Bedarf ausgerichtet werden.

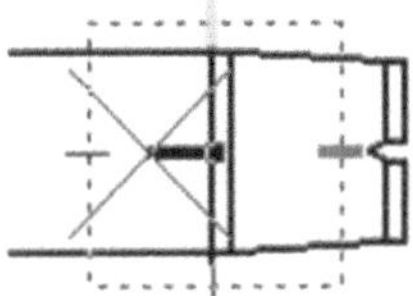

Beispiel: Hosenstück eckig an Kanalteil planen.
Durch setzen eines TENTPNT an den vorhandenen Kanal/Komponente wird ein Hosenstück eckig gesetzt.

Hinweis: Die Abgänge „d" und „h" sollten sinnvoll an die zulässige Geschwindigkeit (m/s) und an den größtmöglichen Volumenstrom (m3/h) angepasst werden.
Hierbei kann der VENTURIS -Kanalschieber zur schnellen Berechnung benutzt werden.
(VENTURIS- Menü: Werkzeug → Kanalschieber. Siehe dazu Kapitel 49-Seite 92, Berechnen eines Querschnitts mit dem „VENTURIS -Kanalschieber".)

Erweiterte Möglichkeit:
Planen eines Hosenstücks an zwei vorhandene Kanäle.

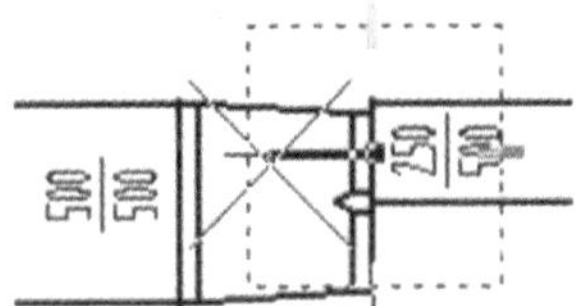

Durch setzen eines TENTPNT an den Hauptkanal und anschließendem TENTPNT an Nebenkanal-1 erscheint folgende Abfrage:

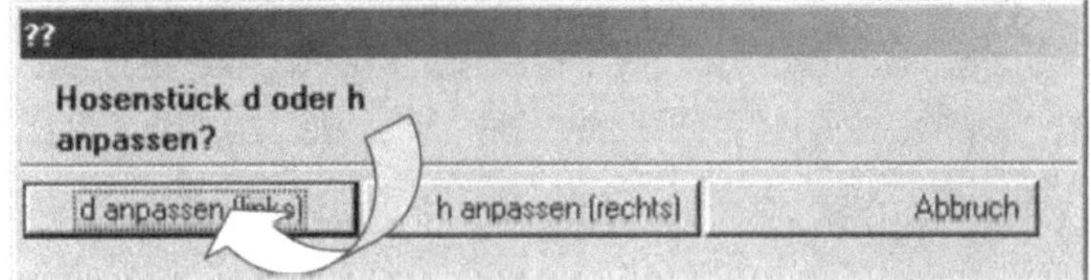

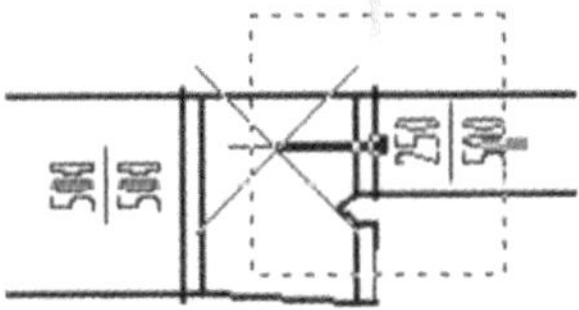

Durch Bestätigen der Schaltfläche „d anpassen (links)" wird (wie in der nebenstehenden Grafik ersichtlich) der Abgang „d" des Hosenstücks automatisch an die Abmessungen des Nebenkanals angepasst. Nachdem die variablen Werte für Abgang „h" sowie Abstand „m" angepasst wurden, wird das Hosenstück durch betätigen der **<OK>** -Taste in der Eingabe-maske gesetzt.

TENTPNT-1

TENTPNT-2 | TENTPNT-3

Erweiterte Möglichkeit:

Planen eines Hosenstücks an drei vorhandene Kanäle.

Durch setzen eines TENTPNT an den Hauptkanal und anschließendem TENTPNT an Nebenkanal-1 erscheint die (untenstehende) Abfrage. „d anpassen (links)" bestätigen. Durch anschließenden TENTPNT an Nebenkanal-2 erscheint die Abfrage erneut. Durch Bestätigen „h anpassen (rechts)" wird das Hosenstück gesetzt.

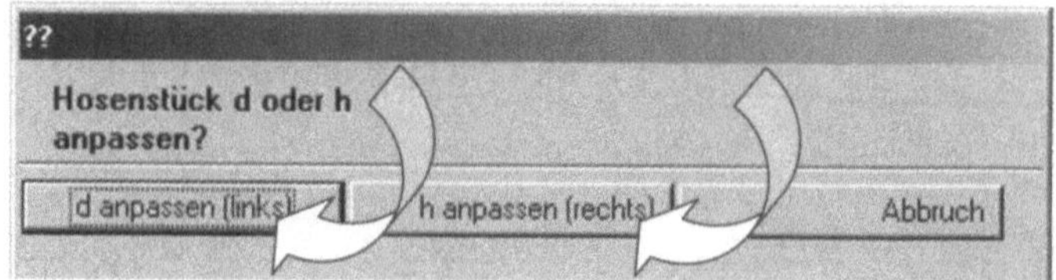

<u>Zusammenfassung „Hosenstück eckig (HS) planen":</u>

- In der Toolbox „Hosenstück eckig (HS) planen" anwählen.
- Hosenstück durch Setzen von TENTPNT an das Referenzobjekt anschließen.
- Variable Werte für die Abgänge in der Eingabemaske nach Bedarf anpassen.
- Hosenstück setzen durch Betätigen der -Taste in der VENTURIS Eingabemaske.

Erweitert:

<u>„Hosenstück eckig an Nebenkanal-1 / Nebenkanal-2 planen":</u>

- In der Toolbox „Hosenstück eckig (HS) planen" anwählen.
- Hosenstück setzen durch TENTPNT an Hauptkanal.
- TENTPNT an Nebenkanal-1 → „d anpassen (links)" bestätigen in Abfragefenster dann Werte für Abgang „h" und „m" in der Eingabemaske anpassen oder optional:
- TENTPNT an Nebenkanal-2 → „h anpassen (rechts)" in Abfragefenster bestätigen.
- Hosenstück setzen durch Betätigen der <OK> -Taste in der VENTURIS Eingabemaske.

9. Nietbord (NB) Stutzen rund (SR) auf eckigen Kanal planen:

(VENTURIS Menü: Platzieren → Eckig → Nietbord/Stutzen rund)

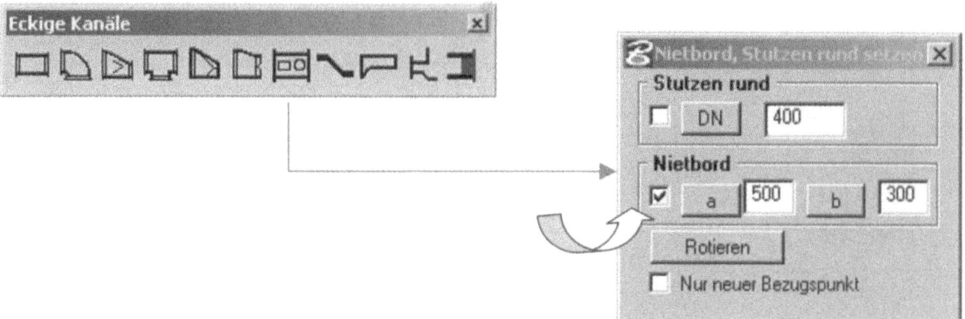

Im Einstellungsfenster **„Nietbord, Stutzen rund setzen (NB/SR)"** können vor dem Setzen des Nietbords die Abmessungen a= Breite; b= Höhe und für Stutzen rund die Nennweite (DN) definiert werden. Durch Doppelklick in das entsprechende Kästchen des Einstellungsfensters können die aktuellen Werte überschrieben werden. Mit der Taste Bestätigen/Return wird der eingegebene Wert übernommen. Auf den hervorgehobenen VENTURIS Schaltflächen können voreingestellte Standard-Werte ausgewählt und gesetzt werden. Toggle-Schalter (Haken) auf Nietbord oder Stutzen rund setzen (Siehe Pfeil im Einstellungsfenster oben) um die Art des Nietbordes, eckig oder rund, festzulegen.

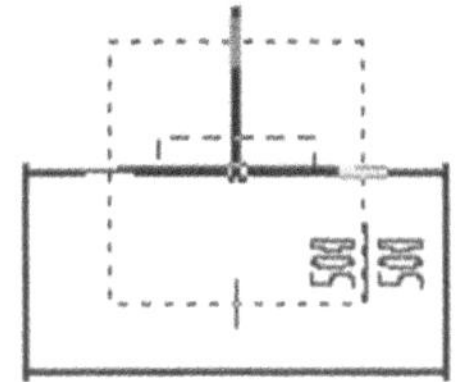

Beispiel: Nietbord (a=500/b=300) seitlich an Kanalteil planen.

> Durch **setzen eines TENTPNT** (Fangfunktion= Endpunkt, Divisor= 2) seitlich an das Referenzobjekt wird im Anschluss ein Nietbord gesetzt.
In der Regel ist der Querschnitt des Nietbords kleiner als der Hauptkanal. Anders als bei „Kanalteil an Kanal planen" wird das Nietbord zu seinem Referenzobjekt in der Z-Achse eingemittet. VENTURIS passt die Höhenquote automatisch an.

> Vor dem Absetzen des NB oder SR mit **DATAPNT** kann das Nietbord über die Funktion **Rotieren** (siehe Grafik unten rechts) im Winkel von 90° um den Kanal gedreht werden. In der gewünschten Position kann das Nietbord/Stutzen über DATAPNT gesetzt werden.

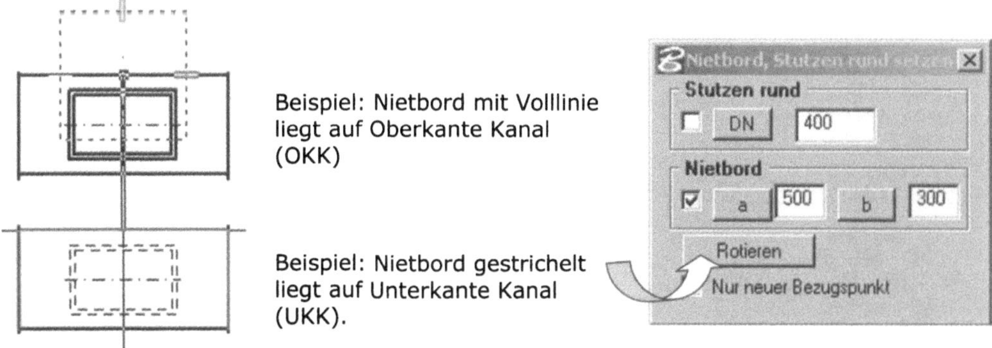

Beispiel: Nietbord mit Volllinie liegt auf Oberkante Kanal (OKK)

Beispiel: Nietbord gestrichelt liegt auf Unterkante Kanal (UKK).

> Ein Nietbord oder ein Stutzen kann vor dem endgültigen Setzen, mit der Funktion: **„Nur neuer Bezugspunkt"** entlang seiner Koordinate (x/y-Achse) neu ausgerichtet werden. Das NB oder SR wird zu einem neuen Bezugspunkt, zum Beispiel: Lotrecht zum Anschlussstutzen eines Auslasses gesetzt. (Diese Funktion ist nicht mit nachträglichem Verschieben des Stutzens zu verwechseln!)

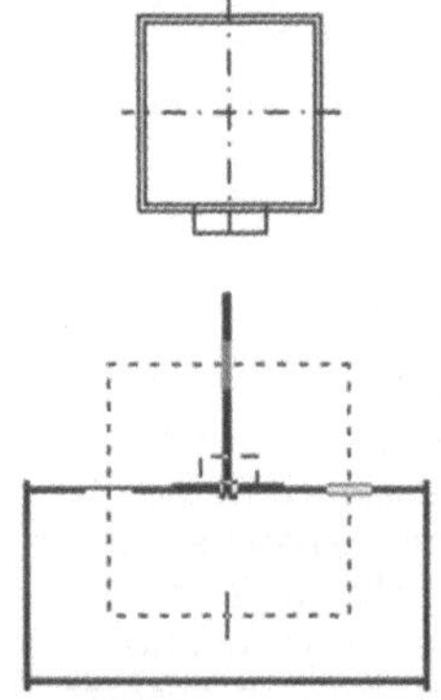

Beispiel: Stutzen rund lotrecht zu Auslass setzen.

> Durch **setzen eines TENTPNT** seitlich an das Referenzobjekt wird ein Stutzen rund eingesetzt, anschließend Toggle-Schalter: **„Nur neuer Bezugspunkt"** aktivieren. Auslassstutzen als Bezugspunkt mit TENTPNT anklicken. Bestätigen mit DATAPNT. Der Stutzen wird nun entlang seiner Koordinate lotrecht zum Auslass gesetzt.

In manchen VENTURIS Versionen gibt es die Option: **„Weiterplanen mit Kanal/Rohr (K/R)"**. Dabei wird nach dem Setzen eines Nietbords automatisch mit Kanal, und beim Setzen eines Stutzen mit Rohr weitergeplant.

<u>Zusammenfassung „Nietbord, Stutzen rund (NB/SR) planen":</u>

- In der Toolbox „Nietbord, Stutzen rund (NB/SR) planen" anwählen.
- Toggle-Schalter für „Nietbord" oder „Stutzen rund" setzen.
- Variable Werte im Eingabefenster nach Bedarf anpassen.
- Setzen eines TENTPNT seitlich an das Referenzobjekt.

  Optional:
- Toggle-Schalter: „Nur neuer Bezugspunkt" aktivieren (für lotrecht zu Bezugspunkt).
- Auslassstutzen/Bezugspunkt mit TENTPNT anklicken.
- Bestätigen mit DATAPNT.
- Zum „Weiterplanen mit Kanal/Rohr": Auslass als Bezugspunkt mit TENTPNT anklicken und mit DATAPNT bestätigen (oder über die RESET -Taste ablehnen).

10. Etage eckig planen:

(VENTURIS Menü: Plazieren → Eckig → Etage mit zwei Bogen)

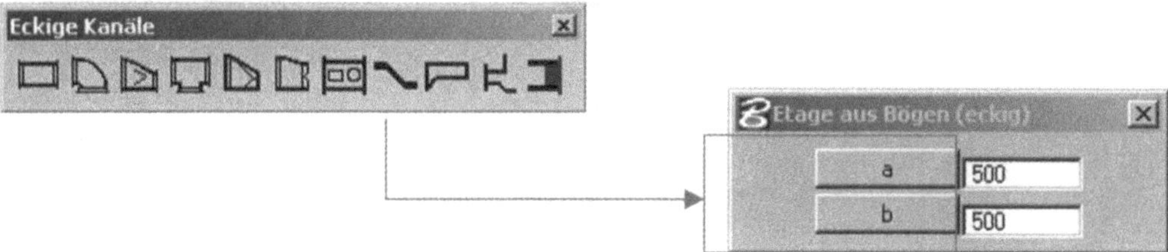

Im Einstellungsfenster **„Etage aus Bögen eckig"** können vor dem Setzen des Übergangs die Abmessungen „a= Breite, b= Höhe" definiert werden. Durch Doppelklick in das entsprechende Kästchen des Einstellungsfensters können die aktuellen Werte nach Bedarf überschrieben werden. Mit der Taste Bestätigen/Return wird der eingegebene Wert übernommen. Auf den hervorgehobenen VENTURIS Schaltflächen (siehe Markierung mit Rechteck) können voreingestellte Werte ausgewählt und gesetzt werden.
Diese relativieren sich jedoch sobald ein vorhandenes Kanalteil angesnappt wird, da die Eigenschaften des Referenzobjektes automatisch übernommen werden. VENTURIS generiert eine Etage bestehend aus zwei Bögen und einem Kanal-Mittelteil.

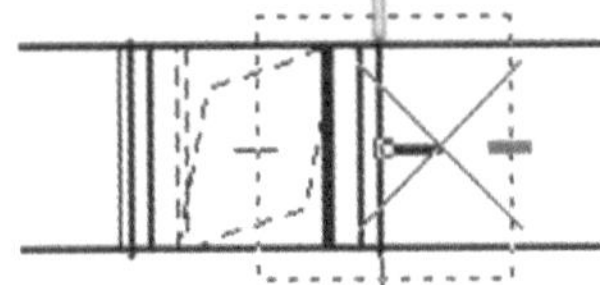

Beispiel: Etage eckig mit zwei Bogen nach unten.

> Durch **setzen eines TENTPNT** stirnseitig an einen vorh. Kanal und **anschließendem DATAPNT**, wird im Anschluss eine Etage eckig mit zwei Bögen gesetzt. Dabei werden alle Eigenschaften des Referenzobjektes übernommen und es erscheint die **VENTURIS Eingabemaske** für Etage mit zwei Bogen.

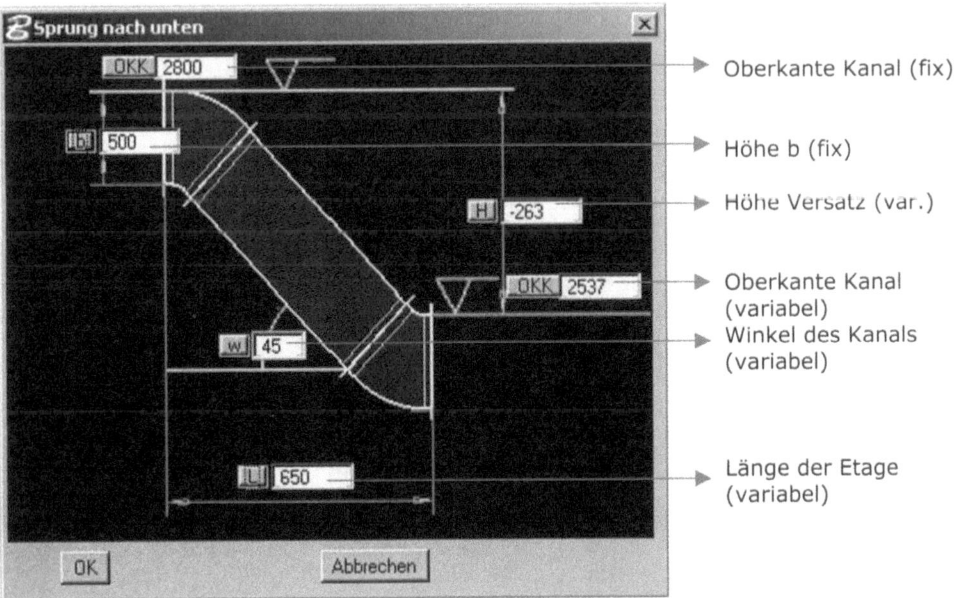

> **Die variablen Werte** der Etage wie: **Höhe Versatz- H; OKK; Winkel- w; Länge- L** können in der VENTURIS Eingabemaske nach Bedarf angepasst werden. Durch betätigen der Bestätigen/Return Taste oder ein Mausklick in die VENTURIS -Eingabemaske werden die neu definierten Werte zugleich graphisch umgesetzt.

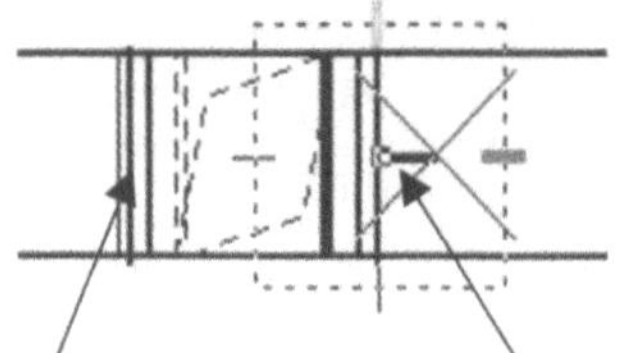

Beispiel:
Etage zwischen zwei Kanäle mit unterschiedlichen Höhenquoten planen.

OKK=+1500 OKK=+500 (Planungsrichtung: von OKK=+1500 nach OKK=+500)

> Durch setzen eines TENTPNT an den Bezugskanal-1 und anschließendem TNTPNT an Bezugskanal -2 wird eine Etage eckig eingesetzt. Empfehlenswert ist, die Etage vom höherliegenden- (OKK= +1500) zum tieferliegenden Kanal (OKK= +500) zu planen. Bestätigen mit DATAPNT. Falls die Etage mit den definierten Werten nicht gesetzt werden kann, erscheint die Abfrage: **Höhe oder Länge ändern?** Bei Auswahl von „Höhe" oder „Länge" wird die Etage entsprechend angepasst.

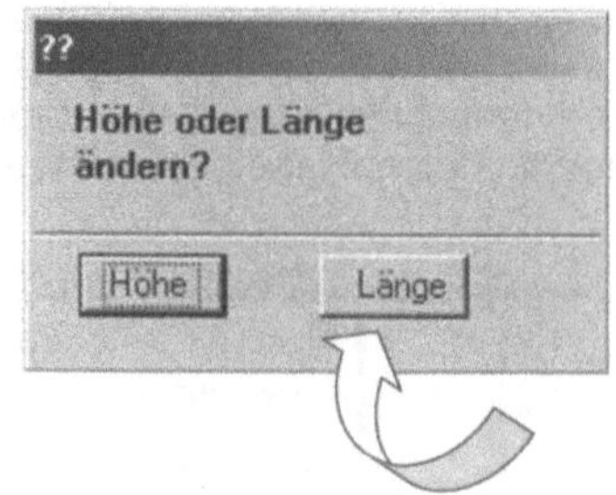

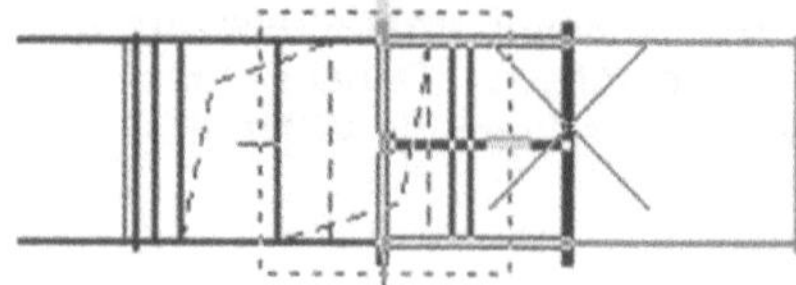

Beispiel:
Etage automatisch angepasst über „Länge". Der überstehende Kanal muss nachträglich an den Etagenboden neu angepasst werden.

Zusammenfassung „Etage eckig mit zwei Bogen planen":

- In der Toolbox „Etage eckig mit zwei Bogen planen" anwählen.
- Setzen eines TENTPNT an Bezugskanal-1 (optional TENTPNT an Kanal-2).
- Etage setzen mit DATAPNT (linke Maustaste)
- Variable Werte in der VENTURIS Eingabemaske anpassen.
- Auswahl und bestätigen der Optionen: „Höhe oder Länge ändern".
- Etage setzen durch Betätigen der <OK> -Taste in der VENTURIS Eingabemaske. (Oder über die RESET -Taste ablehnen.)

Hinweis:
Die Bögen der automatisch angepassten Etage können unregelmäßige Winkel aufweisen. Diese können nachträglich über die Datenbank von VENTURIS manuell korrigiert werden. In der Praxis wird das Kanalmittelteil meist als Passlänge (PL) definiert.

11. Stutzenübergang (SU) planen:

(VENTURIS Menü: Platzieren → Eckig → Stutzenübergang)

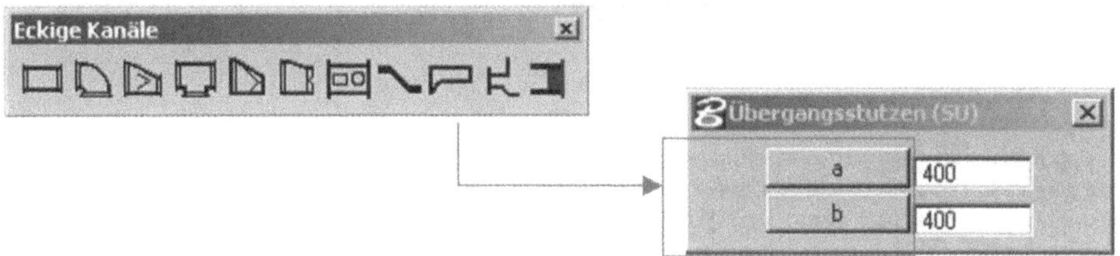

Im Einstellungsfenster **„Stutzenübergang (SU)"** können vor dem Setzen des Stutzen die Abmessungen „a= Breite, b= Höhe" definiert werden. Durch Doppelklick in das entsprechende Kästchen des Einstellungsfensters können die aktuellen Werte überschrieben werden. Mit der Taste Bestätigen/Return wird der eingegebene Wert übernommen. Auf den hervorgehobenen VENTURIS Schaltflächen können voreingestellte Standard-Werte ausgewählt und gesetzt werden.

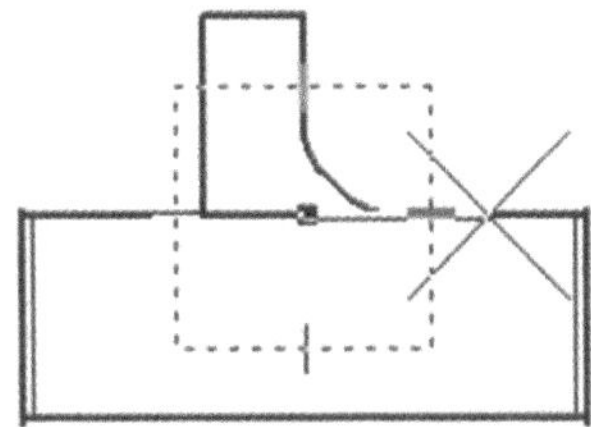

Beispiel: Stutzenübergang (a=400/b=400) seitlich an Kanalteil planen.

> Durch **setzen eines TENTPNT** und **anschließendem DATAPNT** an einen vorh. Kanal wird im Anschluss ein Stutzenübergang eckig gesetzt. Dabei werden einige Eigenschaften des Referenzobjektes übernommen und es erscheint die **VENTURIS Eingabemaske** für Stutzenübergang (SU).

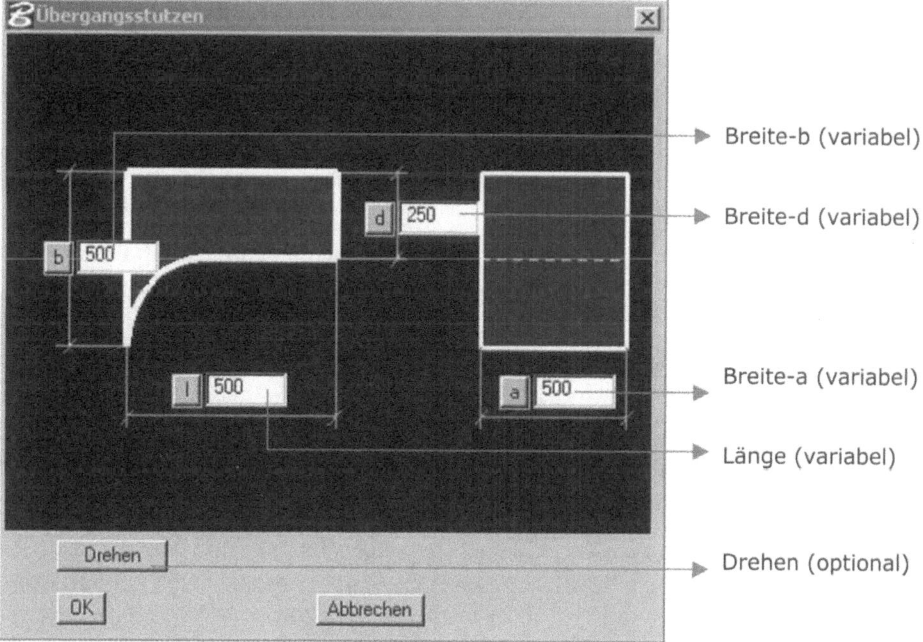

> **Die variablen Werte** des Übergangs wie: **Breite- a; Breite- b; Breite- d;** sowie **Länge- l** können in der VENTURIS Eingabemaske nach Bedarf angepasst werden. Durch betätigen der Bestätigen/Return Taste werden die neu definierten Werte zugleich graphisch umgesetzt.

> **Bestimmen der Anschlusskante -OKK**
In der Regel ist der Querschnitt (Maße: a/b) des Stutzen kleiner als der Hauptkanal. Daher ergeben sich mehrere Anschlussmöglichkeiten in Bezug zu der (in 2D nicht sichtbaren) Z-Achse. Nach der Auswahl einer der drei gegebenen Optionen (Oben bündig, Einmitten, Unten bündig) passt VENTURIS die Höhenquote automatisch zu der des Hauptkanals an.

Beispiel: Seitlicher Anschluss an Kanalteil (OKK = Oberkante Kanal) → **Einmitten**

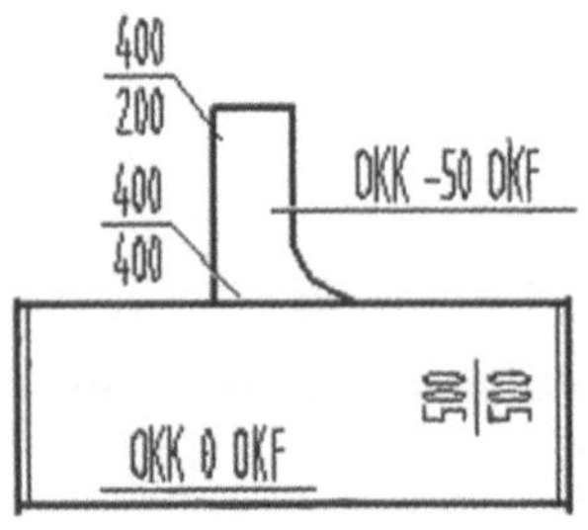

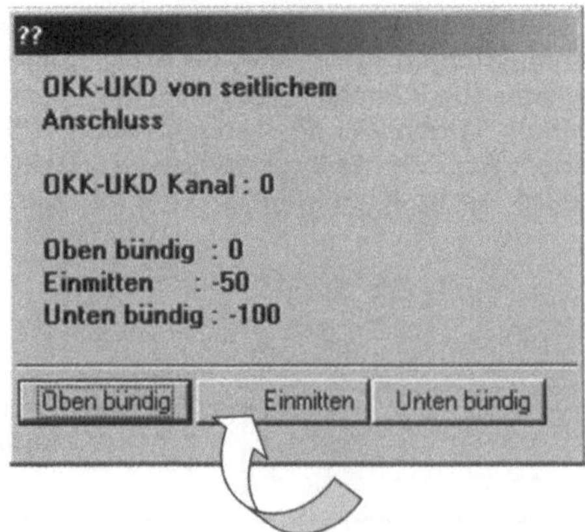

> Vor dem Absetzen des Stutzenübergangs mit **DATAPNT** (linke Maustaste) kann der Stutzen über die Funktion **Drehen** der VENTURIS Eingabemaske im Winkel von 90° um die eigene Achse gedreht werden. In der entsprechenden Lage wird der Stutzen über DATAPNT gesetzt.

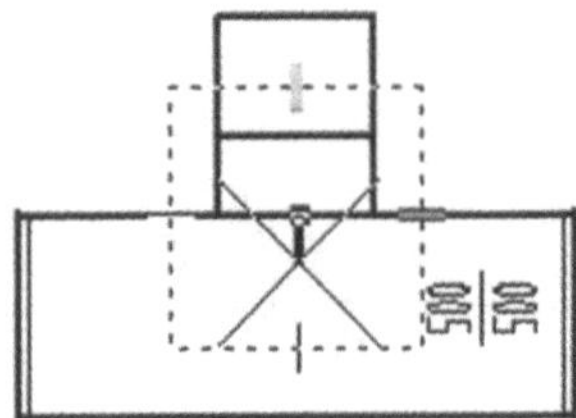

Beispiel: Stutzen gedreht nach oben

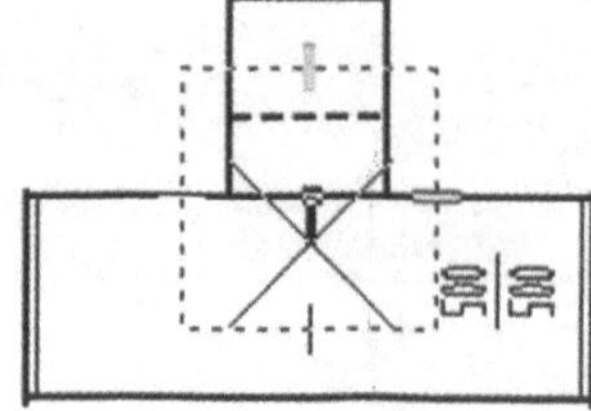

Beispiel: Stutzen gedreht nach unten.

Zusammenfassung „Stutzenübergang (SU) planen":
- In der Toolbox „Stutzenübergang (SU) planen" anwählen.
- Im Einstellungsfeld die Abmessungen (Breite- b/Höhe- a) bestimmen.
- Stutzenübergang über TENTPNT seitlich an den Hauptkanal anschließen.
- Mit DATAPNT bestätigen. (oder über die RESET -Taste ablehnen)
- Bestimmen der Anschlusskante- OKK (Oben bündig; Einmitten; Unten bündig)
- Optional: Stutzen über Schalter: „Drehen" ausrichten.
- Stutzen absetzen durch Betätigen der <OK> -Taste in der VENTURIS- Eingabemaske. (oder über die RESET -Taste ablehnen.)

12. Separator planen:

(VENTURIS Menü: Platzieren → Eckig → Separator)

> Durch **setzen eines TENTPNT** stirnseitig an das Referenzobjekt und **anschließendem DATAPNT**, erscheint im Anschluss das Einstellungsfenster „Teilung" von Separator planen, und die Abfrage: „Kanal teilen mit...?" Durch betätigen des Schalters **<OK>** erscheint die Abfrage beim Planen eines weiteren Separators erneut. Durch betätigen des Schalters: <Meldung nicht mehr zeigen> erscheint die Abfrage erst beim Neustart von VENTURIS wieder.

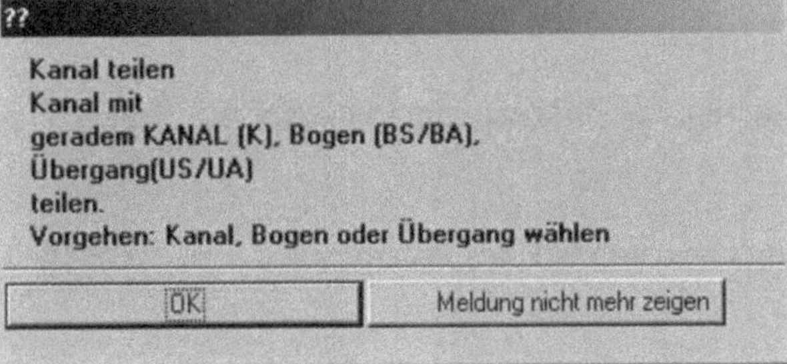

Abfrage: „Kanal teilen..?" mit Schalter <OK> bestätigen, oder mit Schalter: <Meldung nicht mehr anzeigen>

Die Anbauteile des Separators können „Übereinander" oder „Nebeneinander" gesetzt werden. Der Toggle-Schalter (Haken) ist standardmäßig auf „Nebeneinander" gesetzt. Optional kann die Teilung auf <2x> (2 Anbauteile) oder <3x> (3 Anbauteile) festgelegt werden. (Siehe Pfeil im Einstellungsfenster oben rechts) Über die Schalter: „links, Mitte und rechts" wird der Startpunkt des 1. Anbauteils bestimmt.

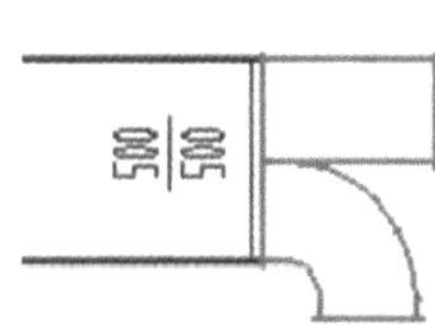

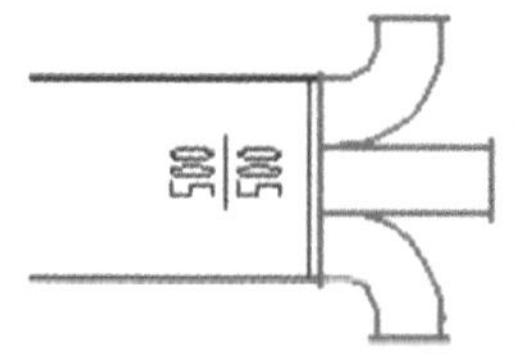

Beispiel:
Separator (Nebeneinander) mit 2-facher Teilung

Separator mit 3-facher Teilung

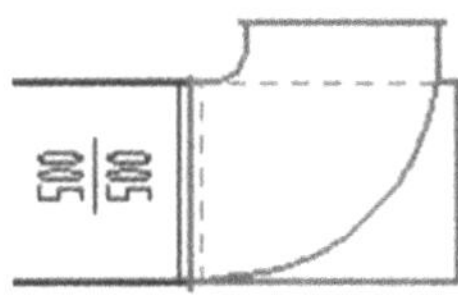

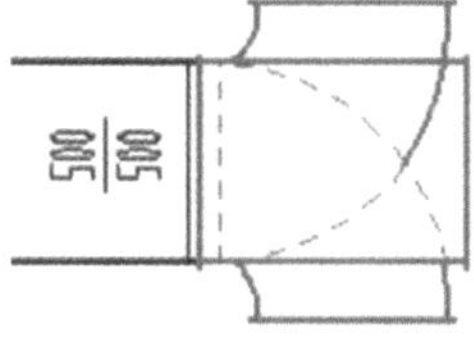

Beispiel:
Separator (Übereinander) mit 2-facher Teilung

Separator mit 3-facher Teilung

> Durch **setzen eines TENTPNT** (Fangfunktion= Endpunkt, Divisor= 2) stirnseitig an einen vorhandenen Kanal und **anschließendem DATAPNT** erscheint im Anschluss das Einstellungsfenster „Teilung" und die Abfrage: „Kanal teilen mit...?". Schalter <OK> oder <Meldung nicht mehr zeigen> betätigen. Die Eigenschaften des Referenzobjektes wie: „Anlage; Luftart; Material; Strang und OKK" werden automatisch übernommen.

> Die **variablen Werte** können nun im Einstellungsfenster „Teilung" definiert werden. Optional die Teilung (<2x> bzw. <3x>) und den Startpunkt („links" - „Mitte" oder „rechts") festlegen.

> Weiter mit (Teil A) **Auswahl von Kanal, Bogen oder Übergang** im Menü „Eckig".

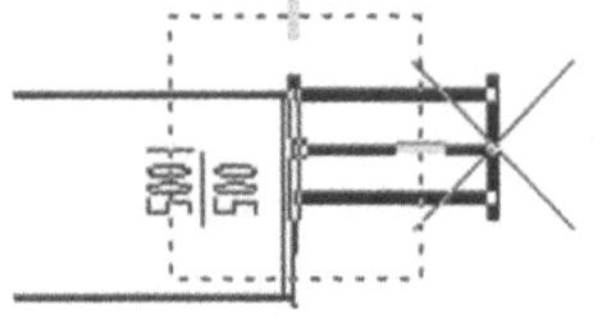

Im Beispiel:
Auswahl von Kanal mit Startpunkt „links" als Teil 1 des Separators.

> **Länge** des Kanalteils in AccuDraw eingeben.

> Weiter mit (Teil B) **Auswahl von Bogen oder Übergang** im Menü „Eckig".

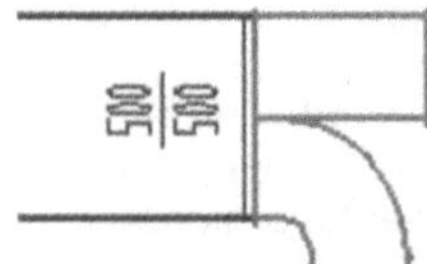

Im Beispiel:
Auswahl von Bogen als Teil 2 des Separators.

(Bei der Auswahl von Bogen oder Übergang erscheint die VENTURIS Eingabemaske zur Festlegung der variablen Werte.)

> **Hinweis:**
> Über die RESET -Taste kann die Eingabe von Teil B abgebrochen werden. Eine erneute Auswahl von Kanal, Bogen oder Übergang für Teil B ist an dieser Stelle möglich. Erst durch schließen des Eingabefensters „Teilung" wird der Vorgang „Separator planen" abgebrochen.

> In der **VENTURIS Eingabemaske** die Werte für Bogen oder Übergang nach Bedarf anpassen. Durch betätigen der **<OK>** -Taste in der VENTURIS Eingabemaske werden die neu definierten Werte gesetzt.

> Nach betätigen der **<OK>** Taste in der VENTURIS Eingabemaske erscheint die Abfrage: „Kanäle als Versand u. Anbauteile markieren?" Durch betätigen der Taste **<OK>** werden Kanal und Bogen zu *einem* gemeinsamen Teil mit einem gemeinsamen Rahmen. Durch betätigen von **<Cancel>** bleiben die einzelnen Teile getrennt.

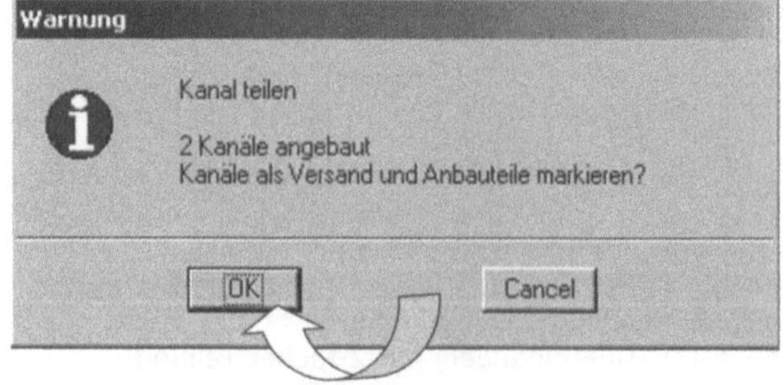

Beim Planen eines 3-fachen Separators (bestehend aus Teil A, B und C) ist die Vorgehensweise identisch mit der eines 2-fachen Separators. Lediglich Teil 3 („C" in der VENTURIS Datenbank) muss zusätzlich geplant werden. Die **Höhenquoten** für übereinanderliegende Teile werden von VENTURIS automatisch angepasst.

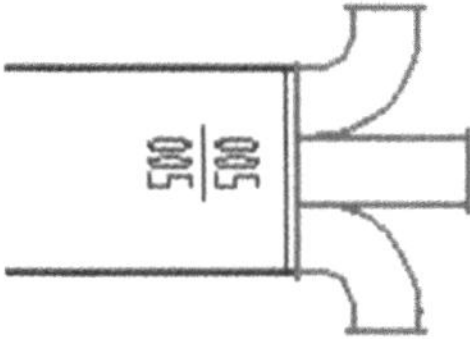

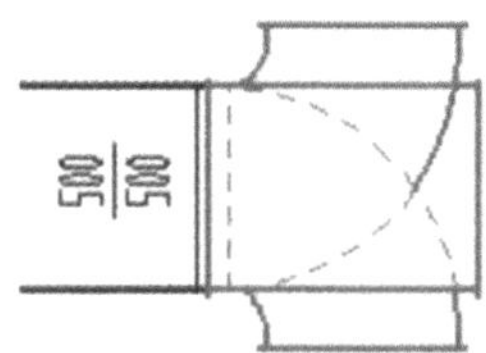

Beispiel Separator:
„Nebeneinander" mit 3-facher Teilung

„Übereinander" mit 3-facher Teilung

In der **VENTURIS Datenbank** erhalten die generierten Separatoren eine fortlaufende Nummerierung (in einem eigenständigen Kästchen: „Separator"). Diese sollte in der VENTURIS Datenbank nicht geändert werden. Als Eintrag in der **VENTURIS Liste** (Stückliste) erscheint nebst den Teilen: „A, B und evtl. C" des Separators, auch der Eintrag des gemeinsamen Rahmens (Sep. Rahmen) unter Angabe des Querschnitts und des Rahmenprofils (SB2 oder SB3 etc.)

Zusammenfassung „Separator planen":

- In der Toolbox „Separator planen" anwählen.
- Setzen eines TENTPNT stirnseitig an den Bezugskanal und bestätigen mit DATAPNT.
- Abfrage mit Schalter <OK> oder <Meldung nicht mehr zeigen> bestätigen.
- Variable Werte im Einstellungsfenster „Teilung" anpassen.
- Auswahl von Kanal, Bogen oder Übergang für Separator -Teil A.
- Länge des Kanalteils definieren (evtl. variable Werte in der VENTURIS Eingabemaske für Separator –Teil A festlegen.) Werte mit <OK> (Return) bestätigen.
- Auswahl von Kanal, Bogen oder Übergang für Separator -Teil B.
- Variable Werte in der VENTURIS Eingabemaske für Separator –Teil B anpassen.
- Werte mit <OK> (Return) bestätigen oder <Abbrechen> für neue Auswahl Teil B.
- Abfrage: „Kanäle als Versand u. Anbauteile markieren?" mit <OK> bestätigen oder über Schalter: Abbrechen (Cancel) ablehnen.

Hinweis:
Die Abgänge (Teil A, B u. C) sollten sinnvoll an die zulässige Geschwindigkeit (m/s) und an den größtmöglichen Volumenstrom (m3/h) angepasst werden. Hierbei kann der VENTURIS -Kanalschieber zur schnellen Querschnittsberechnung benutzt werden. (VENTURIS- Menü: Werkzeug → Kanalschieber. Siehe auch berechnen eines Querschnitts mit dem „VENTURIS -Kanalschieber", Kapitel 49, Seite 91.)

13. Enddeckel auf Kanal planen:

(VENTURIS Menü: Platzieren → Eckig → Enddeckel)

Zell-Selektor für **Enddeckel** →

Nach Anwahl von „Enddeckel" im Menü „Eckige Kanäle"
erscheint ein Zell-Selektor zur Auswahl der verschiedenen Enddeckel/Endboden-Arten.
(Voreinstellung ist die Markie-rung mit Pfeil auf Zell-Selektor oben rechts)

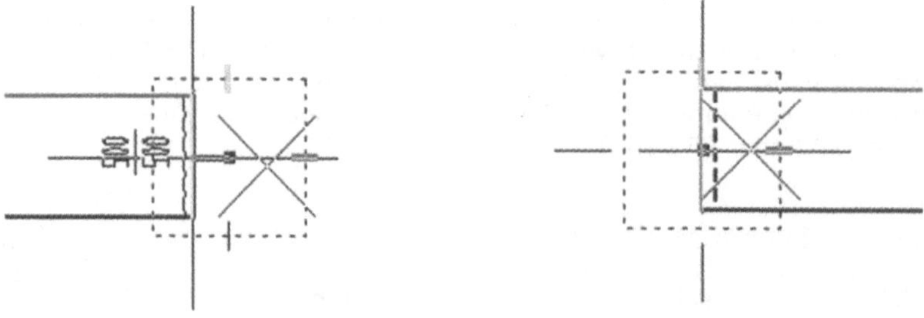

Beispiel Enddeckel:
Überstehend an Kanal planen.

Innen abschließend an Kanal planen.

> Nach Auswahl einer **Enddeckel-Art** im Zell-Selektor erscheint das Einstellungsfeld „Gitter" und „Zelle Farbe, Ebene". Der Enddeckel befindet sich bereits am Cursor.

Einstellungsfeld:
„Gitter" und „Zelle Farbe, Ebene"

(Unter den hervorgehobenen Schaltern wie „Hersteller" , „Typ" etc. können Enddeckel und Gitter von verschiedenen Herstellern definiert und ausgewählt werden.)

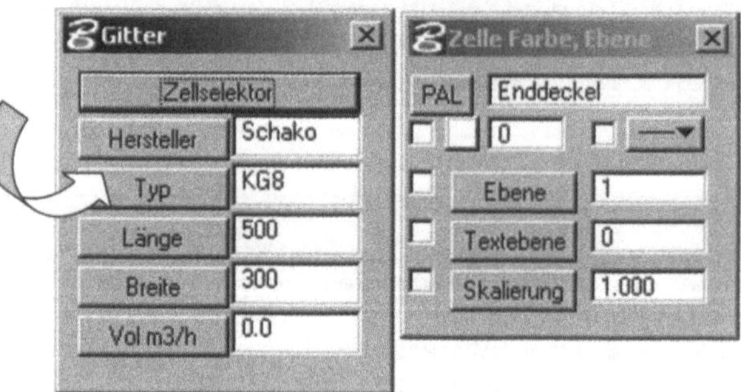

> Durch **setzen eines TENTPNT** an das Ende eines vorh. Kanals wird der Enddeckel platziert. Durch Bewegen des Cursors über den Snap-Punkt kann der Enddeckel ausgerichtet (gespiegelt) werden.

> Durch die entsprechende **Richtungsvorgabe** und anschl. **bestätigen mit DATAPNT** wird der Enddeckel gesetzt. Die Eigenschaften des Referenzobjektes werden automatisch übernommen.

Hinweis:
Ein Kanal mit Enddeckel versehen, erhält als Datenbankeintrag unter Rahmen: „BO/SB.." (siehe Pfeil auf Graphik). BO steht für Boden (Endboden). Ein Kanalhersteller produziert diesen Kanal also mit Endboden. Der dazugehörige Enddeckel wäre überflüssig. Daher sollte der Enddeckel in seinem Datenbankeintrag auf Liste= 0 gesetzt werden.

Ein Kanal mit Enddeckel versehen erhält als Datenbankeintrag unter Rahmen: „BO/SB..."

BO= Boden (Endboden)

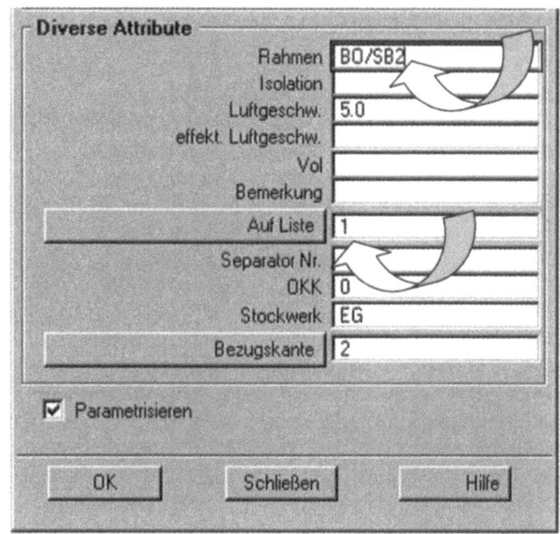

Zusammenfassung „Enddeckel/Endboden planen":

- In der Toolbox „Endboden auf Kanal planen" anwählen.
- Auswahl einer Endboden-Art im Zell-Selektor.
- Optional: Auswahl eines Herstellers, Typ etc. im Einstellungsfenster: „Gitter".
- Setzen eines TENTPNT an das entsprechende Kanalende.
- Ausrichten des Endbodens durch bewegen des Cursors über den Snap-Punkt.
- Nach der Richtungsvorgabe den Endboden über DATAPNT absetzen.

14. Runder Kanal (R) planen:

(VENTURIS Menü: Platzieren → Rund → Rohr/ Kanal rund)

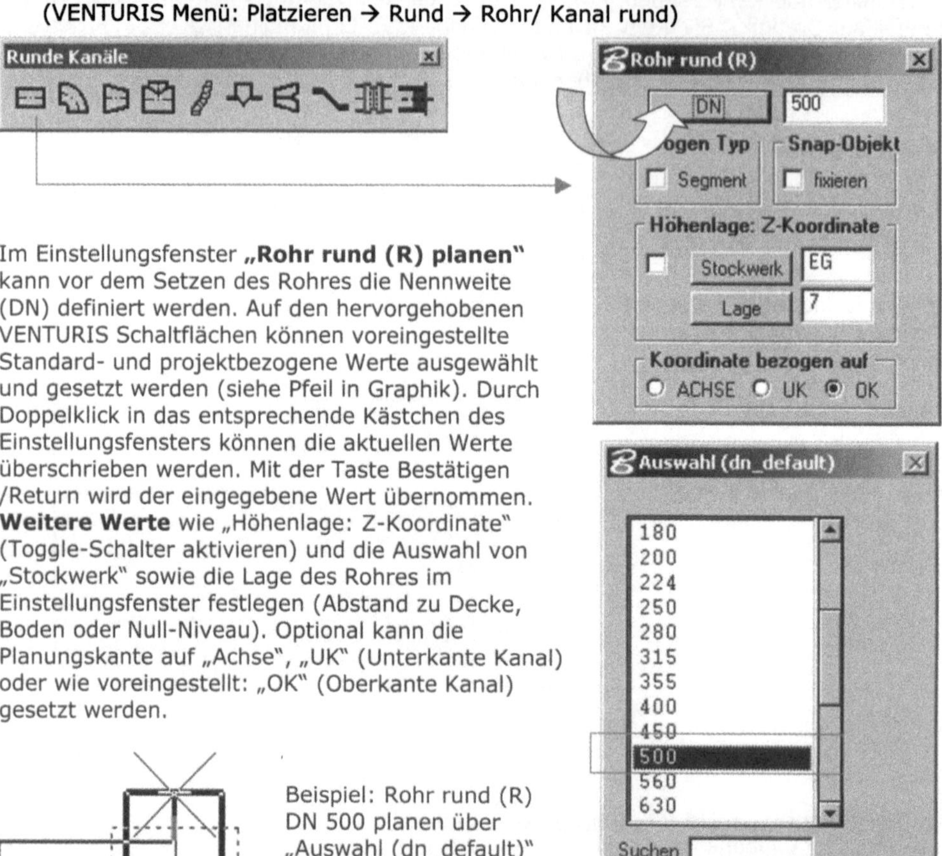

Im Einstellungsfenster **„Rohr rund (R) planen"** kann vor dem Setzen des Rohres die Nennweite (DN) definiert werden. Auf den hervorgehobenen VENTURIS Schaltflächen können voreingestellte Standard- und projektbezogene Werte ausgewählt und gesetzt werden (siehe Pfeil in Graphik). Durch Doppelklick in das entsprechende Kästchen des Einstellungsfensters können die aktuellen Werte überschrieben werden. Mit der Taste Bestätigen /Return wird der eingegebene Wert übernommen. **Weitere Werte** wie „Höhenlage: Z-Koordinate" (Toggle-Schalter aktivieren) und die Auswahl von „Stockwerk" sowie die Lage des Rohres im Einstellungsfenster festlegen (Abstand zu Decke, Boden oder Null-Niveau). Optional kann die Planungskante auf „Achse", „UK" (Unterkante Kanal) oder wie voreingestellt: „OK" (Oberkante Kanal) gesetzt werden.

Beispiel: Rohr rund (R) DN 500 planen über „Auswahl (dn_default)" mit Richtungsänderung (y+ Achse) im Inkrement von 90°.

> Durch **setzen eines DATAPNT** in der Zeichnung wird der Anfangspunkt des Rohres bestimmt. Nach setzen des DATAPNT kann mit Hilfe von AccuDraw sowohl in x (+/-) oder y (+/-)-Richtung gesteuert werden. Die Achsensperre/Inkrement (Axis Lock) ist standardmäßig voreingestellt auf 90° .

> Nach der **Richtungsvorgabe** (im Beispiel oben die x+ Achse) empfiehlt sich, durch betätigen der Taste: Bestätigen/Return, die Achse vorübergehend zu sperren (Smart Lock). Nun kann die **Länge des Rohres** (Endpunkt) über die Tastatur eingegeben werden z. Bsp. 3000 (Zu beobachten im AccuDraw Eingabefeld).

Zusammenfassung „Rohr rund (R) planen":

- In der Toolbox „Rohr rund (R) planen" anwählen.
- Im Einstellungsfeld „Rohr rund" die Nennweite und die Optionen festlegen.
- Anfangspunkt des Rohres durch DATAPNT in Zeichnung setzen.
- Richtungsvorgabe und Achse mit Bestätigen/Return sperren.
- Eingabe der Länge (Endpunkt) über Tastatur.

Wird die Funktion „Rohr rund (R) planen" fortgeführt, so wird bei der Richtungsänderung z. Bsp. in y+ Achse am Schnittpunkt der Achsen automatisch ein Bogen (BR) gesetzt. (Ist der Toggle-Schalter „Segment" im Einstellungsfenster aktiviert, wird ein Segment-Bogen (BSEG) gesetzt.) Der Bogen (BR/BSEG) übernimmt alle Eigenschaften des Kanalteils.

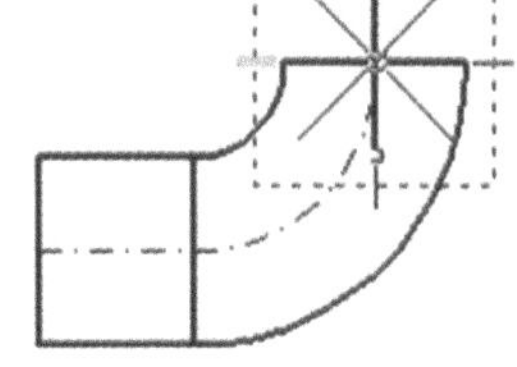

Beispiel:
Bei einer Richtungsänderung wird automatisch ein Bogen (BR) bzw. Segment-Bogen (BSEG) gesetzt.

Durch aktivieren des Toggle-Schalters: **„Snap Objekt fixieren"** kann ein weiteres Rohr in einem bestimmten Abstand zu einem bereits bestehenden Rohr geplant werden.

Beispiel: Rohr über „Snap Objekt fixieren" planen.

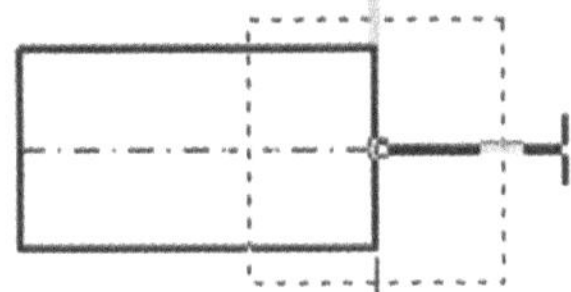

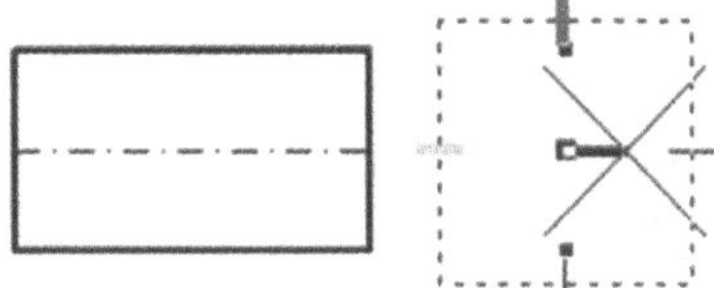

Vorgehensweise: „Snap Objekt fixieren"

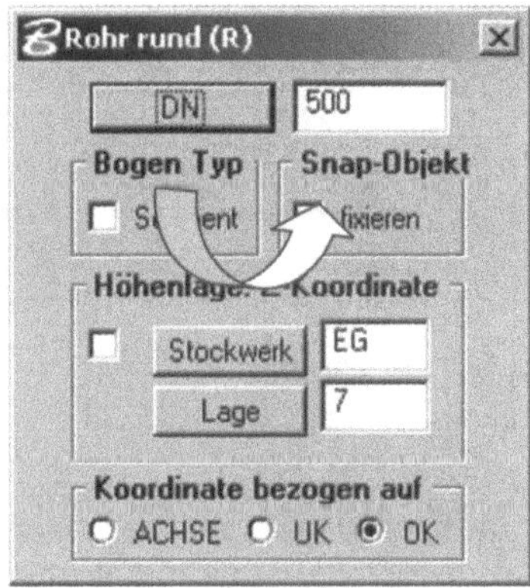

> **TENTPNT** stirnseitig an das Referenzobjekt setzen.

> Toggle-Schalter **„Snap Objekt fixieren"** im Einstellungsfenster für Rohr aktivieren.

> **Richtungsvorgabe** und **Abstandsangabe** zum Referenzobjekt über AccuDraw eingeben und bestätigen mit der Eingabetaste.

> **Rohrlänge** in AccuDraw festlegen und bestätigen.

Zusammenfassung „Snap Objekt fixieren":
- In der Toolbox „Rohr rund (R) planen" anwählen.
- TENTPNT stirnseitig an das Referenzobjekt setzen.
- Im Einstellungsfeld „Rohr rund" den Toggle-Schalter „Snap Objekt fixieren" aktivieren.
- Richtungsvorgabe und Abstandsangabe zum Referenzobjekt über AccuDraw eingeben und bestätigen.
- Eingabe der Rohrlänge (Endpunkt) über Tastatur oder Bezugspunkt setzen (rasten).

15. Rohrteil an Rohr planen (seitlicher Anschluss):

(VENTURIS Menü: Platzieren → Rund → Rohr/Kanal rund)

VENTURIS bietet mit dieser Funktion die Möglichkeit, ein Rohrteil lotrecht zu einem Referenzobjekt zu planen. Bei dieser Funktion wird bei einem seitlichen Anschluss an ein Kanalteil automatisch ein „Stutzen rund (STR)" und bei einem seitlichem Anschluss an ein Rohr ein „Sattelstutzen (SST)" gesetzt.

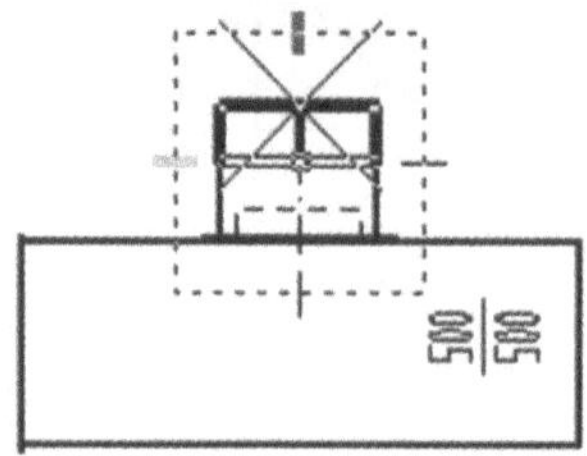

Beispiel: Rohrteil seitlich an Kanal mit STR.

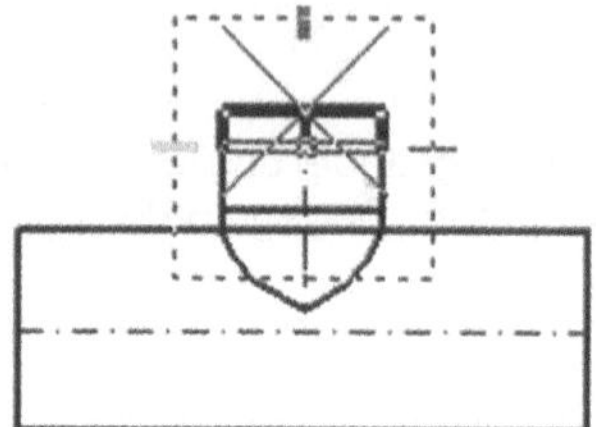

Rohrteil seitlich an Rohr mit SST.

> Durch **setzen eines TENTPNT** an einen vorhandenen Kanal wird der Anschluss/ Anfangspunkt des Rohrabgangs bestimmt.

> Durch **setzen eines DATAPNT** wird der Anschluss gesetzt (bestätigt).

In der Regel ist der Querschnitt der Abzweigung kleiner als der Hauptkanal/Rohr. Daher ergeben sich mehrere Anschlussmöglichkeiten in Bezug zur (in 2D nicht sichtbaren) Z-Achse (siehe Grafik unten rechts). Je nach Auswahl der (3) gegebenen Optionen passt VENTURIS die Höhenquote automatisch zu der des Hauptkanals an.

Beispiel: Seitlicher Anschluss an Kanalteil (OKK = Oberkante Kanal) → **einmitten**

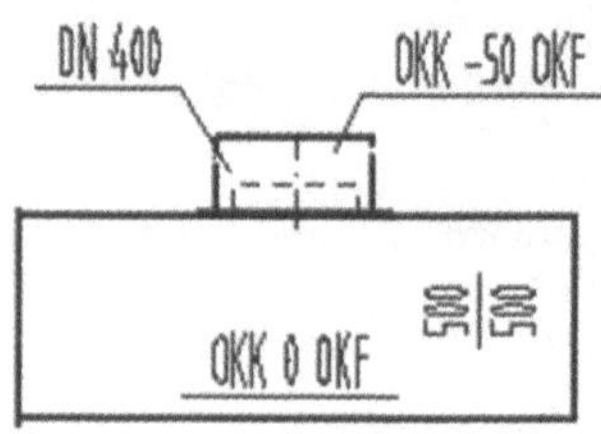

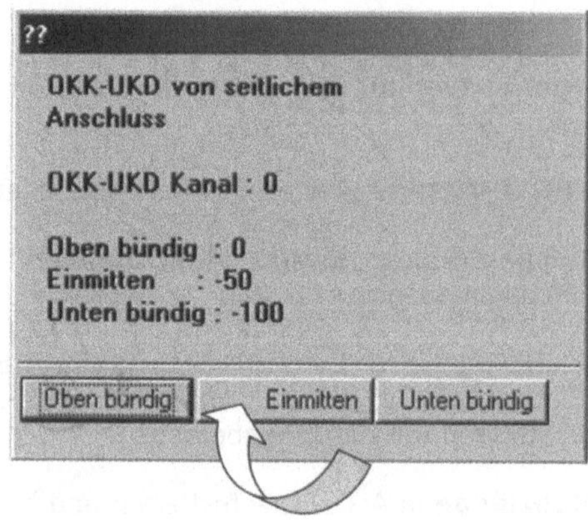

> Bestimmen der **Anschlusskante -OKK**

> Nun kann die **Länge des Rohrteils** (Endpunkt) über die Tastatur eingegeben werden z. Bsp. 800 (Zu beobachten im AccuDraw Eingabefeld).

Zusammenfassung „Rohrteil an Kanal/Rohr planen":

- In der Toolbox „Rohr rund (R) planen" anwählen.
- Im Einstellungsfeld „Rohr rund (R)" die Abmessungen bestimmen.
- Abzweigung durch setzen von TENTPNT seitlich an das Referenzobjekt bestimmen.
- Mit DATAPNT bestätigen (oder mit RESET ablehnen).
- Bestimmen der Anschlusskante -OKK (Oben bündig; Einmitten; Unten bündig)
- Eingabe der Länge (Endpunkt) über AccuDraw oder Tastatur.

16. Bogen rund (BR) Segmentbogen (BSEG) planen:

(VENTURIS Menü: Platzieren → Rund → Bogen planen)

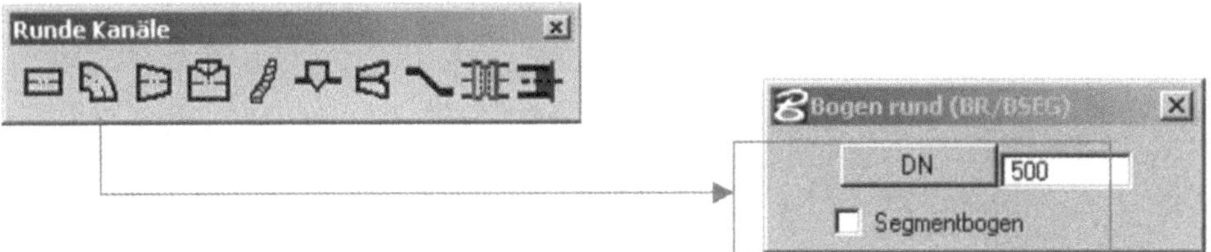

Im Einstellungsfenster **„Bogen rund (BR/BSEG)"** kann vor dem Setzen des Bogens die Nennweite (DN) definiert werden. Auf den hervorgehobenen VENTURIS Schaltflächen können voreingestellte Standard-Werte ausgewählt und gesetzt werden.
Durch Doppelklick in das entsprechende Kästchen des Einstellungsfensters, können die aktuellen Werte überschrieben werden. Mit der Taste Bestätigen/Return wird der eingegebene Wert übernommen. Zum Setzen eines Segmentbogen den Toggle-Schalter: „Segmentbogen" im Einstellungsfenster „Bogen rund" aktivieren. Die Eigenschaften des Referenzobjektes werden automatisch übernommen.

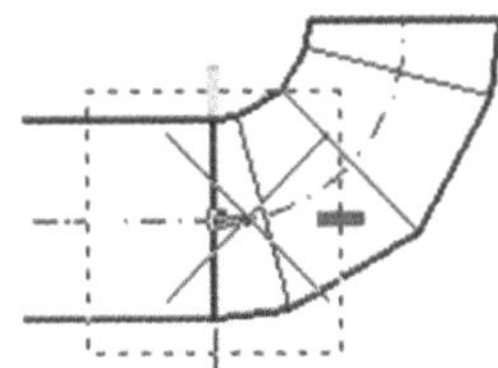

Beispiel: Segmentbogen (90°) an Rohr planen.

> Durch **setzen eines TENTPNT** stirnseitig an ein vorhandenes Rohr wird im Anschluss ein Bogen gesetzt. Dabei werden alle Eigenschaften des Referenzobjektes übernommen und es erscheint die **VENTURIS Eingabemaske** für Bogen rund (BR/BSEG).

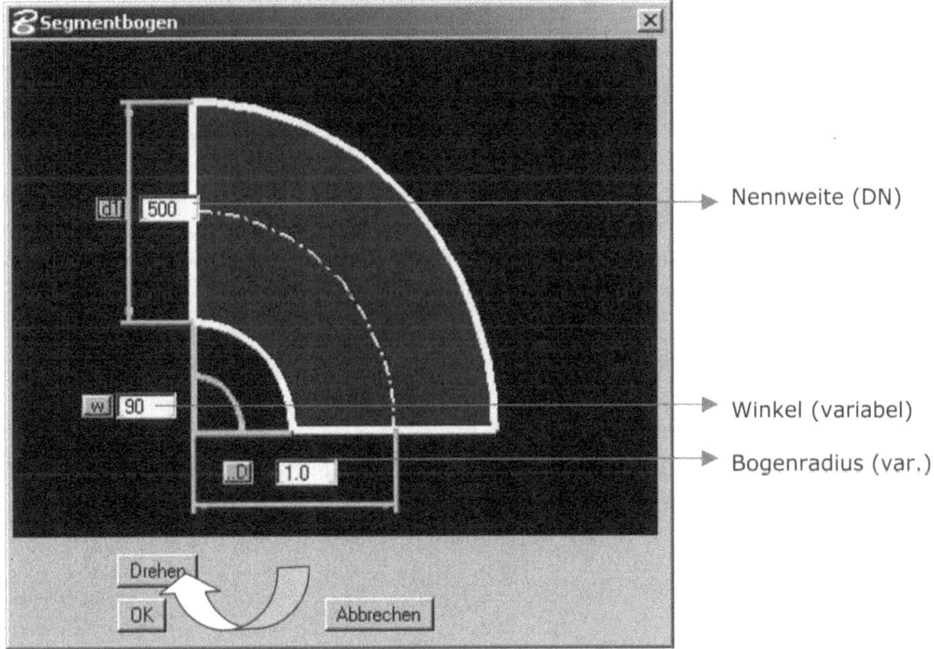

> Durch Betätigen des Schalters **„Drehen"** (Voreinstellung 90°) kann der Bogen nach Bedarf ausgerichtet werden.

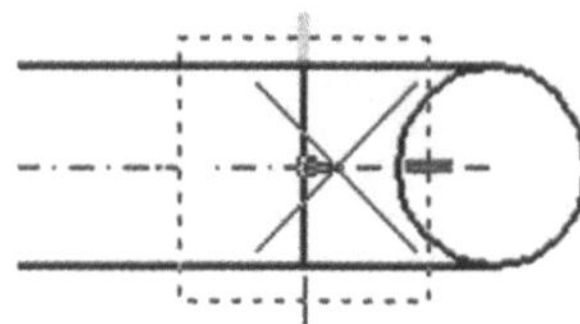

Beispiel: Bogen rund nach oben.

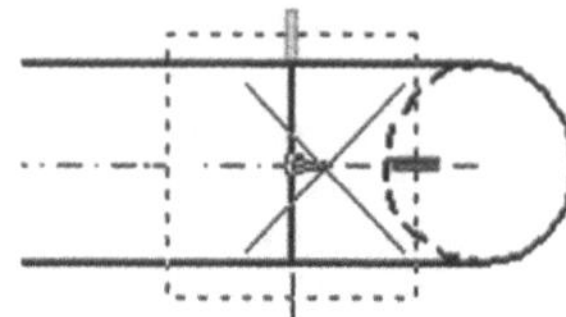

Beispiel: Bogen rund nach unten (gestrichelt).

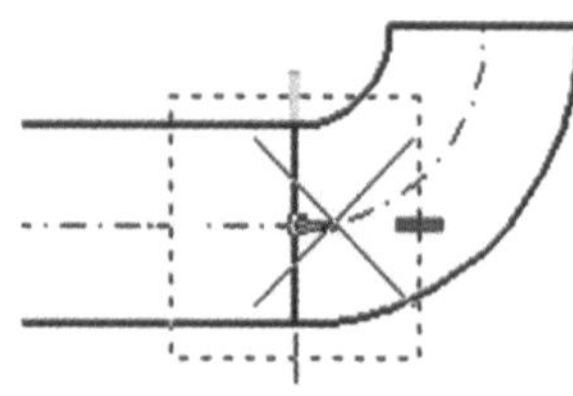

Beispiel: Bogen rund nach links

> **Die variablen Werte** des Bogens wie: **Winkel; Radius** und optional: **Drehen** können nun in der Bogen-Eingabemaske nach Bedarf angepasst werden. Durch betätigen der Bestätigen/Return Taste werden die neu definierten Werte zugleich graphisch umgesetzt.

> Nachdem alle variablen Werte angepasst wurden, wird der Bogen durch betätigen der **<OK>** -Taste in der VENTURIS Eingabemaske gesetzt.

Zusammenfassung „Bogen rund (BR) Segmentbogen (BSEG) planen":

- In der Toolbox „Bogen rund (BR) planen" anwählen.
- Im Einstellungsfeld „Bogen rund" eventuell die Abmessungen bestimmen.
- Bogen durch setzen von TENTPNT an Rohr anschließen.
- Variable Werte in der VENTURIS Eingabemaske nach Bedarf anpassen.
- Bogen setzen durch Betätigen der <OK> -Taste in der VENTURIS Eingabemaske. (Oder über die RESET -Taste ablehnen.)

Hinweis:
Die unter Schalter **„..D"** für Bogenradius hinterlegten Größen sind Multiplikatoren des Bogendurchmessers. Beispiel: „..D= 1.5" x Rohr Ø 200 = 300mm Bogenradius. In der Praxis ist ein Bogenradius von: „..D= 1.0" üblich.

17. Reduktion (RED) planen:

(VENTURIS Menü: Platzieren → Rund → Reduktion planen)

Im Einstellungsfenster **„Reduktion (RED) planen"** kann vor dem Setzen der Reduktion die Nennweite (DN) definiert werden. Über „Reduktion planen" kann auch eine Nennweiten **(DN) Vergrößerung** geplant werden. Auf der hervorgehobenen VENTURIS Schaltfläche im Einstellungsfenster können auch voreingestellte Standard-Werte ausgewählt und gesetzt werden. Durch Doppelklick in das entsprechende Kästchen des Einstellungsfensters können die aktuellen Werte überschrieben werden. Mit der Taste Bestätigen /Return werden die eingegebenen Werte übernommen. **Diese relativieren sich** jedoch sobald ein vorhandenes Rohrteil angesnappt wird, da die Eigenschaften des Rohres von VENTURIS automatisch übernommen werden.

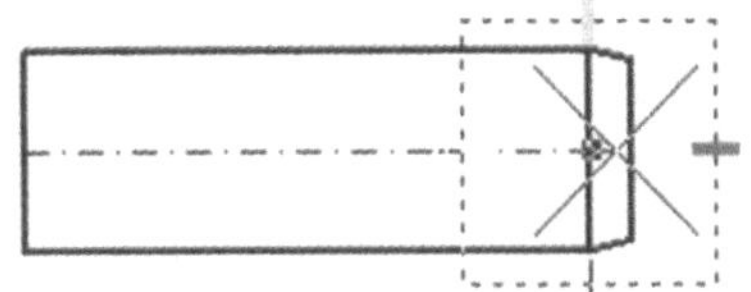

Beispiel: Reduktion (RED) planen.

> Durch **setzen eines TENTPNT** an ein vorhandenes Rohr wird im Anschluss eine Reduktion gesetzt. Dabei werden alle Eigenschaften des Referenzobjektes übernommen und es erscheint die **VENTURIS Eingabemaske** für Reduktion (RED).

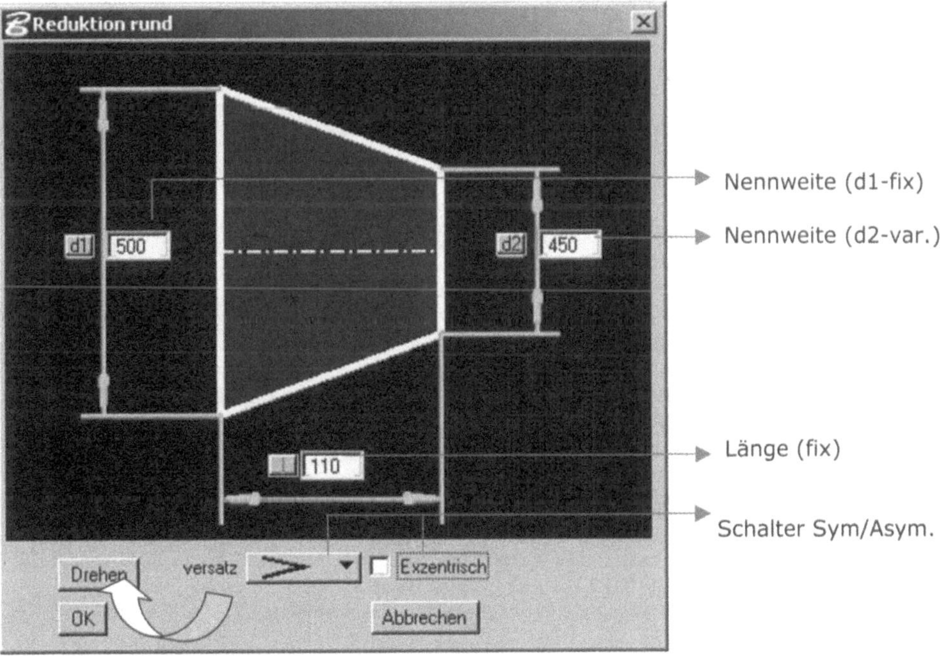

> **Die variablen Werte** der Reduktion wie: **Nennweite d2** sowie **Versatz** (symmetrisch/asymmetrisch) optional **Drehen** und **Exzentrisch** können in der VENTURIS Eingabemaske nach Bedarf angepasst werden. Durch betätigen der Bestätigen/Return Taste werden die neu definierten Werte zugleich graphisch umgesetzt.

Im Einstellungsfenster „Reduktion" können voreingestellte Standard-Werte über den Schalter „DN" ausgewählt und gesetzt werden.

In der VENTURIS Eingabemaske „Reduktion" können voreingestellte Standard-Werte über die Schalter: „d1 und d2" ausgewählt und gesetzt werden. Die Reduktion greift auf die Datei: *../env/db/vent/**red*** zu. In dieser Datei sind die zugelassenen Nennweitensprünge und die entsprechenden Längen der Reduktion definiert. Wird bei d2 eine Nennweite ausgewählt die in der Datei „red" nicht definiert ist, erscheint die Warnung: **„Kein Datenbankeintrag"**.
Das heißt: der angegebene Nennweitensprung ist nicht genormt und somit auch nicht erlaubt.
(Durch setzen einer Reduktion an einen Bogen oder Formstück wird am Anschluss automatisch eine Muffe gesetzt.)

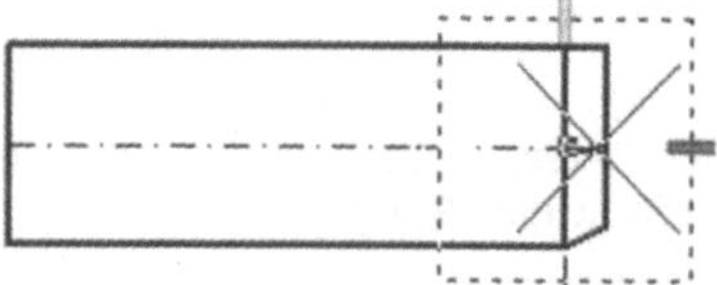

Beispiel: Reduktion „exzentrisch"

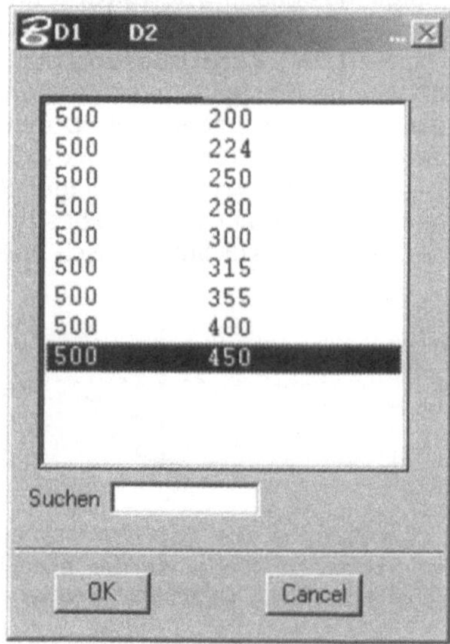

Auswahlfenster für Reduktionen

Die Funktion **„Drehen"** der Reduktion ist nur möglich in Verbindung mit **„Exzentrisch"**. (Toggle-Schalter für Exzentrisch betätigen!)

Der **Versatz** der Reduktion (nur in Verbindung mit exzentrischen Reduktionen) ist im 2D-Bereich nicht sichtbar. Daher bietet VENTURIS die Voreinstellungen: Oberkante Kanal (OK) glatt, Unterkante Kanal (UK) glatt und symmetrisch zur Auswahl an. Diese Planungskante sollte in der VENTURIS Eingabemaske (siehe Schalter Versatz) stets beachtet werden.

> Nachdem alle variablen Werte angepasst wurden, wird die Reduktion durch betätigen der **<OK>** -Taste in der VENTURIS Eingabemaske gesetzt.

Zusammenfassung „Reduktion (RED) planen":
- In der Toolbox „Reduktion (RED) planen" anwählen.
- Im Einstellungsfeld „Reduktion" eventuell die Abmessungen bestimmen.
- Reduktion durch setzen von TENTPNT an Rohr/Bogen/Komponente anschließen.
- Variable Werte in der VENTURIS Eingabemaske nach Bedarf anpassen.
- Reduktion setzen durch betätigen der <OK> -Taste in der VENTURIS Eingabemaske.

18. T-Stück rund (TSTK) planen:

(VENTURIS Menü: Platzieren → Rund → T-Stück)

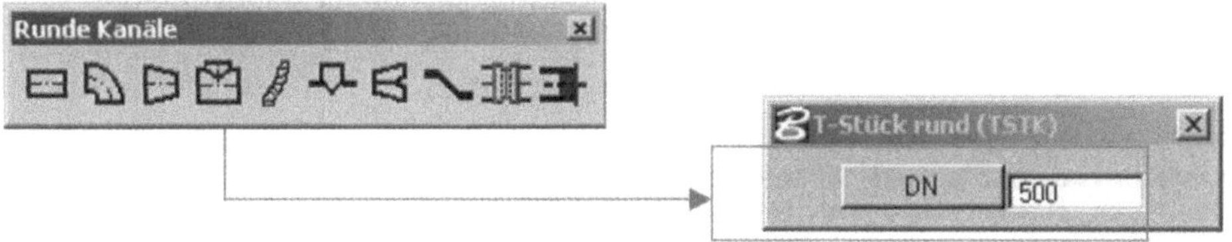

Im Einstellungsfenster **„T-Stück rund (TSTK) planen"** kann vor dem Setzen des T-Stücks die Nennweite (DN) definiert werden. Auf der hervorgehobenen VENTURIS Schaltfläche des Einstellungsfenster können voreingestellte Standard-Werte ausgewählt und gesetzt werden. Durch Doppelklick in das entsprechende Kästchen des Einstellungsfensters können die aktuellen Werte überschrieben werden. Mit der Taste Bestätigen /Return werden die eingegebenen Werte übernommen. **Diese relativieren sich** jedoch sobald ein vorhandenes Rohrteil angesnappt wird, da die Eigenschaften des Referenzobjektes automatisch übernommen werden.

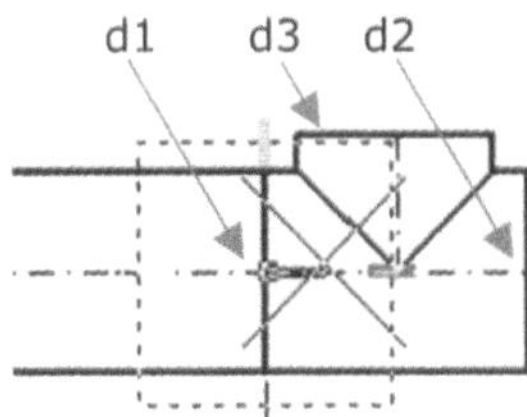

Beispiel: T-Stück rd. an Rohrteil planen.
(Abgang d2 und d3 variabel einstellbar).

> Durch **setzen eines TENTPNT** an ein vorhandenes Rohr wird im Anschluss ein T-Stück rund gesetzt. Dabei werden alle Eigenschaften des Referenzobjektes übernommen und es erscheint die **VENTURIS Eingabemaske** für T-Stück rund (TSTK).

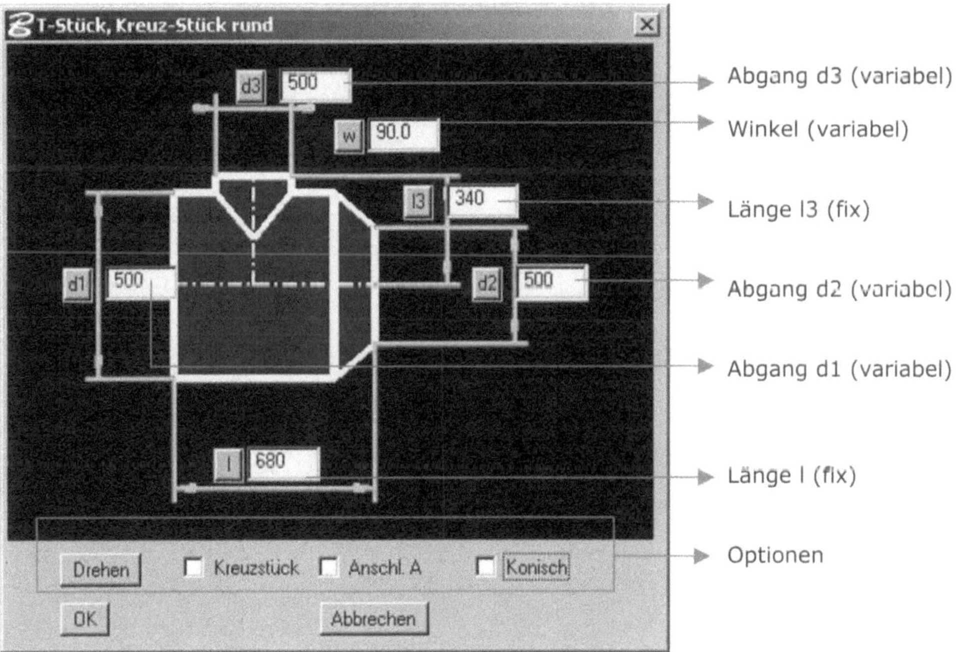

> **Die variablen Werte** des T-Stück rund wie: **Abgang d2, Abgang d3, Winkel** und optional **Drehen; Kreuzstück; Anschl. A** und **Konisch** können in der VENTURIS Eingabemaske nach Bedarf angepasst werden. (Durch betätigen der Bestätigen/Return Taste werden die neu definierten Werte zugleich graphisch umgesetzt)

In der VENTURIS Eingabemaske „T-Stück rund" können voreingestellte Standard-Werte über die Schalter „d1, d2 und d3" ausgewählt und gesetzt werden. Das T-Stück greift auf die Dateien: **tstk_r_90, tstk_r_45, tstk_90, tstk_45** im Verzeichnis: ..VENTURIS/env/db/vent/ zu.

In diesen Dateien sind die zugelassenen Nennweitensprünge mit den entsprechenden Längen definiert. Wird bei „d1, d2 oder d3" eine Nennweite ausgewählt die in den genannten Dateien nicht definiert ist, erscheint die **Warnung: „Kein Datenbankeintrag".** Das heißt: der angegebene Nennweitensprung ist nicht genormt und somit auch nicht erlaubt.

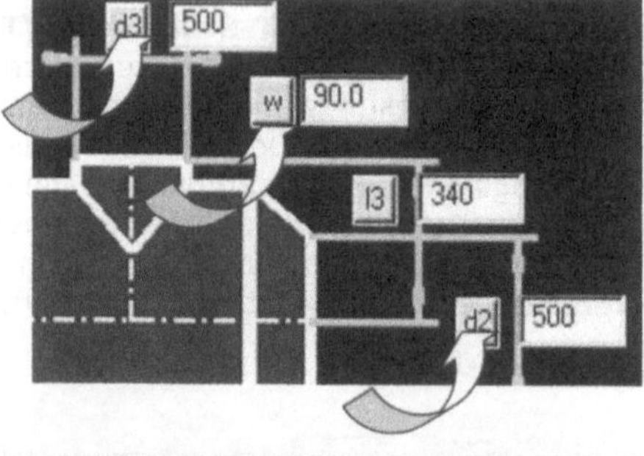

Beispiel: „Kreuzstück" rund.

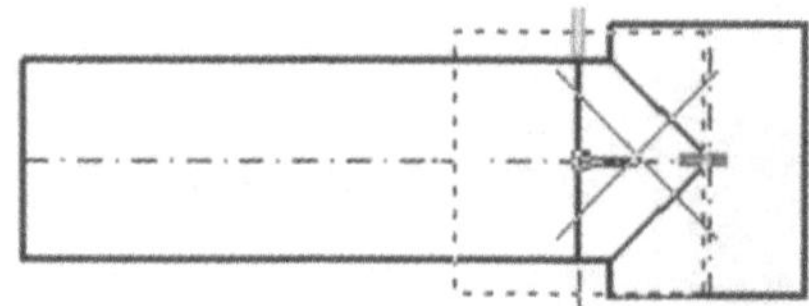

Beispiel: T-Stück rund → „Anschl. A".
Auswahlfenster für T-Stücke rund.

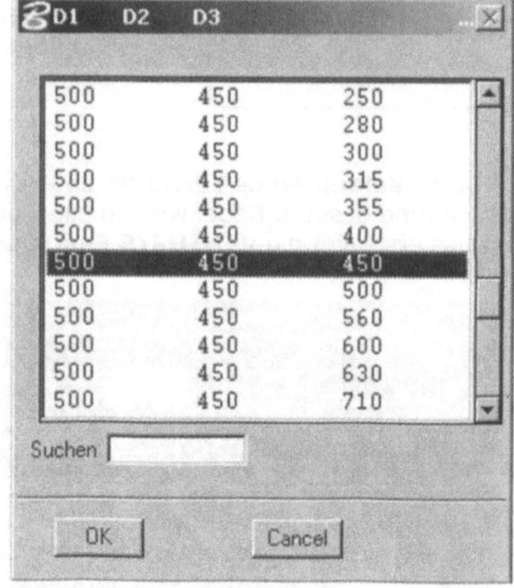

D1	D2	D3
500	450	250
500	450	280
500	450	300
500	450	315
500	450	355
500	450	400
500	450	450
500	450	500
500	450	560
500	450	600
500	450	630
500	450	710

In der VENTURIS Eingabemaske: „T-Stück rund" kann unter dem Schalter „w" (Winkel) der optionale Winkel von 45° für Abzweig „d3" gesetzt werden. (Winkel über Schalter „w" auswählen, nicht manuell überschreiben!)

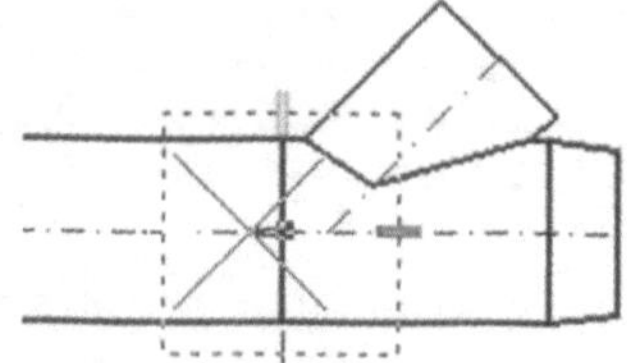

> Durch betätigen des Schalters **„Drehen"** kann das T-Stück im Inkrement von 90° um die eigene Achse gedreht werden.

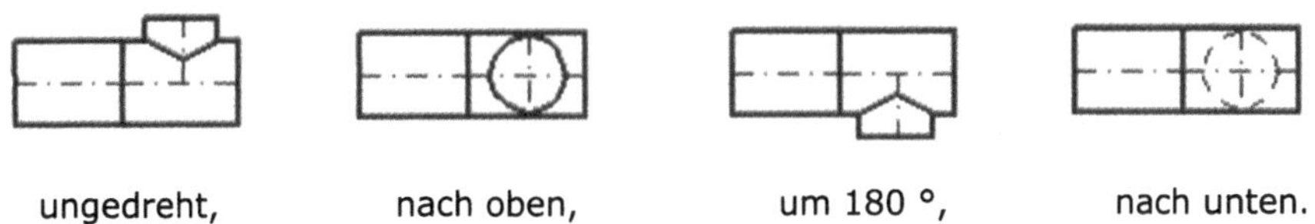

ungedreht, nach oben, um 180 °, nach unten.

> Durch betätigen des Toggle-Schalters **„Konisch"** kann auch ein konisches T-Stück gesetzt werden.

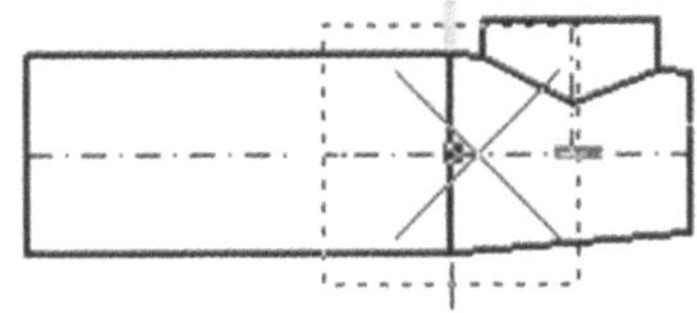

Beispiel: T-Stück „konisch"

> Durch setzen eines T-Stück an einen Bogen oder Formstück wird am Anschluss automatisch eine Muffe gesetzt.

> Nachdem alle variablen Werte angepasst wurden, wird die Reduktion durch betätigen der **<OK>** -Taste in der VENTURIS Eingabemaske gesetzt.

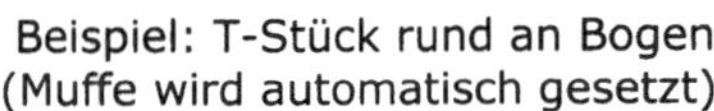

Beispiel: T-Stück rund an Bogen
(Muffe wird automatisch gesetzt)

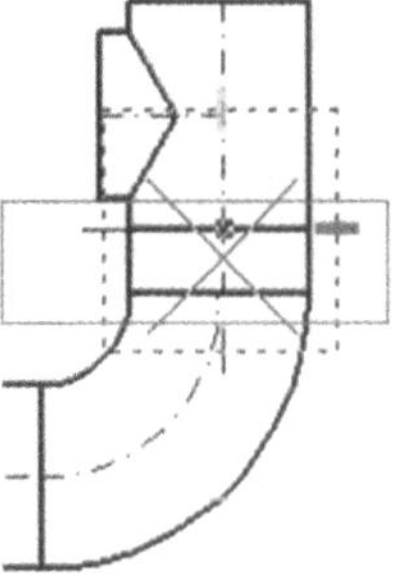

Zusammenfassung „T-Stück rund (TSTK) planen":

- In der Toolbox „T-Stück rund (TSTK) planen" anwählen.
- T-Stück durch setzen von TENTPNT an das Referenzobjekt anschließen.
- Variable Werte in der VENTURIS Eingabemaske über die Schalter „d2, d3 u. w" anpassen.
- Optional: „Drehen; Kreuzstück; Anschl. A und Konisch".
- T-Stück setzen durch betätigen der <OK> -Taste in der VENTURIS Eingabemaske (oder über die RESET ablehnen).

Hinweis:
Ein konisches T-Stück und ein Winkel von 45° an Abzweig „d3" begünstigt die Anströmung von Komponenten. Die Abgänge „d2" und „d3" sollten sinnvoll an die zulässige Geschwindigkeit (m/s) und an den größtmöglichen Volumenstrom (m3/h) angepasst werden. Die variablen Werte des T-Stücks sollten nur über die hervorgehobenen Schalter „d2, d3 und w" ausgewählt werden. Damit wird Gewährleistet das die Länge: „l" und „l3" von VENTURIS normgerecht angepasst wird!

19. Flexibles Rohr (RF) planen:

(VENTURIS Menü: Platzieren → Rund → Flexibles Rohr)

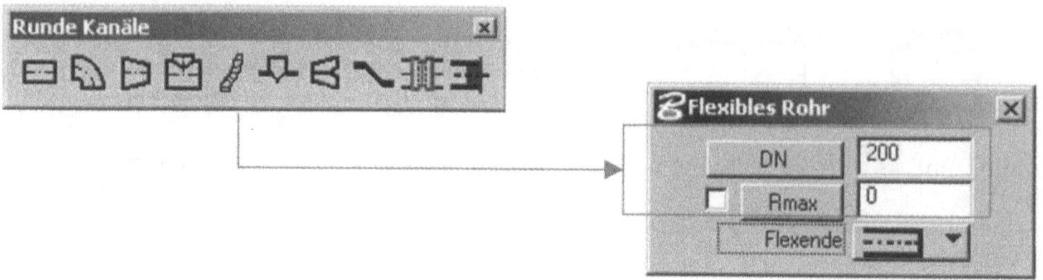

Im Einstellungsfenster **„Flexibles Rohr (RF) planen"** kann vor dem setzen des Rohres die **Nennweite (DN)** definiert werden. Auf den hervorgehobenen VENTURIS Schaltflächen können voreingestellte Standard-Werte ausgewählt und gesetzt werden. Durch Doppelklick in das entsprechende Kästchen des Einstellungsfensters können die aktuellen Werte überschrieben werden. Mit der Taste Bestätigen /Return wird der eingegebene Wert übernommen.

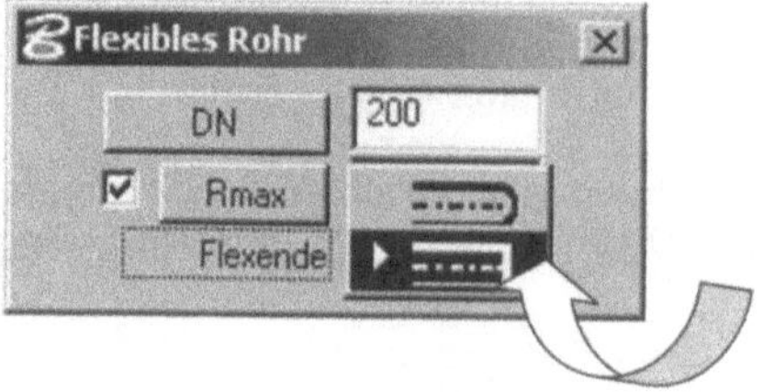

Weitere Werte wie **Rmax** (Maximaler Innenradius des flexiblen Rohres) und **Flexende** („Stumpf" bei Anschluss an Drallauslass oder „Gerundet" bei Anschluss an Tellerventil) festlegen. Das flexible Rohr kann sowohl manuell als auch automatisch gesetzt werden. Die manuelle Methode wird angewandt bei einer Verbindung zweier Rohre, aber auch zum Anschließen eines Auslasses oder Tellerventils. Die automatische Methode über Zaun (Fence) platzieren wird vorwiegend angewandt zum Anschluss eines Auslasses oder mehrerer Auslässe gleichzeitig.

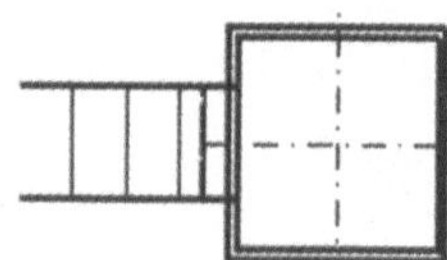

Beispiel: Flexende „Stumpf" Flexende „Gerundet"

Vorgehensweise beim manuellen Anschluss eines Auslasses:

> In der Toolbox „Flexibles Rohr planen" anwählen und die variablen Werte im Einstellungsfenster definieren. (Im Beispiel wurde eine Nennweite von DN 160 gewählt.)

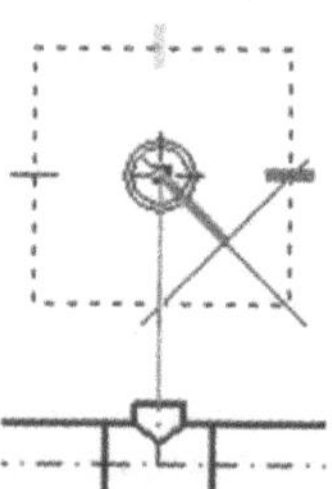

> **Setzen eines TENTPNT** an das anzuschließende Rohr (Bogen oder eckigen Kanal). Richtungsvorgabe über AccuDraw Bestätigen/Return für Smart-Lock. (Mehrere Punkte können nun über DATAPNT gesetzt werden, um das flexible Rohr ganz individuell darzustellen.)

>Setzen eines **weiteren TENTPNT** an den anzuschließenden Auslass.

> Über die **Reset-Taste** der Maus das Flexible Rohr setzen.
Das Flexible Rohr wird an die Attribute wie: Anlage, Luftart etc. des Rohres angepasst.

Vorgehensweise beim automatischen Anschluss mehrerer Auslässe:
(VENTURIS Menü: Platzieren → Auslässe anschließen)

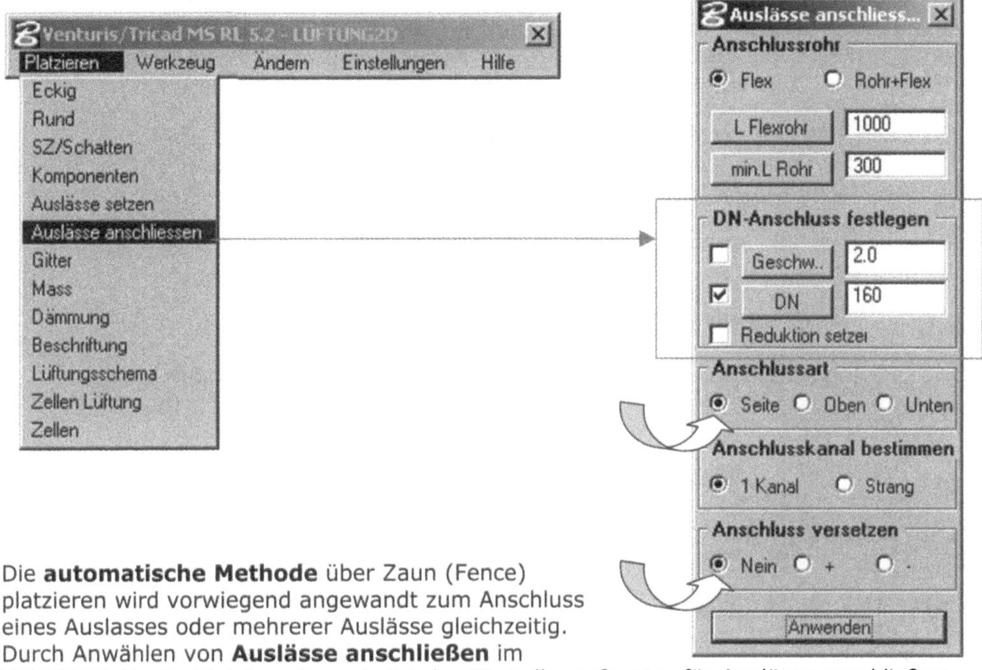

Die **automatische Methode** über Zaun (Fence) platzieren wird vorwiegend angewandt zum Anschluss eines Auslasses oder mehrerer Auslässe gleichzeitig. Durch Anwählen von **Auslässe anschließen** im VENTURIS Menü „Platzieren" erscheint das Einstellungsfenster für Auslässe anschließen. Hier können Eigenschaften wie: „Anschlussrohr" (Nur Flex oder Rohr mit Flex), „Anschlussart" (Seite, Oben, Unten), „Anschlusskanal" und „Anschluss versetzen" (Nein oder +/-) definiert werden.

Beispiel:
Automatischer Anschluss über Zaun/Fence und der Option: Anschluss versetzen „Nein".

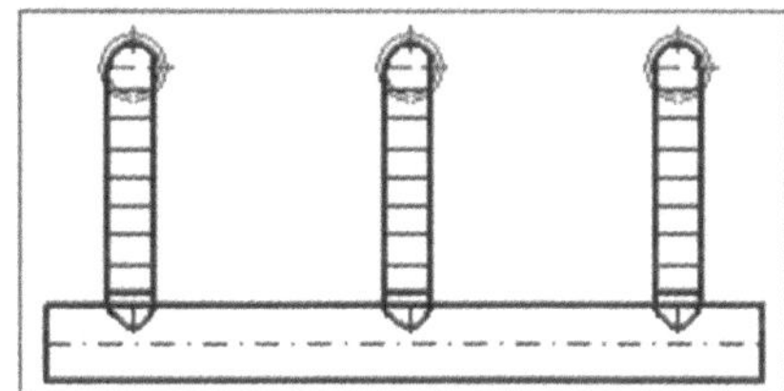

Beispiel:
Automatischer Anschluss über Zaun/Fence und der Option: Anschluss versetzen „-".

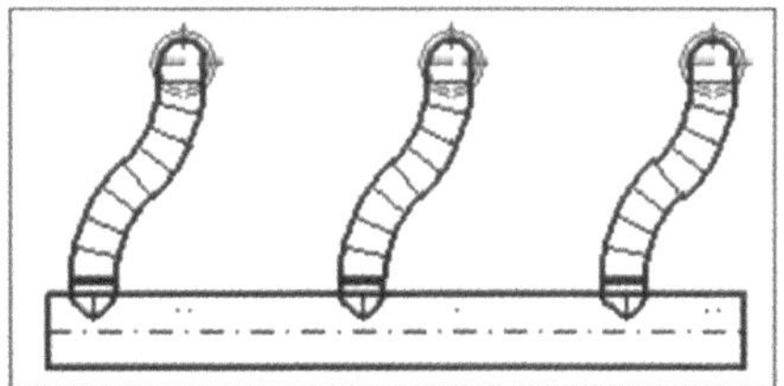

Hinweis:
In der Regel sollte ein Anschluss mit flexiblem Rohr ***aus Kostengründen*** die Länge von 1,0 m max. 1,3 m nicht überschreiten. Daher ist es ratsam beim automatischen Anschluss von Auslässen die Option: „Rohr+Flex" zu wählen und die Längen: „L-Flex-Rohr" (z. Bsp.: 1000 mm) und „mind. L-Rohr" (300 mm) entsprechend anzupassen.

Erläuterung „Anschlussart" (Seite/oben/unten)

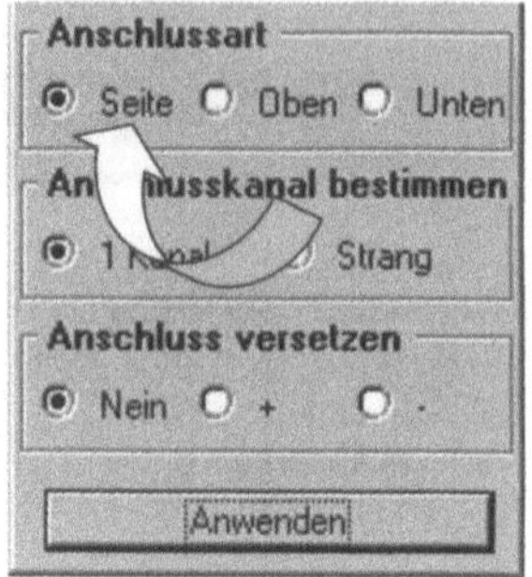

Bei aktivem Toggle-Schalter: **„Seite"**: wird das Anschlussrohr seitlich am Kanal angeschlossen. Bei einem eckigen Kanal erscheint die Abfrage auf welcher Höhenquote (oben/unten/mittig) am Kanal angeschlossen werden soll. Bei aktivem Toggle-Schalter: **„Oben"** wird das Anschlussrohr auf der Oberkante des Kanals angeschlossen. Diese Funktion setzt automatisch einen Anschlussbogen auf den Lüftungskanal. Bei aktivem Toggle-Schalter: **„Unten"** wird das Anschlussrohr auf der Unterkante des Kanals angeschlossen. Diese Funktion setzt automatisch einen Anschlussbogen auf den Lüftungskanal.

Erläuterung „Anschlusskanal bestimmen"

Bei aktivem Toggle-Schalter: **„Kanal"** wird nur der angewählte Kanal angeschlossen. Bei aktivem Toggle-Schalter: **„Strang"** wird am ganzen Strang angeschlossen. Dabei sucht das Programm den am nächsten liegenden Kanal.

Vorgehensweise Auslässe automatisch anschließen:

> **Zaun/Fence** über Rohr und Auslässe setzen. (Die gesamte Rohrlänge und alle Auslässe müssen sich innerhalb des Zauns/Fence befinden.)

> Schalter: **„Anwenden"** im Einstellungsfenster „Auslässe anschließen" anwählen. (Die Auslässe werden farblich hervorgehoben.)

> Das **Rohr/Strang** an dem die Auslässe angeschlossen werden **2x anklicken** (Doppelklick mit DATAPNT). Diese Aufforderung erscheint auch in der Statuszeile von MicroStation. Die flexiblen Rohre wurden gesetzt. Das flexible Rohr wird automatisch an die Attribute des Referenzobjektes angepasst. Am Rohranschluss wird für jeden Abgang automatisch ein Sattelstutzen (SST) gesetzt, bei einem Anschluss an einen Kanal, ein Nietbord /Stutzen rund (STR).

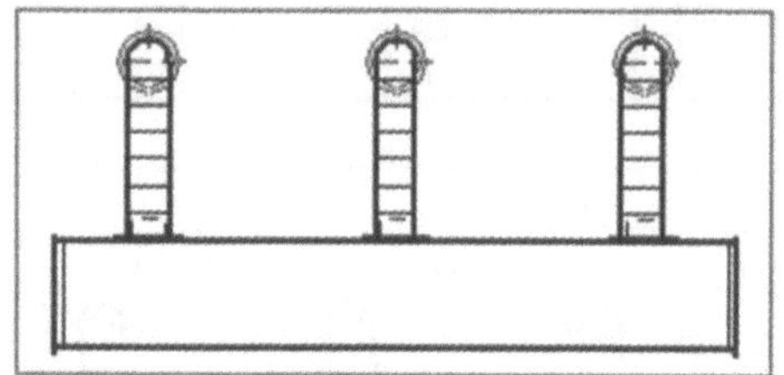

Beispiel:
„Stutzen rund" autom. bei Anschluss an Kanal.

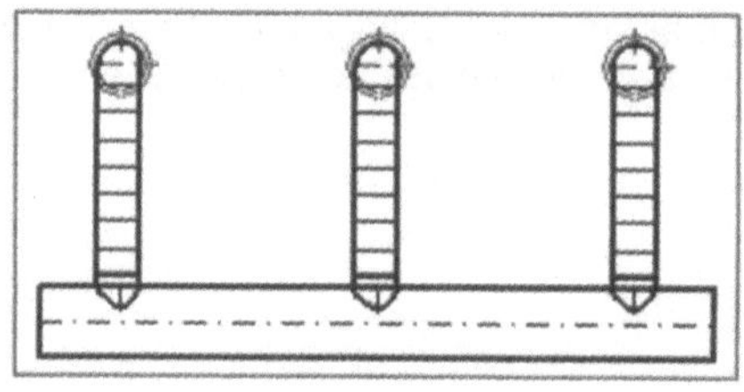

„Sattelstutzen" autom. bei Rohr.

Zusammenfassung „Auslässe anschließen":

- In der Toolbox „Flexibles Rohr (FR) planen" anwählen.
- Im VENTURIS Menü: „Platzieren → Auslässe anschließen" wählen.
- Die Nennweite (DN) und die Optionen festlegen.
- Zaun/Fence über alle relevanten Auslässe und die „gesamte" Rohrlänge platzieren.
- Schalter: „Anwenden" im Einstellungsfenster „Auslässe anschließen" anwählen.
- Anschluss-Rohr mit DATAPNT doppelklicken.

20. Sattelstutzen rund (SST, SSE) planen:

(VENTURIS Menü: Platzieren → Rund → Sattelstutzen rund)

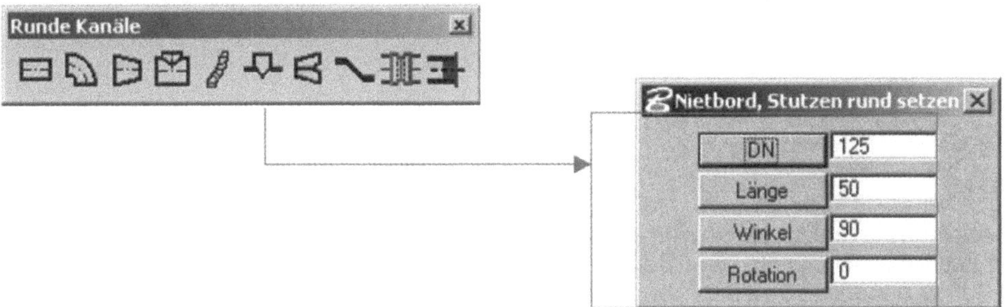

Ein **Stutzen** kann sowohl auf einen geraden Kanal als auch auf ein Rohr gesetzt werden. Bei Anschluss an Kanal wird ein Stutzen rund (SSE) gesetzt und bei Anschluss an Rohr ein Sattelstutzen (SST). VENTURIS stellt automatisch die richtige Stutzenart ein.
Der Stutzen übernimmt automatisch die Eigenschaften des Referenzobjektes wie: Anlage, Luftart etc. Die Höhenquote wird auf die Mitte des Kanals /Rohr gesetzt (eingemittet).

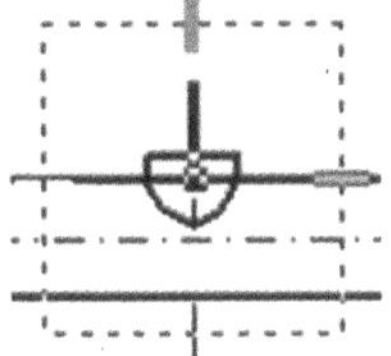

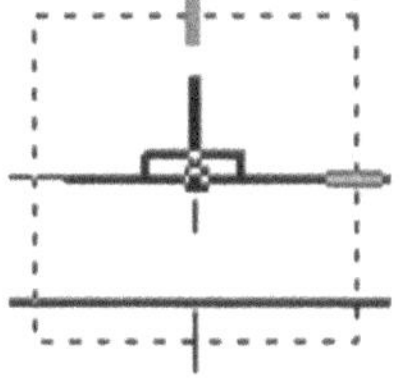

Beispiel:
Sattelstutzen (SST) an Rohr.

Stutzen rund (SSE) an Kanal.

> In der Toolbox **„Sattelstutzen planen"** anwählen und die variablen Werte im Einstellungsfenster definieren.

> **Setzen eines TENTPNT** seitlich an das anzuschließende Rohr oder eckigen Kanal. (Stutzen wird angezeigt.)

> Optional: **Rotation** im Einstellungsfenster wählen. Dabei wird der Sattelstutzen im Inkrement von 15° um die Rohrachse gedreht. (Rotation an Kanal nicht möglich!)

> Durch **Setzen eines DATAPNT** wird der Stutzen gesetzt.

Zusammenfassung „Sattelstutzen rund (SST, SSE) planen":

- In der Toolbox „Sattelstutzen rund planen" anwählen.
- Die Nennweite (DN) und die Optionen festlegen.
- Setzen eines TENTPNT seitlichen an das anzuschließende Rohr oder eckigen Kanal.
- Optional: Rotation (Im Inkrement von 15°).
- Über DATAPNT den Sattelstutzen setzen.

21. Hosenstück rund (HSR) planen:

(VENTURIS Menü: Platzieren → Rund → Hosenstück rund)

Im Einstellungsfenster **„Startpunkt eingeben"** von Hosenstück rund, kann vor dem Setzen des Hosenstücks die Nennweite (DN) definiert werden. Auf der hervorgehobenen VENTURIS Schaltfläche im Einstellungsfenster können auch voreingestellte Standard-Werte ausgewählt und gesetzt werden. Durch Doppelklick in das entsprechende Kästchen des Einstellungsfensters können die aktuellen Werte überschrieben werden.
Mit der Taste Bestätigen/Return werden die eingegebenen Werte übernommen.
Diese relativieren sich jedoch sobald ein vorhandenes Rohrteil angesnappt wird, da die Eigenschaften des Referenzobjektes von VENTURIS automatisch übernommen werden.

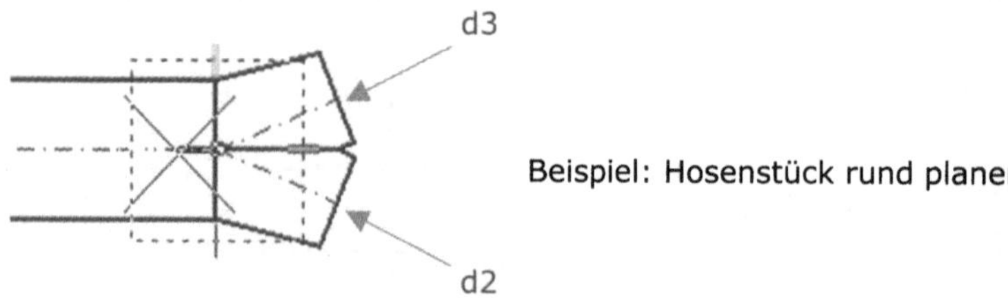

Beispiel: Hosenstück rund planen.

> Durch **Setzen eines TENTPNT** an ein vorhandenes Rohr wird im Anschluss ein Hosenstück rund gesetzt. Dabei werden alle Eigenschaften des Referenzobjektes übernommen und es erscheint die **VENTURIS Eingabemaske** für Hosenstück (HSR) rund.

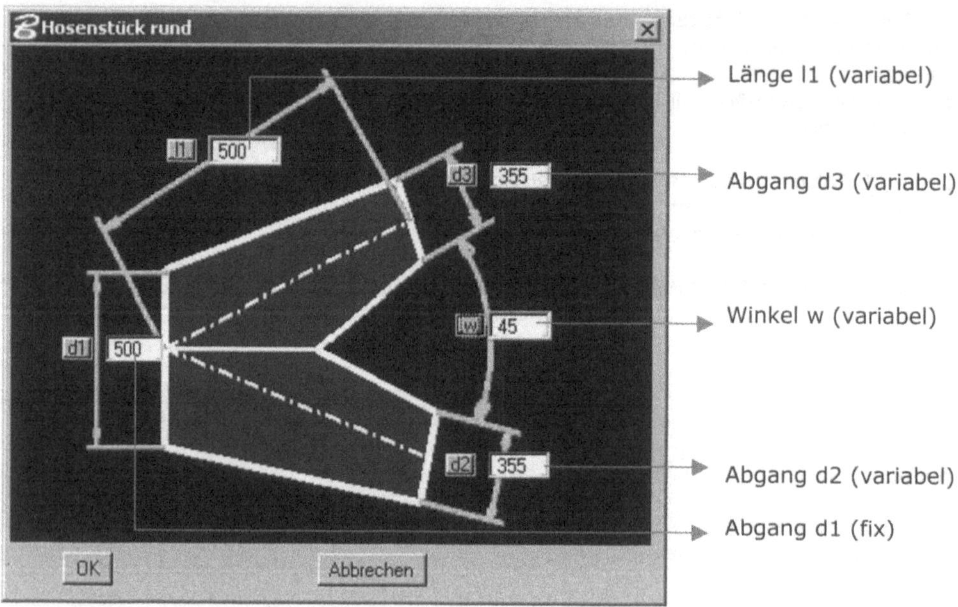

> **Die variablen Werte** des Hosenstücks wie: **Länge- l1; Abgang-d3; Winkel- w;** sowie **Abgang- d2** können in der VENTURIS Eingabemaske nach Bedarf angepasst werden. Winkel „w" sollte immer zuerst angepasst werden. Die Länge „l1" passt sich automatisch an. Durch betätigen der Bestätigen/Return Taste werden die neu definierten Werte zugleich graphisch umgesetzt. (Anders als bei „Hosenstück eckig planen" gibt es hierbei nicht die erweiterte Möglichkeit von Hosenstück an ein oder zwei Nebenrohrteile planen, da solche Teile in der Praxis nicht üblich sind.)

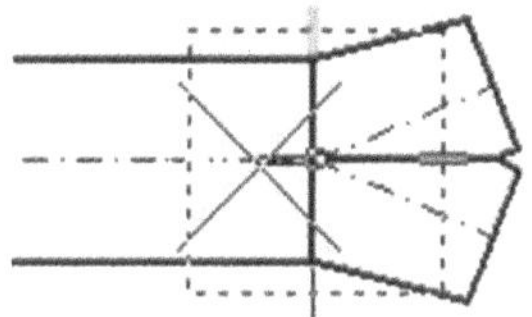

Beispiel: Hosenstück rund an Rohrteil planen.

> Durch betätigen der **<OK>** -Taste in der Eingabemaske wird das Hosenstück gesetzt. (Vorgang abbrechen über die RESET -Taste oder über „Abbrechen" in der Eingabemaske)

Zusammenfassung „Hosenstück rund (HSR) planen":
- In der Toolbox „Hosenstück rund planen" anwählen.
- Hosenstück durch setzen von TENTPNT an das Referenzobjekt anschließen.
- Variable Werte für die Abgänge in der Eingabemaske anpassen. Winkel: „w" zuerst.
- Hosenstück setzen durch Betätigen der <OK> -Taste in der VENTURIS Eingabemaske.

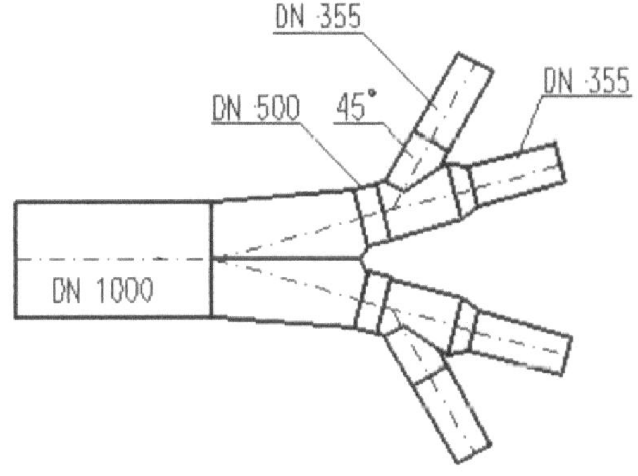

Übung: Verzweigung planen
Rekonstruieren Sie die nebenstehende Verzweigung mit folgenden Teilen:
1 x Rohr, 1 x Hosenstück, 2 x Muffe und 2 x T-Stück mit Abgangswinkel w= 45°. Die Nennweiten sind der nebenstehenden Graphik zu entnehmen.

Hinweis:
Die Abgänge „d3" und „d2" sollten sinnvoll an die zulässige Geschwindigkeit (m/s) und an den größtmöglichen Volumenstrom (m3/h) angepasst werden. Hierbei kann der VENTURIS Kanalschieber zur schnellen Berechnung benutzt werden.
(VENTURIS -Menü: Werkzeug → Kanalschieber. Siehe dazu auch Kapitel 49 -Seite 91, Berechnen eines Querschnitts mit dem „VENTURIS -Kanalschieber".)

22. Etage rund mit zwei Bogen planen:

(VENTURIS Menü: Platzieren → Rund → Etage rund)

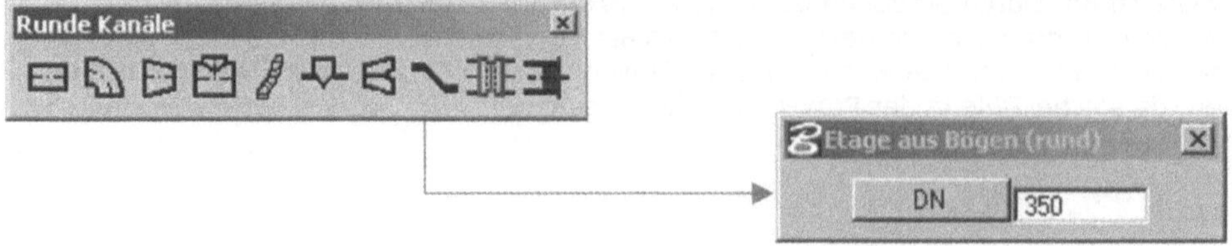

Im Einstellungsfenster **„Etage aus Bögen rund"** kann vor dem Setzen des Übergangs die Nennweite (DN) definiert werden. Durch Doppelklick in das entsprechende Kästchen des Einstellungsfensters kann der aktuelle Wert bei Bedarf auch überschrieben werden. Mit der Taste Bestätigen/Return wird der eingegebene Wert übernommen. Auf der hervorgehobenen VENTURIS Schaltfläche können voreingestellte Werte ausgewählt und gesetzt werden. **Diese relativieren sich** jedoch sobald ein vorhandenes Rohrteil angesnappt wird, da die Eigenschaften des Referenzobjektes von VENTURIS automatisch übernommen werden. Die Etage besteht aus zwei Bogen und einem (Rohr-) Mittelteil.

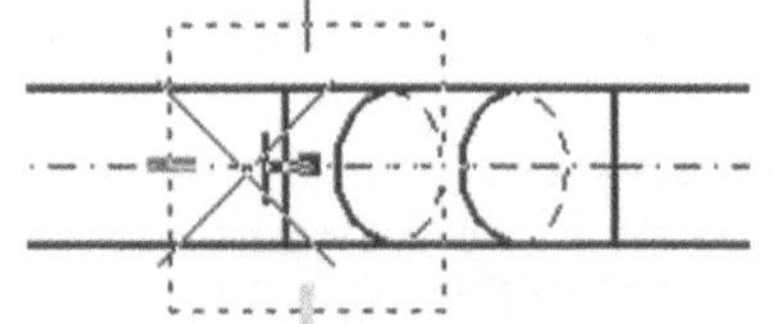

Beispiel:
Etage rund mit zwei Bogen (45°) nach unten.

> Durch **setzen eines TENTPNT** und **anschließendem DATAPNT** an ein vorh. Rohr wird im Anschluss eine Etage rund mit zwei Bogen gesetzt.
Dabei werden alle Eigenschaften des Referenzobjektes übernommen und es erscheint die **VENTURIS Eingabemaske** für Etage rund mit zwei Bögen.

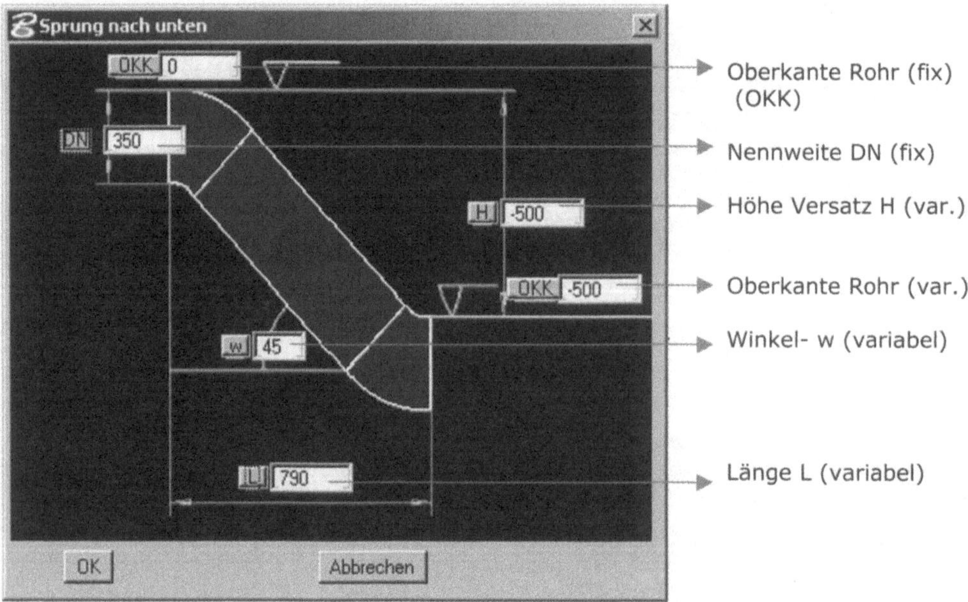

> **Die variablen Werte** der Etage wie: **Höhe Versatz- H; OKK; Winkel- w** und **Länge- L** können in der VENTURIS Eingabemaske nach Bedarf angepasst werden. Durch betätigen der Bestätigen/Return Taste oder ein Mausklick in die VENTURIS Eingabemaske werden die neu definierten Werte zugleich graphisch umgesetzt.

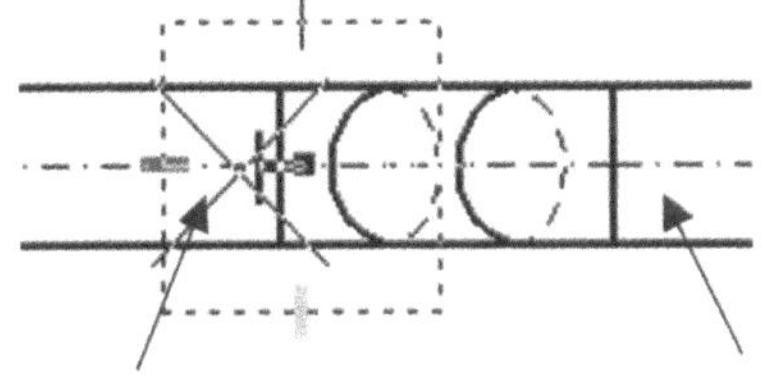

Beispiel:
Etage zwischen zwei Rohre mit unterschiedlichen Höhenquoten planen.

OKK= -500 OKK= 0 (Planungsrichtung: von OKK= 0 nach OKK=-500)

> Durch **setzen eines TENTPNT** stirnseitig an Rohr-1 und **anschließendem TNTPNT** an Rohr-2 wird eine Etage rund eingesetzt. Empfehlenswert ist, die Etage vom höherliegenden- (OKK= 0) zum tieferliegenden Kanal (OKK= -500) zu planen.

> Bestätigen mit **DATAPNT**. Falls die Etage mit den definierten Werten nicht gesetzt werden kann erscheint die Abfrage: **Höhe oder Länge ändern?** Bei Auswahl von „Höhe" oder „Länge" wird die Etage automatisch angepasst.

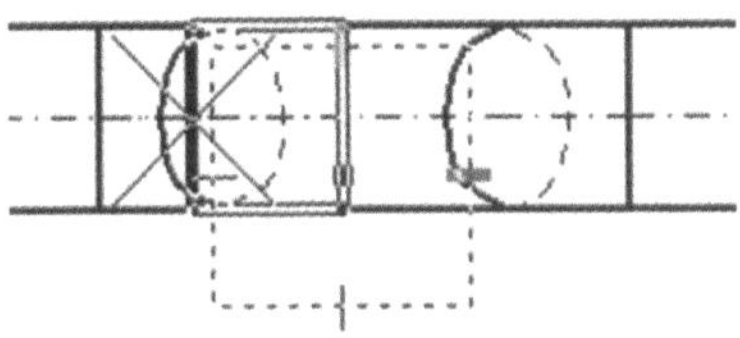

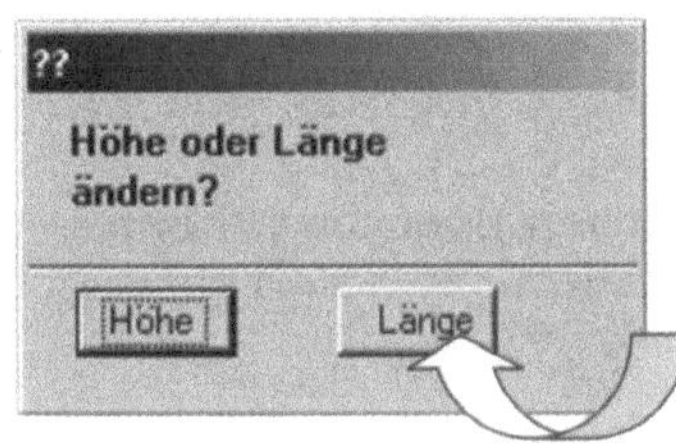

Beispiel:
Etage automatisch angepasst über „Länge". Das eventuell überstehende Rohr muss nachträglich an das Etagenende neu angepasst werden.

Zusammenfassung „Etage rund mit zwei Bogen planen":
- In der Toolbox „Etage rund mit zwei Bogen planen" anwählen.
- Setzen eines TENTPNT an (Bezugspunkt) Rohr-1 und anschließend TENTPNT an Rohr-2.
- Etage setzen mit DATAPNT (linke Maustaste)
- Variable Werte in der VENTURIS Eingabemaske anpassen.
- Eventuell bestätigen der Optionen: „Höhe oder Länge ändern".
- Etage setzen durch betätigen der <OK> -Taste in der VENTURIS- Eingabemaske. (Oder über die RESET -Taste ablehnen.)

Hinweis:
Die Bögen der automatisch angepassten Etage können unregelmäßige Winkel aufweisen. Diese können im Kästchen „w" der VENTURIS Eingabemaske für Etage normgerecht angepasst oder nachträglich über die VENTURIS Datenbank manuell korrigiert werden.

23. Muffe auf Formstück setzen:

(VENTURIS Menü: Platzieren → Rund → Muffe)

In der Regel werden zwei Formstücke mit einer Muffe oder mit einem Rohrteil verbunden. Bei direktem verbinden zweier Formstücke wird in der Praxis jedoch meist eine Muffe eingesetzt. VENTURIS setzt ab Release 3.0 automatisch eine Muffe am Anschluss zweier Formstücke. Die Eigenschaften des Referenzobjektes werden dabei automatisch übernommen.

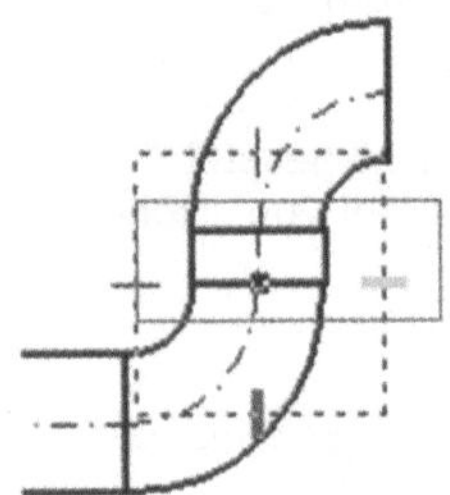

Beispiel:
VENTURIS setzt am Anschluss zweier Formstücke automatisch eine Muffe.

Jedoch nicht immer praxisbezogen:

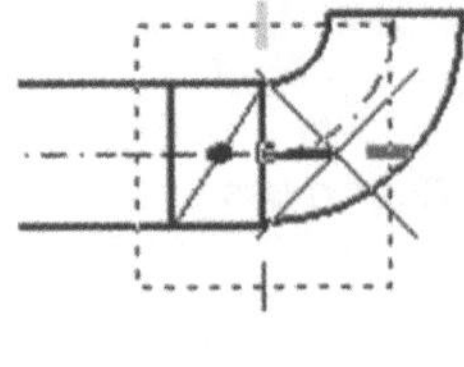

< Falsch >

Beispiel:
VENTURIS setzt am Anschluss eines Bogens an eine Komponente ***nicht*** automatisch eine Muffe. Eine Muffe ist jedoch erforderlich.

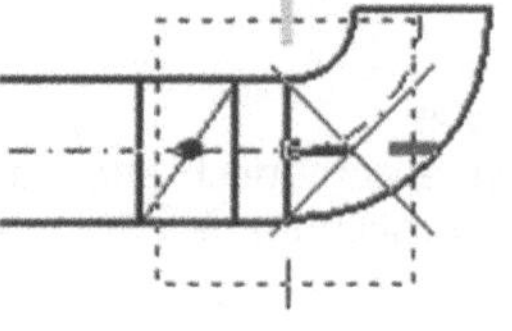

< Richtig >

Muffe manuell auf Formstück setzen:

> In der Toolbox „Muffe auf Formstück setzen" anwählen.

> Durch **setzen eines TENTPNT** an das Referenzobjekt anschließen.

> Mit **DATAPNT** bestätigen.

Zusammenfassung „Muffe auf Formstück setzen":
- In der Toolbox „Muffe auf Formstück setzen" anwählen.
- Setzen eines TENTPNT an Komponente oder Formstück.
- Mit DATAPNT bestätigen.

24. Enddeckel auf Rohr planen:

(VENTURIS Menü: Platzieren → Rund → Enddeckel)

Zell-Selektor für **Enddeckel** →

Nach Anwahl von „Enddeckel" im Menü „Runde Kanäle"
erscheint ein Zell-Selektor zur Auswahl der verschiedenen Enddeckel-Arten.
(Voreinstellung ist die Markierung mit Pfeil auf Zell-Selektor oben rechts.)

Beispiel Enddeckel:
Überstehend an Rohr planen. **Innen abschließend** an Rohr planen.

> Nach Auswahl einer Enddeckel-Art im Zell-Selektor erscheint das Einstellungsfeld „Zelle Farbe, Ebene". (Der Enddeckel befindet sich bereits am Cursor.)

Im **Einstellungsfeld: „Zelle Farbe, Ebene"** können alle angezeigten Attribute angepasst werden. Diese relativieren sich jedoch, sobald ein vorhandenes Rohrteil angesnappt wird, da die Eigenschaften des Referenzobjektes automatisch übernommen werden.

> Durch **setzen eines TENTPNT** an das Ende eines vorhandenen Rohres wird der Enddeckel platziert. Durch bewegen des Cursors über den Snap-Punkt kann der Enddeckel neu ausgerichtet (gespiegelt) werden.

> Durch die entsprechende Richtungsvorgabe und **setzen eines DATAPNT** wird der Enddeckel abgesetzt. Die Eigenschaften des Referenzobjektes wie: Größe; Anlage; Luftart; Material; etc. werden automatisch übernommen.

Zusammenfassung „Enddeckel auf Rohr planen":

- In der Toolbox „Enddeckel auf Rohr planen" anwählen.
- Auswahl einer Enddeckel-Art im Zell-Selektor.
- Setzen eines TENTPNT an das entsprechende Rohrende.
- Ausrichten des Enddeckels durch Bewegen des Cursors über den Snap-Punkt.
- Nach der Richtungsvorgabe über DATAPNT absetzen.

25. Datenbank Informationen Eingabe/Ändern (DB-INFO):

(VENTURIS Menü: Werkzeug → Konstruktionshilfen → Datenbank Info)

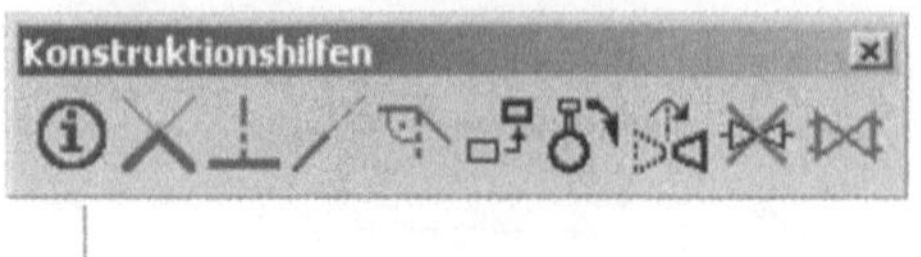

In der **Datenbank Info** (DB-Info) sind alle Eigenschaften und Attribute eines über VENTURIS generierten Objektes ersichtlich und nachträglich veränderbar.

Durch anwählen des VENTURIS Info-Button in den Konstruktionshilfen und Doppelklick auf ein VENTURIS Objekt öffnet sich das Datenbank Dialogfenster. Im Beispiel die Datenbank eines geraden Kanals → „Gerader Kanal (K: 101)".

Auf den hervorgehobenen Schaltflächen (siehe Pfeil) können voreingestellte Werte (meist projektbezogene Attribut-Dateien) ausgewählt und gesetzt werden. (Im Beispiel unten: Auswahlfenster „Anlage".)

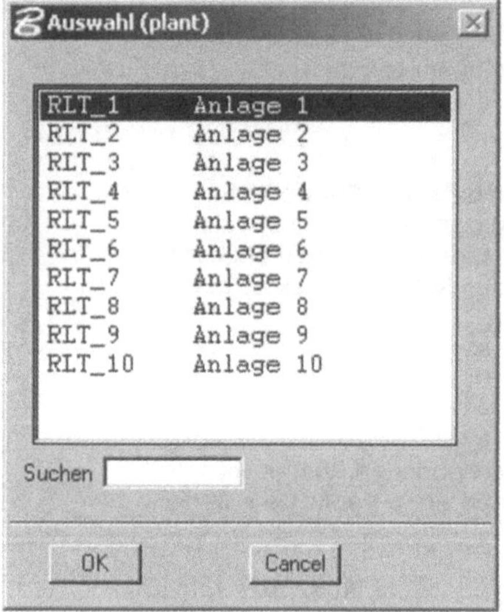

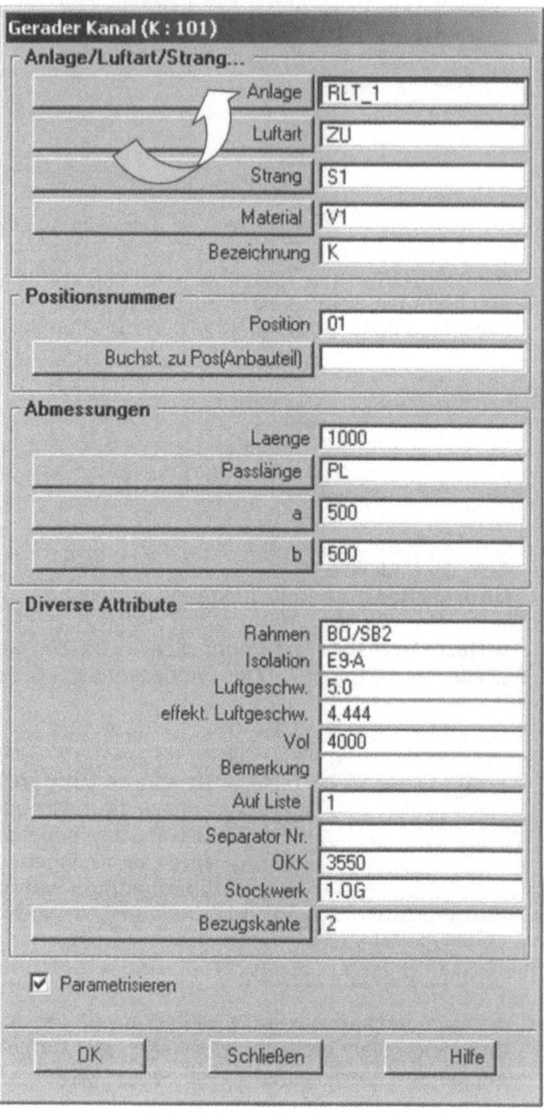

Die meisten Einträge der Datenbank sind fester Bestandteil der VENTURIS Objekte und der Liste (Stückliste) die über Access oder Excel generiert werden kann. Einige Einträge dienen nur zur Information innerhalb der Zeichnung. Alle Attribute sind manuell veränderbar durch überschreiben der Werte oder über die Auswahl der hervorgehobenen Schaltflächen. Ist der Toggle-Schalter **„Parametrisieren"** gesetzt so werden geänderte Werte nach betätigen der <OK> Taste parametrisiert, d. h. auf das VENTURIS Objekt angewandt. Rein informative Einträge haben hierauf keinen Einfluss.
(Das Parametrisieren kann sich jedoch auch nachteilig auswirken, zum Beispiel auf die „e" und „f" Maße eines Passstücks!)

Hinweise zum manuellen Ändern der Datenbank-Einträge:

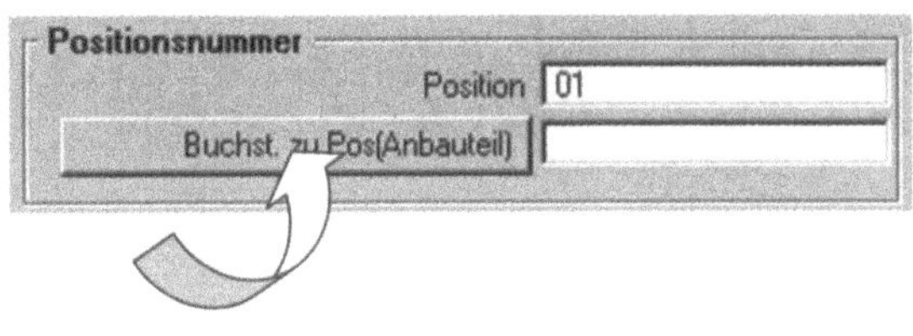

Der Benutzer kann über die Datenbank auch eine **manuelle Positionierung** vornehemen. (Im Feld Position die Teile fortlaufend positionieren.) Alternativ kann auch ein **Buchstabe zur Position** eingetragen werden. Bei Anbauteilen, wie zum Beispiel einem Separator, vergibt VENTURIS automatisch die Buchstaben (A,B und C) zur Position.

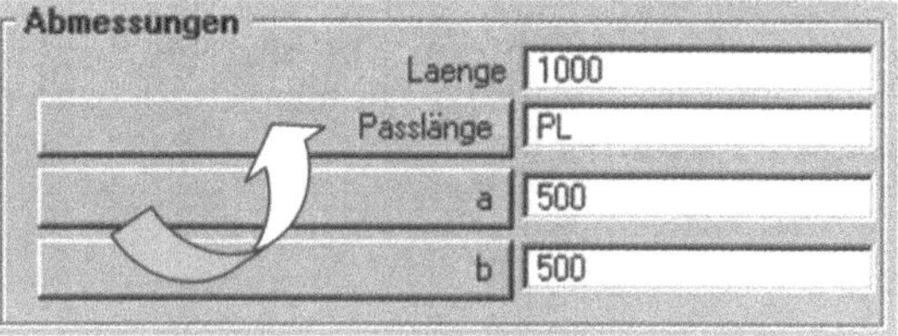

Im Bereich der **Abmessungen** kann die Länge eines Kanalteiles neu definiert werden. Bei Formteilen und Passtücken ist das Überschreiben der Länge nicht ratsam, da z. Bsp.: die „e" und „f" Maße nicht automatisch und in Relation zur neuen Länge angepasst werden. Über **Passlänge** (hervorgehobene Schaltfläche) erhält das Objekt einen zusätzlichen Eintrag: **„PL"**. In den Attribut-Dateien (attributes.cfg) von VENTURIS sind die Längen die zur Normallänge dazugerechnet werden vordefiniert. (Eintrag: # 200 mm dazurechnen und dann auf nächsten # 100 aufrunden z. Bsp.: 789 → 789+200= 989 → 1000 PL). In der Praxis kommt es jedoch oft vor, das die **Passlänge größer** (oder kleiner) als der vordefinierte Längeneintrag sein muss. In solchen Fällen kann nach dem setzen von „PL" (über die hervorgehobene Schaltfläche) ein Leerzeichen (Blank) hinter PL gesetzt und anschließend der Wert manuell eingetragen werden (Z. Bsp.: PL 1500). Der Eintrag wird wie angegeben in die VENTURIS Datenbank übernommen und auch entsprechend in der Liste ausgegeben.

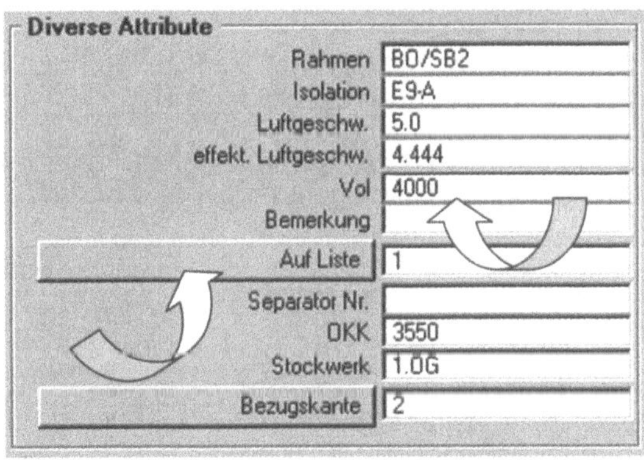

Im Bereich von **Diverse Attribute** der Datenbank können weitere Werte definiert und geändert werden. Im Feld **„Rahmen"** ist die Größe des anzubauenden Rahmens eingetragen. Die Voreinstellung für die Rahmengrößen in Relation zur Kanalgröße ist in der Attribut-Datei unter: ..env\db\vent\rahmen\"R_SB" definiert. (SB= SCHMOLZ-BICKENBACH Profil) Die Allgemein üblichen Rahmengrößen in Relation zur Kanalgröße können je nach Kanal-Hersteller stark variieren! Im Feld „Vol." kann das Luftvolumen in m3/h angegeben werden. Diese Angabe dient nicht nur zu Information innerhalb der Zeichnung, sondern ist auch nützlich zum manuellen vermaßen des **Volumenstroms**. Im Feld „Auf Liste" wird festgelegt, ob das VENTURIS- Objekt in der Access oder Excel-Liste (Stückliste) erscheint oder nicht. Steht im Feld **„Auf Liste"** eine „1" so wird das Objekt (die Position) zur Liste hinzugefügt. Steht im Feld „Auf Liste" eine „0" so wird das Objekt (die Position) *nicht* hinzugefügt. (Diese Funktion ist besonders wichtig wenn z. Bsp. im Grundriss einer Zeichnung parallel ein Schnitt gezeichnet wird und somit manche Teile doppelt vorkommen. In solchen Fällen sollten nur die Stichkanäle des Schnittes auf Liste „1" gesetzt werden!) Im Feld **„Separator Nr."** stehen die fortlaufenden Nummern der geplanten Separatoren. Diese werden von VENTURIS automatisch gesetzt und sollten vom Benutzer nicht geändert werden.

26. Zwei Leitungen/Kanäle mit Bogen verbinden:

(VENTURIS Menü: Werkzeug → Konstruktionshilfen → Leitungen/Kanäle verbinden)

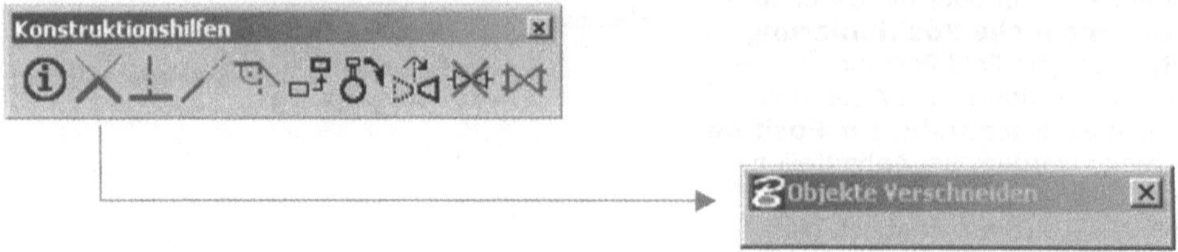

Die Funktion „zwei **Leitungen/Kanäle mit Bogen verbinden**" kann sowohl bei Kanal als auch bei Rohr angewandt werden. Voraussetzung jedoch ist, das sich beide Teile auf gleicher Höhenlage befinden. Kanal mit Rohr zu verbinden oder umgekehrt macht keinen Sinn, daher ist dies auch nicht möglich. Die zu verbindenden Teile sollten sich nicht überschneiden! Die Eigenschaften des Bogens werden automatisch an die Attribute des Referenzobjektes angepasst.

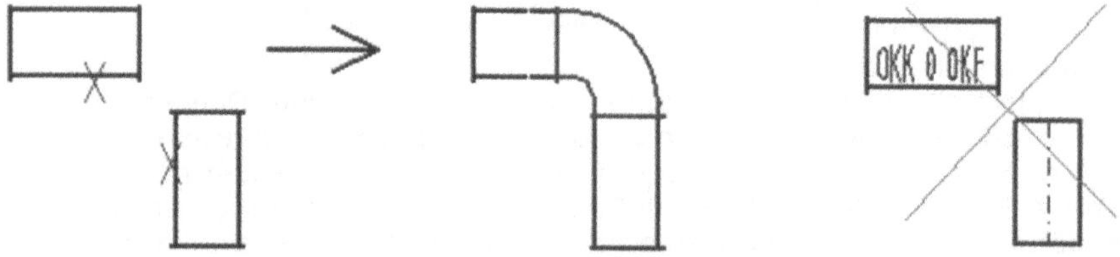

Beispiel: Kanäle mit Bogen verbinden Kanal + Rohr nicht möglich!

> Anwählen von **„Zwei Leitungen/Kanäle mit Bogen verbinden"** in der Toolbox Konstruktionshilfen. (Eingabeaufforderung in der Statuszeile von MicroStation beachten!)

> **Setzen eines DATAPNT** an Kanalteil/Rohrteil 1. (<1.Objekt anklicken>)
> Mit **DATAPNT** bestätigen.

> **Setzen eines DATAPNT** an Kanalteil/Rohrteil 2. (<2.Objekt anklicken>)
> Mit **DATAPNT** bestätigen. Bogen wird gesetzt.

Bei unterschiedlichen Höhenlagen der zu verbindenden Teile erscheint die **Warnung:** „Höhenlagen unterschiedlich, Verbindung trotzdem herstellen?" Durch betätigen von <OK> wird zwar ein Bogen gesetzt, die Höhenlage der Kanäle/Rohre jedoch bleibt unverändert.

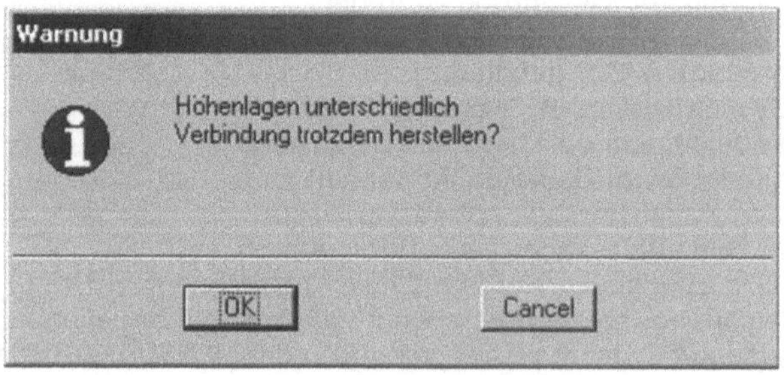

Zusammenfassung „Zwei Leitungen/Kanäle mit Bogen verbinden":
- In der Toolbox „Zwei Leitungen/Kanäle mit Bogen verbinden" anwählen.
- Setzen eines DATAPNT an Kanalteil/Rohrteil 1. (<1.Objekt anklicken>)
- Mit DATAPNT bestätigen.
- Setzen eines DATAPNT an Kanalteil/Rohrteil 2. (<2.Objekt anklicken>)
- Mit DATAPNT bestätigen. Bogen wird gesetzt (oder „Warnung" erscheint).

27. Leitung/Kanal mit T-Stück/Stutzen/Einschweißen verbinden:

(VENTURIS Menü: Werkzeug → Konstruktionshilfen → ..T-Stück einschweißen)

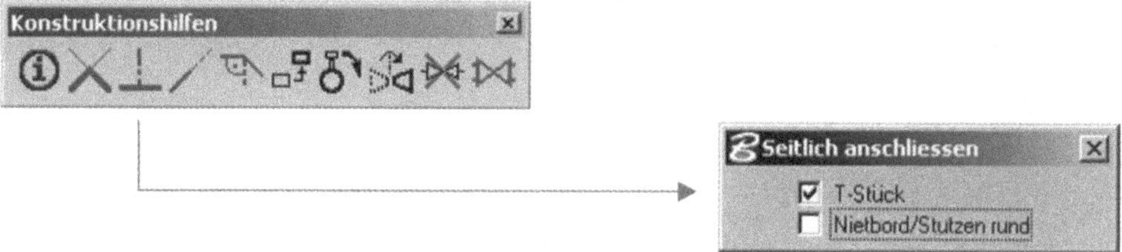

Die Funktion „Leitung/Kanal mit **T-Stück/Stutzen/Einschweißen verbinden**" kann sowohl bei Kanal als auch bei Rohr angewandt werden. Voraussetzung jedoch ist, das sich beide Teile auf gleicher Höhenlage befinden. Kanal mit Rohr zu verbinden oder umgekehrt macht keinen Sinn, daher ist dies auch nicht möglich. Die zu verbindenden Teile sollten sich nicht überschneiden! **Optional** kann auch ein Nietbord/Stutzen rund als Verbindung gewählt werden. Die Eigenschaften des T-Stück/Nietbord/Stutzen rund werden automatisch an die Attribute des Referenzobjektes angepasst.

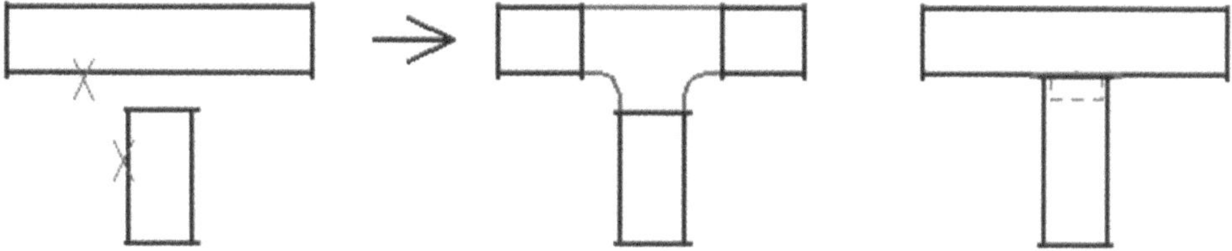

Beispiel: T-Stück in Kanal einschweißen — Optional: Nietbord/Stutzen rund

> Anwählen von **„Leitung/Kanal mit T-Stück/Stutzen/Einschweißen verbinden"** in der Toolbox von Konstruktionshilfen. (Eingabeaufforderung in der Statuszeile von Micro-Station beachten!)

> **Setzen eines DATAPNT** an Kanalteil/Rohrteil 1. (<1.Objekt anklicken>)
> Mit **DATAPNT** bestätigen.

> **Setzen eines DATAPNT** an Kanalteil/Rohrteil 2. (<2.Objekt anklicken>)
> Mit **DATAPNT** bestätigen. Bogen wird gesetzt.

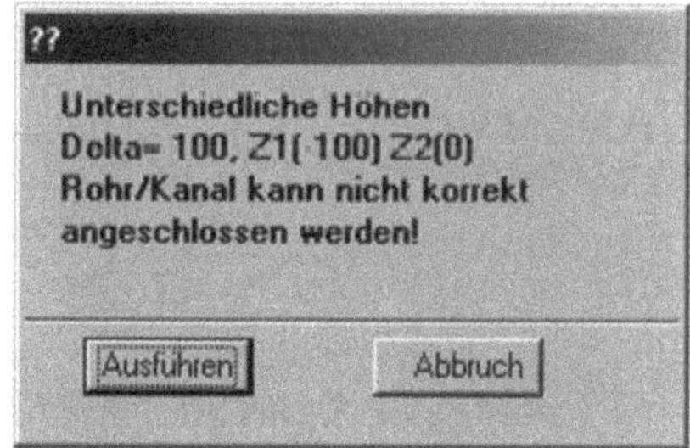

Bei unterschiedlichen Höhenlagen der zu verbindenden Teile erscheint die nebenstehende **Warnung.** Durch betätigen von <OK> wird zwar ein T-Stück gesetzt, die Höhenlage der Kanäle /Rohre jedoch bleibt unverändert.

Zusammenfassung „Leitung/Kanal mit T-Stück/Stutzen verbinden":

- In der Toolbox „Leitung/Kanal mit T-Stück/Stutzen/Einschweißen verbinden" anwählen.
- Setzen eines DATAPNT an Kanalteil/Rohrteil 1. (<1.Objekt anklicken>)
- Mit DATAPNT bestätigen.
- Setzen eines DATAPNT an Kanalteil/Rohrteil 2. (<2.Objekt anklicken>)
- Mit DATAPNT bestätigen. T-Stück/Stutzen wird gesetzt (oder „Warnung" erscheint).

28. Zweistrich (Außenmantel) Leitungen dehnen/stauchen:

(VENTURIS Menü: Werkzeug → Konstruktionshilfen → Leitungen dehnen)

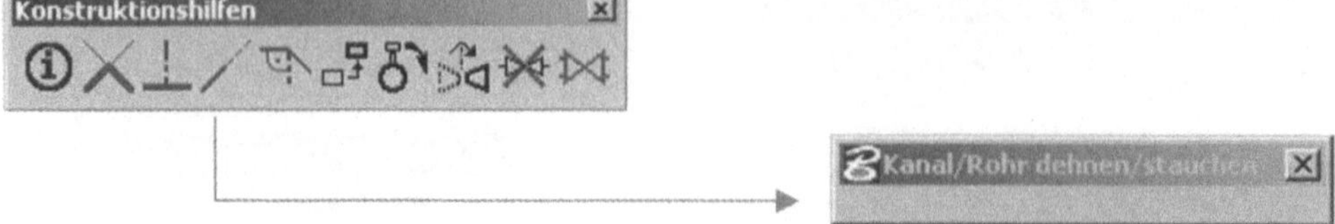

Die Funktion „Zweistrich (Außenmantel) **Leitungen dehnen**" kann bei Leitungen/Kanal und bei Rohr angewandt werden. Eine Alternative dazu wäre das Dehnen (Stretch) über die Zaun-(Fence) Funktion von MicroStation. Über die Funktion „Element ändern" (Modify Element) der Haupttoolbox von MicroStation ist dies leider *nicht* möglich. Funktion nur mit **AccuDraw** ausführen, AccuDraw eventuell zuschalten.

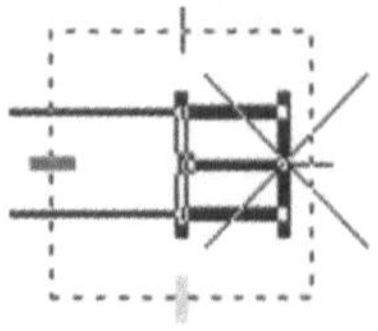

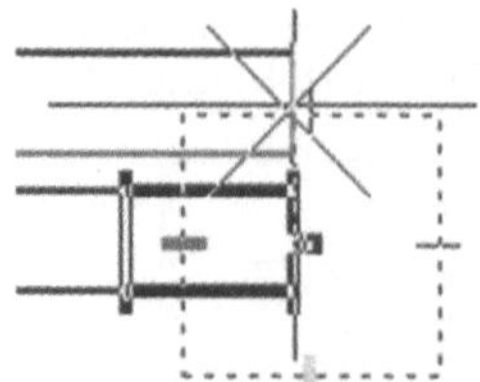

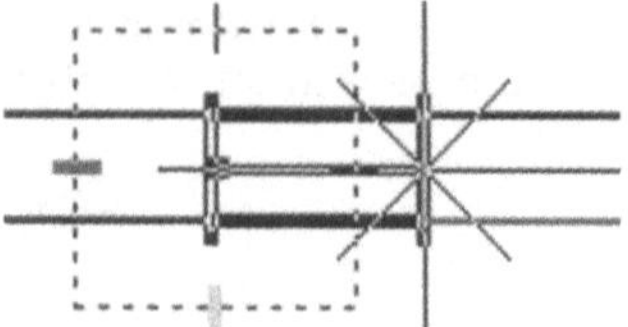

Beispiel:
Dehnen „beliebig" „Parallel" zu Kanal „Verlängern" zu Kanalende

> Anwählen von „Zweistrich (Außenmantel) Leitungen dehnen" in der Toolbox Konstruktionshilfen.

> **Setzen eines TENTPNT** stirnseitig an Kanal/Rohr.

> Mit **DATAPNT** bestätigen.

> Bestätigen/Return auf der Tastatur für **AccuDraw Smart-Lock**.

> **Setzen eines TENTPNT** an Kanalteil/Rohr oder Elementendpunkt zu dem gedehnt oder gestaucht werden soll. (Oder nur DATAPNT absetzen zu beliebigem Dehnen.)

> Mit **DATAPNT** bestätigen. Neue Länge wird gesetzt. Oder mit RESET (rechte Maustaste) abbrechen.

Zusammenfassung „Zweistrich (Außenmantel) Leitungen dehnen/stauchen":

- In der Toolbox „Zweistrich (Außenmantel) Leitungen dehnen" anwählen.
- Setzen eines TENTPNT stirnseitig an Kanal/Rohr.
- Mit DATAPNT bestätigen.
- Bestätigen/Return auf der Tastatur für AccuDraw Smart-Lock.
- Setzen eines TENTPNT an Kanalteil/Rohr oder Element
- Mit DATAPNT bestätigen oder RESET für Abbrechen. Neue Länge wird gesetzt.

29. Einstrichleitungen rechtwinklig verbinden/ändern:

(VENTURIS Menü: Werkzeug → Konstruktionshilfen → Einstrichleitungen ändern)

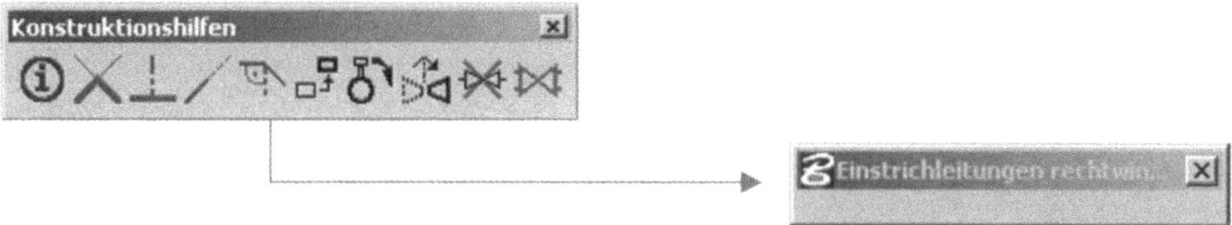

Über die Funktion **„Einstrichleitungen rechtwinklig verbinden/ändern"** können Einstrichleitungen (generiert z. Bsp. über Lüftungsschema) rechtwinklig zueinander verbunden werden. Die zuerst gewählte Leitung ist richtungsgebend.

(Toolbox Lüftungsschema → Einstrichleitungen)
Einstrichleitungen setzen über das VENTURIS Menü: Platzieren → Lüftungsschema.

Beispiel: „Ausgangsposition" Einstrichleitungen/Leitungen „rechtwinklig verbunden"

> Anwählen von **„Einstrichleitungen rechtwinklig verbinden/ändern"** in der Toolbox von Konstruktionshilfen.

> **Setzen eines DATAPNT** an die richtungsgebende Leitung.

> Mit **DATAPNT** bestätigen.

> **Setzen eines DATAPNT** an die auszurichtende Leitung.

> Mit **DATAPNT** bestätigen. (Leitungen werden verbunden bzw. ausgerichtet.)

Zusammenfassung „Einstrichleitungen rechtwinklig verbinden/ändern":

- In der Toolbox „Einstrichleitungen rechtwinklig verbinden/ändern" anwählen.
- Setzen eines DATAPNTPNT an die richtungsgebende Leitung.
- Mit DATAPNT bestätigen.
- Setzen eines DATAPNT an die auszurichtende Leitung.
- Mit DATAPNT bestätigen. (Leitungen werden verbunden bzw. ausgerichtet.)

30. Elemente in Leitung/Kanal bewegen:

(VENTURIS Menü: Werkzeug → Konstruktionshilfen → Elemente bewegen)

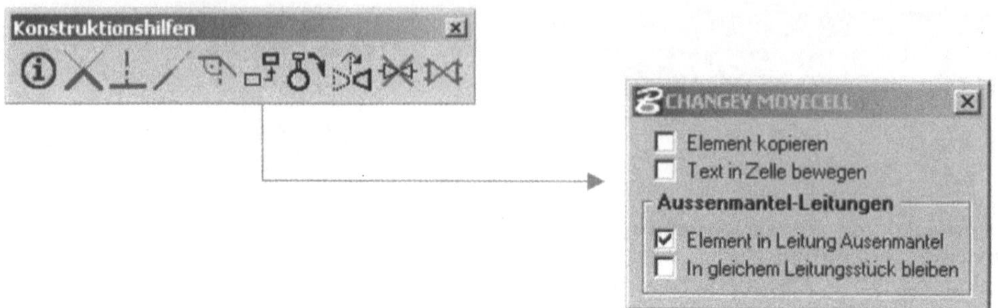

Über die Funktion **„Elemente in Leitung/Kanal bewegen"** können Texte, Positionsnummern und Zellen bewegt, kopiert und verschoben werden. Diese Funktion bezieht sich nur auf Elemente/Zellen die über VENTURIS generiert wurden. Im Einstellungsfenster von Elemente in Leitung bewegen können verschiedene Optionen über die Toggle-Schalter gesetzt werden.

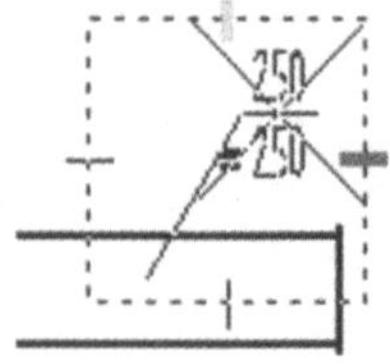

Beispiel: Text ausrichten

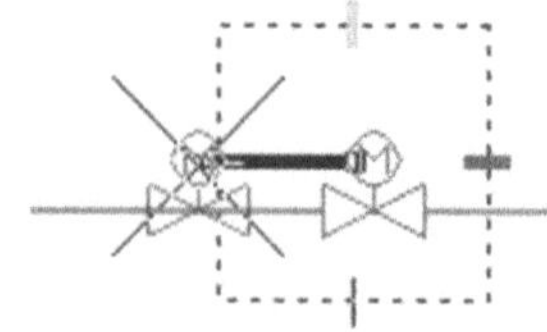

Zelle verschieben/kopieren

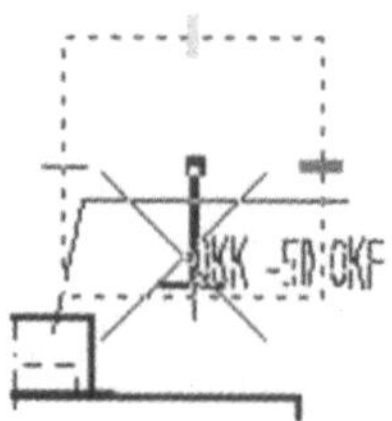

Text in Zelle bewegen

Vorgehensweise beim verschieben eines Textes/Position:

> Anwählen von **„Elemente in Leitung/Kanal bewegen"** in der Toolbox Konstruktionshilfen.

> **Setzen eines DATAPNT** an den zu bewegenden Text/Position.

> Mit **DATAPNT** bestätigen. Text/Position hängt am Cursor.

> **Text/Position neu ausrichten**. (Mit RESET -Taste abbrechen)

> Mit **DATAPNT** absetzen. (Eine bestehende Bezugslinie wird automatisch angepasst.)

Zusammenfassung „verschieben eines Textes/Position":
- In der Toolbox „Elemente in Leitung/Kanal bewegen" anwählen.
- Setzen eines DATAPNT an den zu bewegenden Text/Position.
- Mit DATAPNT bestätigen.
- Text/Position neu ausrichten.
- Mit DATAPNT absetzen. (Eine bestehende Bezugslinie wird automatisch angepasst.)

Vorgehensweise bei Text in Zelle bewegen: (Siehe auch „Texte in Zellen ändern")

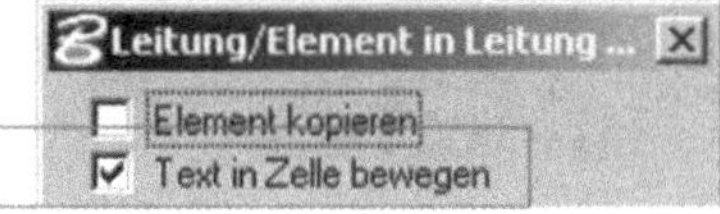

> Anwählen von **„Elemente in Leitung/Kanal bewegen"** in der Toolbox von Konstruktionshilfen und Toggle-Schalter: „Text in Zelle bewegen" im Einstellungsfenster setzen.

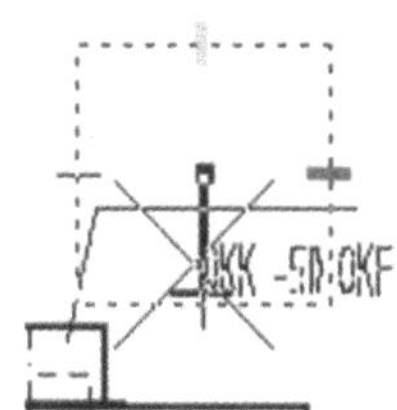

> **Setzen eines DATAPNT** an den zu bewegenden Text/Zelle.

> Mit **DATAPNT** bestätigen. (Text hängt am Cursor.)

> **Text neu ausrichten**.

> Mit **DATAPNT** absetzen. (Oder über die RESET -Taste abbrechen.)

Hinweis:
Texte in Zellen können über die Funktionen von MicroStation nicht verschoben werden! In manchen Fällen kann es vorkommen das der Text von der Zelle zu weit entfernt platziert wird. Dies hat zur Folge das der Text nicht mehr angesnappt werden kann. Das Problem kann behoben werden indem die Zelle über die MicroStation Funktion: „Elementauswahl" in der Haupttoolbox bewegt wird.

Zusammenfassung „Text in Zelle bewegen":
- In der Toolbox „Elemente in Leitung/Kanal bewegen" anwählen.
- Im Einstellungsfenster Toggle-Schalter: „Text in Zelle bewegen" setzen.
- Setzen eines DATAPNT an den zu bewegenden Text/Zelle.
- Mit DATAPNT bestätigen.
- Text neu ausrichten.
- Mit DATAPNT absetzen. (Oder über die RESET -Taste abbrechen.)

Vorgehensweise bei Element/Zelle kopieren:

> Anwählen von **„Elemente in Leitung/Kanal bewegen"** in der Toolbox von Konstruktionshilfen und Toggle-Schalter: „Element kopieren" im Einstellungsfenster setzen.

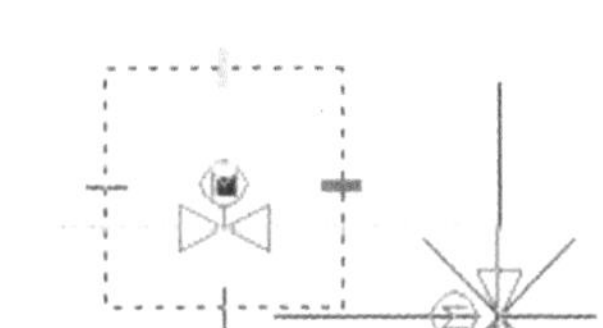

> **Setzen eines DATAPNT** an das zu bewegende Element/Zelle.

> Mit **DATAPNT** bestätigen. (Element/Zelle hängt am Cursor.)

> **Element/Zelle neu ausrichten**.

> Mit **DATAPNT** absetzen. (Über die RESET -Taste abbrechen.)

Zusammenfassung „Element/Zelle kopieren":
- In der Toolbox „Elemente in Leitung/Kanal bewegen" anwählen.
- Im Einstellungsfenster Toggle-Schalter: „Element kopieren" setzen.
- Setzen eines DATAPNT an das zu bewegende Element/Zelle.
- Mit DATAPNT bestätigen.
- Element/Zelle neu ausrichten.
- Mit DATAPNT absetzen. (Oder über die RESET -Taste abbrechen.)

Vorgehensweise bei Element in Leitung verschieben:

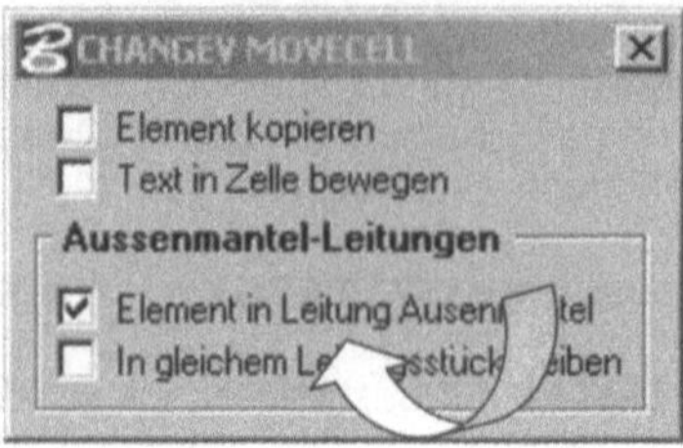

> Anwählen von „Elemente in Leitung/Kanal bewegen" in der Toolbox von Konstruktionshilfen. **Außenmantelleitungen** können verschoben werden wenn Toggle- Schalter: „Element in Leitung Außenmantel" gesetzt ist. **Einstrichleitungen** können verschoben werden wenn der Toggle- Schalter „Element in Leitung Außenmantel" *nicht* gesetzt ist. (Schalter festlegen!) Ist der Toggle- Schalter „in gleichem Leitungsstück bleiben" aktiviert, dann bleibt das Element in diesem Leitungsstück. Über die RESET -Taste wird das Element zur Bewegung entlang der Leitung wieder freigegeben.

> **Setzen eines DATAPNT** an das zu bewegende Element/Zelle.

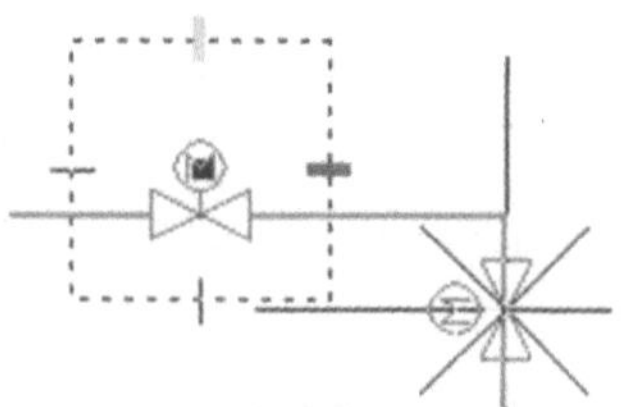

> Mit **DATAPNT** bestätigen. Element/Zelle hängt am Cursor.

> **Element/Zelle neu ausrichten**.

> **TENTPNT an Leitung** wenn **über Ecke** verschoben wird.

> Mit **DATAPNT** absetzen oder über **RESET -Taste** das Element in der Leitung neu ausrichten. Mit DATAPNT absetzen.

Zusammenfassung „Element in Leitung verschieben":
- In der Toolbox „Elemente in Leitung/Kanal bewegen" anwählen.
- Im Einstellungsfenster entsprechend den Toggle- Schalter setzen.
- Setzen eines DATAPNT an das zu bewegende Element/Zelle.
- Mit DATAPNT bestätigen.
- Element/Zelle neu ausrichten. Eventuell TENTPNT an Leitung wenn über Ecke.
- Mit DATAPNT absetzen oder über RESET -Taste das Element in der Leitung neu ausrichten. Mit DATAPNT absetzen. (Oder über die RESET -Taste abbrechen.)

Vorgehensweise Texte in Zellen ändern.
(VENTURIS Menü: Ändern → Texte in Zellen ändern)

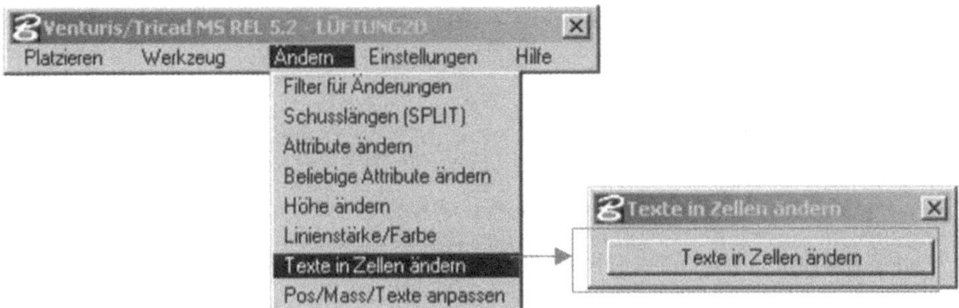

Über die Funktion **„Texte in Zellen ändern"** können Zellentexte und Positionsnummern editiert (geändert) werden. Diese Funktion ist nicht nur auf VENTURIS Zellen beschränkt. Auch Texte von MicroStation-Zellen können editiert werden.
Kopierte Positionsnummern und Zellentexte der VENTURIS Bemaßung können auf diese Weise je nach Bedarf angepasst werden.

Vorgehensweise bei Texte in Zellen ändern:

> Im VENTURIS Menü: Ändern → **„Texte in Zellen ändern"** auswählen. (Schalter „Texte in Zellen ändern" erscheint.)

> Schalter → „Texte in Zellen ändern" betätigen.

> Das zu editierende **Maß mit DATAPNT anklicken** und mit **DATAPNT bestätigen**. Es erscheint das Eingabefeld für Texte ändern:

Texte in Zelle ändern.
Texte in den Eingabefeldern können überschrieben werden.

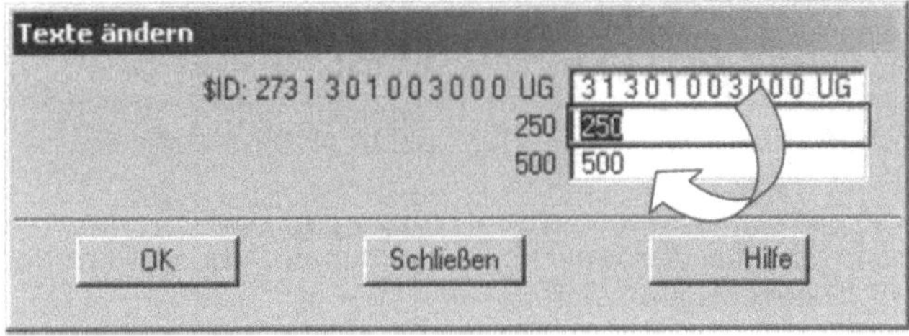

> Maße ändern und über die **<OK>** Taste bestätigen.

Zusammenfassung „Texte in Zellen ändern":
- Im VENTURIS Menü: Ändern → „Texte in Zellen ändern" auswählen.
- Schalter → „Texte in Zellen ändern" betätigen.
- Maß mit DATAPNT anklicken und mit DATAPNT bestätigen.
- Text(e) in Eingabefeld überschreiben.
- Bestätigen über die <OK> Taste des Eingabefensters oder über <Schließen abbrechen.

31. Elemente in Leitung rotieren/drehen:

(VENTURIS Menü: Werkzeug → Konstruktionshilfen → Elemente in Leitung rotieren)

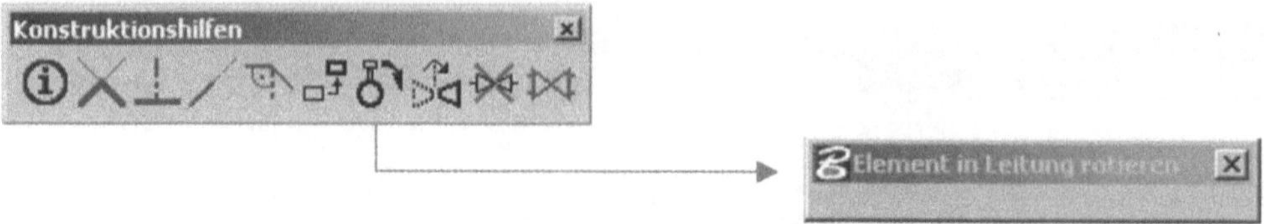

Über die Funktion **„Elemente in Leitung rotieren/drehen"** können Elemente/Zellen in einer Leitung um die eigene Achse gedreht werden. Diese Funktion bezieht sich nur auf Elemente/Zellen die über VENTURIS generiert wurden.

Beispiel: „Ausgangsposition" Element Element/Zelle „rotiert"

> Anwählen von **„Elemente in Leitung drehen"** in der Toolbox Konstruktionshilfen.

> Über **DATAPNT** das zu drehende Element/Zelle anwählen.

> Mit **DATAPNT bestätigen** oder über RESET -Taste ablehnen.

32. Elemente in Leitung spiegeln:

(VENTURIS Menü: Werkzeug → Konstruktionshilfen → Elemente in Leitung spiegeln)

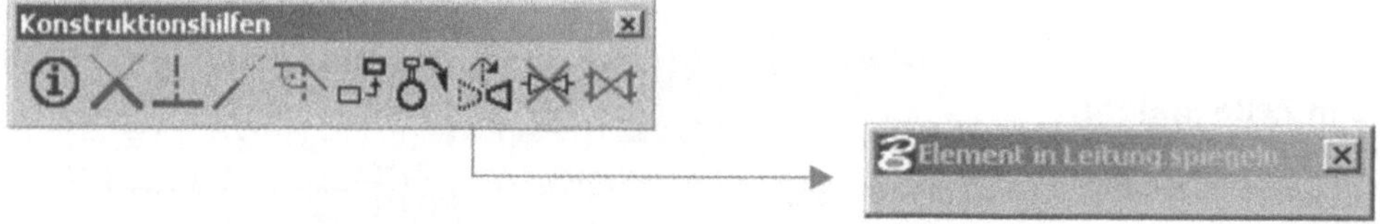

Über die Funktion **„Elemente in Leitung spiegeln"** können Elemente/Zellen in einer Leitung gespiegelt werden. Diese Funktion bezieht sich nur auf Elemente/Zellen die über VENTURIS generiert wurden.

Beispiel: „Ausgangsposition" Element Element/Zelle „gespiegelt"

> Anwählen von **„Elemente in Leitung spiegeln"** in der Toolbox Konstruktionshilfen.

> Über **DATAPNT** das zu spiegelnde Element/Zelle ansnappen.

> Mit **DATAPNT bestätigen** oder über RESET abbrechen.

33. Element aus Leitung löschen:

(VENTURIS Menü: Werkzeug → Konstruktionshilfen → Element aus Leitung löschen)

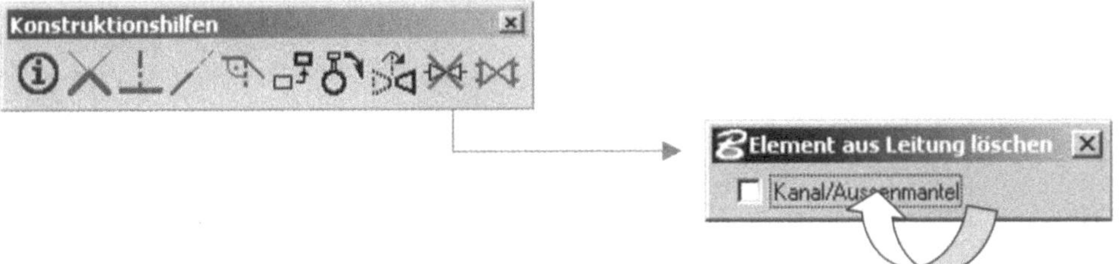

Über die Funktion **„Element aus Leitung löschen"** können nur Elemente/Zellen aus Einstrichleitungen gelöscht werden. Über den Toggle- Schalter: „Kanal/Außenmantel" wird festgelegt ob die Leitung nach dem löschen wieder geschlossen wird oder nicht. Durch Setzen des Toggle-Schalters: **„Kanal/Außenmantel"** wird die Leitung *nicht* geschlossen.

Beispiel Toggle-Schalter:
„Kanal/Außenmantel" nicht gesetzt „Kanal/Außenmantel" gesetzt

Vorgehensweise Element aus Leitung löschen:

> Anwählen von **„Element aus Leitung löschen"** in der Toolbox Konstruktionshilfen.

> Option **„Kanal/Außenmantel"** im Einstellungsfenster festlegen.

> Über **DATAPNT** das zu löschende Element/Zelle anwählen.

> Mit **DATAPNT bestätigen** oder über die RESET –Taste ablehnen.

34. Zellselektor aufrufen:

(VENTURIS Menü: Werkzeug → Konstruktionshilfen → Zellselektor aufrufen)

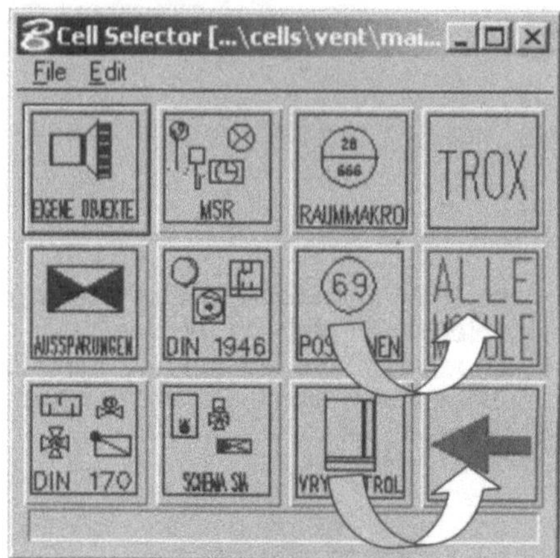

Über diese Funktion wird der Haupt-Zellselektor für das entsprechende Modul aufgerufen. Dieser ist in der Datei: ..venturis\env\cells**cel.cfg** definiert. Im Verzeichnis: ..Venturis\env**cells** sind alle VENTURIS Zellen zu finden. Durch betätigen des Schalters **„Alle Module"** im Zellselektor (siehe Pfeil) erscheint eine Gesamtübersicht der VENTURIS-Module: Sanitär, Heizung, Lüftung und Elektro. Dies ist die oberste Zellselektor Hierarchie. Über den Schalter **„roter Pfeil"** gelangt man in die vorherige bzw. nächste Hierarchie.

Über das **VENTURIS Menü:** „Platzieren → Zellen Lüftung (und Zellen)" besteht eine weitere Möglichkeit die jeweiligen Zellselektoren aufzurufen. Die Zellen können mit dem entsprechenden **„Zellenskalierungsfaktor"** in der Zeichnung platziert werden. Es können auch eigene „intelligente Zellen" erstellt und in einer Zellbibliothek abgespeichert werden. Jede VENTURIS-Zelle (Komponente) erhält einen Datenbankeintrag.

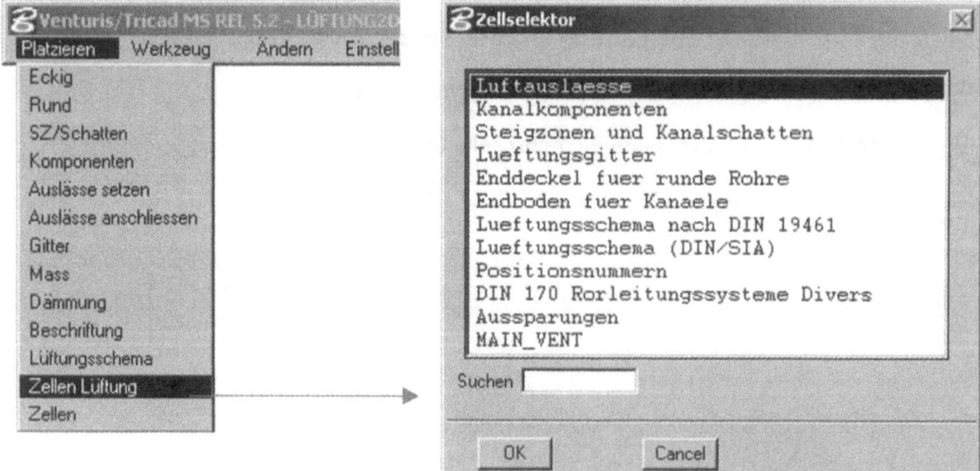

Über das **VENTURIS Menü:** „Platzieren → **Zellen Lüftung**" werden alle für die Lüftung bestimmten Zellselektoren angezeigt. Zellselektor auswählen.

35. Zellen-Skalierungsfaktor:

(VENTURIS Menü: Einstellungen → Zellen-Skalierungsfaktor)

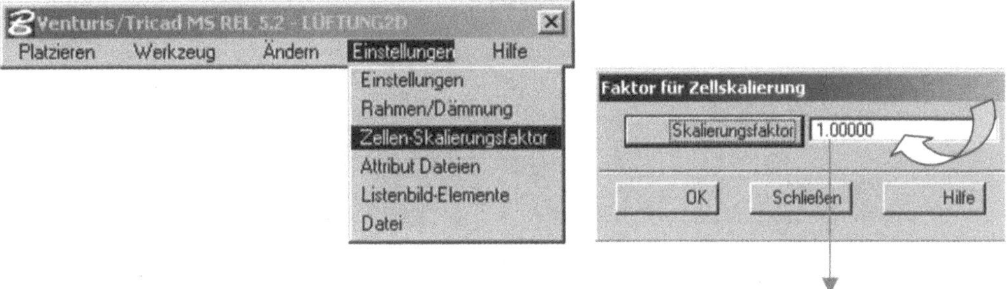

Der **Zellen-Skalierungsfaktor** dient zur Anpassung der Zellengröße an die Einheit der Zeichnung. Die Standardeinstellung (VENTURIS -Voreinstellung) ist „1" also keine Skalierung. Je nach **Zeichnungseinheit** ob mm, cm oder m etc. kann der Zellen-Skalierungsfaktor sinngemäß über das Auswahlfenster (cell_fak) angepasst werden. Wird der Faktor belassen, so werden die Zellen in der Größe gesetzt wie diese in der Zellbibliothek abgespeichert wurden (also in der Originalgröße).

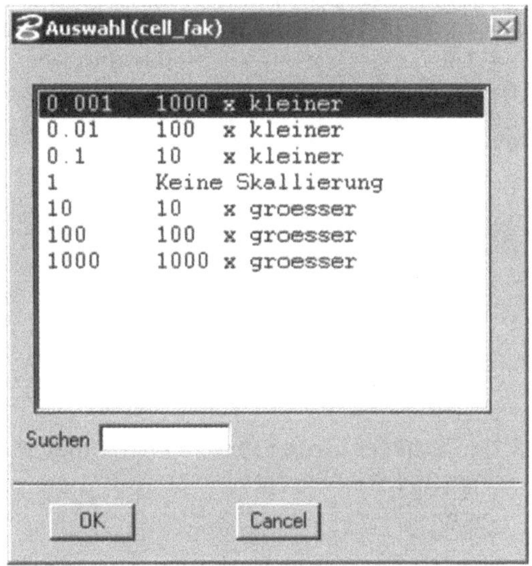

Die Zeichnungseinheit ist im MicroStation Menü: Einstellungen (Settings) → Zeichnungsdatei (Design File) → Arbeitseinheiten (Working Units) ersichtlich/definierbar. Bei einer Zeichnungseinheit von „mm" ist der Wert der Haupteinheiten (Master Units): „MM", Untereinheiten (Sub Units): „MM" und die Auflösung (Resolution): „1/100". Werden die Parameter der Zeichnungseinheit neu gesetzt/geändert so erscheint die Information: *„Ändern der Arbeitseinheit ändert die Größe bereits bestehender Elemente!"* (Mit <OK> bestätigen oder <Abbrechen> (Cancel))

Vorgehensweise Zellen-Skalierungsfaktor definieren :

> Im VENTURIS Menü: Einstellungen → Zellen-Skalierungsfaktor anwählen.

> **Schalter „Skalierungsfaktor"** betätigen.

> **Einheit anwählen** im Fenster „Auswahl (cell_fak)".

> Über die **<OK>** Taste im Fenster „Auswahl (cell_fak)" neuen Faktor setzen.

36. Aussparungen setzen/bemaßen:

(VENTURIS Menü: Werkzeug → Konstruktionshilfen → Zellselektor aufrufen → AUSSPARUNGEN)

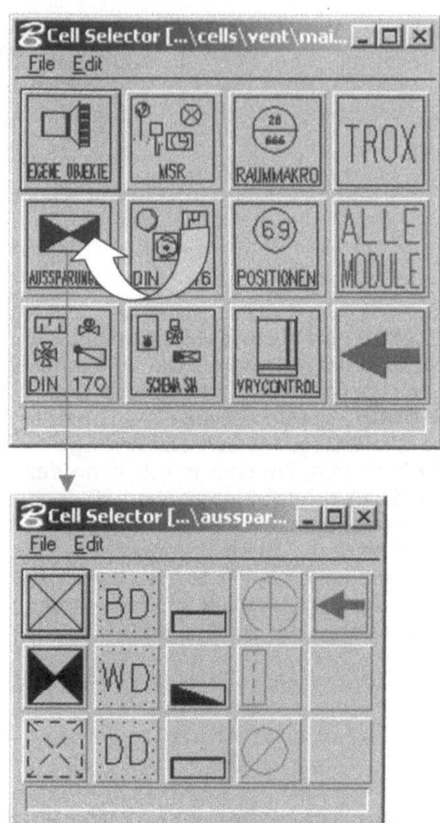

Über Zellselektor **„Aussparungen"** können Bodendurchbrüche (BD), Wanddurchbrüche (WD) und Deckendurchbrüche (DD) gesetzt und anschließend bemaßt werden.
Die quadratischen Zellen werden für Decken und Böden im Grundriss eingesetzt. Die rechteckigen Zellen werden in Wände gesetzt. Die Zellen mit der Beschriftung „BD, WD und DD" werden zur Bemaßung der Durchbrüche verwendet.

Die farblich (magenta) hervorgehobenen Zellen im Zellselektor für Aussparungen stehen für Deckendurchbrüche und Aussparungen in runder Ausführung (Bohrungen). Über die hervorgehobene Zelle mit Durchmesserzeichen „Ø", können die Aussparungen in runder Ausführung bemaßt werden.

Über den Schalter **„roter Pfeil"** gelangt man in die übergeordnete Zellselektor-Hierarchie.

Vorgehensweise Durchbruch setzen:

> Durch Betätigen der „Durchbruchs-Zelle" erscheint das Eingabefeld für „Zelle Länge/Breite". Durch Betätigen des Toggle-Schalters: **„L"** für Länge und **„B"** für Breite können die Maße im Eingabefeld „absolut" eingegeben werden. Sind die Toggle-Schalter nicht gesetzt so kann der Durchbruch "dynamisch" oder zu vorhandenen Bezugspunkten gesetzt werden (OKK- Durchbruch beachten!).

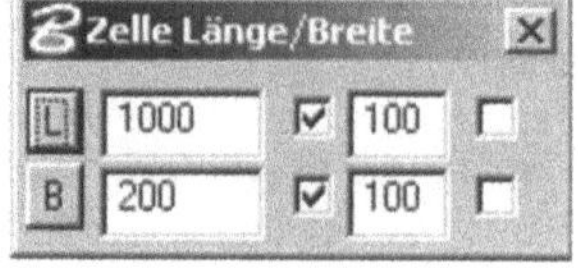

Eingabefeld für „Zelle Länge/Breite"

> Durch Setzen eines **DATAPNT bzw. TENTPNT** an Bezugspunkt (Wand etc.) wird das Durchbruchssymbol sichtbar. (Im Beispiel: L=1000 mm, B=200 mm. Richtung: „x+")

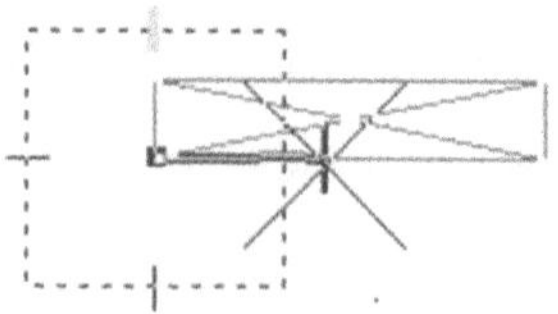

> Nach der Richtungsvorgabe wird der Durchbruch über **DATAPNT** gesetzt.
Es erscheint das Dialogfenster für „Bodendurchbruch BD" mit dessen Attributen:

Dialogfenster
für **„Bodendurchbruch BD" →**
Nachträgliche Änderungen des Durchbruchs über die „Datenbank-Info" wirken sich *nicht* auf die graphische Darstellung aus.
(Nur bei erneutem Bemaßen des Durchbruchs werden die geänderten Werte sichtbar!)

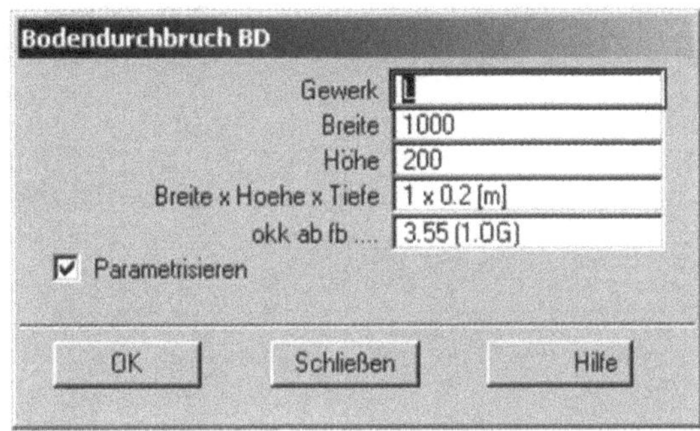

> Über die **<OK>** Taste im Dialogfenster den Durchbruch setzen oder über die RESET - Taste abbrechen.

Zusammenfassung „Durchbruch setzen":
- In Zellselektor „Aussparungen" Zelle für Durchbruch anwählen.
- In Eingabefeld für „Zelle Länge/Breite" Toggle-Schalter setzen und Maße eintragen.
- Setzen eines DATAPNT in Zeichnung, bzw. TENTPNT an Bezugspunkt.
- In Dialogfenster „Bodendurchbruch BD" Werte eventuell anpassen.
- Durchbruch setzen durch betätigen der <OK> Taste im Eingabefeld oder über <Schließen> abbrechen.

Vorgehensweise Durchbruch (BD) bemaßen:

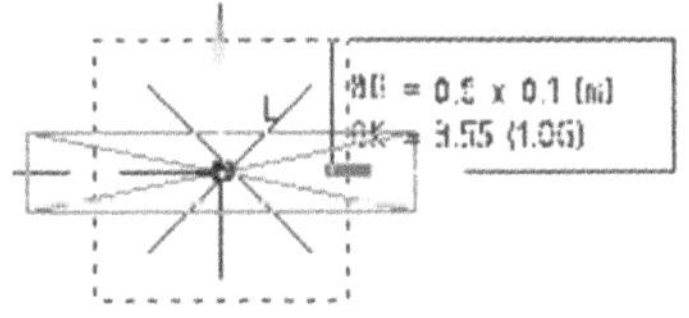

> **Zelle „BD"** im Zellselektor „Aussparungen" anwählen.
(Am Cursor hängt eine rechteckige Maß-Zelle.)

> Mit **TENTPNT an Durchbruch** ansnappen.
(Durchbruchs-Maße werden in die Bemaßungszelle übernommen.)

Optional:

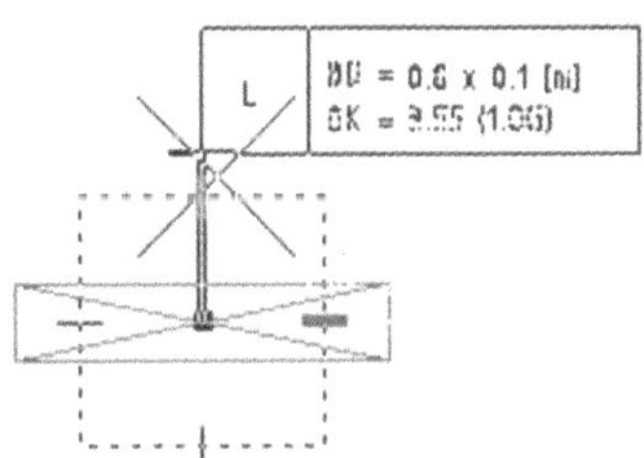

> **Rechte Maustaste** (RESET) um ein Bezugslinie an Bodendurchbruchszelle zu setzen.

> Nach der Richtungsvorgabe die Bemaßungszelle mit **DATAPNT** absetzen.

Zusammenfassung „Durchbruch bemaßen":
- Zelle „BD,WD oder DD" in Zellselektor „Aussparungen" anwählen. (Maßzelle hängt am Cursor)
- Mit TENTPNT an Aussparung/Durchbruch ansnappen.
- Optional: Rechte Maustaste (RESET -Taste) für Bezugslinie zu Aussparung/Durchbruch.
- Nach Richtungsvorgabe die Bemaßungszelle über DATAPNT absetzen.

37. Raummakro-Zellen platzieren:

(VENTURIS Menü: Werkzeug → Konstruktionshilfen → Zellselektor aufrufen → RAUMMAKRO)

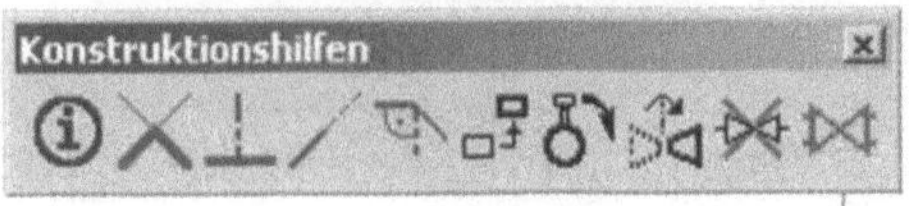

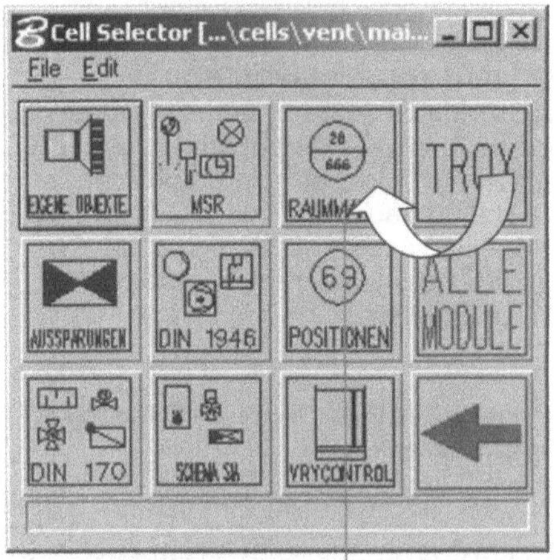

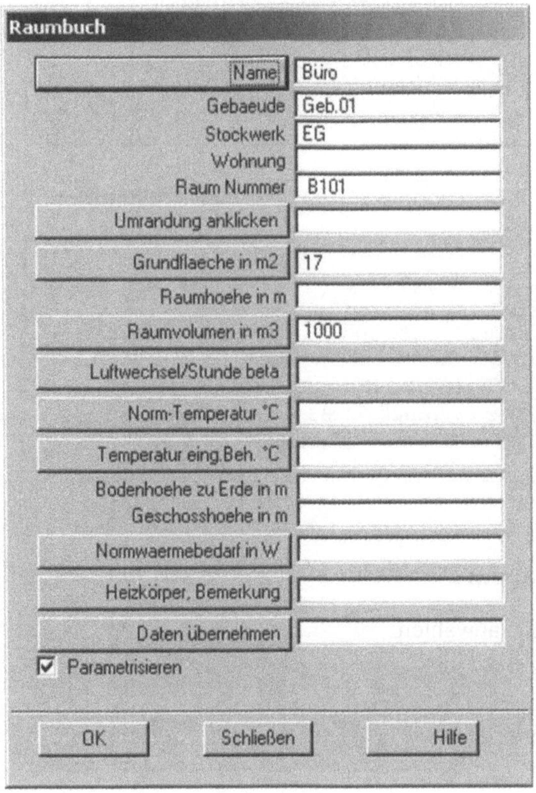

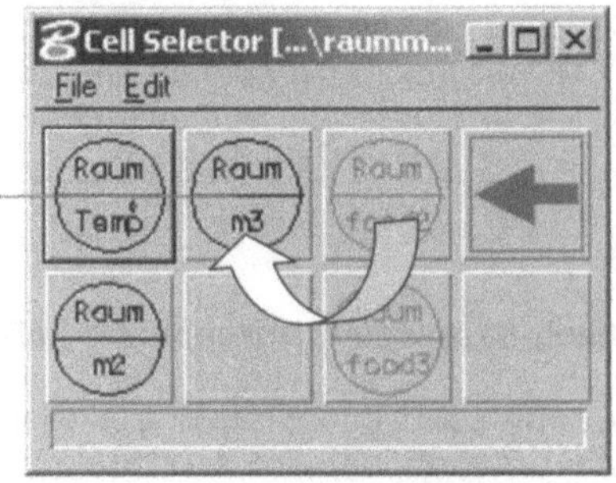

Zellselektor: **RAUMMAKRO**

Über Zellselektor **„RAUMMAKRO"** kann eine Raummakro-Zelle gewählt und in der Zeichnung platziert werden. Die Raummakro-Zelle kann mit allen Attributen und Werten versehen werden, die über die Datenbank: „Raumbuch" definierbar sind.

Vorgehensweise Raummakro-Zelle platzieren:

> **Raumzelle** im Zellselektor „Raummakro" anwählen. (Die Zelle hängt am Cursor)

> Zelle über **DATAPNT** in Zeichnung platzieren. (Raumbuch- Datenbank erscheint.)

> **Werte eintragen** in die Raumbuch-Datenbank.

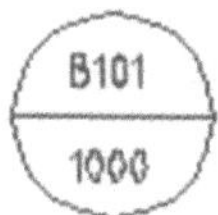

> Über die **<OK>** Taste der Datenbank die Zelle setzen oder über <Schließen> den Vorgang abbrechen.

Hinweis: Die gesetzten Raumbuch-Werte können nachträglich über die VENTURIS Datenbank-Info abgefragt und geändert werden!

38. Position über Zelle platzieren:

(VENTURIS Menü: Werkzeug → Konstruktionshilfen→ Zellselektor aufrufen → POSITIONEN)

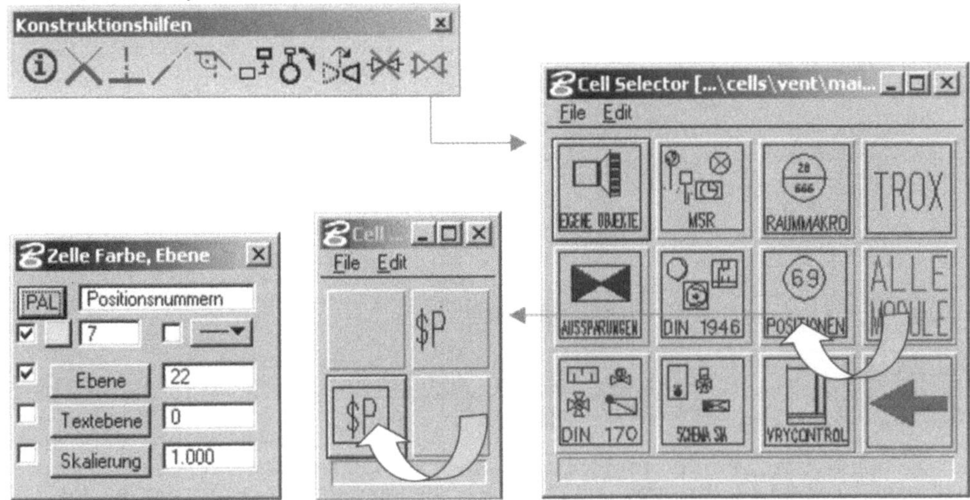

Über Zellselektor **„POSITIONEN"** können Kanäle/Komponente mit Positionseintrag manuell positioniert werden. Diese Art des Positionierens ist unabhängig von der automatischen Positionierung über Zaun (Fence) im VENTURIS Menü: Werkzeug → Listen → Positionen.

Vorgehensweise bei Position über Zelle platzieren:

> **Positionszelle** im Zellselektor „POSITIONEN" anwählen (Am Cursor hängt eine Positions-Zelle).

> Über **TENTPNT** das Referenzobjekt mit Positionseintrag ansnappen. (Positionsnummer wird in Positionszelle übernommen)

> Positionsattribute „Farbe/Ebene" im Einstellungsfenster: „Zelle Farbe, Ebene" bei Bedarf anpassen.

Optional:

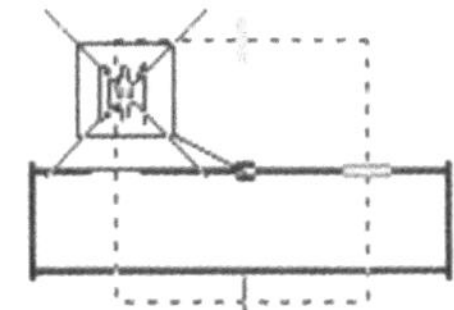

> **Rechte Maustaste** (RESET -Taste) um eine Bezugslinie zum Referenzobjekt zu setzen.

> Nach der Richtungsvorgabe, die Positionszelle mit **DATAPNT** absetzen und mit **DATAPNT** bestätigen oder über die RESET - Taste abbrechen.

Zusammenfassung „Position über Zelle platzieren":
- Positionszelle in Zellselektor „POSITIONEN" anwählen. (Zelle hängt am Cursor)
- Mit TENTPNT das Referenzobjekt ansnappen (Positionsnummer wird übernommen).
- (Positionsattribute in Einstellungsfenster „Zelle Farbe, Ebene" bei Bedarf anpassen.)
- Optional: Rechte Maustaste (RESET) für Bezugslinie zu Kanal/Komponente.
- Nach Richtungsvorgabe die Positionszelle über DATAPNT absetzen.
- Mit DATAPNT bestätigen oder über die RESET -Taste abbrechen.

39. Komponente der Lüftung platzieren:

(VENTURIS Menü: Platzieren → Komponente)

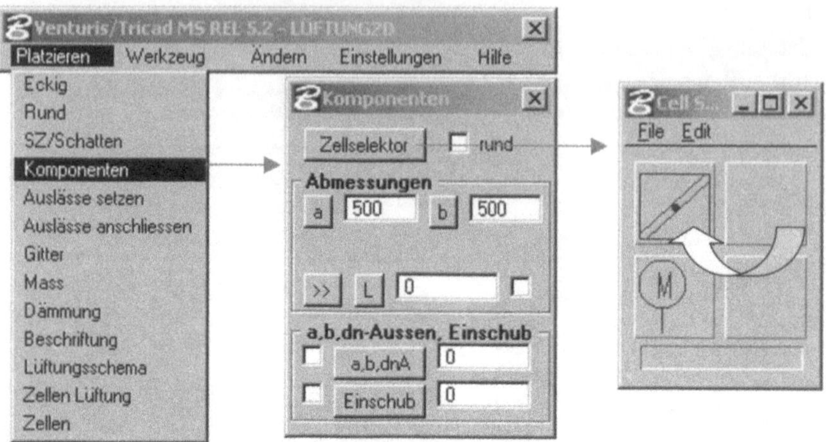

Im Einstellungsfenster **„Komponenten"** können vor dem Setzen der Komponente die Abmessungen „a= Breite, b= Höhe und Länge (L) " definiert werden. Durch Setzen des Toggle-Schalters „rund" können die Nennweiten (DN) für runde Komponente definiert werden. Diese relativieren sich jedoch sobald ein Referenzobjekt angesnappt wird.
Über die Toggle-Schalter: „a, b DN-Außen" können zusätzliche Außenabmessungen und über „Einschub" eine individuelle Einschubgröße für die Komponente gesetzt werden.
Die Funktion: „a, b DN-Außen" findet (u. a.) eine sinnvolle Anwendung beim Setzen eines Telefonie -Schalldämpfers.

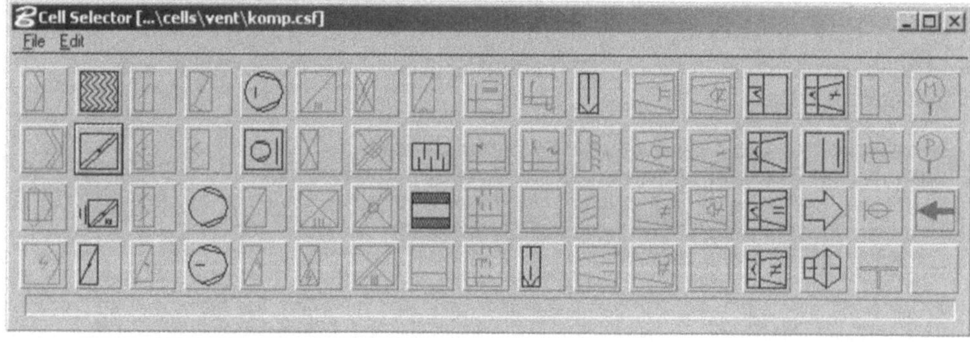

Zellselektor für **Komponente der Lüftung**

Komponente können im Zellselektor ..cells\vent**komp.csf** angewählt und in derselben Weise wie ein Kanal oder Rohr gesetzt werden. Es kann immer nur ein Zellselektor geöffnet sein. Beim Setzen einer Komponente an ein Kanal oder Rohr werden alle Eigenschaften und Attribute wie: Anlage, Luftart und Abmessungen etc. des Referenzobjektes übernommen. Dies ist bei den Abmessungen einiger Komponente nicht von Vorteil, da Komponente wie **Brandschutzklappen, Volumenstromregler etc.** meist ungerade Maße aufweisen und je nach Hersteller auch variieren. (Ein Brandschutzklappen-Maß zum Beispiel: =503x503x500. <B x H x L / Typ BK188/ Hersteller: Schako).
Falls kein Übergang zur Komponente erforderlich ist, können die Maße nachträglich in der Datenbank (DB-Info) angepasst (parametrisiert) werden. Bei den meisten Komponenten muss auf die Einbauweise (Richtung usw.) geachtet werden (Komp.-Rahmen beachten!).

Benutzerdefinierte Anpassung des Zellselektors „komp.csf":
Durch Doppelklick auf die anzupassende Komponente des Zellselektors öffnet das Einstellungsfenster: „Zell-Selektor-Schaltfläche konfigurieren. Über Schalter: „Auswählen (Select)" kann der Schaltfläche eine Zelle zugeordnet werden. Über „Farbe (Color)" kann der Schaltfläche eine Farbe zugewiesen werden. Änderungen in Zellselektor speichern.

Vorgehensweise Komponente der Lüftung platzieren:

> Im VENTURIS Menü: „Platzieren → Komponente" anwählen. (Das Einstellungsfenster für „Komponenten" und Zellselektor „komp.csf" erscheint.

> Im Zellselektor **„Komponente"** (BSK) **anwählen**. [Nicht Zubehör (M)!] Der Zellselektor mit allen Komponenten für Lüftung erscheint.

> Im Einstellungsfenster für „Komponenten" Abmessungen und **Optionen definieren**.

> **Komponente im Zellselektor** anwählen. (Im Beispiel: Brandschutzklappe -BSK)

> **TENTPNT** stirnseitig an das Referenzobjekt setzen. (Komponente hängt am Cursor)

> **Bestätigen**/Return-Taste betätigen für AccuDraw Smart-Lock.

> **Länge** der Komponente über Tastatur eingeben. (Im Beispiel: „500" mm)
oder TENTPNT an Referenzobjekt-2 setzen.

> Mit **DATAPNT bestätigen** und über RESET -Taste abbrechen.

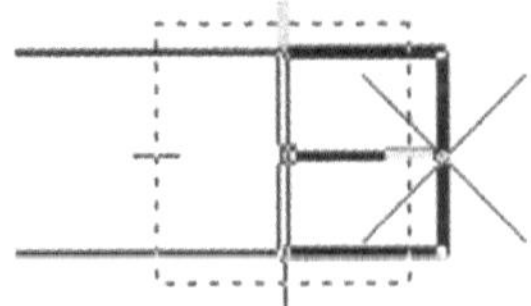

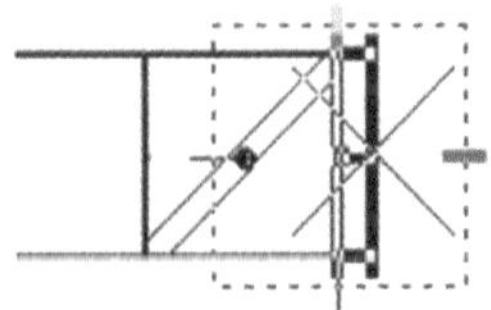

Beispiel:
BSK mit TENTPNT an Kanal — BSK nach Längendefinition über DATAPNT absetzen.

Zusammenfassung „Komponente der Lüftung platzieren":
- In VENTURIS Menü: „Platzieren → Komponente" anwählen.
- Im Zellselektor „Komponente" eine Komponente anwählen.
- Im Einstellungsfenster für „Komponenten" Abmessungen und Optionen definieren.
- Komponente im Zellselektor anwählen.
- TENTPNT stirnseitig an das Referenzobjekt setzen.
- Bestätigen/Return-Taste betätigen für AccuDraw Smart-Lock.
- Länge der Komponente über Tastatur eingeben.
- Mit DATAPNT bestätigen und über RESET -Taste abbrechen.

40. Auslässe setzen:

(VENTURIS Menü: Platzieren → Auslässe setzen)

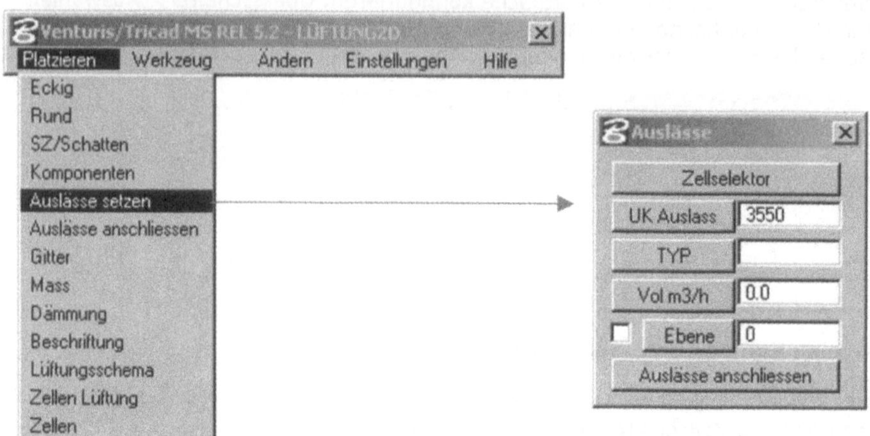

Auslässe sind Zellen die nur über den Zellselektor gesetzt werden können.
Im Einstellungsfenster **„Auslässe"** können vor dem Setzen des Auslasses die Unterkante Auslass „UK Auslass", „Typ"/Bezeichnung, Luftvolumenstrom „Vol m3/h" des Auslasses und die „Ebene" (Level) definiert werden. (Standardebene/Level ist die Ebene der Voreingestellten Luftart.) Durch Setzen des Toggle-Schalters „Ebene" kann eine andere Ebene (Level) gewählt werden. Auslässe können im Zellselektor ..cells\vent**auslass.csf** angewählt und in der Zeichnung platziert werden.

Zellselektor für **Auslässe**

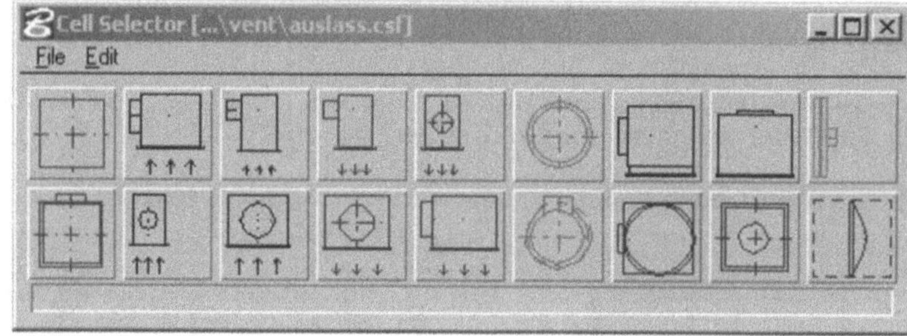

Vorgehensweise Auslass setzen:

> In VENTURIS Menü: **"Platzieren → Auslässe setzen"** anwählen.

> **„Attribute"** evtl. „Ebene /Level" im Einstellungsfenster „Auslässe" definieren.
(Die Z-Koordinate (OKK) des Auslasses bezieht sich immer auf die Unterkante Auslass.)

> **Auslass-Art** in "Zellselektor" anwählen. (Zelle hängt am Cursor)

> Setzen eines **DATAPNT** wenn Auslass nicht gedreht/rotiert wird.

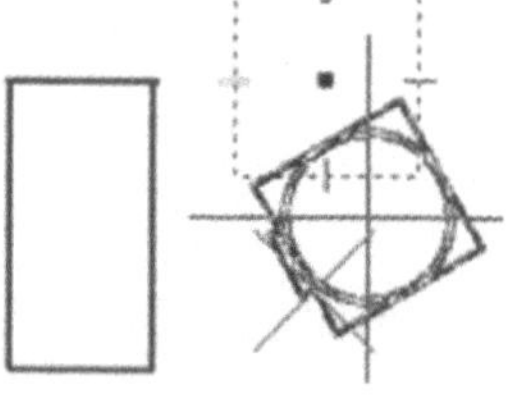

Optional:
> Setzen eines **TENTPNT** um den Auslass um die eigene Achse zu drehen/rotieren. (Inkrement = 30°)

> Nach **Richtungsvorgabe** (Rotationswinkel) Auslass mit **DATAPNT setzen**.

> Weitere Auslässe setzen über Abstandsangabe in AccuDraw (Siehe Beispiel unten).

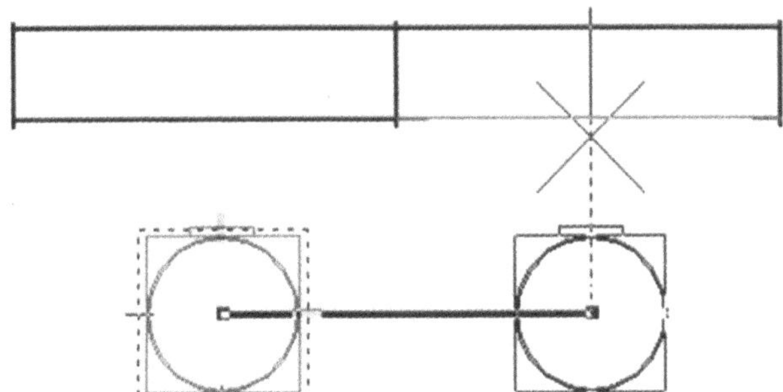

Weitere Auslässe setzen über Abstandsangabe in AccuDraw.

Zusammenfassung „Auslass setzen":
- In VENTURIS Menü: „Platzieren → Auslässe setzen" anwählen.
- Im Einstellungsfenster „Attribute" evtl. „Ebene /Level" definieren.
- Auslass-Art im Zellselektor anwählen.
- Setzen eines DATAPNT wenn Auslass nicht gedreht/rotiert wird.

Optional:
- Setzen eines TENTPNT um Auslass zu drehen/rotieren.
- Nach Richtungsvorgabe/Rotieren Auslass mit DATAPNT setzen.

VENTURIS bietet über die **Auswahlfenster** vordefinierte Standardgrößen der Auslässe. Analog zur Auslass-Art referenziert VENTURIS die entsprechende Datei (z. Bsp.: DES400) in das Auswahlfenster. Auslässe können immer nur mit den vordefinierten Standardgrößen gesetzt werden. Die Attribut-Dateien mit den vordefinierten Standardgrößen der Auslässe befinden sich im Verzeichnis: ..Venturis\env\cells\vent\db**auslass**.
Diese können über die Funktion: „Attribut Dateien" benutzerdefiniert editiert werden.

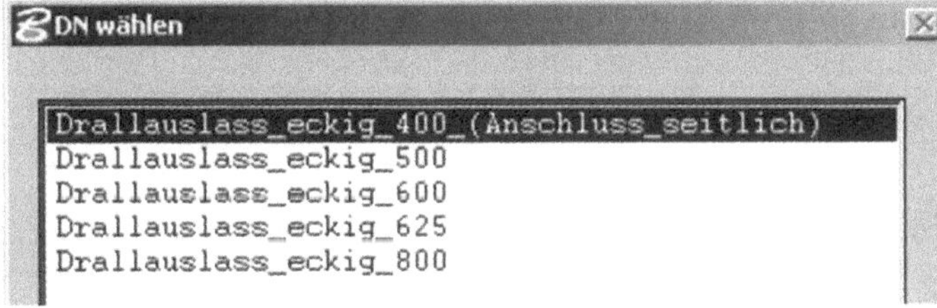

Im Beispiel: Auswahlfenster für Drallauslass eckig. Die Abmessungen sind in der Datei: **DES400** gespeichert

Merke:
Auslässe sind Zellen die nur über den Zellselektor gesetzt werden können.
Auslässe können immer nur mit den vordefinierten Standardgrößen gesetzt werden.
Die Z-Koordinate (OKK) des Auslasses bezieht sich immer auf die Unterkante Auslass.
Es wird immer die Höhe übernommen, die im VENTURIS Einstellungsfenster unter: „OKK-Absolut" gesetzt wurde.

41. Auslässe anschließen:

(VENTURIS Menü: Platzieren → Auslässe anschließen)

Venturis/Tricad MS RL 5.2 - LÜFTUNG2D
Platzieren Werkzeug Ändern Einstellungen Hilfe
Eckig
Rund
SZ/Schatten
Komponenten
Auslässe setzen
Auslässe anschliessen
Gitter
Mass
Dämmung
Beschriftung
Lüftungsschema
Zellen Lüftung
Zellen

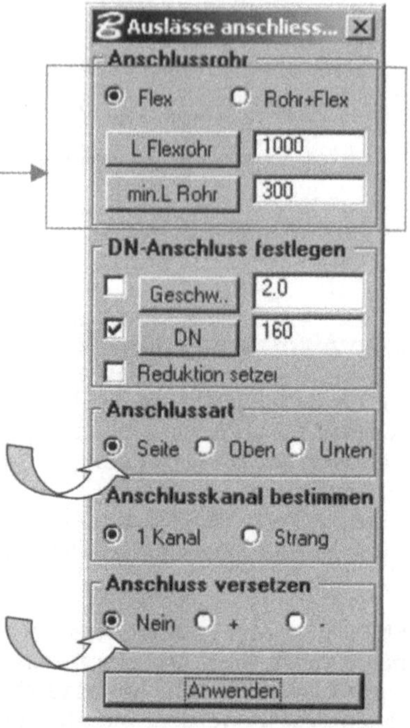

Auslässe anschliess...
Anschlussrohr
Flex Rohr+Flex
L Flexrohr 1000
min.L Rohr 300
DN-Anschluss festlegen
Geschw.. 2.0
DN 160
Reduktion setze
Anschlussart
Seite Oben Unten
Anschlusskanal bestimmen
1 Kanal Strang
Anschluss versetzen
Nein + -
Anwenden

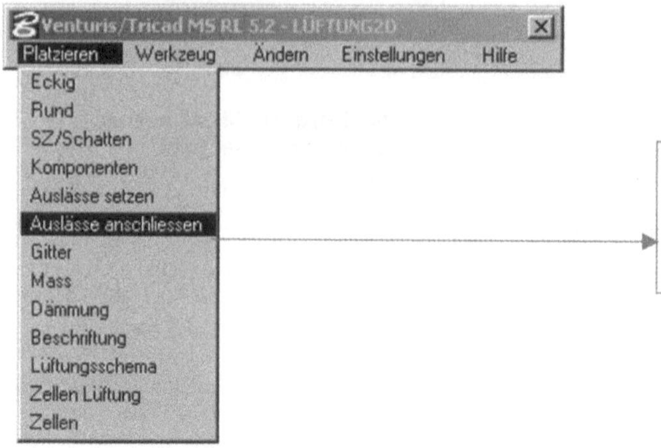

Die **automatische Methode** über Zaun (Fence) platzieren wird vorwiegend angewandt zum Anschluss eines Auslasses oder mehrer Auslässe gleichzeitig. Durch Anwählen von „**Auslässe anschließen**" im VENTURIS Menü „Platzieren" erscheint das Einstellungsfenster für Auslässe anschließen. Hier können Eigenschaften wie: „Anschlussrohr" (Nur Flex oder Rohr mit Flex), „Anschlussart" (Seite, Oben, Unten), „Anschlusskanal" und „Anschluss versetzen" (Nein oder +/-) definiert werden.

Beispiel:
Automatischer Anschluss über Zaun/Fence und der Option: **Anschluss versetzen „Nein"**.

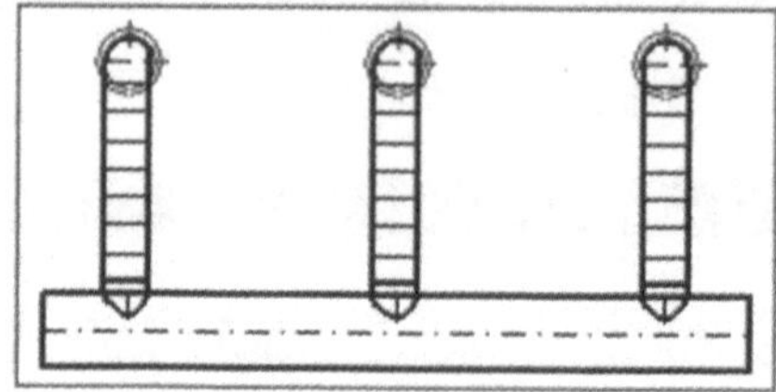

Beispiel:
Automatischer Anschluss über Zaun/Fence und der Option: **Anschluss versetzen „-"**.

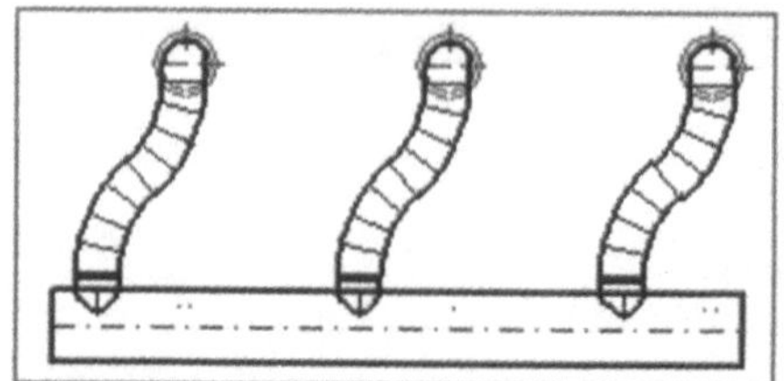

Hinweis:
Am Rohranschluss wird für jeden Abgang automatisch ein Sattelstutzen (SST) gesetzt. Bei einem Anschluss an einen Kanal ein Nietbord/Stutzen rund (STR).

Vorgehensweise Auslässe (automatisch) anschließen:

> Im **Einstellungsfenster „Auslässe anschließen"** die Eigenschaften wie: „Anschlussrohr" (Nur Flex oder mit Flex), „DN Anschluss festlegen", „Anschluss versetzen" (Nein oder +/-) usw. festlegen. Entsprechende Toggle-Schalter setzen.

> **Zaun/Fence** über Rohr und Auslässe setzen. Die gesamte Rohrlänge und alle Auslässe müssen sich innerhalb des Zaun/Fence befinden.

> **„Anwenden"** im Einstellungsfenster „Auslässe anschließen" anwählen. Die Auslässe werden farblich hervorgehoben.

> Das **Rohr** an dem die Auslässe angeschlossen werden sollen, **2x anklicken DATAPNT** (Doppelklick). Diese Aufforderung erscheint auch in der Statuszeile von MicroStation. Die Flexiblen Rohre wurden gesetzt. Das flexible Rohr wird an die Attribute wie: Anlage, Luftart etc. des Rohres angepasst. Am Rohranschluss wird für jeden Abgang automatisch ein Sattelstutzen (SST) gesetzt. Bei einem Anschluss an einen Kanal ein Nietbord/ Stutzen rund (STR).

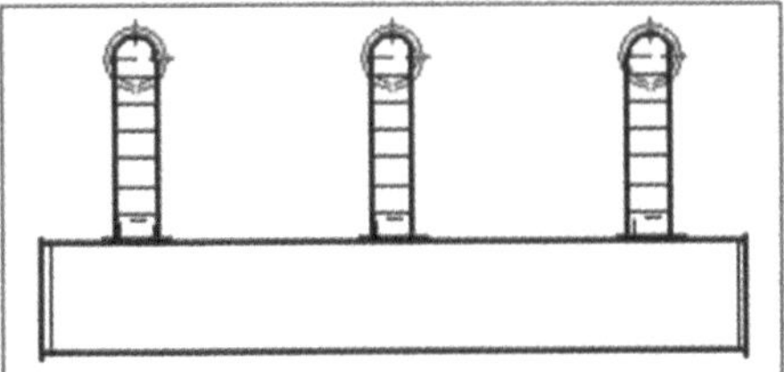

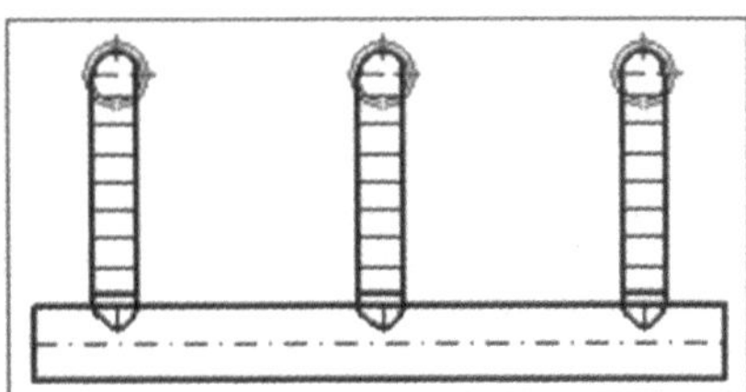

Beispiel:
„Stutzen rund" autom. bei Anschluss an Kanal.

„Sattelstutzen" autom. bei Rohr.

Zusammenfassung „Auslässe anschließen":
- In der Toolbox „Flexibles Rohr (FR) planen" anwählen.
- Im VENTURIS Menü: „Platzieren → Auslässe anschließen" wählen.
- Die Nennweite (DN) und die Optionen festlegen.
- Zaun/Fence über alle Auslässe und die „gesamte" Rohrlänge platzieren.
- „Anwenden" im Einstellungsfenster „Auslässe anschließen" anwählen.
- Anschluss-Rohr doppelklicken (oder über die RESET -Taste ablehnen).

Hinweis:
In der Regel sollte ein Anschluss mit flexiblem Rohr ***aus Kostengründen*** die Länge von 1,0 m max. 1,3 m nicht überschreiten. Daher ist es ratsam zum automatischen Anschluss von Auslässen die Option: „Rohr+Flex" zu wählen. Die Länge für das Flexrohr kann in dem Kästchen „L Flexrohr" definiert werden (z. Bsp.: 1000mm), und die Mindestlänge für Rohr im Kästchen „min. L-Rohr" (z.Bsp.: 300mm).

42. Gitter setzen:

(VENTURIS Menü: Platzieren → Gitter)

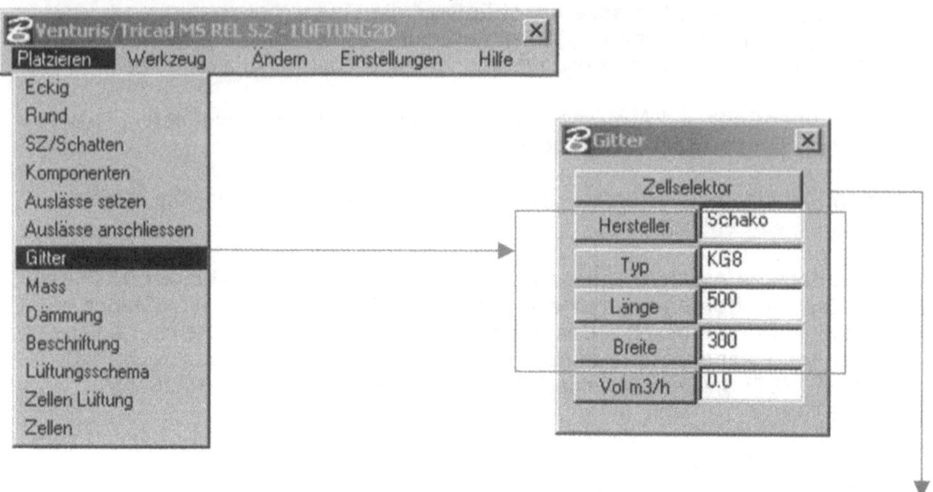

Im Einstellungsfenster **„Gitter"** können über die hervorgehobenen Schaltflächen: „Hersteller, Typ (Bezeichnung), Länge und Breite sowie der Volumenstrom gewählt und gesetzt werden.
Im Zellselektor: ..cells\vent**gitter.csf** können drei verschiedene Gitterarten ausgewählt werden. Gitter für seitlich auf Kanal, Gitter für OK oder UK-Kanal sowie Endgitter/Endboden. Durch Platzieren eines Gitters an ein Referenzobjekt werden dessen Eigenschaften wie Luftart und Farbe etc. übernommen. Die Höhenquote (OK-Gitter) wird automatisch zu der des Referenzobjektes angepasst (eingemittet). Gitter haben in der Regel ungerade Maße. Die richtige Auswahl kann über die hervorgehobenen Schaltflächen: „Länge" und „Breite" im Einstellungsfenster „Gitter" vorgenommen werden.

Die Attribut-Dateien mit den vordefinierten Gittergrößen befinden sich im Verzeichnis: ..\venturis\env\db\vent**grid_default**. Diese können über die Funktion: „Attribut Dateien" oder über den Windows-Editor, benutzerdefiniert angepasst werden. Es kann auch eine benutzerdefinierte Datenbank für Gitter angelegt werden. Dabei muss die vorgegebene Struktur der Datenbank genau eingehalten werden, wie unter Kapitel 112. 3D-Gitter platzieren, ab Seite 203 beschrieben.

Die Attribute einer **Gitter-Datenbank** können über die Schalter des Gitter-Einstellungsfensters „Hersteller, Typ, Länge u. Breite" aufgerufen werden. Über die Auswahlfenster können die entsprechenden Typen und Größen (Abmessungen) des Gitters angewählt und gesetzt werden.

Hinweis:
Die Gitter-Datenbank ist projektunabhängig. Die Datenbank kann somit über ein Firmennetz, benutzer- und projekt- übergreifend zur Verfügung gestellt werden.

Im Zellselektor **„gitter.csf"** können drei verschiedene Gitterarten ausgewählt werden. Gitter für seitlich auf Kanal, Gitter für OK oder UK-Kanal sowie Endgitter/Endboden. Desweiteren kann zwischen Zu- und Abluftgittern (Pfeilrichtung beachten) gewählt werden.

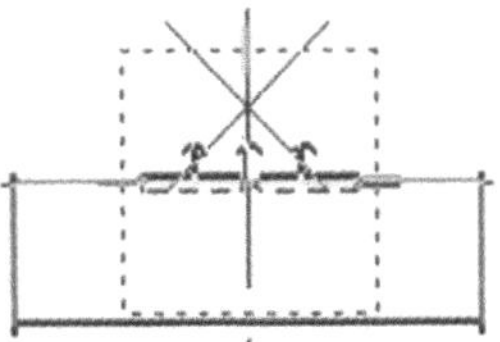

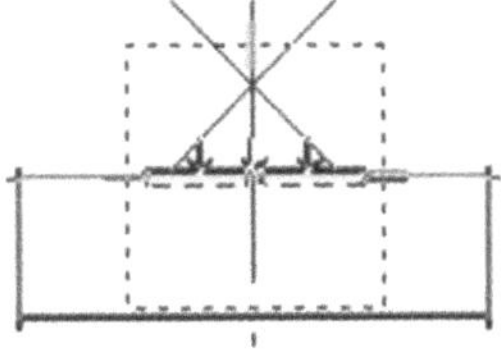
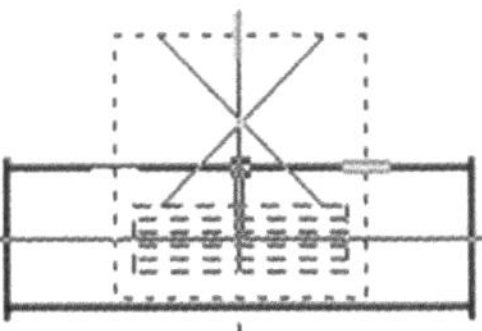

Beispiel: „Zuluft Gitter" „Abluft" Gitter Gitter „UK-Kanal"

Vorgehensweise Gitter setzen:

> In VENTURIS Menü: "Platzieren → Gitter" anwählen.

> Im **Einstellungsfenster „Gitter"** über die entsprechenden Schalter den „Hersteller" und den Gitter- „Typ" festlegen. Die Gitterabmessungen über die Schalter: „Länge" und „Breite" festlegen.

> **Gitter-Art** in "Zellselektor" anwählen. (Zelle hängt am Cursor)

> **Setzen eines TENTPNT** an ein Kanal oder Rohr. (Seitlich am Kanal angebrachte Gitter können nun durch bewegen des Cursors über den Snap-Point gespiegelt werden.)

> Optional:
Bei Auswahl eines Gitters für **OK- bzw. UK-Kanal** kann das Gitter nach dem platzieren mit **TENTPNT** durch setzen eines **zusätzlichen DATAPNT** um die eigene Achse gedreht/rotiert werden.

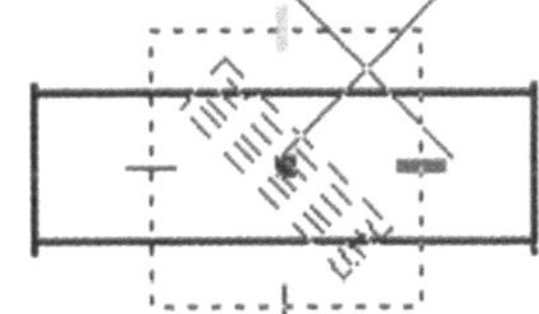

> Nach der Richtungsvorgabe kann das Gitter über **Setzen eines DATAPNT** platziert werden.

Zusammenfassung „Gitter setzen":
- In VENTURIS Menü: „Platzieren → Gitter" anwählen.
- Im Einstellungsfenster Gitter: „Hersteller" „Typ", „Länge", „Breite" usw. definieren.
- Gitter Art im Zellselektor anwählen.
- Setzen eines TENTPNT an Kanal oder Rohr.

Optional:
- (Nach TENTPNT) Setzen eines DATAPNT um OKK/UKK -Gitter zu drehen/rotieren.
- Nach Richtungsvorgabe/Rotieren Gitter mit DATAPNT setzen.

Hinweis:
Im Datenbankeintrag (DB-Info) sind (u. a.) für das gesetzte Gitter: „Hersteller, Typ, Zellname und Zellbeschreibung" sowie „Vol. m3/h und OK-Gitter" aufgeführt. Diese können in der Datenbank durch andere Angaben überschrieben werden.
Abweichende bzw. projektbezogene Gittergrößen können über „Attribut-Dateien" im VENTURIS Menü „Einstellungen → Attribut Dateien" angepasst bzw. geändert werden.

43. Maß platzieren:

(VENTURIS Menü: Platzieren → Maß)

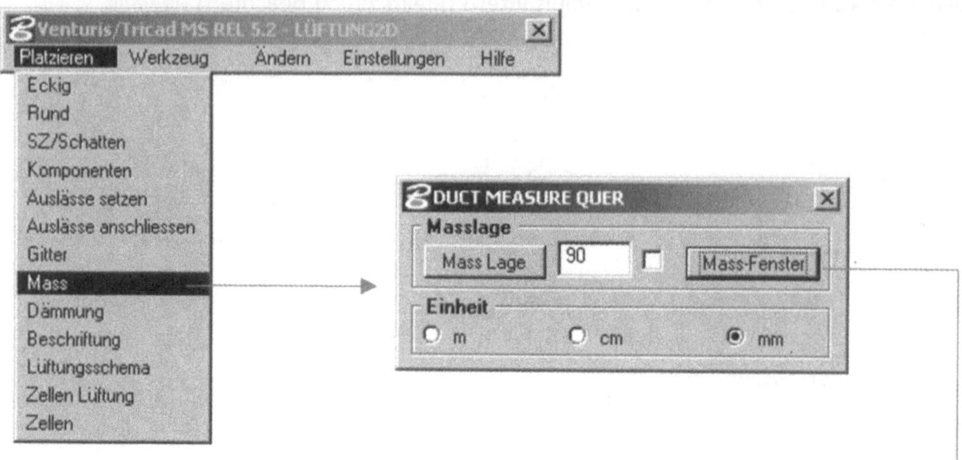

Über die VENTURIS Bemaßungsfunktionen können ausschließlich VENTURIS Objekte bemaßt werden. In der **Toolbox: „Maß"** stehen die Bemaßungsarten: „Querschnitt vermassen" (a/b bei Kanal eckig und DN bei Rohr)", „Länge vermassen" (+ Winkel bei Bogen), die „Höhenvermassung" und die „Volumenstrom beschriften" zur Verfügung.

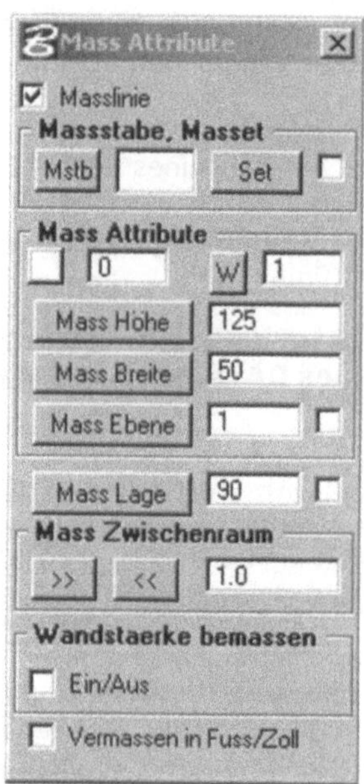

Im Einstellungsfenster „Querschnittvermassung" (DUCT MEASURE QUER) kann die **„Maß Lage"** entsprechend der Winkeleinstellung oder ganz individuell gesetzt werden. Standardeinstellung ist eine Maßdrehung im Inkrement von 90°. Über **„Einheit"** kann die Maßausgabe optional über die entsprechenden Toggle-Schalter: „m", „cm" oder „mm" gesteuert werden. Über die Schaltfläche „Maß-Fenster" kann das Einstellungsfenster für die **„Maß-Attribute"** aufgerufen werden. Hier können die Maßattribute im Detail angepasst werden. Über Toggle-Schalter **„Maßlinie"** kann eine Maßlinie mit Bezugslinie zum Referenz-Objekt/Kanal des Maßes geschaltet werden. Über Toggle- Schalter **„Set"** können vordefinierte Attribute (auch in Relation zur Luftart, [ZU...]) des angewählten Stranges aufgerufen werden. Die Attribut Datei für **„Masset"** ist unter: ../env/db/vent/**mass_set** gespeichert. Unter Schalter: **„W"** kann die Linienstärke (0, 1, 2.. usw.) festgelegt werden. Weitere Einstellungen wie **„Maß-Höhe, "Maß-Breite"** und **„Maß-Ebene"** können definiert werden. Die Maßeinheit wird automatisch an die Arbeitseinheiten der Zeichnung angepasst. Sind in einer Zeichnung die Arbeits-einheiten auf Fuß / Zoll eingestellt, wird die Vermassung automatisch in Fuß und Zoll erfolgen. Unabhängig der Zeichnungs-Arbeitseinheit kann über Setzen des Toggle-Schalters „Vermassen in Fuss/Zoll" die Maßausgabe in Zoll gesetzt werden.

Über die Schalter der Toolbox: „Maß" können die Bemaßungsarten: **Querschnitt, Länge, Höhe** (OK/UK-Kanal) und **Volumenstrom** gesetzt werden.

a.) Bemaßung Querschnitt:

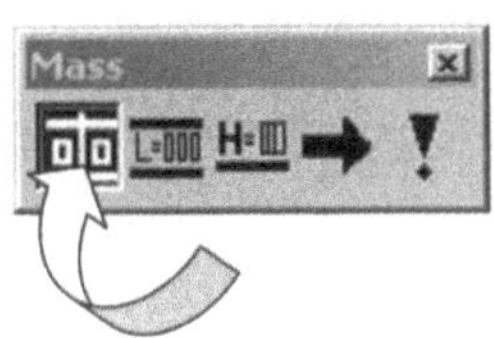

> Bemaßung „Querschnit" in Toolbox „Maß" wählen.

> **„Maß-Attribute"** im Einstellungsfenster anpassen.

> Über **DATAPNT** Kanal/Rohr oder Komponente anwählen.

> **Bestätigen mit DATAPNT** und Maß ausrichten. (Über RESET -Taste abbrechen)

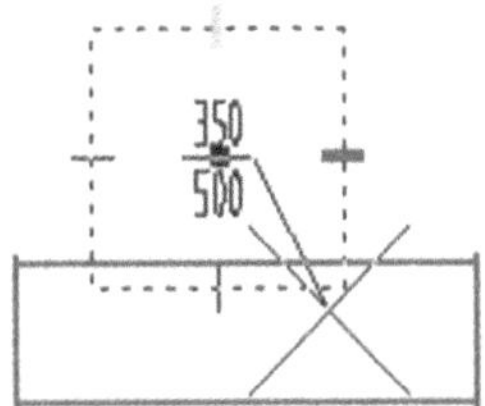

> **Weiteren DATAPNT** für Maß setzen, Optional: Bezugslinie mit **DATAPNT an Referenzobjekt** platzieren, oder:

> **RESET -Taste** für Maß platzieren.

Information:
Zum „Ändern/Verschieben eines Textes oder Position" siehe auch: Kapitel 30. „ Elemente in Leitung/Kanal bewegen" Seite 58 und „Texte in Zellen ändern" auf Seite 61.

b.) Bemaßung Länge:

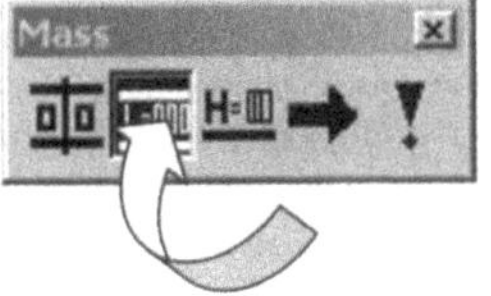

> Bemaßung „Länge (L=000)" in Toolbox „Maß" wählen.

> **„Maß-Attribute"** im Einstellungsfenster anpassen.

> Über **DATAPNT** Kanal/Rohr oder Komponente anwählen.

> **Bestätigen mit DATAPNT** und Maß ausrichten. (Über RESET-Taste abbrechen)

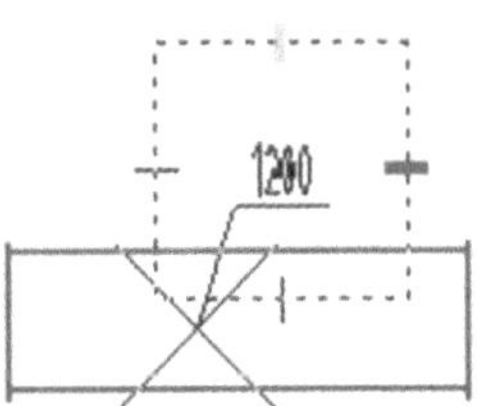

> **Weiteren DATAPNT** für Maß setzen, Optional: Bezugslinie mit **DATAPNT an Referenzobjekt** platzieren, oder:

> **RESET -Taste** für Maß platzieren.

Zusammenfassung „Bemaßung Querschnitt/Länge":

- In VENTURIS Menü: „Platzieren → Mass" anwählen.
- Bemaßung „Querschnitt oder Länge" in Toolbox „Maß" wählen.
- „Maß-Attribute" im Einstellungsfenster anpassen.
- Über DATAPNT Kanal/Rohr oder Komponente anwählen.
- Bestätigen mit DATAPNT und Maß ausrichten (Über RESET -Taste abbrechen).
- Weiteren DATAPNT für Maß setzen, Optional: Bezugslinie mit DATAPNT an Referenzobjekt platzieren, oder:
- RESET -Taste für Maß platzieren.

c.) Bemaßung Höhe:

Über die Höhenvermaßung wird der Abstand/ Lage der in 2D nicht sichtbaren **Z-Achse** eines Kanals/Rohres oder Komponente in Bezug zum Fußboden oder zur Decke bemaßt. Voraussetzung dafür ist, das das Objekt einen OKK- Eintrag in der VENTURIS- Datenbank hat.

Im Einstellungsfenster „Höhenvermassung" kann die **„Vermassungsart"** bezogen auf Achse, Oberkante oder Unterkante (Sohle) und im **„Höhenbezug"** zum Boden oder zur Decke voreingestellt werden. Über **„Einheit"** kann die Maßausgabe optional über die entsprechenden Schalter: „m", „cm" oder „mm" gesteuert werden. Die **„Maß Lage"** kann entsprechend der Inkrement- Einstellung oder ganz individuell gesetzt werden. Standardeinstellung ist eine Maßdrehung im Inkrement von 90°.
Über die Schaltfläche **„Maß-Fenster"** kann das Einstellungsfenster für die „Maß-Attribute" aufgerufen werden (Hier können die Maßattribute im Detail angepasst werden S.79).

Über Schalter **„Stockwerk"** können Projektbedingte Raumhöhen angewählt und über den Toggle-Schalter als Grundlage der Bemaßung gesetzt werden. Die Höhenangabe wird somit auf die Raumhöhe des angewählten Stockwerks begrenzt (Relative- Höhenangabe). Durch Betätigen des Toggle- Schalters **„Absolut auf 0,0m"** erfolgt die Höhenangabe bezogen auf den absoluten Null-Punkt (0,0m) der Z-Achse (Absolute- Höhenangabe).

Über setzen des Toggle- Schalters **„Maß Text"** können benutzerdefinierte oder projektbedingte Beschriftungstexte mit verschiedenen Inhalten der Maßangabe gesetzt werden (Zum Beispiel: MA 1,5m üM).

Erläuterung zur Vermaßungsart:

Achse (MA): Das Maß bezieht sich auf die Achsmitte (Center-Line) des Kanals/Rohres.
UK: Das Maß bezieht sich auf die Unterkante des Kanals/Rohres.
OK: Das Maß bezieht sich auf die Oberkante des Kanals/Rohres.

Erläuterung zum Höhenbezug:
Boden: Das Maß bezieht sich auf den Fußboden (OKF) des aktuellen Geschosses.
Decke: Das Maß bezieht sich auf die Decke (UKD) des aktuellen Geschosses.

Erläuterung zur Einheit:
Hier kann bestimmt werden ob die Maßausgabe in m, cm oder mm ausgeführt soll.

Erläuterung zu Stockwerk:
Toggle-Schalter aktiviert: Das Höhenmaß bezieht sich auf das eingestellte Stockwerk.
Toggle-Schalter deaktiviert: VENTURIS errechnet das Stockwerk anhand der Höhenlage.

Bei aktivem Toggle-Schalter: **„anschreiben"** wird das Stockwerk der Maßangabe hinzugeschrieben, z.b.: „MA 3500 OKF **1.OG"**.

Vorgehensweise bei der Höhenvermassung:

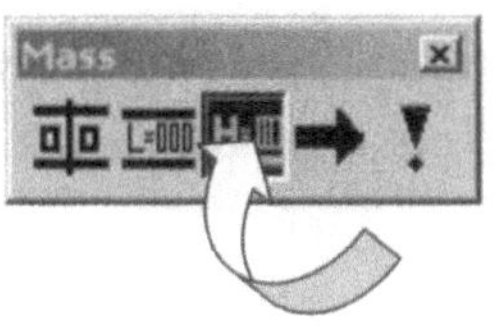

> Bemaßung „Höhe (H=000)" in Toolbox „Maß" wählen.

> **„Maß-Attribute"** im Einstellungsfenster anpassen.

> Über **DATAPNT** Kanal/Rohr oder Komponente anwählen.

> **Bestätigen mit DATAPNT** und Maß ausrichten. (Über RESET -Taste abbrechen)

> **Weiteren DATAPNT** für Maß setzen, Optional: Bezugslinie mit **DATAPNT an Referenzobjekt** platzieren, oder:

> **RESET -Taste** für Maß platzieren.

Zusammenfassung „Bemaßung Höhe":
- In VENTURIS Menü: „Platzieren → Mass" anwählen.
- Bemaßung „Höhe" in Toolbox „Maß" wählen.
- „Maß-Attribute" im Einstellungsfenster anpassen.
- Über DATAPNT Kanal/Rohr oder Komponente anwählen.
- Bestätigen mit DATAPNT und Maß ausrichten. (Über RESET -Taste abbrechen)
- Weiteren DATAPNT für Maß setzen, Optional: Bezugslinie mit DATAPNT an Referenzobjekt platzieren, oder:
- RESET -Taste für Maß platzieren.

Erläuterung der Maßangaben:

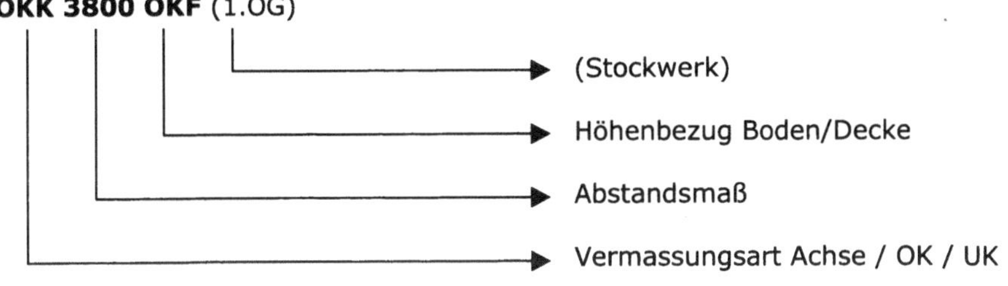

Beispiel:

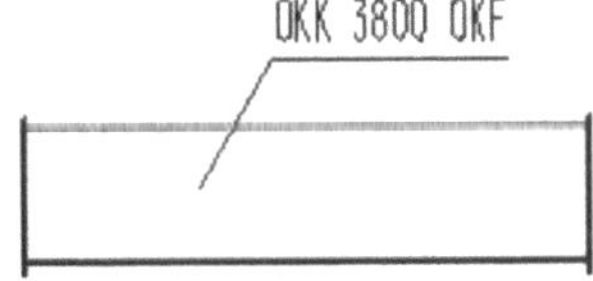

OK-Kanal bezogen auf Fußboden (OKF)

MA 3500 OKF

Rohr-Achse (MA) bezogen auf Fußboden.

d.) Volumenstrom beschriften:

Über die Funktion „Volumenstrom beschriften" können die in der Datenbank eingetragenen Volumenstrom-Werte direkt an das Referenzobjekt gesetzt/beschriftet werden. (Voraussetzung dafür ist, das das Objekt einen Volumenstrom- Eintrag in der VENTURIS- Datenbank hat.) Der Volumenstrom kann nach dem Setzen des Objektes oder später, über einen **manuellen Eintrag** in der Datenbank (Aufruf über DB-Info) oder über die Filter von „Beliebige Attribute ändern" im VENTURIS Menü: „Ändern", gesetzt werden. Ist ein Eintrag in der Datenbank vorhanden, so kann der Volumenstrom durch Betätigen des Schalters: „nicht bestimmen" der Abfrage gesetzt werden. Die Maßangabe für Volumenstrom kann mit einem Pfeil für die **Luftrichtung** angezeigt werden.

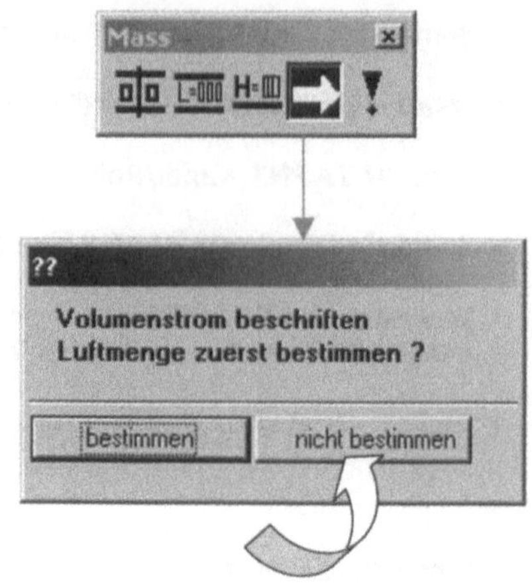

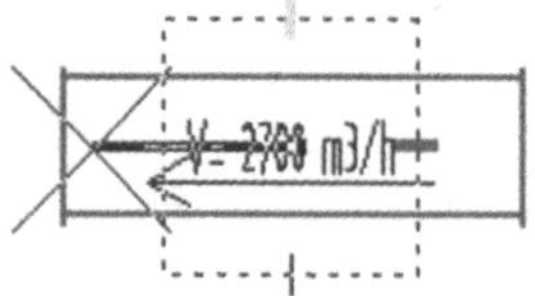

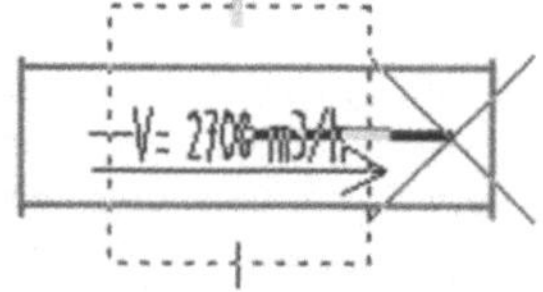

Beispiel:
Volumenstrom- Angaben können mit Pfeil für die Luftrichtung gesetzt werden.

Vorgehensweise Volumenstrom beschriften:

> Bemaßung „Volumenstrom vermaßen" in Toolbox „Maß" wählen.

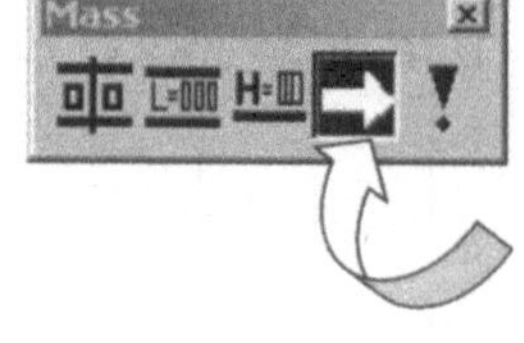

> **Bestätigen der Abfrage:** „bestimmen" oder „nicht bestimmen".

> Über **DATAPNT** das Referenzobjekt anwählen.

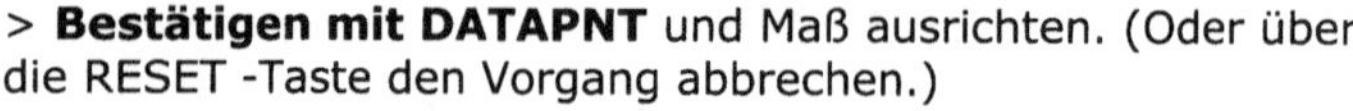

> **Bestätigen mit DATAPNT** und Maß ausrichten. (Oder über die RESET -Taste den Vorgang abbrechen.)

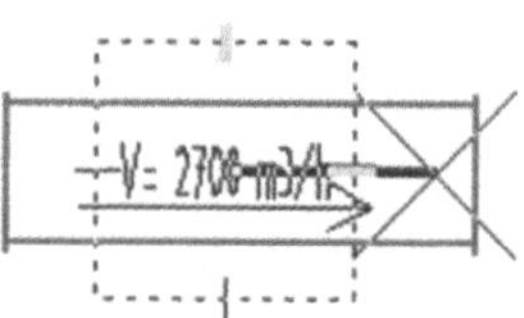

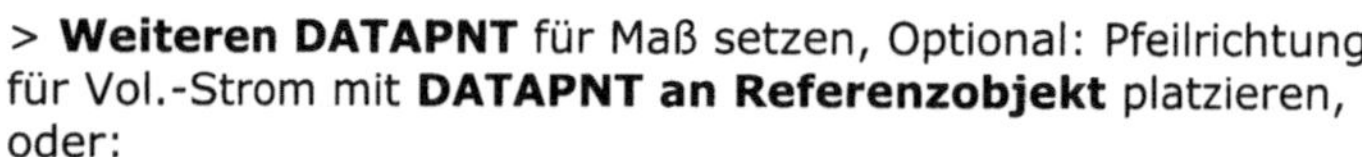

> **Weiteren DATAPNT** für Maß setzen, Optional: Pfeilrichtung für Vol.-Strom mit **DATAPNT an Referenzobjekt** platzieren, oder:

> **RESET -Taste** für Maß platzieren ohne Richtungsangabe.

Zusammenfassung „Bemaßung Querschnitt/Länge":
- In VENTURIS Menü: „Platzieren → Mass" anwählen.
- Bemaßung „Volumenstrom vermaßen" in der Toolbox „Maß" wählen.
- Bestätigen der Abfrage: „bestimmen" oder „nicht bestimmen".
- Über DATAPNT das Referenzobjekt anwählen.
- Bestätigen mit DATAPNT und Maß ausrichten. (Oder über RESET -Taste abbrechen)
- Weiteren DATAPNT für Maß setzen, Optional: Pfeilrichtung für Volumenstrom mit DATAPNT an Referenzobjekt platzieren, oder:
- RESET -Taste für Maß platzieren ohne Richtungsangabe.

44. Dämmung (Isolation) darstellen/ändern:

(VENTURIS Menü: Platzieren → Dämmung)

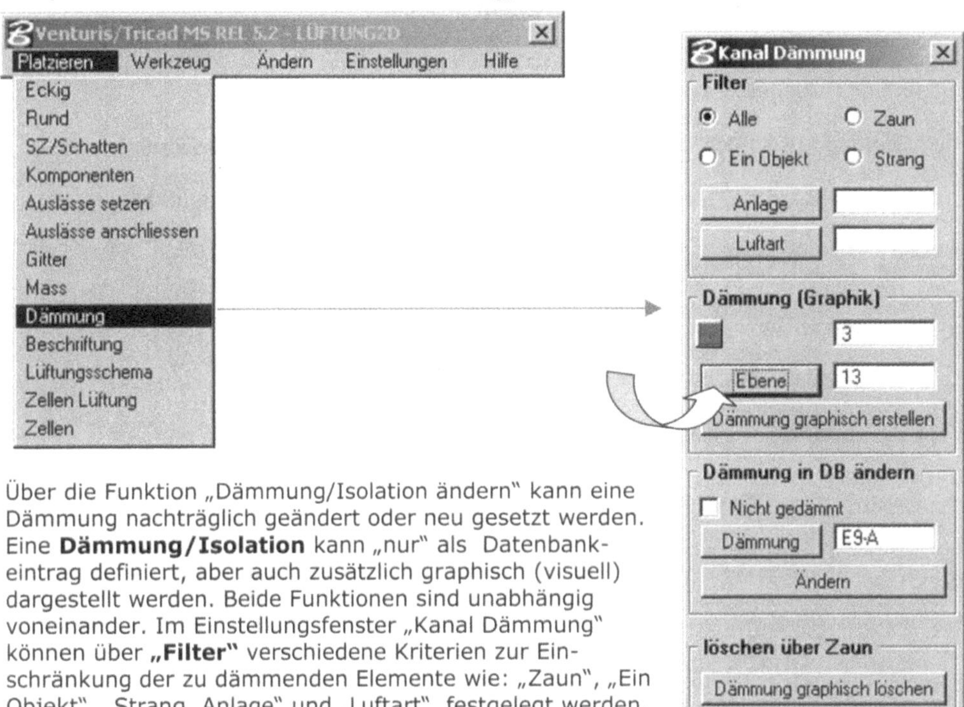

Über die Funktion „Dämmung/Isolation ändern" kann eine Dämmung nachträglich geändert oder neu gesetzt werden. Eine **Dämmung/Isolation** kann „nur" als Datenbank-eintrag definiert, aber auch zusätzlich graphisch (visuell) dargestellt werden. Beide Funktionen sind unabhängig voneinander. Im Einstellungsfenster „Kanal Dämmung" können über **„Filter"** verschiedene Kriterien zur Einschränkung der zu dämmenden Elemente wie: „Zaun", „Ein Objekt", „Strang, Anlage" und „Luftart" festgelegt werden. Dies bewirkt, das nur die Elemente gedämmt /isoliert werden die diesen Einschränkungen/Kriterien voll entsprechen. Unter **„Dämmung (Graphik)"** können Attribute wie „Farbe" und „Ebene (Level)" voreingestellt werden die das Aussehen der visuellen Darstellung prägen. Über den Schalter: **„Dämmung graphisch erstellen"** wird die Dämmung/Isolation in der Zeichnung entsprechend der definierten Attribute dargestellt. (Vorhandene Dämmungen sind gegebenenfalls zu löschen.)

Durch betätigen des Toggle- Schalters: **„Nicht gedämmt"** im Einstellungsfenster wird der Datenbankeintrag der ausgewählten Objekte gelöscht. Über Schalter: **„Dämmung"** kann eine Auswahl allgemein üblicher **Dämm- und Isolationsarten** getroffen werden. Die ausgewählte Dämm- und Isolationsart kann über den Schalter „Ändern" dem Objekt zugewiesen werden. Nach Auswahl der Elemente über Zaun setzen, kann über Schalter: **„Dämmung graphisch löschen"** die Dämmungsgraphik visuell gelöscht werden, dabei bleibt jedoch der Datenbankeintrag unverändert.

Über Toggle-Schalter: **„Dämm."** im Fenster Einstellungen von VENTURIS kann bereits <vor dem Setzen> eines Elementes eine Dämm-, Isolationsart festgelegt werden. (Vorsicht: Bis zum Deaktivieren des Schalters „Dämm." werden alle generierten Elemente mit der gesetzten Dämmung versehen!)

Einstellungen
gestr. Liste Dämm.
Anlage RLT_
Luftart ZU_PMI
Material V1

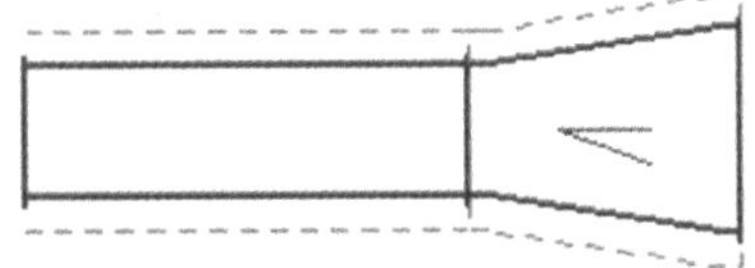

Beispiel: Kanal mit Brandschutz-Isolierung (E9-A) visuell dargestellt.

Vorgehensweise bei Dämmung nachträglich setzen:

> In VENTURIS Menü: „Platzieren → Dämmung" anwählen.

> Im Einstellungsfenster „Kanal Dämmung" über **„Filter"** die Kriterien zur Einschränkung der Dämmung festlegen.

> Über „Dämmung-Graphik" die **Attribute (Farbe + Ebene/Level) festlegen**.

> **Auswahl der Dämm-/Isolationsart** über Schalter „Dämmung" (Siehe Graphik).

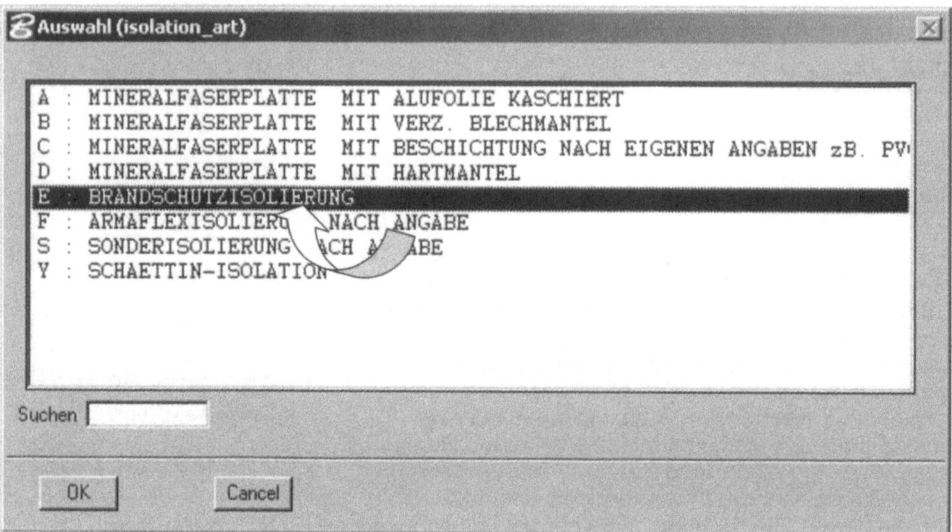

> **Zaun** (Fence) über die Objekte ziehen.

> **Schalter „Ändern"** im Einstellungsfenster „Kanal Dämmung" betätigen. Es erscheint eine Sicherheitsabfrage: „Alle Kanäle in Zaun auf Dämmung: ..... ändern?"

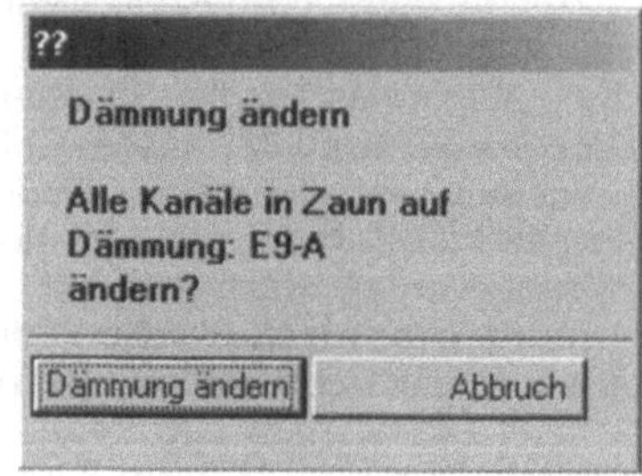

> **Sicherheitsabfrage bestätigen.** Die Dämmung wurde in die Datenbank der ausgewählten Objekte eingetragen. Weiter zur graphischen Darstellung:

> Bei Bedarf **Schalter: „Dämmung graphisch erstellen"** anwählen (Die Dämmung wird gesetzt).

Zusammenfassung „Dämmung nachträglich setzen":
- In VENTURIS Menü: „Platzieren → Dämmung" anwählen.
- Über „Filter" im Einstellungsfenster „Kanal Dämmung" Kriterien zur Einschränkung der zu dämmenden Elemente festlegen.
- Attribute in „Dämmung Graphik" einstellen.
- Auswahl der Dämm-/Isolationsart über Schalter „Dämmung".
- Zaun (Fence) über die Objekte ziehen.
- Schalter „Ändern" im Einstellungsfenster „Kanal Dämmung" betätigen.
- Sicherheitsabfrage bestätigen. Bei Bedarf „Dämmung graphisch erstellen" anwählen.

Vorgehensweise bei Dämmung ändern:

> In VENTURIS Menü: „Platzieren → Dämmung" anwählen.

> Im Einstellungsfenster „Kanal Dämmung" über **„Filter"** die Kriterien zur Einschränkung der zu ändernden Elemente festlegen.

> **Zaun** (Fence) über die Elemente ziehen.

> Über **Schalter: „Dämmung"** eine neue Dämm-, Isolationsart auswählen. (Toggle-Schalter „nicht gedämmt" muss deaktiviert sein!)

> **Schalter „Ändern"** im Einstellungsfenster „Kanal Dämmung" betätigen. Es erscheint eine Sicherheitsabfrage: „Alle Kanäle in Zaun auf Dämmung: ..... ändern?"

> **Sicherheitsabfrage bestätigen**. Die Dämmung wurde in die Datenbank der ausge-wählten Objekte eingetragen.

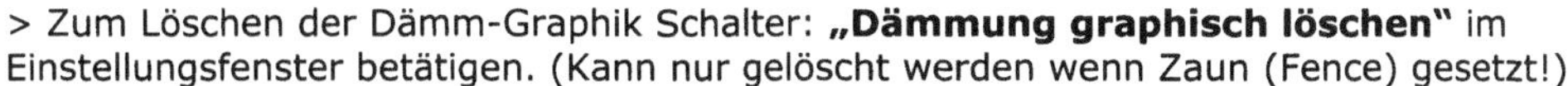

> Zum Löschen der Dämm-Graphik Schalter: **„Dämmung graphisch löschen"** im Einstellungsfenster betätigen. (Kann nur gelöscht werden wenn Zaun (Fence) gesetzt!)

Vorgehensweise bei Dämmung löschen:

> Durch betätigen des Toggle- Schalters: „Nicht gedämmt" im Einstellungsfenster: „Kanal Dämmung", wird der Datenbankeintrag der ausgewählten Objekte gelöscht. Es erscheint die Sicherheitsabfrage: „Dämmung in Zaun löschen?"

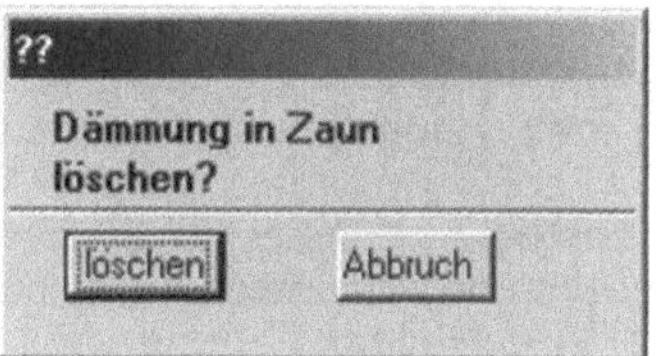

Hinweis:
Durch betätigen des Toggle- Schalters: „Nicht gedämmt" im Einstellungsfenster: Kanal Dämmung, wird der Datenbankeintrag der ausgewählten Objekte gelöscht. Über Schalter: „Dämmung" kann eine Auswahl allgemein üblicher Dämm- und Isolationsarten getroffen werden. Die ausgewählte Dämm- und Isolationsart kann über den Schalter „Ändern" den Venturis Objekten zugewiesen werden. Nach Auswahl der Elemente über Zaun setzen, kann über Schalter: „Dämmung graphisch löschen" die Dämmungsgraphik visuell gelöscht werden, dabei bleibt jedoch der Datenbankeintrag unverändert.

Zusammenfassung „Dämmung ändern/löschen":
- In VENTURIS Menü: „Platzieren → Dämmung" anwählen.
- Über „Filter" im Einstellungsfenster „Kanal Dämmung" die Kriterien zur Einschränkung der zu ändernden Elemente festlegen.
- Über Schalter: „Dämmung" eine neue Dämm-/Isolationsart auswählen. (Toggle-Schalter „nicht gedämmt" darf nicht gesetzt sein.)
- Zaun (Fence) über die Objekte ziehen.
- Schalter „Ändern" im Einstellungsfenster „Kanal Dämmung" betätigen.
- Sicherheitsabfrage bestätigen. Bei Bedarf „Dämmung graphisch löschen" anwählen.
- Toggle-Schalter: „nicht gedämmt" setzen zum Löschen der Dämmung.

45. Beschriftung:

(VENTURIS Menü: Platzieren → Beschriftung)

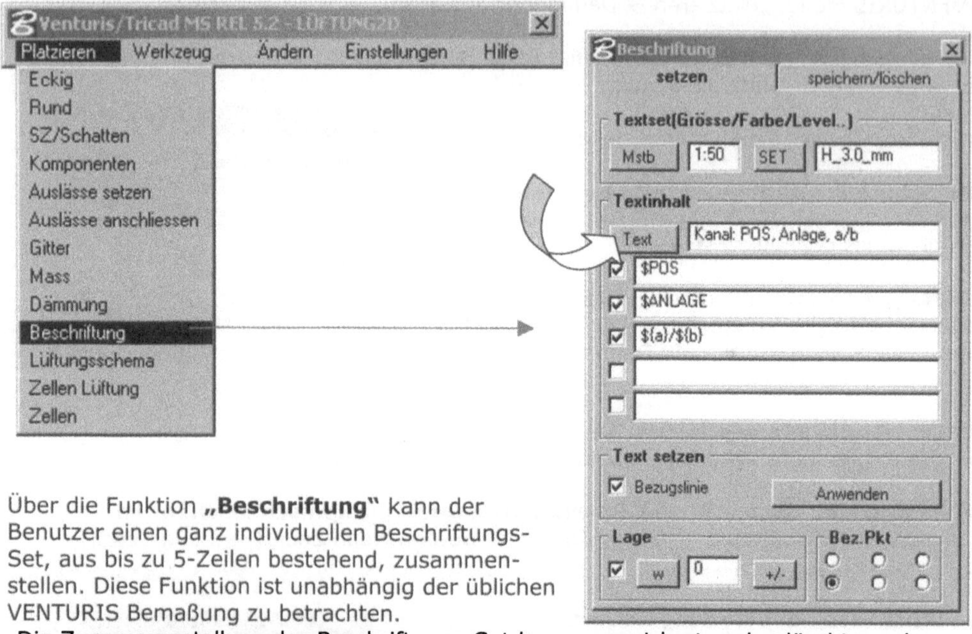

Über die Funktion **„Beschriftung"** kann der Benutzer einen ganz individuellen Beschriftungs-Set, aus bis zu 5-Zeilen bestehend, zusammenstellen. Diese Funktion ist unabhängig der üblichen VENTURIS Bemaßung zu betrachten.

Die Zusammenstellung des Beschriftungs-Set kann gespeichert und gelöscht werden. Beschriftungsdateien sind gespeichert unter: **../env/db/"vent** (modul)"/

Im Einstellungsfenster für Beschriftung können über die hervorgehobenen Schalter verschiedene Voreinstellungen oder benutzerdefinierte Sets aufgerufen werden. Über Schalter: **„Maßtab"** können beliebig viele text_sets definiert und abgerufen werden. Die Textsets sind gespeichert unter: **../env/db/"vent** (modul)"/ . Das Programm sucht nach **text_set_...** (text_set_1_100: Maßstab 1 : 100 usw.).

Im **„Beschriftungsset"** sind Attribute wie: „Farbe/Höhe/Breite und Ebene/Level" der Beschriftung definiert.

Die „**Beschriftungstexte"** werden in den 5 Beschriftungszeilen dargestellt. Die Datei ist wie folgt aufgebaut:

1. Zeile: Anzeigetext für die Auswahl (Dient nur zur Kennung).
2. Zeile 1 bis 5 definieren den Textinhalt der Beschriftung.

Alle Argumente (aus Textmaske) dürfen in beliebiger Reihenfolge benutzt werden:

$POS	.. Positionsnummer
$PLANT	.. RLT-Anlage-Nr.(Bezeichnung)
$ANLAGE	.. Luftart
$STR	.. Strangbezeichnung
${a}/${b}	.. Querschnitt a/b

Bedeutung der { } Klammern:
Die geschweiften Klammern grenzen eine Variable ab.
Wird im Beispiel um „a" *keine* Klammer gesetzt, so würde das Programm $a/ als Variable verwenden, was falsch wäre!

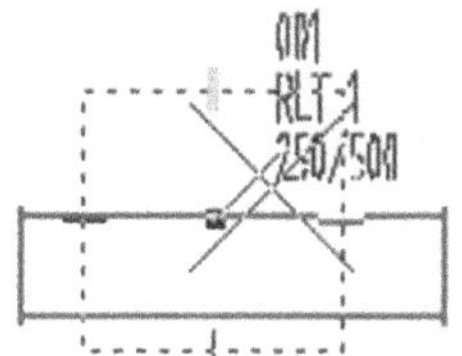

Höhenvermaßung
Variablen für die Bemaßung in **mm:**
$OK .. Oberkante
$MA .. Mittelachse
$UK .. Unterkante

Höhenvermaßung
Variablen für die Bemaßung in **m:**
$OKM .. Oberkante
$MAM.. Mittelachse
$UKM .. Unterkante

Sonderzeichen:
!{248} .. Durchmesserzeichen mit Font 32 INTL_Engineer
Das „!" gefolgt von {ASCCII-CODE} (ASCCII-Code wird als Sonderzeichen interpretiert).

Vorgehensweise bei der Beschriftung:

> In VENTURIS Menü: „Platzieren → Beschriftung" anwählen.

> **„Maßstab" und „Text-Set"** im Einstellungsfenster auswählen (Text-Farbe, Level..).

> **Beschriftungs-Set** über Schalter „Text" anwählen oder benutzerdefinierte Eingabe.

> Im Einstellungsfenster: „Beschriftung" **Schalter „Anwenden" betätigen**.

> VENTURIS Objekt (Referenzobjekt) mit **DATAPNT** anwählen.

> **Text** (eventuell mit Bezugslinie hängt am Cursor) ausrichten.

> Text **platzieren mit DATAPNT** oder über die RESET -Taste abbrechen.

Zusammenfassung „Beschriftung":
- In VENTURIS Menü: „Platzieren → Beschriftung" anwählen.
- „Maßstab" und „Text-Set" im Einstellungsfenster auswählen.
- Beschriftungs-Set über Schalter „Text" anwählen oder benutzerdefinierte Eingabe.
- Im Einstellungsfenster: „Beschriftung" Schalter „Anwenden" betätigen.
- VENTURIS Objekt (Kanal/Rohr etc.) mit DATAPNT ansnappen.
- Text (eventuell mit Bezugslinie hängt am Cursor) ausrichten.
- Text platzieren mit DATAPNT oder über die RESET -Taste abbrechen.

46. Lüftungsschema:

(VENTURIS Menü: Platzieren → Lüftungsschema)

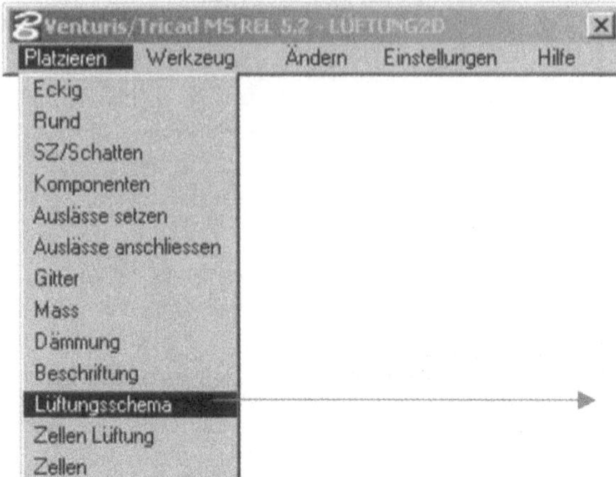

Toolbox: „Leitungen" und Cellselektor: „Lüftungsschema".

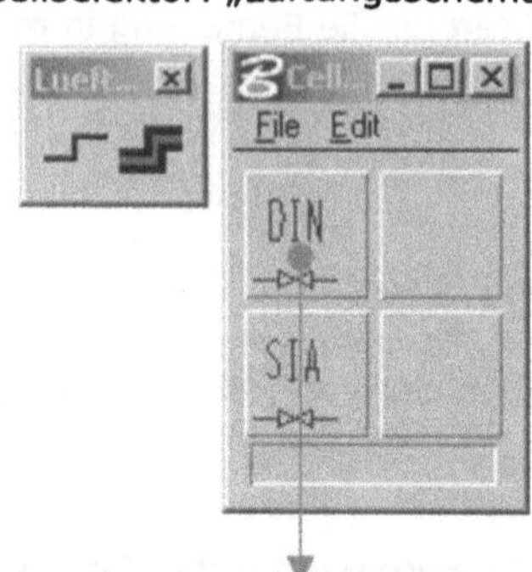

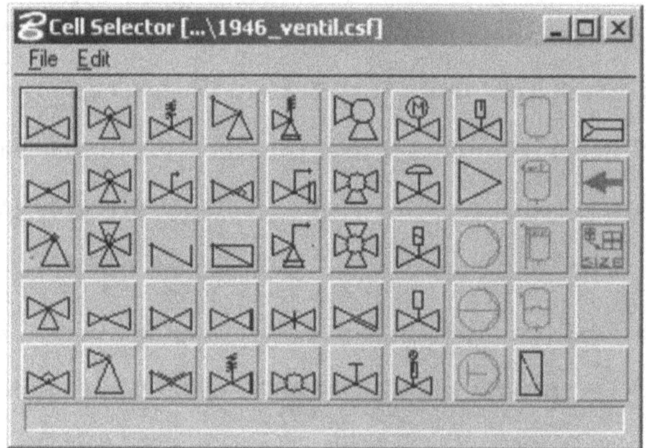

Mit Hilfe der Funktion: „Lüftungsschema" kann ein Schema relativ schnell und effizient erstellt werden. Über die einfach zu steuernden **„Ein- bzw. Zweistrichleitungen"** und der dazugehörigen „Komponenten" in Form von intelligenten Zellen, ist dieses Tool sehr benutzerfreundlich gestaltet. Die Leitungen können nach Luftart gesetzt werden. Die Zellselektoren sind nach **„DIN"** und **„SIA"** wählbar. Zellen können in die Leitung oder an das Ende einer Leitung gesetzt werden. Über die Funktionen der **„Konstruktionshilfe"** können die Leitungen und Komponente nachträglich geändert und manipuliert werden (Siehe dazu auch Konstruktionshilfen).

Ein-/Zweistrichleitungen Lüftungsschema planen:

Durch anwählen einer Ein- bzw. Zweistrichleitung in der Toolbox „Leitungen" erscheint das Einstellungsfenster **„Leitung planen"**. Über den Schalter **„Luftart"** können projektorientierte (oder benutzerdefinierte) Einstellungen ausgewählt werden. Die Luftarten sind in der Datei: ../env/db/vent/**medsel** definiert. In der Datei „medsel" werden über die Luftart die Farbe (PEN), der Linientyp (STYLE), die Strichstärke (WEIGHT) und der LEVEL eingestellt. Über Schalter: **„Abstand"** kann der Unterbrechungsabstand zweier Leitungen/Linien beim Kreuzen definiert werden. (Unterbrechen in horizontaler- oder vertikaler Richtung). Über die Toggle-Schalter: „Ein" und „SPKT" wird bestimmt, ob automatisch ein Schweißpunkt (SPKT) beim Kreuzen zweier Leitungen gesetzt wird. Über „DN SPKT" wird die Größe des Schweißpunktes festgelegt.

Variationen bei Einstrichleitungen verbinden:

Unterbrechungsabstand Ende anpassen „ohne SPKT" „mit SPKT" (DN50)

Vorgehensweise:

> In VENTURIS Menü: „Platzieren → Lüftungsschema" anwählen.

> **„Ein- bzw. Zweistrichleitung"** in der Toolbox wählen.

> **Attribute** im Einstellungsfenster „Leitung planen" festlegen.

> **Leitungen platzieren**.

> **Zellselektor für Komponente** anwählen. Komponente auswählen.

> Komponente über **TENTPNT** in Leitung platzieren.

> Mit **DATAPNT** bestätigen oder über die RESET -Taste abbrechen.

Beispiel:
Filter und Ventilator in Leitung gesetzt (Leitung wird automatisch unterbrochen!)

Zusammenfassung „Lüftungsschema":
- In VENTURIS Menü: „Platzieren → Lüftungsschema" anwählen.
- „Ein- bzw. Zweistrichleitung" in der Toolbox wählen.
- Attribute im Einstellungsfenster „Leitung planen" festlegen.
- Leitungen platzieren.
- Zellselektor für Komponente anwählen. Komponente auswählen.
- Komponente über TENTPNT in Leitung platzieren.
- Mit DATAPNT bestätigen (oder über die RESET -Taste abbrechen).

47. Konstruktionshilfen:

(Siehe dazu Kapitel 25-38, ab Seite 52 u. F.)

48. Deckenraster bestimmen:

(VENTURIS Menü: Werkzeug → Deckenraster bestimmen)

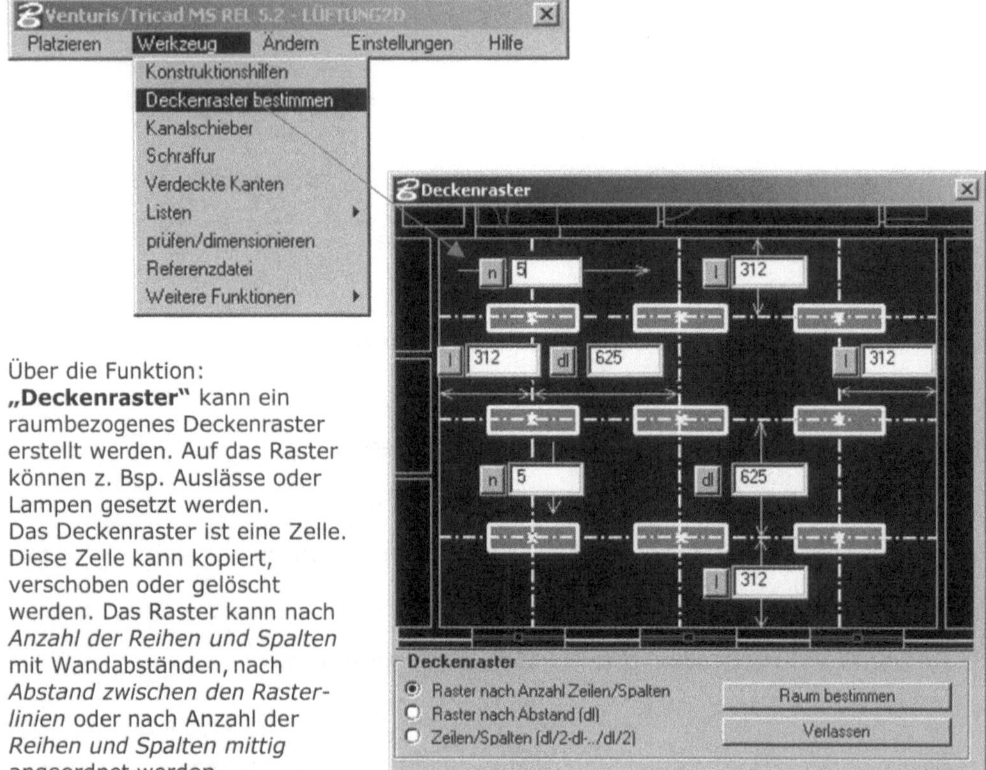

Über die Funktion: **„Deckenraster"** kann ein raumbezogenes Deckenraster erstellt werden. Auf das Raster können z. Bsp. Auslässe oder Lampen gesetzt werden. Das Deckenraster ist eine Zelle. Diese Zelle kann kopiert, verschoben oder gelöscht werden. Das Raster kann nach *Anzahl der Reihen und Spalten* mit Wandabständen, nach *Abstand zwischen den Rasterlinien* oder nach Anzahl der *Reihen und Spalten mittig* angeordnet werden.

Vorgehensweise Deckenraster bestimmen:

> **Zaun** (Fence) um den gewünschten Raum erstellen (Zaunmodus: Block oder Polygonfläche).

> Im Einstellungsfenster: „Deckenraster" Schalter: **„Raum bestimmen"** betätigen.

> **Rastermaße** wie: „Anzahl Reihen, Spalte, Abstand oben/unten, links/rechts" definieren (Standardisierte Rastermaße bevorzugen!).

> **Bestätigen** über Schalter „Verlassen".

> **Abfrage** „Deckenraster löschen?" wird angezeigt. →

> Schalter: **„Nicht löschen"** betätigen um Raster zu setzen. (Über Schalter: „Raster löschen" wird das Raster *nicht* gesetzt und die Funktion „Deckenraster bestimmen" abgebrochen. (Ein vorhandenes Deckenraster kann nachträglich über die MicroStation Löschfunktion entfernt werden.)

49. Kanalschieber:

(VENTURIS Menü: Werkzeug → Kanalschieber)

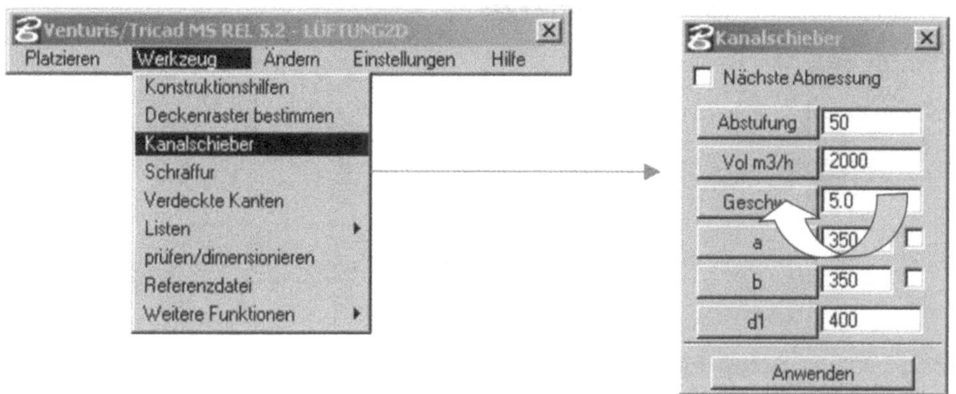

> Zur Berechnung eines Querschnittes oder einer Nennweite sind mindestens zwei Bekannte erforderlich. Im folgenden Berechnungsbeispiel wird davon ausgegangen, dass der Volumenstrom (=2000 m3/h) und die Geschwindigkeit (=5m/s) bekannt ist.

Vorgehensweise zur Berechnung eines Querschnittes:
(Aufgrund der oben genannten Werte)

- Eingabe des 1. bekannten Wertes unter Vol m3/h: „2000"
- Eingabe des 2. bekannten Wertes unter Geschw.: „5" (Voreinstellung von VENTURIS)
- Bestätigen mit Eingabe/Returntaste

In den Kästchen a, b (Breite/Höhe=350/350) und d1 (Nennweite=400) erscheint sofort das Ergebnis für den optimalen Kanal/Rohr-Querschnitt. Siehe auch Dialogfeld oben. Die Werte können für weitere Berechnungen durch ein Doppelklick in das entsprechende Kästchen überschrieben werden.

Individuelle Änderung des berechneten Querschnittes:
im folgenden Beispiel wird davon ausgegangen, dass die 3. bekannte Breite „a =450" ist (Alten Wert a=350 doppel-klicken und überschreiben).

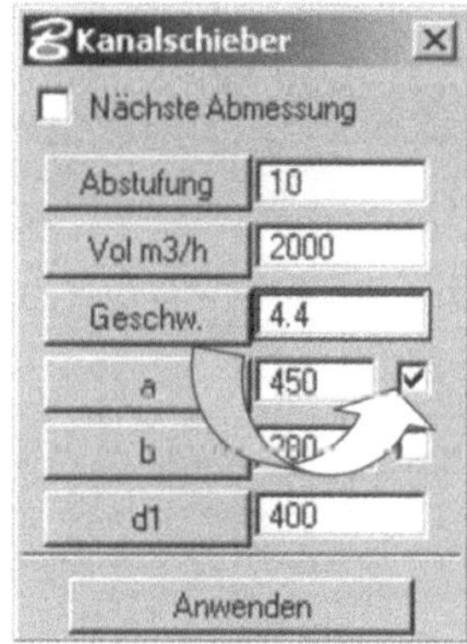

Vorgehensweise zur Änderung des berechneten Querschnitts:

- Setzen des Toggle-Schalters hinter dem Wert von „a"
- Eingabe des bekannten Wertes a: „450"
- Bestätigen mit Eingabe/Returntaste

In dem Kästchen „Geschw." und „b" erscheint sofort das Ergebnis. Durch betätigen des Schalters „Anwenden" wird der berechnete Wert (a; b oder d1) in die Eingabemaske eines Kanals, Rohres oder Überganges usw. als Planungsquerschnitt übernommen.

> Über Schalter: **„Abstufung"** kann ein Wert zum Aufrunden des von VENTURIS berechneten Querschnitts eingestellt werden.
> Bei gesetztem Toggle-Schalter: **„Nächste Abmessung"** wird der von VENTURIS berechnete Querschnitt auf den unter „Abstufung" eingestellten Wert aufgerundet. (Beispiel: Bei einem berechneten Querschnitt von 642 mm wird bei einer eingestellten Abstufung von „10" automatisch auf ein Planungsquerschnitt von 650 mm aufgerundet.)

50. Schraffur erstellen:

(VENTURIS Menü: Werkzeug → Schraffur)

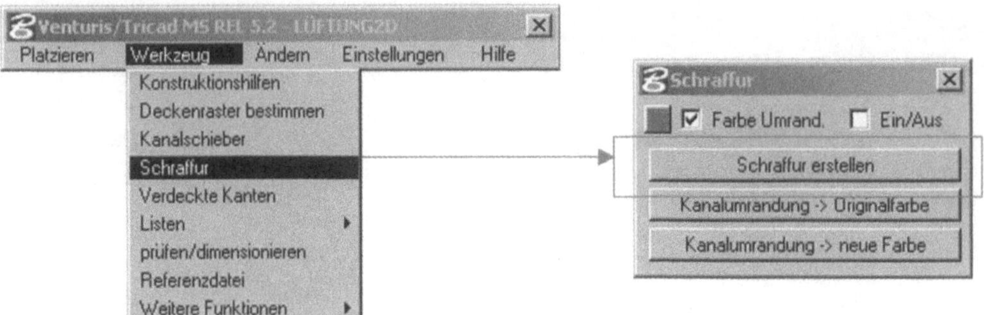

Über die Funktion: **„Schraffur erstellen"** werden VENTURIS-Objekte vollflächig ausgefüllt. Die Schraffur wird für *alle* VENTURIS-Objekte erstellt. VENTURIS erzeugt eine Referenzdatei mit den ausgefüllten Flächen. Die Hatch-Datei mit der Endung: „.htc" übernimmt den Namen der aktuellen Zeichnungsdatei. Die Referenz-Datei kann über die MicroStation „Referenz–Funktionen" verwaltet werden.

Hinweis:
Falls die Schraffur nicht visuell dargestellt wird, sollte geprüft werden ob in den Ansichtsattributen (View Attributes) (Aufrufen über: „Strg-B") der aktuellen Zeichnung, der Toggle-Schalter: „Ausfüllung" (Fill) gesetzt ist!

Die Ausfüllfarbe der Kanalschraffur ist in der Datei:
../VENTURIS/env/db/vent/**hatch_pen** definiert.
Diese kann ganz individuell angepasst werden (Beispiel siehe Graphik unten).

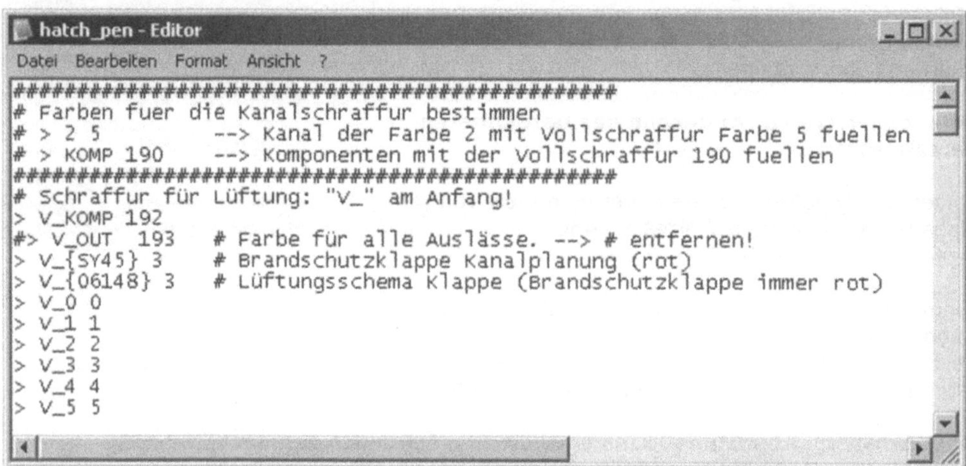
hatch_pen - Editor

Datei Bearbeiten Format Ansicht ?

```
##############################################
# Farben fuer die Kanalschraffur bestimmen
# > 2 5         --> Kanal der Farbe 2 mit Vollschraffur Farbe 5 fuellen
# > KOMP 190    --> Komponenten mit der Vollschraffur 190 fuellen
##############################################
# Schraffur für Lüftung: "V_" am Anfang!
> V_KOMP 192
#> V_OUT  193    # Farbe für alle Auslässe. --> # entfernen!
> V_{SY45} 3     # Brandschutzklappe Kanalplanung (rot)
> V_{06148} 3    # Lüftungsschema Klappe (Brandschutzklappe immer rot)
> V_0 0
> V_1 1
> V_2 2
> V_3 3
> V_4 4
> V_5 5
```

Über: **„Attribut Dateien"** ändern im VENTURIS Menü: „Einstellungen" kann die Ausfüllfarbe der Kanalschraffur in der **„hatch_pen"** Datei definiert werden.

Vorgehensweise Schraffur erstellen:

> Im VENTURIS Menü: **„Werkzeug → Schraffur"** anwählen.

> Im Einstellungsfenster „Schraffur" eventuell **„Farbe Umrand."** anpassen.

> Schalter **„Schraffur erstellen"** betätigen. (Die Schraffur/Hatch- Datei wird berechnet und als Referenzdatei (HTC_DGN-NAME.htc) an die aktuelle Zeichnungsdatei angehängt.)

> Eventuell in den Ansichtsattributen (View Attributes) der Zeichnung, Toggle-Schalter: „Ausfüllung" (Fill) setzen (Aufrufen der Ansichtsattribute über: „Strg-B").

> Schalter: **„Kanalumrandung → Originalfarbe"** betätigen oder Schalter: „Kanalumrandung → neue Farbe".

Beispiel: Kanalumrandung „neue Farbe"

Kanalumrandung: „Originalfarbe"

Zusammenfassung „Schraffur erstellen":
- In VENTURIS Menü: „Werkzeug → Schraffur" anwählen.
- Im Einstellungsfenster „Schraffur" eventuell „Farbe Umrandung" anpassen.
- Schalter „Schraffur erstellen" betätigen. (Hatch-Datei wird erstellt) (Toggle-Schalter: „Ausfüllung" (Fill) in Ansichtsattributen (View Attributes) gesetzt?)
- Schalter: „Kanalumrandung → Originalfarbe" betätigen oder Schalter: „Kanalumrandung → neue Farbe".

Hinweis:
Die Hatch -Datei (Name.htc) wird in der Regel im Verzeichnis der Zeichnung abgelegt. Die Ausfüllfarben und die Farben der Kanalumrandung sollten stets so gewählt werden, dass diese beim Plotten oder Drucken gut sichtbar sind. Eine weitere Rolle spielt auch die Aktualisierungsfolge der Hatch -Datei als Referenz. In MicroStation unter Menü: Datei → (File) Referenzen (Reference) → Einstellungen (Settings) → **Aktualisierungsfolge..** (Update Sequence) immer zuerst anordnen.

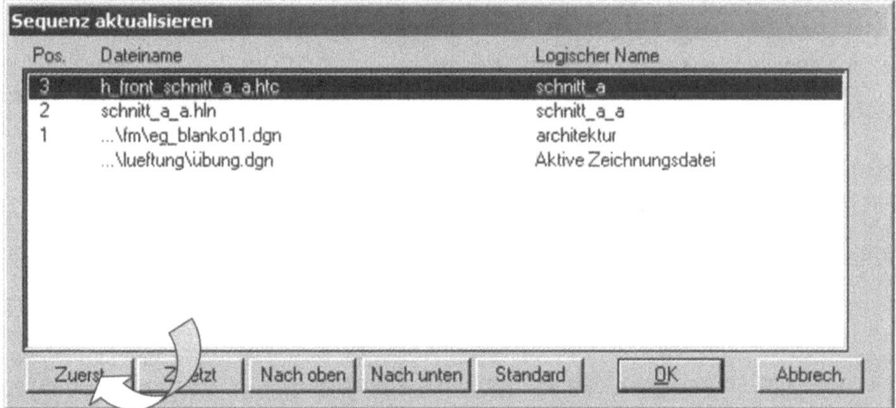

51. Verdeckte Kanten erstellen:

(VENTURIS Menü: Werkzeug → Verdeckte Kanten)

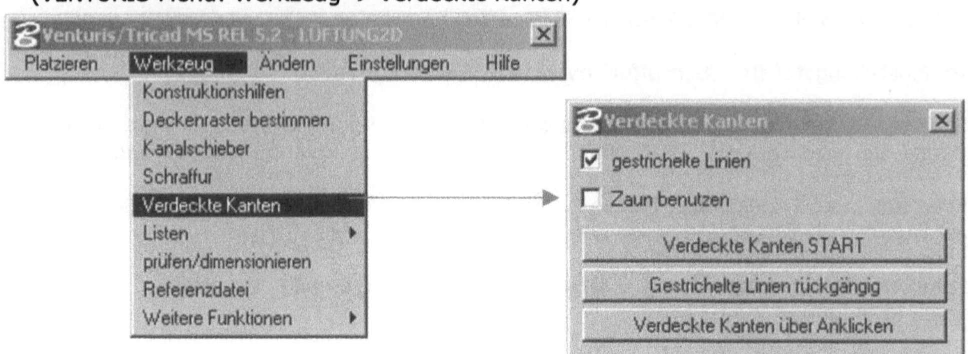

Über die Funktion **„Verdeckte Kanten"** können die Höhenlagen von übereinander liegenden VENTURIS Objekten visuell hervorgehoben/verdeckt werden. Nebst der automatischen Berechnung mehrerer Elemente über „Zaun benutzen" können auch einzelne Elemente über „Anklicken" berechnet und dargestellt werden. **Voraussetzung** für eine optimale Darstellung verdeckter Kanten ist die konsequente Höhenquoten-Anpassung *aller* betroffenen Elemente! Die **Höhenquoten** können nachträglich über die Datenbank-Info (OKK...) oder über das VENTURIS Menü: „Ändern → Höhe ändern" angepasst werden.

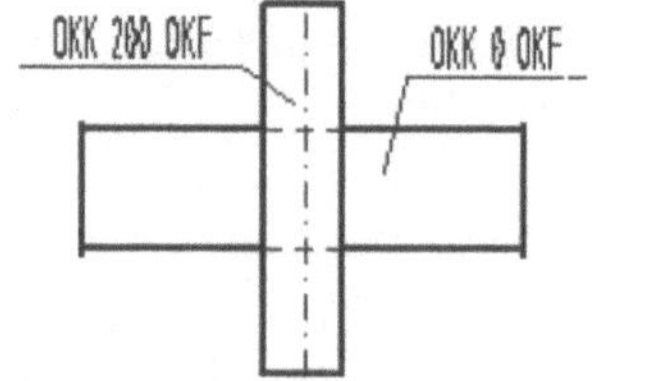

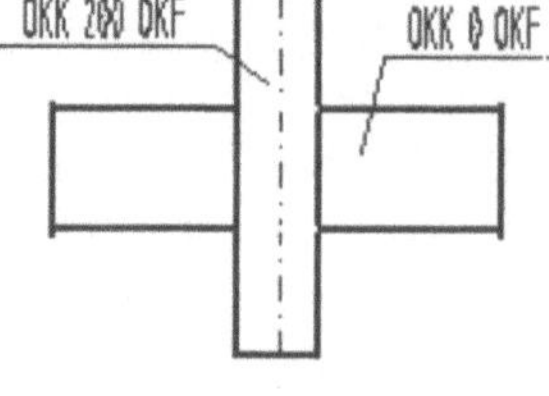

Beispiel:
Verdeckte Kanten „gestrichelte Linien" *ohne* „gestrichelte Linien"

Vorgehensweise verdeckte Kanten über Zaun erstellen:

> Toggle-Schalter: **„Zaun benutzen"** setzen.
> Optional Toggle-Schalter: „gestrichelte Linien" setzen.
> **Zaun** über VENTURIS Objekte setzen.
> Schalter **„Verdeckte Kanten START"** betätigen.

Vorgehensweise Verdeckte Kanten über Anklicken (Anwendung nur für 2 Objekte)**:**

> **2x DATAPNT** an „oben" liegendes Objekt.
> **2x DATAPNT** an „unten" liegendes Objekt.

Über Schalter: **„Gestrichelte Linien rückgängig"** können verdeckte Kanten wieder als durchgezogene Linien dargestellt werden.

Hinweis: „Verdeckte Kanten Start" und „Gestrichelte Linien rückgängig" beziehen sich auf *alle* VENTURIS Elemente des Designfile, wenn Toggle-Schalter: „Zaun benutzen" nicht gesetzt und kein Zaun aktiv ist!

52. Listen erstellen:

(VENTURIS Menü: Werkzeug → Listen → Listen erstellen)

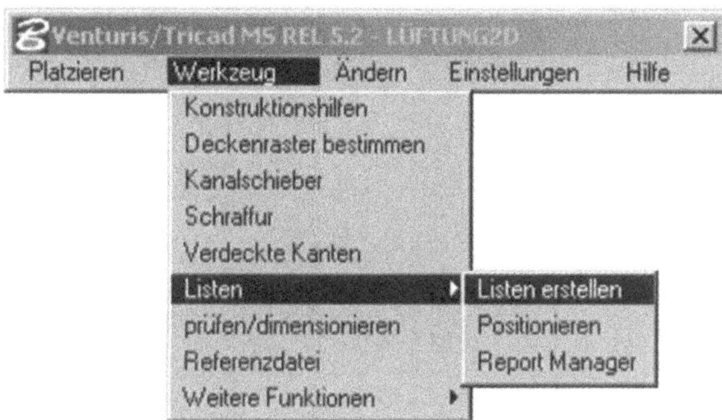

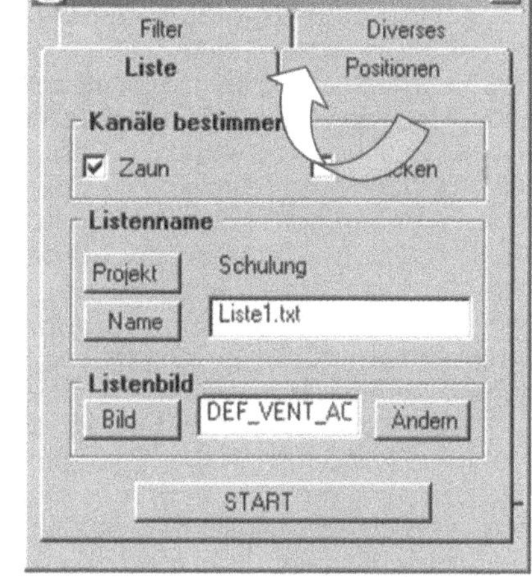

VENTURIS schreibt eine Datenbank mit allen Attributen der Kanäle. Diese **Datenbank** kann in Microsoft ACCESS oder Microsoft EXCEL eingelesen und in Form von **Berichten** (Stücklisten) ausgegeben werden. Über die Funktion: „Listen erstellen" kann die Ausgabe eines solchen Berichts (Stückliste) gesteuert werden. Das Eingabefenster für „Listen" besteht aus den **Registern: „Liste", „Positionen", „Filter" und „Diverses".**

Um einen Bericht/Stückliste erfolgreich zu erstellen müssen einige Voraussetzungen erfüllt und bestimmte Kriterien festgelegt werden. (Im Folgenden wird von einer Listengenerierung über Microsoft ACCESS ausgegangen.)

Voraussetzungen einer Listengenerierung über Microsoft ACCESS:

1. Voraussetzung: Microsoft ACCESS ist ordnungsgemäß auf dem Rechner installiert.
2. Voraussetzung: Ein Projekt ist aktiv und ein „Listenprojekt" wurde bestimmt.
3. Voraussetzung: Positionsnummern sind (in der Datenbank) gesetzt.
4. Voraussetzung: Das Listenbild „DEF_VENT_ACCESS" ist unter Schalter: „Bild" im Register „Liste" gesetzt. (Für die Standardübergabe der Listen nach ACCESS.)

Listenprojekt unter Schalter: „Projekt" im Register „Liste" des Eingabefensters „Listen" bestimmen. „Projektname" und „Projektpfad" bis Ordner **„lst"** definieren. Über „Anwenden" wird das **Projekt neu angelegt.**

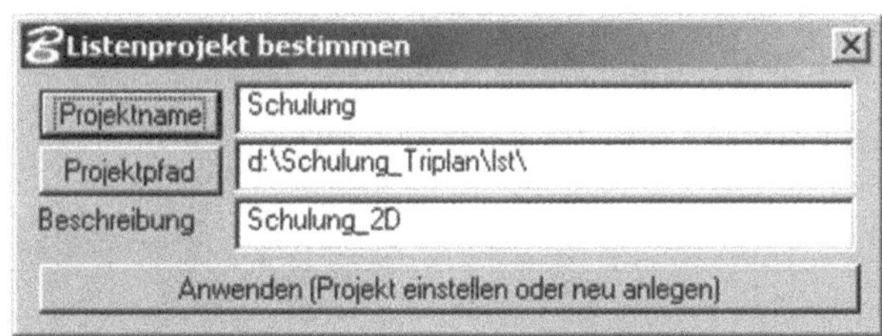

Einstellungsfenster: „Listenprojekt bestimmen"

Folgende **Kriterien festlegen:**
(Bei einer Listengenerierung über Microsoft ACCESS.)

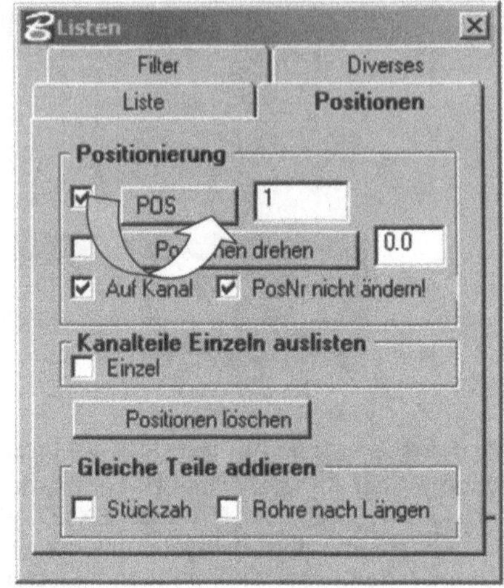

Im Register **„Positionen"** des Einstellungsfensters „Listen" kann der Toggle-Schalter: „POS" gesetzt, werden. Ist der Schalter gesetzt werden die Positionsnummern graphisch dargestellt. Die Positionsnummern sind Zellen. Unter Schalter **„POS"** kann eine Auswahl verschiedener Positionierungs-Stile ausgewählt werden wie zum Beispiel: „Position in Rahmen", „Position in Kreis" oder „Position Mehrstellig". Ein benutzerdefinierter Positionierungs-Stil lässt sich über „Attribut Dateien ändern" definieren. (Siehe Attribut Dateien ändern.) Neben Schalter: „POS" kann vom Anwender eine **Startpositionsnummer** eingegeben werden (Siehe dazu auch Hinweis unten). Über Setzen des Toggle-Schalters: **„Positionen drehen"** werden die Positionsnummern bei gedrehten Ansichten nach der „Drehung" des Ansichtsfensters ausgerichtet (Nach Anwahl der Funktion das Fenster mit gedrehter Ansicht anklicken).

Bei gesetztem Toggle-Schalter: **„Auf Kanal"** werden die Positionen *ohne* Verbindungslinie in die Mitte des Objektes gesetzt.
Bei gesetztem Toggle-Schalter: **„PosNr nicht ändern"** *behalten* bereits positionierte Kanäle ihre Positionsnummer. Vorsicht: Wenn der Toggle-Schalter: „PosNr nicht ändern" *nicht* gesetzt ist werden alle Kanäle neu positioniert.

Hinweis:
VENTURIS setzt die Startpositionsnummer auf die höchste Positionsnummer im Designfile. Wird die Startpositionsnummer vom Anwender geändert, muss darauf geachtet werden, das diese Nummer höher ist als diejenige der bereits positionierten Kanäle!
Vorsicht: Wenn der Toggle-Schalter: „PosNr nicht ändern" *nicht* gesetzt ist werden alle Kanäle neu positioniert.

> Toggle-Schalter: **„Einzel"** steht für „Einzelauszug" oder „Gesamtauszug".
Beim „Einzelauszug" wird jedes Objekt einzeln positioniert. Beim „Gesamtauszug" werden identische Objekte mit gleicher Positionsnummer versehen.

> Über Schalter: **„Positionen löschen"** wird die visuelle Darstellung der Positionen gelöscht, nicht der Datenbankeintrag! (Nur über Zaunfunktion möglich!)

> Ist der Toggle-Schalter: **„Stückzahl"** für „Gleiche Teile addieren" gesetzt, werden alle identische Objekte mit gleicher Positionsnummer zusammen addiert. (Die Stückzahl dieser Teile wird in der Liste entsprechend erhöht und ausgegeben.)

> Ist der Toggle-Schalter: **„Rohre nach Längen"** für „Gleiche Teile addieren" gesetzt, werden alle Rohre mit gleicher Nennweite und Länge zusammen addiert. (Die Stückzahl dieser Teile wird in der Liste entsprechend erhöht und ausgegeben.)

Weitere **Kriterien festlegen:**
(Bei einer Listengenerierung über Microsoft ACCESS.)

Im Register **„Filter"** des Einstellungsfensters „Listen" können über Schalter „Anlage" und „Luftart" sowie über die Toggle-Schalter: „Kanalart" und „Kanalform, Kanal/Formteil", die **Auswahlkriterien** der Objekte definiert, die zur Liste (Stückliste) hinzugefügt werden oder nicht. Werden hier keine Kriterien zur Einschränkung gesetzt, so werden *alle* Objekte die in „Kanalart" und „Kanalform, Kanal/Formteil" markiert sind, zur Liste (Stückliste) hinzugefügt. (Die Listen können in ACCESS unter Einschränkung der Kanalart und/oder Kanalform gesondert aufgelistet und ausgegeben werden. Zum Beispiel: nur „Eckige Kanäle", nur „Runde Kanäle" oder nur „Komponente" oder „Auslässe". Vorausgesetzt das diese bei der Listengenerierung markiert waren!)

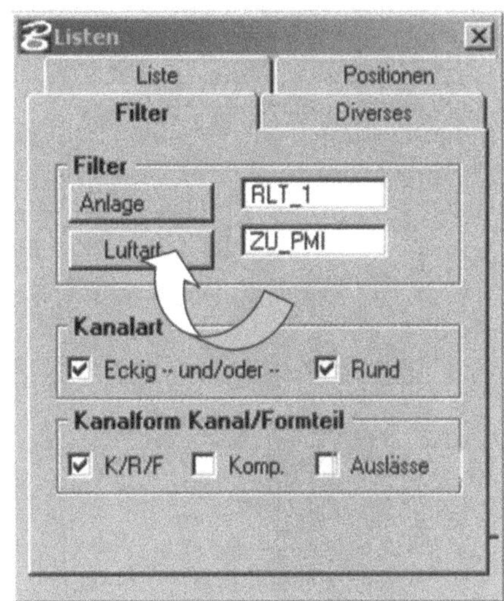

Im Register **„Diverses"** des Einstellungsfensters „Listen" wird über Schalter: „MSACCESS starten" das Programm zur Listenauswertung gestartet. (Im VENTURIS Menü: „Einstellungen → Listenbild -Elemente" können Inhalte der Datenbankeinträge zur Liste hinzugefügt oder gelöscht werden.) Die LVZ- Nummern werden in der Datei: ...env\db\vent**lvz_def** festgelegt. Die Nummern werden in dieser Datei nach Kantenlänge, Kanalwert etc... bestimmt.
Bei gesetztem Toggle-Schalter: **„LVZ-Nummer"** werden die in „lvz_def" definierten Werte nach ACCESS übergeben. (Die Liste wird nach den eingestellten Parametern erstellt.)
Die Datei **„lvz_def"** kann projektorientiert angepasst werden. Durch betätigen des Schalters: „LVZ-Nummer" wird die Definitionsdatei „lvz_def" im Editor angezeigt.

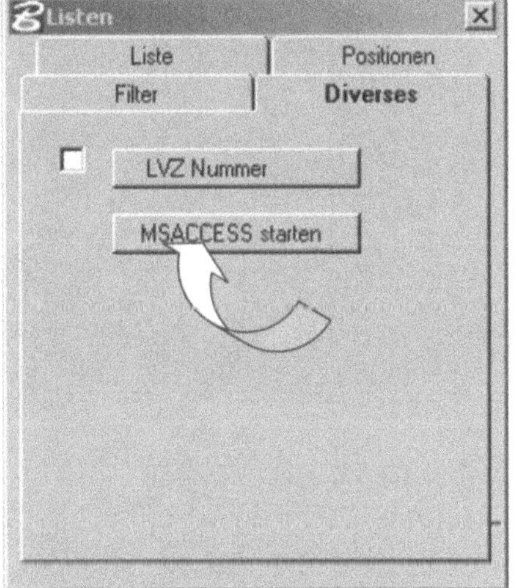

Hinweis: Die Datei: „VENTURIS_app2.0.mdb" ist nicht 100%ig „ACCESS 2000"-fähig. Zur optimalen Anpassung gibt es 2 Möglichkeiten: (Pfad: C:\VENTURIS\lst**appli**)
1) **VENTURIS_app2.0.mdb** als Office 97-Datenbank verwenden wenn auch mit Access 97 auf diese Datei zugegriffen wird.
2) **VENTURIS_app_2000.mdb** umbenennen in **VENTURIS_app2.0.mdb** wenn nur mit ACCESS 2000 zugegriffen wird.

Die VENTURIS Reports Maske in Microsoft ACCESS

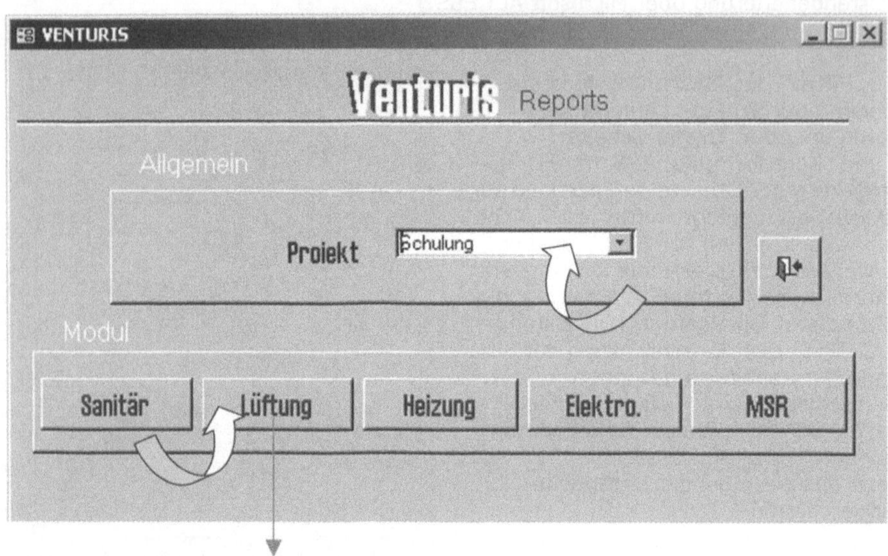

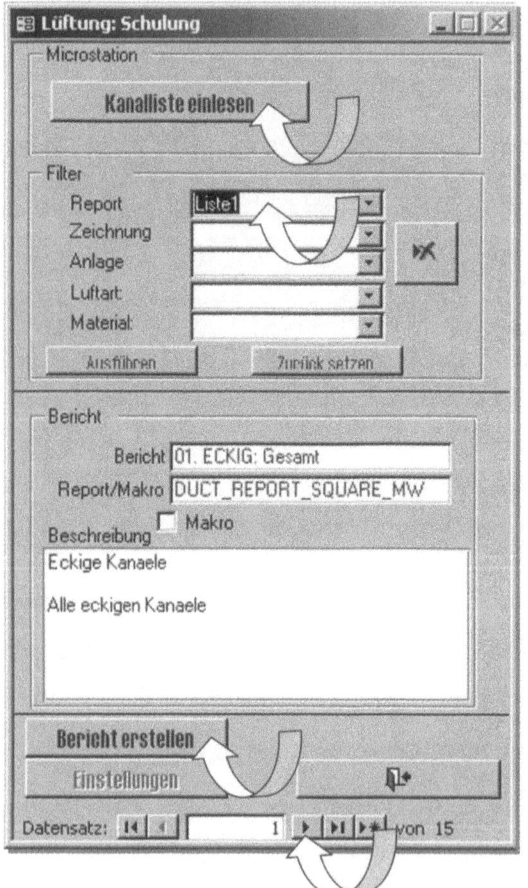

Nachdem ein Projekt in Register "Liste" von VENTURIS ordnungsgemäß angelegt wurde (siehe dazu Seite 95), erscheint das gesetzte Projekt nach dem Starten von ACCESS in der **VENTURIS Reports** Maske. Unter „Projekt" können angelegte Projekte ausgewählt und gesetzt werden. (ACCESS kann ohne ein in VENTURIS definiertes Projekt keinen Bezug zu VENTURIS herstellen und somit auch keine Listen generieren.) Durch betätigen des Schalters **„Lüftung"** in der VENTURIS Reports Maske öffnet der **Bericht Manager** (Siehe Graphik links).
Über Schalter: **„Kanalliste einlesen"** öffnet ein Fenster mit allen generierten Listen des aktuellen Projekts. Der Schalter dient zur Aktualisierung (Einlesen) frisch erstellter Listen. Im Dropdown-Menü von „Report" (siehe Pfeil) können die Listen (im Beispiel <Liste1>) angewählt werden. Der **Listeninhalt** lässt sich über die Filter: „Zeichnung", „Anlage", „Luftart" und „Material" einschränken.
Über Schalter **„Bericht erstellen"** wird die Liste in ACCESS erstellt und kann von dort ausgedruckt oder als Excel-Datei exportiert werden. Über den Schalter in **„Datensatz"** (ganz unten in der Maske) können gruppierte Listen ausgegeben werden, z. Bsp.: nur „Eckige Kanäle", nur „Runde Kanäle", nur „Auslässe und Gitter" nur „Komponente" etc.

Vorgehensweise Liste über Zaun erstellen:

> In VENTURIS Menü: **„Werkzeug → Listen → Listen erstellen"** anwählen.

> In Eingabefenster für „Listen" im Register: **„Liste"** den Toggle-Schalter „Zaun" setzen.

> **Zaun** (Fence) über die Objekte ziehen.

> Im Register **„Liste"** über Schalter „Projekt" ein **Projekt** wählen oder neu anlegen wie auf Seite 95 beschrieben. Über Schalter **„Anwenden"** wird das Projekt gesetzt, aktiviert.

> Im Register **„Liste"** unter **„Name"** einen Listennamen eingeben (Start noch nicht betätigen!).

> Im Register **„Positionen"** die Einstellungen für die Positionen festlegen (Siehe auch Seite 96 Einstellungen für „Positionen").

> Im Register **„Filter"** die Auswahlkriterien der Objekte definieren die zur Liste hinzugefügt werden sollen oder nicht (Siehe Seite 96-97 Einstellungen für „Filter").

> Im Register **„Diverses"** über Schalter: „MSACCESS starten" das Programm zur Listenauswertung starten (Siehe Seite 97 Einstellungen für „Diverses").

> In der **VENTURIS Reports** Maske von **Microsoft ACCESS** prüfen ob das Projekt ordnungsgemäß eingerichtet ist (Siehe Seite 98 Einstellungen „VENTURIS Reports").

> In Register: **„Liste"** den Schalter „START" betätigen. Es erscheint ein Abfrage-Fenster.

> Schalter: **„Weiter"** betätigen.

„Überprüfen": Alle Kanäle im Designfile werden auf die Richtigkeit der Maße überprüft. (Nicht empfohlen!)

„Weiter": Es wird nicht überprüft. (Empfohlen!)

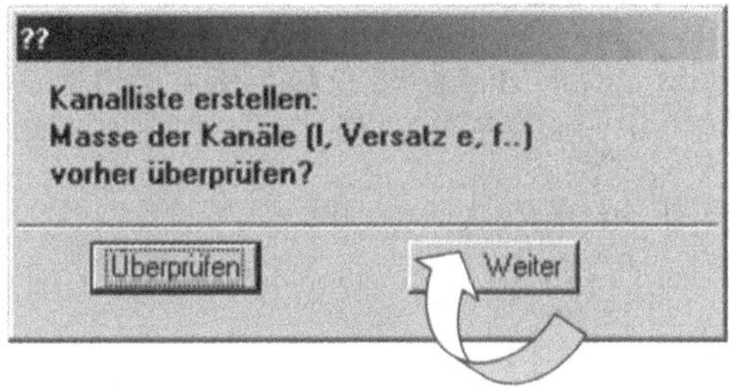

> Warnung: „Kanalliste über Zaun generieren?" mit **<OK>** bestätigen (Liste wird aufgebaut und die Positionen werden gesetzt).

Im Beispiel: **Positionierung über Zaun**. Positionen in Rahmen automatisch.

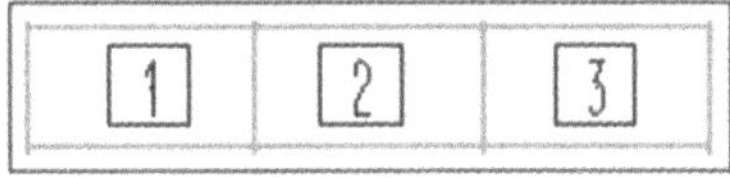

> In **ACCESS** Schalter: **„Lüftung"** betätigen.

> Im ACCESS: „Bericht Manager" unter **Report** über das Drop-down Menü die generierte Liste anwählen. Eventuell den Listeninhalt einschränken über die Filter: „Zeichnung", „Anlage", „Luftart" und „Material" (Siehe dazu auch Seite 98).

> Schalter **„Bericht erstellen"** betätigen. Die Liste wird in ACCESS erstellt. Über **„Datensatz"** kann die Liste gruppiert nach: nur „Eckige Kanäle", nur „Runde Kanäle", nur „Auslässe und Gitter" nur „Komponente" etc. ausgegeben werden (Siehe dazu auch Seite 98 Report-Filter).

Vorgehensweise Liste über Anklicken erstellen:

> In VENTURIS Menü: „**Werkzeug → Listen → Listen erstellen**" anwählen.

> In Eingabefenster für Listen im Register: **„Liste"** Toggle-Schalter „Anklicken" setzen.

> Im Register **„Liste"** über Schalter „Projekt" ein **Projekt** wählen oder neu anlegen wie auf Seite 95 beschrieben. Über Schalter **„Anwenden"** wird das Projekt gesetzt, aktiviert.

> Im Register **„Liste"** unter **„Name"** einen Listennamen eingeben (Start noch nicht betätigen!).

> Im Register **„Positionen"** die Einstellungen für die Positionen festlegen (Siehe auch Seite 96 Einstellungen für „Positionen").

> Im Register **„Filter"** die Auswahlkriterien der Objekte definieren die zur Liste hinzugefügt werden oder nicht (Siehe Seite 97 Einstellungen für „Filter").

> Im Register **„Diverses"** über Schalter: „MSACCESS starten" das Programm zur Listenauswertung starten (Siehe Seite 97 Einstellungen für „Diverses").

> In der **VENTURIS Reports** Maske von Microsoft **ACCESS** prüfen ob das Projekt ordnungsgemäß eingerichtet ist (Siehe Seite 98 Einstellungen „VENTURIS Reports").

> In Register: **„Liste"** den Schalter „START" betätigen. Es erscheint ein Abfrage-Fenster.

> Schalter: **„Weiter"** betätigen.

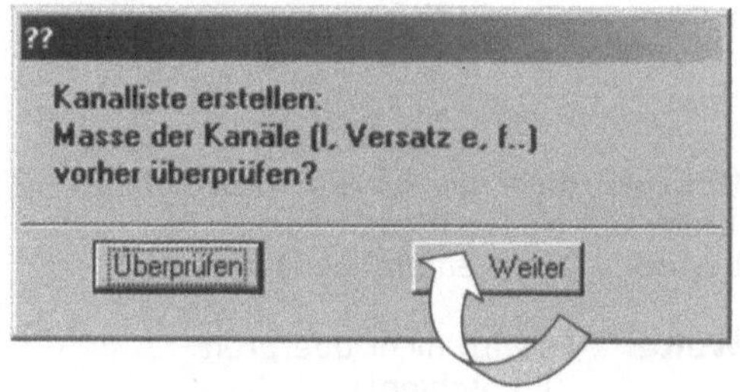

„Überprüfen": Alle Kanäle im Designfile werden auf die Richtigkeit der Maße überprüft (Nicht empfohlen!).

„Weiter": Es wird nicht überprüft (Empfohlen).

> Startelement von Strang mit **DATAPNT** anklicken, mit **DATAPNT** bestätigen (Es erscheint eine Abfrage →). Durch Betätigen des Schalters: „Liste generieren" wird die Kanalliste erstellt. Durch Betätigen des Schalters: **„Kanäle anklicken"** können weitere Stränge oder Kanalteile angewählt werden (Im Anschluss wird die Liste aufgebaut und die Positionen werden gesetzt).

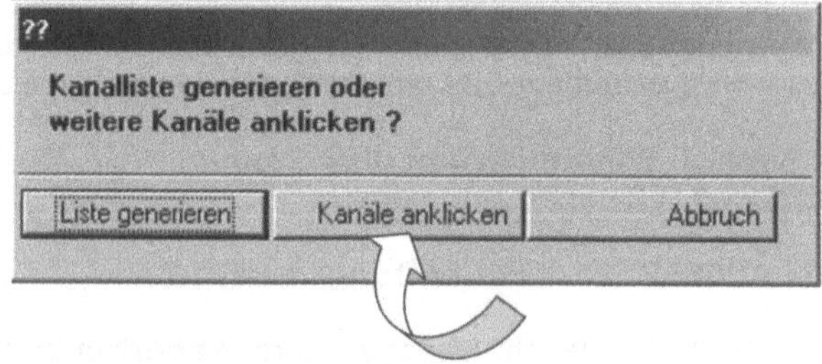

> In **Microsoft ACCESS** Schalter: **„Lüftung"** tätigen.

> In ACCESS „Bericht Manager" unter **Report** über das Drop-down Menü die Liste anwählen. (Eventuell den Listeninhalt einschränken über die Filter: „Zeichnung", „Anlage", „Luftart" und „Material") Siehe dazu auch Seite 98 Report-Filter.

> Schalter **„Bericht erstellen"** betätigen. Die Liste wird in Microsoft ACCESS erstellt. (Über **„Datensatz"** kann die Liste gruppiert nach: nur „Eckige Kanäle", nur „Runde Kanäle", nur „Auslässe und Gitter" nur „Komponente" etc. ausgegeben werden).

53. Positionieren - Positionsgraphik löschen:

(VENTURIS Menü: Werkzeug → Listen → Positionieren)

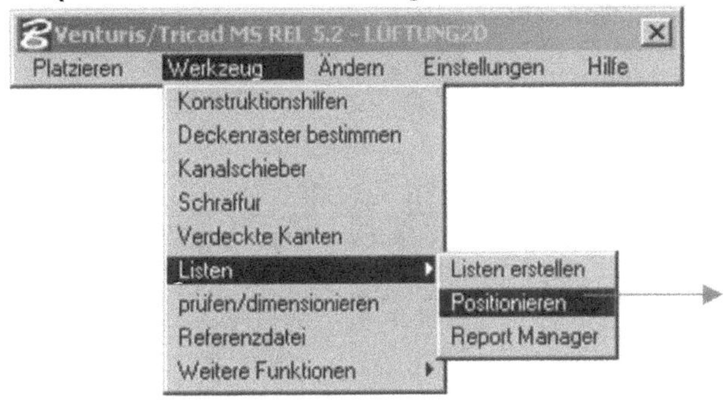

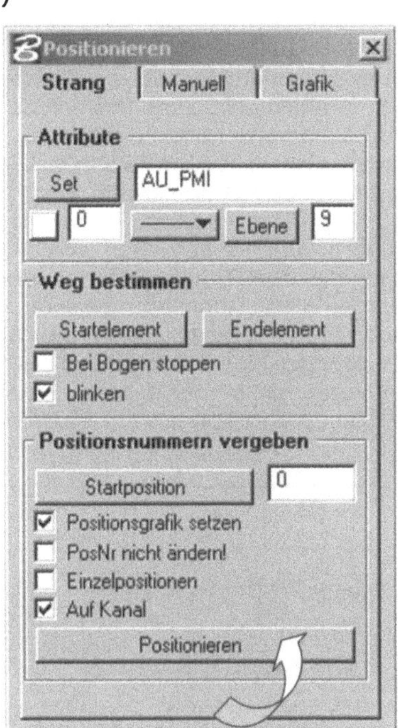

Über die Funktion **„Positionieren"** können Positionen manuell oder automatisch über Zaun gesetzt und verwaltet werden. Das Einstellungsfenster „Positionieren" ist unterteilt in die Register **„Strang"**, **„Manuell"** und **„Graphik"**.
Eine andere Möglichkeit des Positionierens besteht über den manuellen Eintrag in der Datenbank über Button: DB-Info. (Datenbankabfrage).
Positionen und Texte können mit Hilfe der Funktion: **"Elemente in Leitung/Kanal bewegen"** in der Toolbox der Konstruktionshilfen bewegt oder gedehnt werden.

Im Register **„Strang"** können **Attribute** wie Farbe, Ebene und Strichstärke der Positionierung definiert werden. Über den Schalter „Set" können Projekt- oder Benutzer-definierte Einstellungen gesetzt werden.
Zur Positionierung eines Stranges kann in **„Weg bestimmen"** das Startelement und das Endelement bestimmt werden.

Vorgehensweise Positionieren:
Startelement mit **DATAPNT** anklicken und zur Richtungsvorgabe mit **DATAPNT** das Endelement anklicken. Die Richtungsvorgabe kann durch Setzen eines neuen Endelements bei Bedarf geändert werden.
Über Toggle-Schalter: **„blinken"** kann die Objekt- und Wegerkennung visuell deutlich hervorgehoben werden. Unter **„Startposition"** kann die Startzahl für die fortlaufende Positionierung des Stranges eingetragen werden. Über Schalter „Startposition" kann die nächst höhere „freie" Nummer vergeben werden.
Über Toggle-Schalter: **„Positionsgraphik setzen"** wird bestimmt ob die Positionsnummern auch graphisch dargestellt werden.
Toggle-Schalter: **„PosNr nicht ändern!"** aktivieren zur Beibehaltung bereits vergebener Positionen. Nachdem die Einstellungen und Attribute definiert wurden können die Positionen über Schalter: **„Positionieren"** gesetzt/dargestellt.

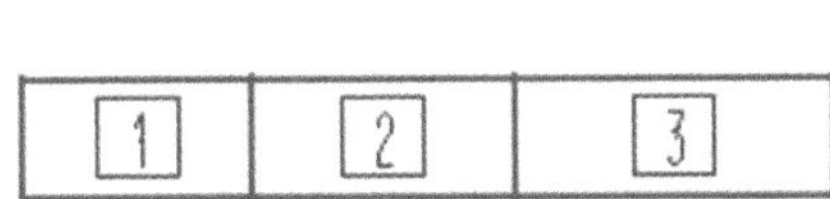

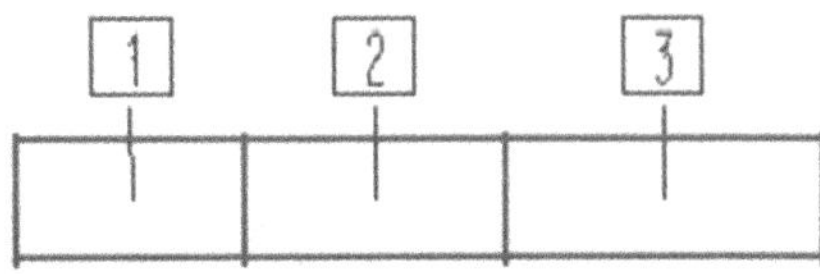

Positionen wenn Schalter **„Auf Kanal"** gesetzt, Positionen wenn Schalter nicht gesetzt.

Im Register: **„Manuell"** des Einstellungsfensters „Positionieren" können Einzelpositionen *nur manuell* über anklicken der Elemente vergeben und graphisch dargestellt werden.
Über setzen des Schalters: **„Positionen blinken"** können Elemente ohne Position durch **„blinken"** visuell hervorgehoben werden.
Unter **„Startposition"** kann die Startzahl für die fortlaufende Positionierung des Stranges eingetragen werden. Über Schalter „Startposition" kann die nächst höhere Nummer vergeben werden.
Bei gesetztem Toggle-Schalter: **„PosNr hochzählen"** werden die Positionsnummern fortlaufend vergeben.
Über Toggle-Schalter: **„Zeichen hochzählen"** wird die Startposition mit fortlaufenden Indizes (a, b, c..) als Positionsnummer gesetzt. Schalter **„Anwenden"** wählen und Positionen mit 2x DATAPNT setzen.

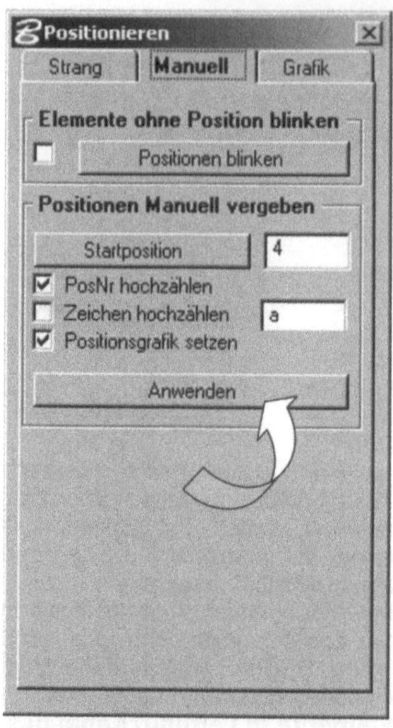

Beispiel: PosNR hochzählen Zeichen hochzählen

Im Register: **„Grafik"** des Einstellungsfensters „Positionieren" kann die Positionsgraphik auch mit Hilfe der Zaun-Funktion verwaltet werden.
Über Schalter: **„Positionsgraphik"** kann eine Auswahl verschiedener Positionierungs-Stile ausgewählt werden, wie zum Beispiel: „Position in Rahmen", „Position in Kreis" oder „Position Mehrstellig". Ein benutzerdefinierter Positionierungs-Stil lässt sich über „Attribut Dateien" definieren. (Siehe „Attribut Dateien ändern" Kapitel 74.)
Über die Toggle-Schalter: **„eckige Kanäle"**, „runde Kanäle" usw. kann die Positionierung auf eckige oder runde Kanäle usw. beschränkt werden.
Über Toggle-Schalter: **„Positionen löschen"** kann die Positionsgraphik (nur Graphik!) der im Zaun befindlichen Elemente gelöscht werden. Der Datenbankeintrag der Elemente bleibt unverändert (Nur in Zusammenhang mit Zaun).
Über Toggle-Schalter: **„Positionsgrafik+Inhalt"** werden Positionsgraphik und der Positionsnummer-Eintrag in der Datenbank gelöscht (Nur in Zusammenhang mit Zaun!).

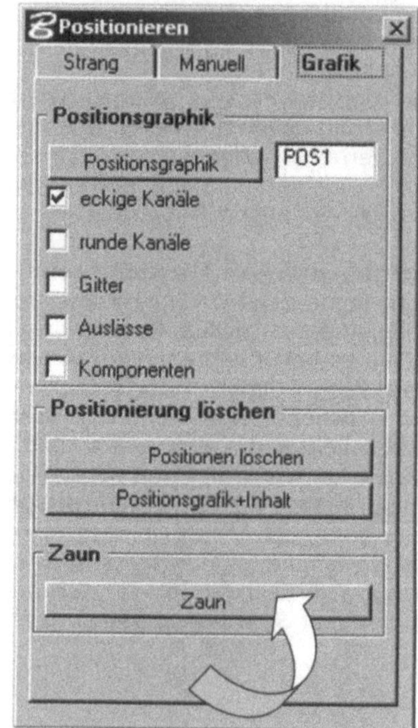

Hinweis:
Bei aktivem Zaun kann (nach dem Setzen der Positionsgrafik, Startposition und der Einschränkungs- Kriterien) unter Register „Strang" der Schalter: „Positionieren" betätigt werden um alle Elemente im Zaun zu positionieren.

54. Report Manager:

(VENTURIS Menü: Werkzeug → Listen → Report Manager)

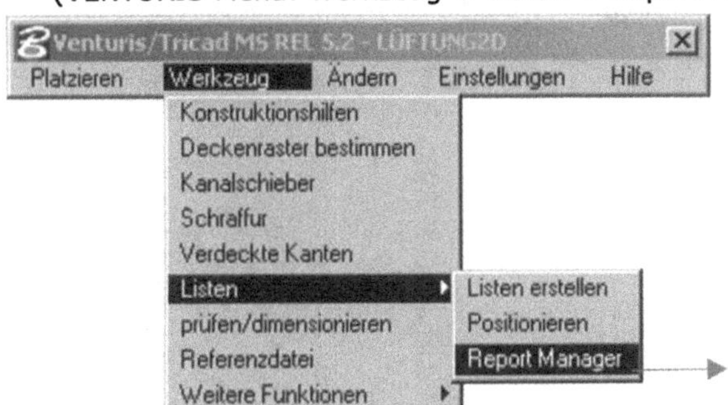

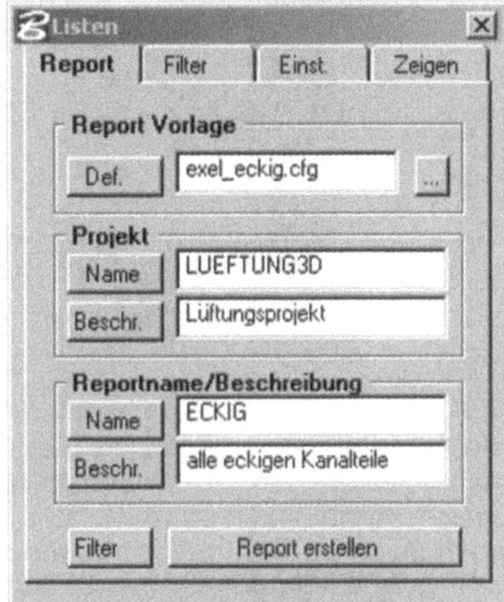

Alternativ zu „Listen erstellen" über ACCESS, kann auch mit Hilfe des **Report-Managers** eine Liste generiert werden. Die Ausgabe der Listen werden über **Report -Definitionsdateien** gesteuert und erstellt. Alle relevanten Argumente und notwendigen Informationen zur Erstellung der Reports sind in diesen Dateien definiert.
Die Definitionsdateien können unter Schalter: **„Def."** aufgerufen und unter Schalter: „..." editiert werden. Auf diese Weise können benutzerdefinierte Definitionsdateien erstellt und gespeichert werden. In der Report-Vorlage sind standardisierte Dateien für: „Excel_eckig.cfg", „Excel_rund.cfg", „Excel_Gitter.cfg" etc. vorhanden. Diese Dateien sind/werden unter: ..VENTURIS\VENTURIS_reports**def**\vent gespeichert. Der Reportmanager wird vom VENTURIS-Pfad ../VENTURIS/**VENTURIS_reports** gelesen.

Umgebungsvariablen: VENTURIS_LSTFT.
Ist diese Variable nicht gesetzt, so werden alle Informationen vom VENTURIS-Pfad gelesen. Pfad: ../VENTURIS/**VENTURIS_reports**. Ist diese Variable gesetzt, so arbeitet VENTURIS mit der Umgebung auf die diese Variable zeigt.
Beispiel: VENTURIS_LSTFT i:\projekte\reports\VENTURIS_reports\
Der Report Manager arbeitet **Gewerksübergreifend**. Im Register **„Zeigen"** des Report-Managers können: „Heizungslisten", „Sanitärlisten", „Lüftungslisten" etc... aufgerufen werden. Für jedes Gewerk ist ein Ordner unter: .. \VENTURIS_reports**def**\ vorhanden.
Im Register **„Zeigen"** können die Listen über die entsprechenden Schalter des Gewerks aufgerufen werden.

												KBZ	Oberfläche		
Lua	**Mat**	**Pos**	**KZ**	**KB**	**Anz.**	**Rahmen**	**l/w**	**a/d1**	**b/d2**	**c/d3**	**h/l2/l1**	**ISO**	**K**	**F**	**I**
							[°,mm]	[mm]	[mm]	[mm]	[mm]		[m2]	[m2]	[m2]
FO	V2	1	K	10	1	SB3/SB3	4311	355	900				10,8		

Vorgehensweise zur Listenerstellung über Report Manager:

> In VENTURIS Menü: Werkzeug → Listen → Report Manager anwählen.
> Über Schalter: **„Def."** eine Definitionsdatei anwählen.
> Unter **„Name"** (im Register: „Report") einen Listennamen eingeben (oder beim Abspeichern über Excel).
> Im Register: **„Filter"** eine Auswahl der zu generierenden Elemente treffen.
> Im Register: **„Einst."** bei Bedarf weitere Ausgabekriterien festlegen.
> **Zaun** (Fence) über die zu generierenden Elemente ziehen.
> In Register: „Report" den Schalter **„Report erstellen"** betätigen. „Weiter" bei Abfrage. Abfragen entsprechend bestätigen.

55. Prüfen/Dimensionieren:

(VENTURIS Menü: Werkzeug → prüfen/dimensionieren)

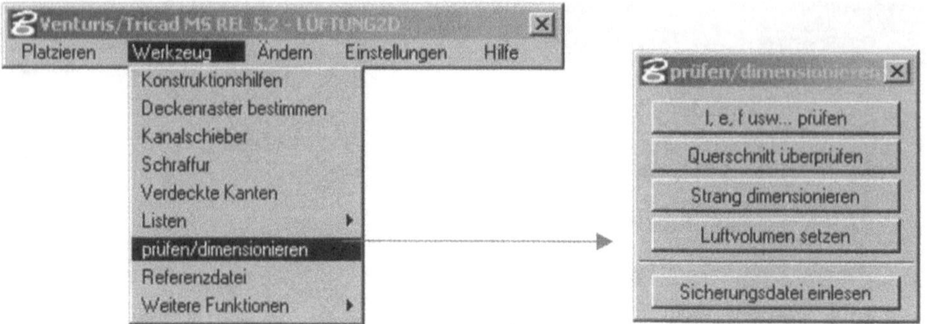

Die Funktionen des Menüs: **„prüfen/dimensionieren"** sollten nur von erfahrenen Anwendern genutzt werden, da diese sich zum Teil auf das gesamte Designfile beziehen und bei zu geringem UNDO-Buffer (Cache) in MicroStation nicht mehr rückgängig gemacht werden können.
Unter Umständen kann es vorkommen das durch den umfassenden Automatismus der Funktionen die gesamte Konstruktion geändert wird! Anwender die mit diesen Funktionen nicht ganz vertraut sind sollten eine manuelle Prüfung und Dimensionierung bevorzugen z. Bsp. über die Datenbankverwaltung (DB-Info).

Hinweis:
Die **Löschpuffer Größe** (UNDO-Buffer) kann in MicroStation unter dem Menü: „Arbeitsbereich (Workspace) → Voreinstellungen (Preferences) → Speicheraufteilung (Memory-Usage) Löschpuffer (UNDO-Buffer) eingestellt werden.]

Beschreibung der Funktionen prüfen/dimensionieren:

> Über Schalter: **„l, e, f, usw. ... prüfen"** werden Kanäle im Designfile auf „Länge, Versatz e/f" überprüft.

> Über Schalter: **„Querschnitt überprüfen"** wird beim Überprüfen des Querschnittes immer der Querschnitt im Anschluss übernommen. Schließt ein Kanal an einen Stutzen oder Komponente an, so wird der Querschnitt des Stutzen/Komponente übernommen.

> Über Schalter: **„Strang dimensionieren"** wird der angewählte Strang nach Luftvolumen (Vol. m3/h) und Geschwindigkeit (m/s) dimensioniert. Ein Kanalteil ohne Luftmengeneintrag wird auf Mindest-Kantenlänge 100mm gesetzt. Runde Kanalteile werden nach den Vorgaben des Kataloges (Lauterbach) dimensioniert.

> Über Schalter: **„Luftvolumen setzen"** wird der Luftvolumenstrom (Vol. m3/h) aller angeschlossenen Auslässe addiert und dem entsprechenden Kanalnetz zugewiesen. Mittels DB-Info (Datenbankabfrage) kann der Volumenstrom unter „Vol" in der Datenbank ermittelt, und mit Hilfe der Höhenvermassung beschriftet werden.

> Schalter: **„Sicherungsdatei einlesen"** (Siehe „Autosave einlesen" Seite 128).
Bei der Querschnittsprüfung bzw. beim Dimensionieren usw. wird von VENTURIS immer zuerst eine Sicherungsdatei (Backup) angelegt. Über die Funktion „Sicherungsdatei einlesen" wird diese Sicherungsdatei neu eingelesen und das Designfile wird aktualisiert. Diese Funktion ist *dann* sehr nützlich, wenn der UNDO-Buffer von MicroStation zu klein ist, um alle Aktionen rückgängig zu machen!

56. Referenzdatei:

(VENTURIS Menü: Werkzeug → Referenzdatei)

Die Funktion: „Referenzdatei (referenz)" ist identisch mit der „Exchange" Funktion in der MicroStation Referenz-Verwaltung. Aus der aktiven Zeichnungsdatei wird in die Referenzdatei gewechselt (Die Referenzdatei wird zur aktiven Zeichnungsdatei).

Vorgehensweise:

> In VENTURIS Menü: „Werkzeug → Referenzdatei" anwählen.
(In der Statuszeile von MicroStation erscheint die Eingabeaufforderung: „Element in REF-Datei anklicken".)

> Mit DATAPNT beliebiges Element in der Referenzdatei anklicken in die gewechselt werden soll.
(Es erscheint eine Warnung →)

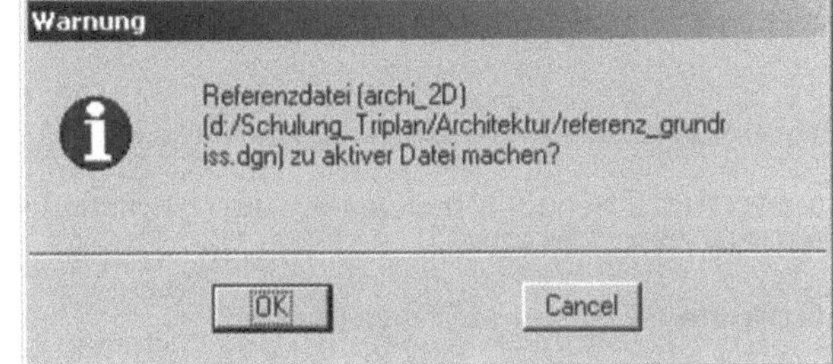

> Durch betätigen der **<OK>** Taste im Fenster „Warnung" wird in die Referenzdatei gewechselt. Über <Cancel> abbrechen (Eventuell Element in Referenzdatei neu anklicken).

57. Berechnung (KANCALC):

(VENTURIS Menü: Werkzeug → Weitere Funktionen → Berechnung (KANCALC))

Über „Berechnung (KANCALC)" kann eine komplette Luftkanal Auslegung mit Druckverlustberechnung durchgeführt werden. Als Berechnungsmodul wird das Programm kancalc der **„mh Software GmbH"** Karlsruhe eingesetzt. Die Vorgehensweise ist dem Handbuch der Software bzw. VENTURIS Menü: "Hilfe → Inhalt Modul" zu entnehmen.
(KANCALC ist ein eigenständiges Modul und bedarf einer extra Lizenz.)

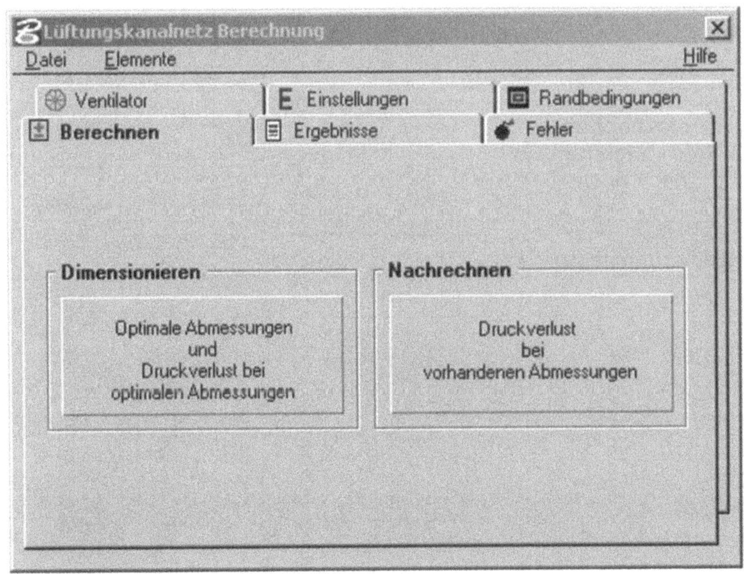

58. VENTURIS Zellen:

(VENTURIS Menü: Werkzeug → Weitere Funktionen → VENTURIS Zellen)

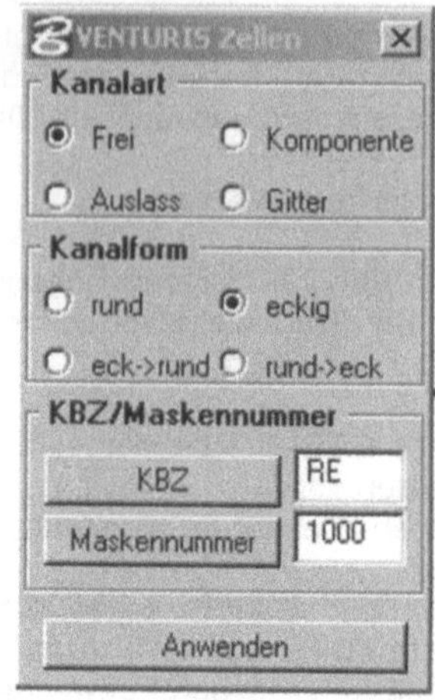

Über VENTURIS Zellen können MicroStation Zellen zu intelligenten VENTURIS Zellen definiert werden. Voraussetzung ist, das die Zelle keine VENTURIS Attribute besitzt.
Auf diese Weise kann die Zelle in die Datenbank von VENTURIS aufgenommen und auch von KANCALC berechnet werden.
Im Einstellungsfenster (Graphik rechts) kann die **Kanalart**, die **Kanalform** die **Kurzbezeichnung** (KBZ) und die Eingabemaske (Maskennummer) dem Objekt (Zelle) zugeordnet werden.

Über Schalter: **„Anwenden"** wird das Objekt mit den gesetzten Attributen erstellt.

Vorgehensweise VENTURIS Zelle erstellen:

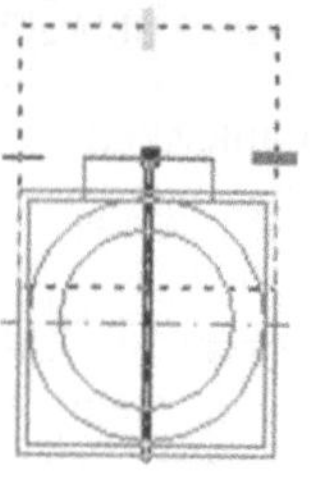

> In VENTURIS Menü: „Werkzeug → Weitere Funktionen → VENTURIS Zellen" anwählen.

> **Attribute** im Einstellungsfenster setzen.

> Schalter **„Anwenden"** betätigen. Objekt mit **DATAPNT** identifizieren.

> **TENTPNT** für Anfangspunkt und einen weiteren **TENTPNT** für Endpunkt des Objekts.

> Im Eingabefenster (siehe Graphik rechts unten) **„Name", „Attribute"** usw. definieren.

> Über Schalter: <OK> wird die Zelle gesetzt.

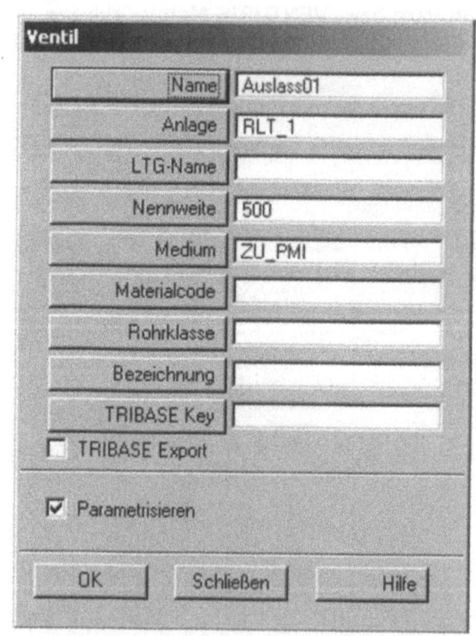

Die Zelle kann nun über den Infoknopf der VENTURIS-Datenbank (DB-Info) abgefragt und die Inhalte können bei Bedarf noch nachträglich angepasst werden.

(Siehe dazu auch „Zellen-Skalierungsfaktor")

59. Graphische Gruppe:

(VENTURIS Menü: Werkzeug → Weitere Funktionen → Graphische Gruppe)

Diese Funktion ist eine kleine Erweiterung zu der MicroStation: "Graphische Gruppen" Funktion. Die graphische Gruppe wird in VENTURIS über einen ZAUN erstellt.

Vorgehensweise Graphische Gruppe bilden:

> In VENTURIS Menü: „Werkzeug → Weitere Funktionen → Graphische Gruppe" anwählen.

> **Zaun** (Fence) über die Elemente/Zellen ziehen.

> Schalter **„Graphische Gruppe bilden"** anwählen (Die Elemente im Zaun werden zu einer graphischen Gruppe gebunden).

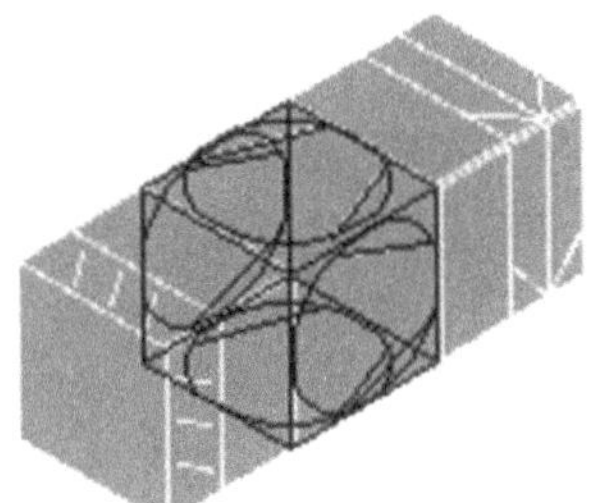

Im Beispiel wurden über die Funktion: „Platzieren → Komponente" verschiedene Komponente eines Lüftungsgerätes zusammengestellt. Die einzelnen Komponenten können über die Funktion: „Graphische Gruppe bilden" zu einer Einheit (Lüftungsgerät als Graphische Gruppe) gebildet werden.

60. Positionsgraphik an Kanal anpassen:

(VENTURIS Menü: Werkzeug→ Weitere Funktionen→ Positionsgraphik an Kanal anpassen)

Über diese Funktion können bereits gesetzte Positionsnummern aktualisiert werden, falls diese während der Planung zum Beispiel über die Datenbank von Hand geändert wurden. Diese Funktion passt die Positionsgraphik neu an das Kanalsystem an. Bei aktivem Zaun werden nur die Positionsnummern innerhalb des Zaunes aktualisiert!

61. Zellpunkte markieren:

(VENTURIS Menü: Werkzeug→ Weitere Funktionen→ Zellpunkte markieren)

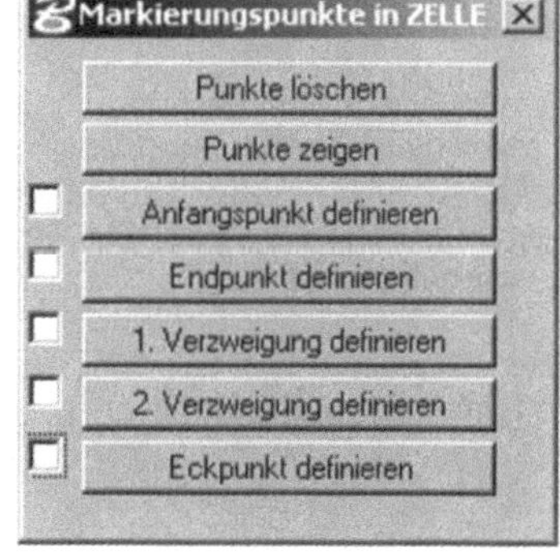

Bei Zellen, die in eine Leitung platziert werden, muss der Anfangs- und der Endpunkt bestimmt werden, damit die Leitung beim Einsetzen der Zelle von deren Bezugs- bis Endpunkt unterbrochen werden kann. VENTURIS setzt den Endpunkt automatisch auf X-max. der Zelle. X-Max ist der äußerste X-Wert der Zelle (Siehe Graphik unten).

Vorgehen beim Bestimmen des Anfangs-/Endpunktes:
> Ein Zaun (Fence) muss um die Graphik gelegt werden. Es darf keine Zelle im Zaun sein (Eine Zelle kann über die MicroStation Funktion: „Element auflösen" aufgelöst werden).

> Über Schalter: **„Anfangspunkt definieren"** den Bezugspunkt am Anfang der Zelle bestimmen.

> Über Schalter: **„Endpunkt definieren"** den Bezugspunkt (x-max.) am Ende der Zelle bestimmen.

> Verzweigungen definieren: Hat die Zelle Verzweigungen wie z. Bsp. ein 3-Weg Ventil, so werden die Endpunkte der Verzweigungen mit
1. Verzweigung und 2. Verzweigung bestimmt.

> Über Schalter: **„Punkte löschen"** werden alle Markierungspunkte der Zelle im Zaun gelöscht.

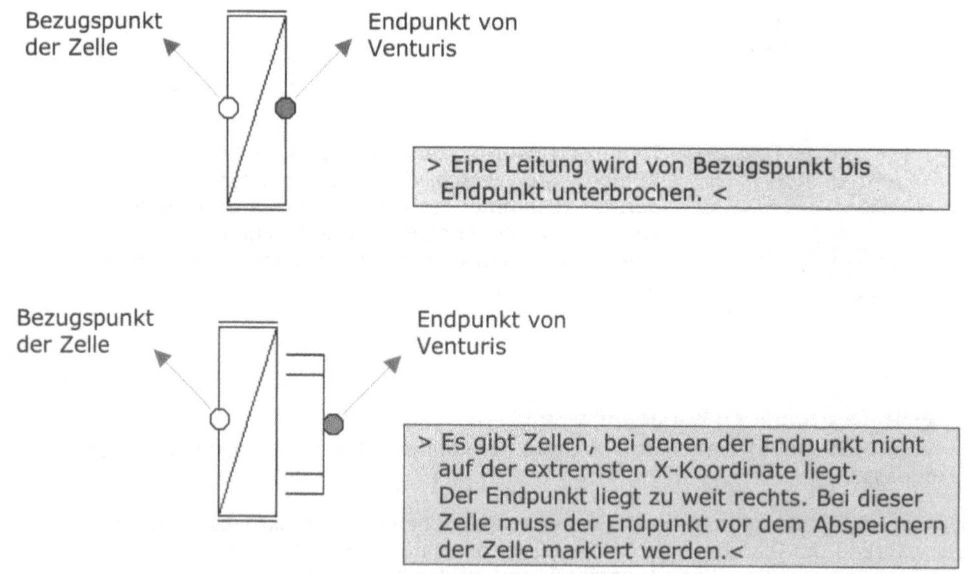

62. TRIBASE – FM-Datenbank–Übergabe. (FM= Facility Management):

(VENTURIS Menü: Werkzeug→ Weitere Funktionen→ Tribase –FM Datenbank)

TRIBASE bzw. FM (Datenbank) ist ein eigenständiges Modul und bedarf einer extra Lizenz. Über die Software können Grafik und Elementattribute an **Facility Management** übergeben werden.

(Die Vorgehensweise ist dem Handbuch der Software zu entnehmen.)

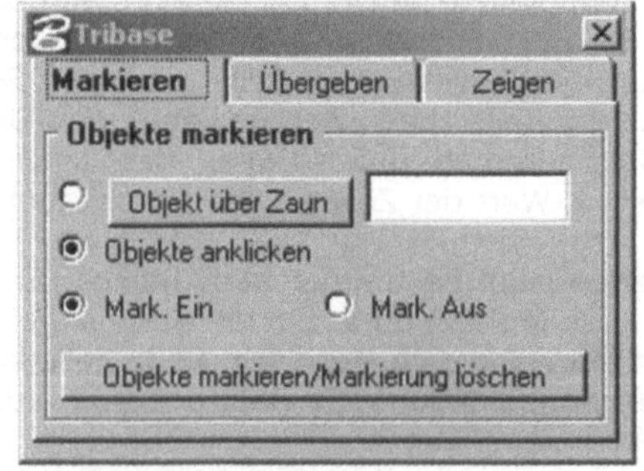

63. Filter für Änderungen (filter_change):

(VENTURIS Menü: Ändern → Filter für Änderungen)

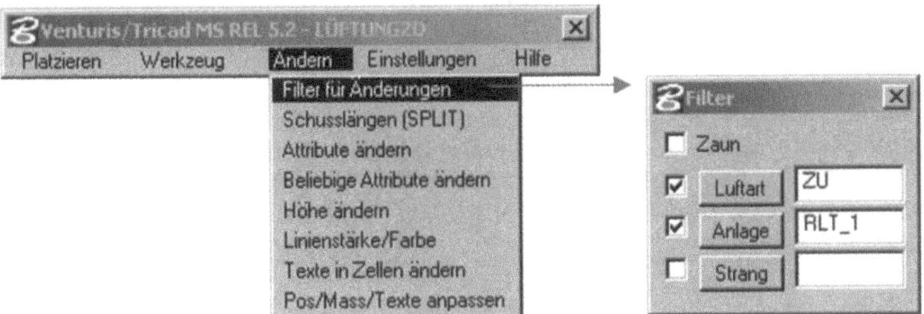

Mit Hilfe des **„Filter für Änderungen"** können über die Schalter: „Luftart", „Anlage" und „Strang" sowie Toggle-Schalter: „Zaun" die **Einschränkungs-Kriterien** für Änderungen definiert werden. Nur die Elemente die den Filterkriterien entsprechen werden geändert. Der Vorteil des Filters ist die schnelle Bearbeitungszeit (Die Funktionen sind bis zu 100-fach schneller!). Achtung: Dieser Suchfilter übersteuert alle eingestellten Suchfilter. Das Filter kann für **Änderungsfunktionen** wie z. Bsp.:

- Höhe ändern (OKK)
- Schusslängen (SPLIT)
- Berechnungen (Dimensionieren, KANCALC...)
- Stücklisten über Strang zusätzlich mit Zaun einschränken.

Hinweis: Weitere Attribute können über die Filter: „Attribute ändern" und „Beliebige Attribute ändern" Seite 111-113, bearbeitet und geändert werden.

Vorgehensweise beim Ändern der Höhe (OKK) über „Filter für Änderungen":

> In VENTURIS Menü: Ändern → „Filter für Änderungen anwählen".

> **Filterkriterien zur Einschränkung** der Elemente setzen.

(Beispiel: Luftart auf „ZU" und Anlage auf „RLT_1" beschränkt)

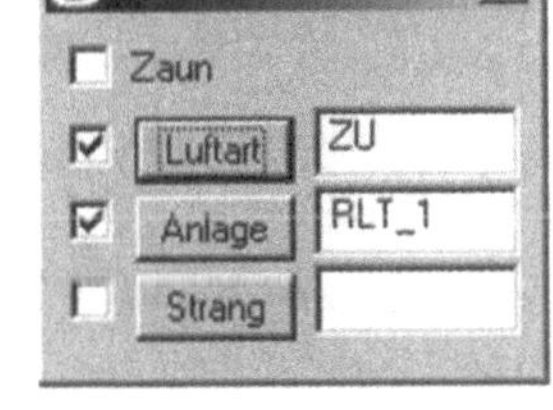

> **Zaun** (Fence) über die zu ändernden Elemente ziehen.

> In VENTURIS Menü: Ändern → **„Höhe ändern"** anwählen.

> Höhenniveau anpassen und Schalter: **„Alle Elemente in FENCE"** betätigen. Die den Filterkriterien entsprechenden Elemente wurden geändert.

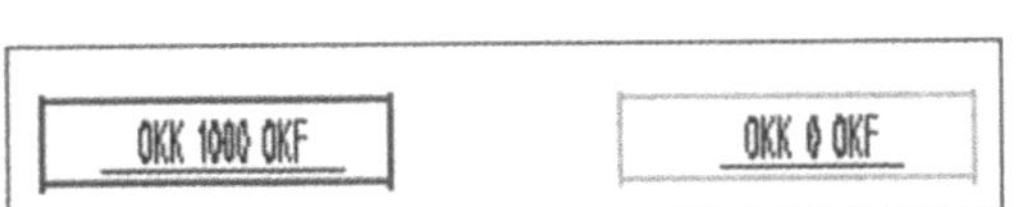

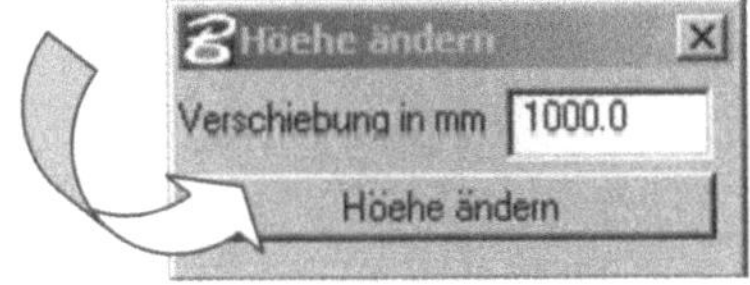

Beispiel: Durch Einschränkung des Filterkriteriums „Luftart" (ZU) und „Anlage" (RLT_1) wurde die Höhe nur an den zutreffenden Elementen angepasst.

64. Schusslängen (SPLIT):

(VENTURIS Menü: Ändern → Schusslänge)

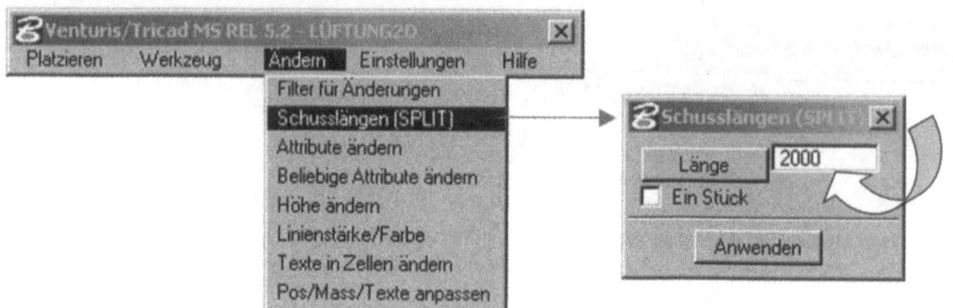

Über die Funktion „Schusslängen (Split)" können überlange Kanäle und Rohre in mehrere gleiche Teile unterteilt werden. Über die **„Schusslänge"** wird die absolute Kanal/Rohrlänge der Unterteilung definiert. Es kann immer nur *ein* Kanal oder Rohrteil unterteilt (gesplittet) werden. Die Richtung der Unterteilung kann über die Platzierung des DATAPNT (links oder rechts des Element-Mittelpunktes gesteuert werden).

Vorgehensweise „Schusslänge setzen":

> In VENTURIS Menü: **„Ändern → Schusslängen"** anwählen.

> Im Einstellungsfenster: „Schusslängen" die Länge der Unterteilung über Schalter: **„Länge"** auswählen oder manuelle Eingabe durch Überschreiben des Wertes.

> Schalter: **„Anwenden"** im Einstellungsfenster: „Schusslängen" betätigen.

> Mit **DATAPNT** den Kanal links oder rechts des Mittelpunktes ansnappen und mit einem **weiteren DATAPNT** bestätigen. Die Schusslänge wird gesetzt.

Die Umkehrfunktion: Mehrere Teile zu einem Stück machen.

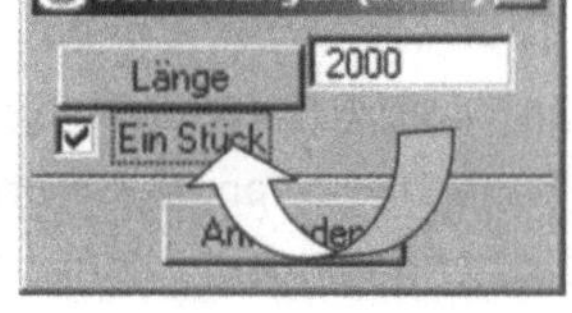

> In VENTURIS Menü: **„Ändern → Schusslängen"** anwählen.

> Im Einstellungsfenster: „Schusslängen" den Toggle-Schalter: **„Ein Stück"** setzen.

> Schalter: **„Anwenden"** im Einstellungsfenster betätigen.

> **DATAPNT** an Stranganfang setzen und mit einem weiteren DATAPNT bestätigen. Schusslänge wird gesetzt. Strang wird zu einem Element gemacht.

Beispiel:
Die Richtung der Unterteilung kann über die Platzierung des DATAPNT (links oder rechts des Element-Mittelpunktes gesteuert werden).

65. Attribute ändern:

(VENTURIS Menü: Ändern → Attribute ändern)

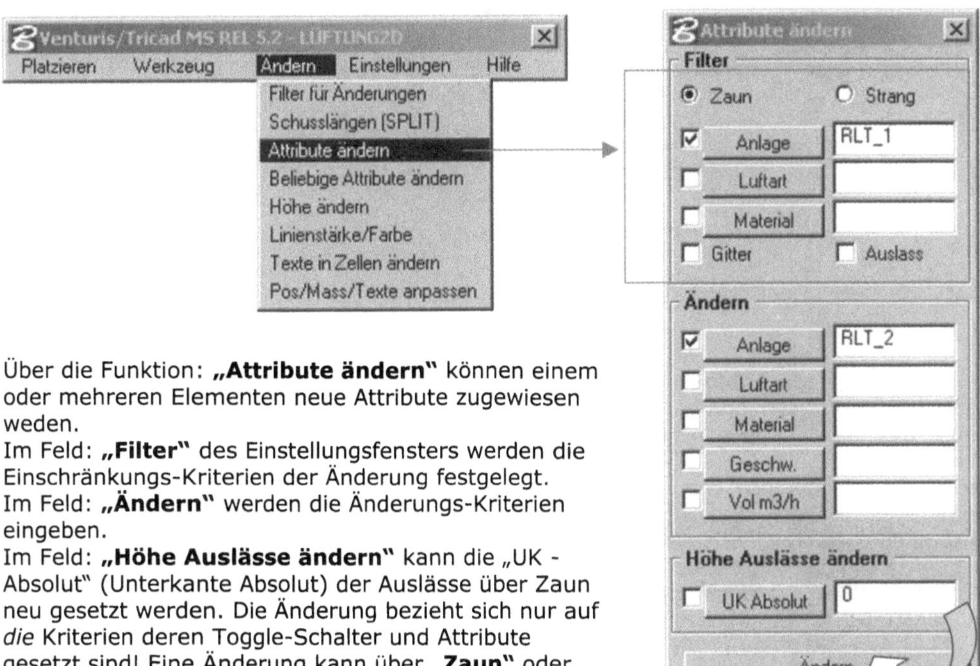

Über die Funktion: **„Attribute ändern"** können einem oder mehreren Elementen neue Attribute zugewiesen weden.
Im Feld: **„Filter"** des Einstellungsfensters werden die Einschränkungs-Kriterien der Änderung festgelegt.
Im Feld: **„Ändern"** werden die Änderungs-Kriterien eingeben.
Im Feld: **„Höhe Auslässe ändern"** kann die „UK - Absolut" (Unterkante Absolut) der Auslässe über Zaun neu gesetzt werden. Die Änderung bezieht sich nur auf *die* Kriterien deren Toggle-Schalter und Attribute gesetzt sind! Eine Änderung kann über **„Zaun"** oder alternativ über **„Strang"** anklicken durchgeführt werden. Durch setzen des Toggle-Schalters: **„Gitter"** oder **„Auslass"** im Feld Filter können die Änderungs-Kriterien nur auf „Gitter" oder „Auslass" beschränkt werden.

Vorgehensweise Attribute ändern über Zaun:

> In VENTURIS Menü: **„Ändern → Attribute ändern"** anwählen.

> **Zaun** (Fence) über die zu ändernden Elemente ziehen.

> **Toggle-Schalter** setzen im Feld: **„Filter"** des Einstellungsfensters (Anlage RLT_1) und im Feld: „Ändern" (Anlage RLT_2). Parallel dazu kann auch „Luftart", „Material", „Geschw." und „Vol.m3/h" gesetzt werden.

> Schalter **„Ändern"** im Einstellungsfenster „Attribute ändern" betätigen.

> Warnung: „Objekte ändern?" entsprechend bestätigen. Die neuen Attribute wurden gesetzt. Änderung prüfen über DB-Info (Datenbankabfrage).

Vorgehensweise Höhe Auslässe ändern:

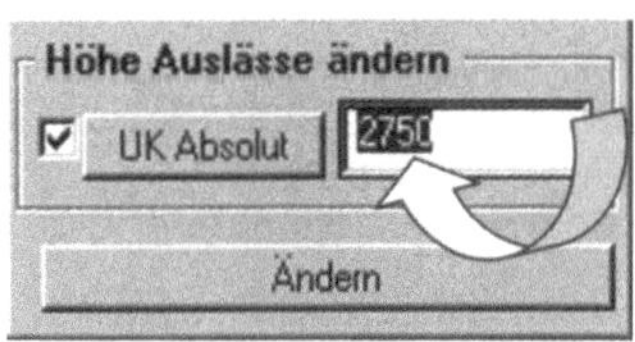

> In VENTURIS Menü: Ändern → „Attribute ändern" anwählen.
> **Zaun** (Fence) über die Auslässe ziehen.
> Toggle-Schalter: **„UK Absolut"** setzen und Höhe eingeben.
> Schalter **„Ändern"** im Einstellungsfenster „Attribute ändern" betätigen. Warnung: „Objekte ändern?" bestätigen. Die neuen Attribute wurden gesetzt.

66. Beliebige Attribute ändern:

(VENTURIS Menü: Ändern → Beliebige Attribute ändern)

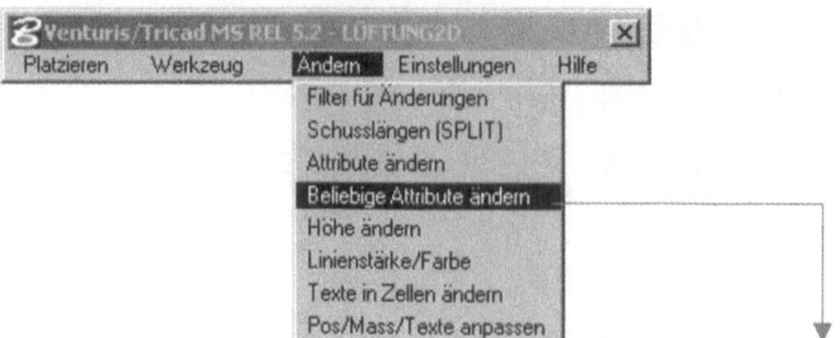

Über die Funktion: **„Beliebige Attribute ändern"** können über die Auswahl verschiedener Filter beliebige Einschränkungs- und Änderungs-Kriterien zur Attributsänderung definiert werden.
Die Argumente für die Filter sind für das Modul Lüftung in der Textdatei: VENTURIS/env/db/vent/**filter_change** definiert. Die Datei kann über den Editor oder über **„Attribut Dateien ändern"** aufgerufen und angepasst werden.
Am Anfang der Zeile steht immer das "Argument" und dahinter eine aussagekräftige Beschreibung. **Spezielle Argumente: "KBZ"** Die Kurzbezeichnung des Elementes.

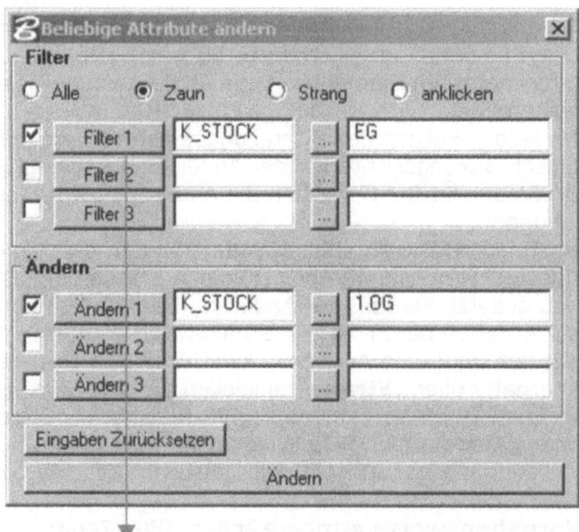

Das Element muss angeklickt werden damit die Kbz übernommen wird. Ebenso für **GGR**, das Argument für graphische Gruppe.
Über Schalter: < **...** > werden projektbezogene Attribute aufgerufen. Die Elemente können über verschiedene Methoden im Feld Filter: „Alle", „Zaun" etc. des Einstellungsfensters ausgewählt werden:
Alle: Alle Objekte im Designfile
Zaun: Nur Objekte die sich im Zaun befinden.
Strang: Alle Elemente die zu einem Strang gehören
Anklicken: Nur ein Element.

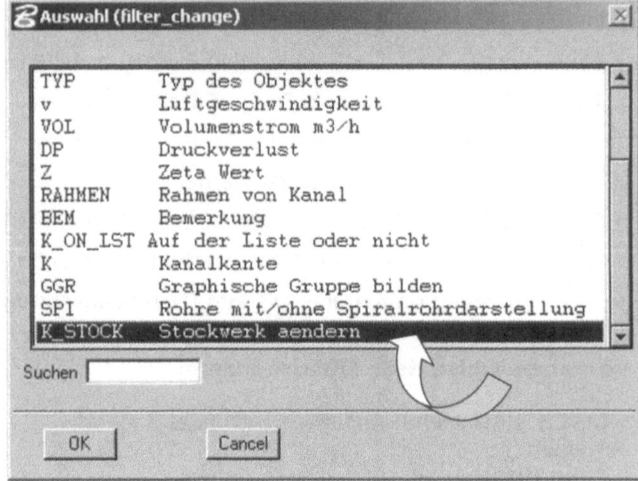

Über Schalter: **„Eingaben Zurücksetzen"** werden alle gesetzten Werte in den Filtern zurückgesetzt.

Vorgehensweise Beliebige Attribute ändern über Zaun:

> In VENTURIS Menü: **„Ändern → Beliebige Attribute ändern"** anwählen.

> Im **Einstellungsfenster die Filter** für die Einschränkungs- und Änderungs- Kriterien festlegen. Durch betätigen des Schalters **„Filter"** öffnet das Fenster: „Auswahl (filter change)" zur Auswahl des Einschränkungs -Kriteriums. (Im Beispiel wurde „K_STOCK" – „EG" gesetzt, zum Ändern des Stockwerks) Durch betätigen des Schalters: **„Ändern 1"** im Einstellungsfenster öffnet das Fenster: „Auswahl (filter change)" zur Auswahl des Änderungs-Kriteriums. Hier ebenfalls „K_STOCK" anwählen und unter <...> das Ziel-Stockwerk anwählen (Im Beispiel: „1.OG").

> **Toggle-Schalter: „Zaun"** (für Methode) im Einstellungsfenster setzen.

> **Zaun (Fence)** über die zu ändernden Elemente ziehen.

> Durch betätigen des Schalters: **„Ändern"** im Einstellungsfenster für „Beliebige Attribute ändern" erscheint eine Warnung: **„Objekte ändern?"**.

> Durch betätigen der **<OK>** Taste werden die Änderungen gesetzt. Über Taste **<Cancel>** können die Änderungs-Kriterien neu gesetzt oder der gesamte Vorgang abgebrochen werden.

Durch betätigen des Schalters: „Ändern" im Einstellungsfenster für „Beliebige Attribute ändern" erscheint eine **Warnung:** „Objekte ändern?"
Durch betätigen der <OK> Taste werden die Änderungen gesetzt.

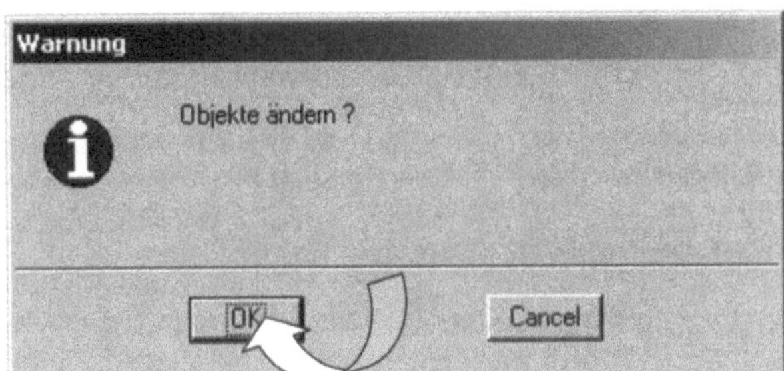

Zusammenfassung „Beliebige Attribute ändern":

- In VENTURIS Menü: Ändern → „Beliebige Attribute ändern" anwählen".
- Im Einstellungsfenster unter Schalter: „Filter" die Einschränkungs- und unter Schalter: „Ändern 1.., 2.." die Änderungs-Kriterien festlegen.
- Im Einstellungsfenster Toggle-Schalter: „Zaun" (für Methode) setzen.
- Zaun (Fence) über die zu ändernden Elemente ziehen.
- Durch betätigen des Schalters: „Ändern" im Einstellungsfenster für „beliebige Attribute ändern" erscheint eine Warnung: „Objekte ändern?".
- Durch betätigen der **<OK>** Taste werden die Änderungen gesetzt. Über Taste **<Cancel>** können die Änderungs-Kriterien neu gesetzt oder der gesamte Vorgang abgebrochen werden.

67. Höhe ändern:

(VENTURIS Menü: Ändern → Höhe ändern)

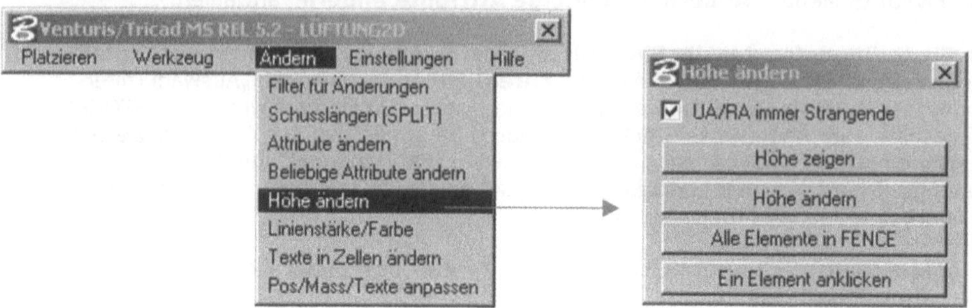

Über die Funktion **„Höhe ändern"** können die Höhenquoten vorhandener Elemente nachträglich geändert oder angezeigt werden. Die Änderung bezieht sich auf die **Oberkante (OKK) absolut**! Es besteht die Möglichkeit sowohl einzelne Elemente (Schalter: „Ein Element anklicken") und mehrere Elemente/Strangweise (Schalter: „Höhe ändern") über anklicken, oder „alle Elmente in FENCE" (Zaun) zu ändern.

Vorgehensweise Höhe zeigen:

> In VENTURIS Menü: **„Ändern → Höhe ändern"** anwählen.
> Schalter: **„Höhe zeigen"** im Auswahlfenster betätigen (In der Statuszeile von MicroStation die Eingabeaufforderung beachten!).
> **Startelement** von Kanal **mit DATAPNT** anwählen und mit weiterem **DATAPNT** bestätigen. Die Höhe wird im Dialogfeld „Höhe zeigen" angezeigt.

Vorgehensweise Höhe Strang ändern :

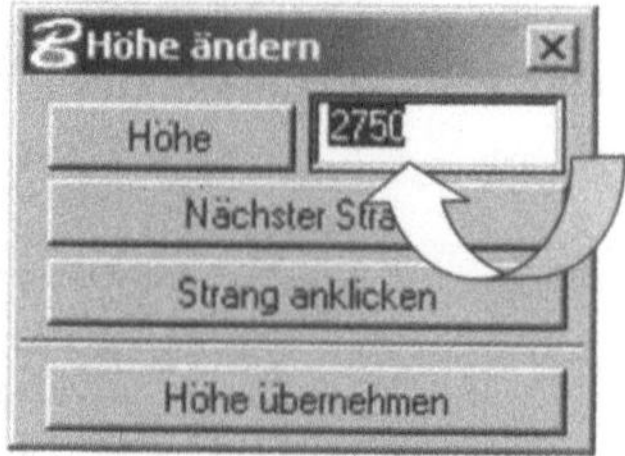

> VENTURIS Menü: Ändern → „Höhe ändern" anwählen.
> Schalter: **„Höhe ändern"** im Auswahlfenster betätigen (In der Statuszeile von MicroStation die Eingabeaufforderung beachten!).
> Neue **Höhenquote definieren** (Über Schalter: „Höhe" des Dialogfensters können die Projektbezogenen Höhenquoten der einzelnen Stockwerke aufgerufen werden. Neben Schalter: „Höhe" kann der Wert manuell eingetragen werden).
> **Startelement** von Kanal **mit DATAPNT** anwählen und mit weiterem **DATAPNT** bestätigen.
> Durch Betätigen" des Schalters: **„Höhe übernehmen"** wird die Höhenquote neu gesetzt.

Vorgehensweise Höhe über Zaun (Fence) ändern:

> VENTURIS Menü: Ändern → „Höhe ändern" anwählen.
> Schalter: **„Alle Elemente in FENCE"** im Auswahlfenster betätigen.
> Neue **Höhenquote der Verschiebung !** in mm im Dialogfenster definieren (Alle Elemente im Zaun werden um den +/- Wert der gesetzt wird, verschoben! Mit anderen Worten: Die OKK-Absolut wird um den gesetzten Wert addiert bzw. subtrahiert).
> Durch Betätigen des Schalters: **„Höhe ändern"** im Dialogfenster wird die Höhenquote neu gesetzt [Über DB-Info (Datenbankabfrage) neuen Wert unter: „ OKK" prüfen!].

68. Linienstärke/Farbe ändern:

(VENTURIS Menü: Ändern → Linienstärke/Farbe ändern)

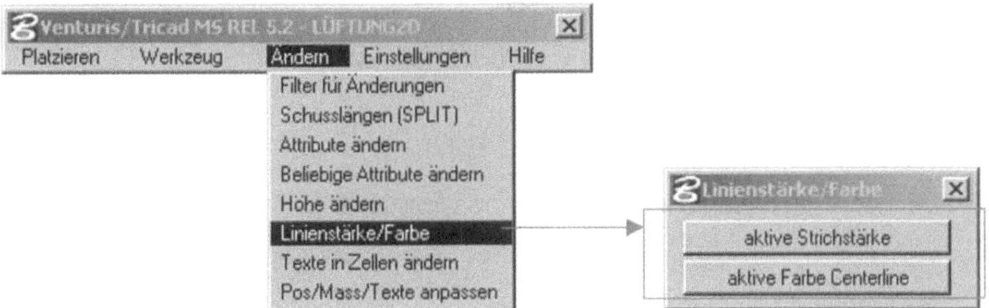

Über diese Funktion können die **„Strichstärke"** und die **„Farbe der Mittellinien"** aller VENTURIS-Objekte eines Designfiles nachträglich an die projektbezogenen Voreinstellungen der Datei: **„attributes.cfg"** angepasst werden. Über die Funktion: „Attribut Dateien" ändern im VENTURIS Menü: „Einstellungen" kann über den Schalter: „Dateien ändern" die Datei „attributes.cfg" im Editor geöffnet und Benutzer- bzw. Projektorientiert angepasst werden. In dieser Datei sind die Werte und Attribute für die Linientypen, Linienstärken, Centerlines, Isolations- und Maßwerte etc... definiert. Nach dem Anpassen und speichern der Datei: „attributes.cfg" können die gesetzten Werte durch Betätigen des Schalters: **„aktive Strichstärke"** und/oder **„aktive Farbe Centerline"** im Designfile angepasst werden. Durch betätigen des Schalters „Objekte neu aufbauen" des VENTURIS Menüs: „Werkzeug → prüfen/dimensionieren" werden alle VENTURIS-Objekte an die neuen Einstellungen angepasst.

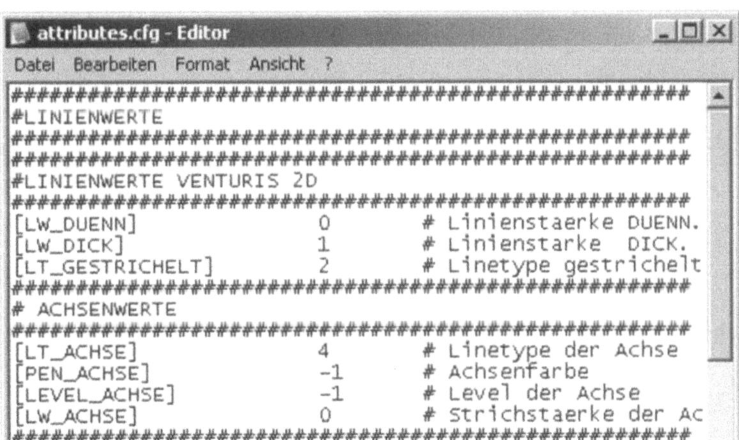
attributes.cfg - Editor

Datei Bearbeiten Format Ansicht ?

```
#####################################################
#LINIENWERTE
#####################################################
#####################################################
#LINIENWERTE VENTURIS 2D
#####################################################
[LW_DUENN]          0       # Linienstaerke DUENN.
[LW_DICK]           1       # Linienstarke  DICK.
[LT_GESTRICHELT]    2       # Linetype gestrichelt
#####################################################
# ACHSENWERTE
#####################################################
[LT_ACHSE]          4       # Linetype der Achse
[PEN_ACHSE]         -1      # Achsenfarbe
[LEVEL_ACHSE]       -1      # Level der Achse
[LW_ACHSE]          0       # Strichstaerke der Ac
#####################################################
```

In der Datei: **„attributes.cfg"** können die Werte und Attribute für die Linientypen, Linienstärke, Centerline, Isolations- und Maßwerte etc... benutzer- bzw. projektorientiert angepasst werden. Die Datei „attributes.cfg" befindet sich in der Regel **im Verzeichnis:** ..Venturis\env\db**\vent**.

69. Texte in Zellen ändern:

(VENTURIS Menü: Ändern → Texte in Zellen ändern)

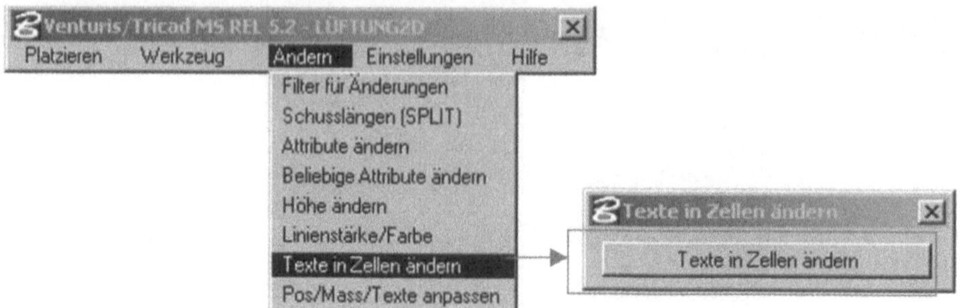

Über die Funktion „**Texte in Zellen ändern**" können Zellentexte und Positionsnummern editiert (geändert) werden. Diese Funktion ist nicht nur auf VENTURIS Zellen beschränkt. Auch Texte von MicroStation-Zellen können editiert werden.
Kopierte Positionsnummern und Zellentexte der VENTURIS Bemaßung können auf diese Weise je nach Bedarf angepasst werden (Siehe auch „Elemente in Leitung/Kanal bewegen" Seite 58-61).

Vorgehensweise bei Texte in Zellen ändern:

> Im VENTURIS Menü: **„Ändern → Texte in Zellen ändern"** auswählen

(Schalter „Texte in Zellen ändern" erscheint).

> Schalter: **„Texte in Zellen ändern"** anwählen.

> Das zu editierende **Maß mit DATAPNT anklicken** und mit **DATAPNT bestätigen**.

Es erscheint das Eingabefeld für Texte ändern:

> Maße ändern und über die **<OK>** Taste bestätigen.

Eingabefenster für Texte ändern:
Texte in den Eingabefeldern können überschrieben werden.

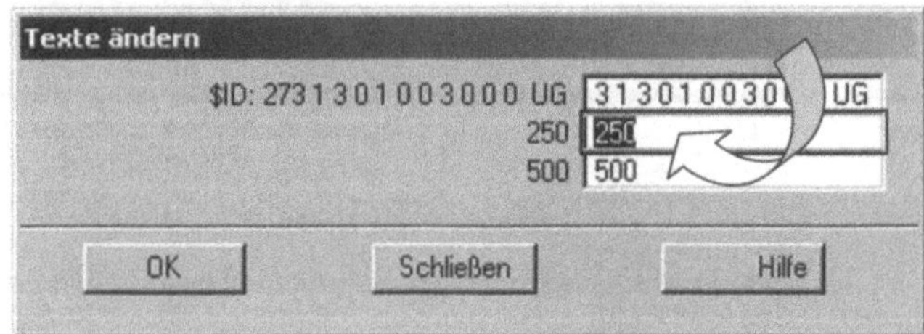

Zusammenfassung „Texte in Zellen ändern":
- Im VENTURIS Menü: „Ändern → Texte in Zellen ändern" auswählen.
- Schalter: „Texte in Zellen ändern" anwählen.
- Maß mit DATAPNT anklicken und mit DATAPNT bestätigen.
- Text(e) in Eingabefeld überschreiben.
- Bestätigen über die <OK> Taste des Eingabefensters oder über Schalter: „Schließen" die Funktion abbrechen.

70. Pos/Mass/Texte anpassen:

(VENTURIS Menü: Ändern → Pos/Mass/Texte anpassen)

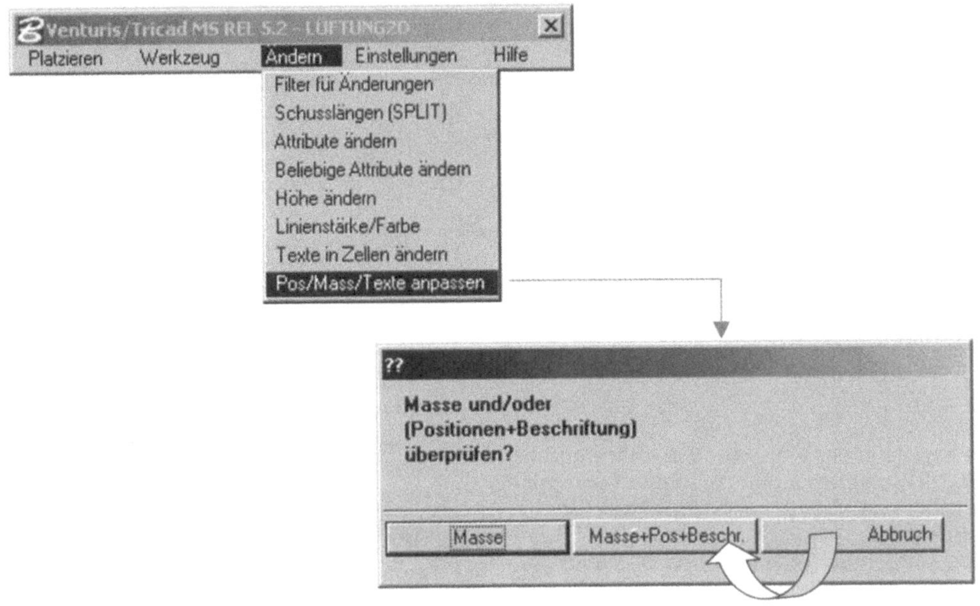

Die nachstehenden Funktionen beschränken sich ausschließlich auf Maße, Positionen und Beschriftungen die über TRICAD-VENTURIS gesetzt wurden. Die über MicroStation gesetzten Texte und Maße bleiben davon unberührt!

Über die Funktion: **„Pos/Mass/Texte anpassen"** können assoziative Maße und Beschriftungen überprüft und aktualisiert werden.

Über Schalter: **„Masse"** werden nur die Querschnitts/Längen und Höhenmaße aktualisiert.

Über Schalter: **„Masse+Pos+Beschr."** werden alle Maße und Beschriftungen aktualisiert.

Über Schalter: **„Abbruch"** wird die Funktion „Aktualisierungen" abgebrochen.

Hinweis: In neueren TRICAD-VENTURIS Versionen werden die Maße, Positionen und Beschriftungen automatisch aktualisiert, da die Maße in Assoziation zum Referenzobjekt stehen. Die über MicroStation gesetzten Texte und Maße bleiben davon unberührt!

71. Einstellungen: Projekt- bzw. Benutzerdefiniert :

(VENTURIS Menü: Einstellungen → Einstellungen)

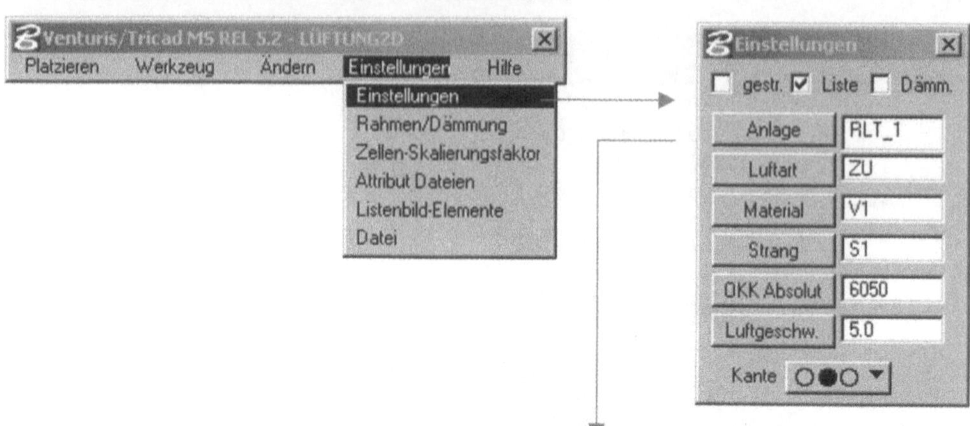

Wie bereits in der Einführung erwähnt arbeitet VENTURIS mit Umgebungsvariablen und mit **Projekt-** bzw. **Benutzerdefinierten Einstellungen**.
Diese sind unter verschiedenen Einstellungsdateien wie zum Beispiel: „attributes.cfg", „duct_anlage", „medsel" usw. abgespeichert. Über die Funktion: **„Attribut Dateien"** im VENTURIS Menü: „Einstellungen" können die Dateien aufgelistet und editiert werden. Da VENTURIS beim generieren eines Objektes auf die **Einstellungsdateien** zugreift sind diese von entscheidender Bedeutung. Sie bestimmen das Aussehen und sind entscheidende Argumente bei der Definition von Auswahl-, Einschränkungs- und Änderungskriterien der VENTURIS Objekte.

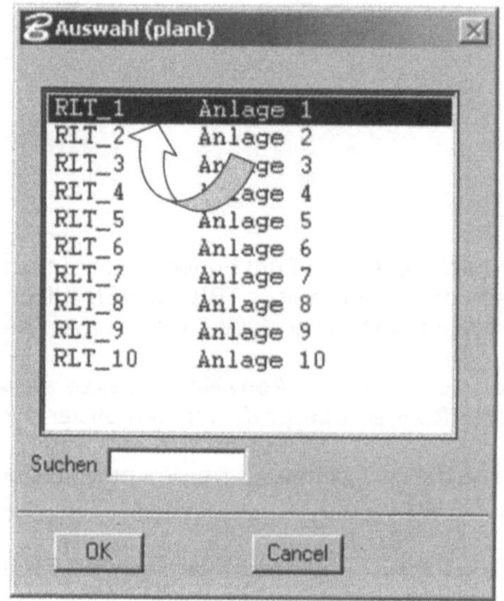

Über Schalter: **„Anlage"** des Fensters Einstellungen kann den Elementen eine Anlagen-Nummer (plant) zugewiesen werden. Damit erhalten die Elemente nicht nur eine Anlagenspezifische Zugehörigkeit, sondern ermöglichen zum Beispiel bei „Listen erstellen" eine Definition der Auflistungskriterien (RLT_1,2..). Diese Attribute sind in der Datei: ...env\db\vent**plant** bestimmt.

```
################################
# Luftart          Farbe   Level
################################
ZU                 5       7
AU                 2       17
AB                 6       27
FO                 6       37
```

Über Schalter: **„Luftart"** des Fensters Einstellungen kann den Elementen ein weiteres Medium und Filterkriterium (Zuluft, Abluft, Aussenluft usw.) zugewiesen werden.
Das Medium bestimmt „Farbe, Linientyp, Linienstärke und Level" der Elemente. Diese Attribute sind in der Datei **„medsel"** oder **„duct_anlage"** unter dem Pfad: ..env\db\vent\ **duct_anlage** bestimmt. Benutzer- bzw. Projektbezogene „Linientypen" werden in der Datei "..\VENTURIS\env**user_style**" bestimmt.

Über Schalter: **„Material"** des Fensters Einstellungen kann den Elementen eine Materialeigenschaft wie: „V1 für Verzinktes Blech, Normalausführung ohne Anstrich", „V2 ... mit Anstrich", „E1 –Edelstahl-Blech- V2A" usw. zugewiesen werden. Diese Attribute sind in der Datei: ...env\db\vent**material** bestimmt.

Über Schalter: **„Strang"** des Fensters Einstellungen kann den Elementen eine Strangeigenschaft wie: „S1 –Strang 1", „S2 –Strang 2" usw. zugewiesen werden. Diese Attribute sind in der Datei: ...env\db\vent**STR** bestimmt.

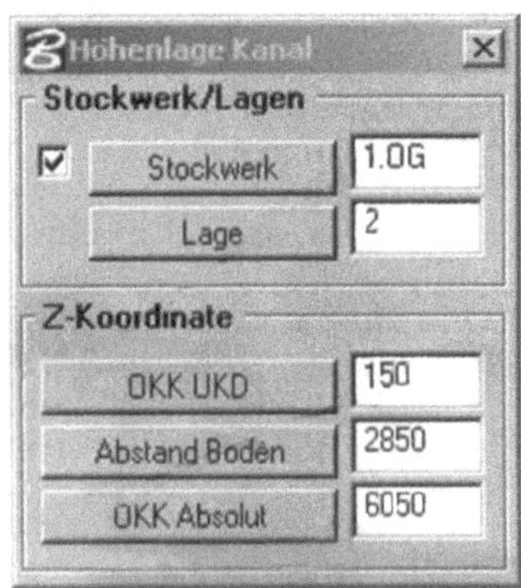

Über Schalter: **„OKK Absolut"** des Fensters Einstellungen wird das Dialogfenster: „Höhenlage Kanal" aufgerufen. Hier kann den Elementen die Lage in der **„Z-Achse"** (OKK -Absolut) und das **„Stockwerk"** (EG, OG, usw.) zugewiesen werden. Das Medium bestimmt die „Höhenlage -OKK" der Elemente innerhalb eines Stockwerkes oder in Bezug zu einem absoluten 0-Punkt (Die Oberkante (OKK) ist stets die Referenzkante).

Über Schalter **„Stockwerk"** wird den Elementen ein Stockwerks-Attribut zugewiesen. Diese Attribute sind in der Datei: ..env\db**stockwerk** bestimmt.

Definition der Stockwerke, Beispiel:

```
##################################################################
# Definition der Stockwerke #
# Format : #
# (Stockwerkname) (Raumhoehe) (Absolute Hoehe der Unterkante Decke ) #
# WICHTIG:!!! Stockwerkname darf keine Leerzeichen enthalten #
##################################################################
UG    4300  -300
EG    5700  5700
OG    1400  7600
```

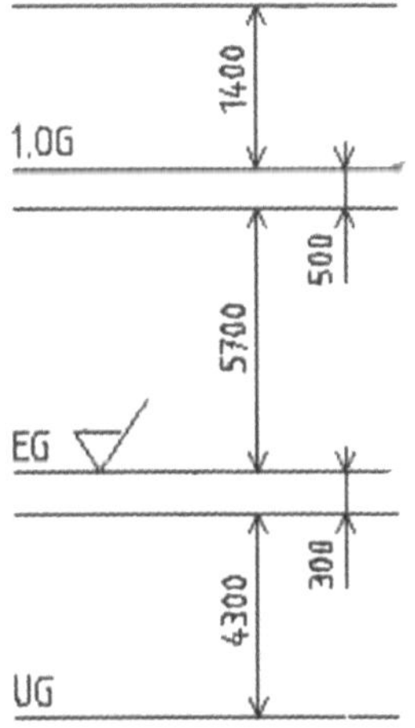

Anhand der Grafik rechts und der Einträge oben in **„Definition Stockwerke"** wird anhand eines Beispiels eine Stockwerks-Definition in der Datei: ...env\db**stockwerk** veranschaulicht.

Die relevanten Angaben ohne „#" setzen sich zusammen aus: „Stockwerkname", „Raumhoehe" und „Absolute Hoehe der Unterkante Decke".
Die Angaben beziehen sich auf den **„0-Punkt"** (OKFB) im EG.

Wichtig:
Der „Stockwerkname" darf keine Leerzeichen enthalten und sollte möglichst nur 6 Zeichen lang sein.

Über Schalter **„Lage"** wird der Abstand des Kanals zur Decke bzw. zum Boden bestimmt. Damit ist die OKK-Absolut definiert. Die Lagen können auch Stockwerksbedingt gesetzt werden (So kann zum Beispiel die Lage_EG „UKD=150", die Lage_1.OG „UKD=200" betragen). Die Definition der Lagen ist in der Datei: ..env\db\vent**lagen** bestimmt.
Die Lage kann auch manuell bestimmt werden, durch die Eingabe der Höhenquote im Feld „OKK UKD", „Abstand Boden" oder „OKK Absolut" (Vorhandene Werte können überschrieben werden). Die Höhenquote kann nachträglich über die Funktion: „Höhe ändern" angepasst werden (Siehe dazu Kapitel: 67, Seite 114).

Über Schalter: **„Luftgeschw."** des Fensters Einstellungen kann den Elementen das Medium „Luftgeschwindigkeit" in m/s zugewiesen werden. Die Werte sind in der Datei: **„air_speed"** unter dem Pfad: ..env\db\vent\ **air_speed** bestimmt. Nachträglich kann einem Strang/Kanalnetz über die Funktion: **„Beliebige Attribute ändern"** im VENTURIS Menü: „Ändern" eine Luftgeschwindigkeit zugewiesen werden. Das Filterkriterium hierfür ist : „v" → Luftgeschwindigkeit.

Die Planungskante: (VENTURIS Menü: Einstellungen → Dialogfeld Einstellungen) ist die Seite/Kante des VENTURIS Objekts von der aus geplant wird. Diese kann auf 9 verschiedene Punkte eingestellt werden. Am Beispiel unten ist die Planungskante die Mitte des Objekts. Planungskante „Mitte" entspricht Divisor 2 und ist normalerweise die Standard Einstellung von VENTURIS.

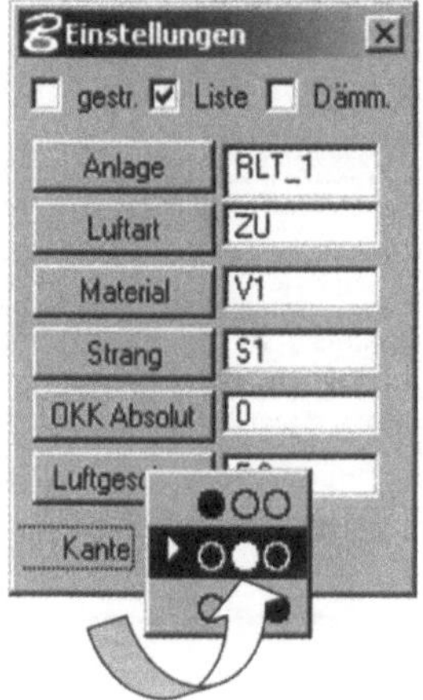

Beispiel: Planungskante **„Mitte"**

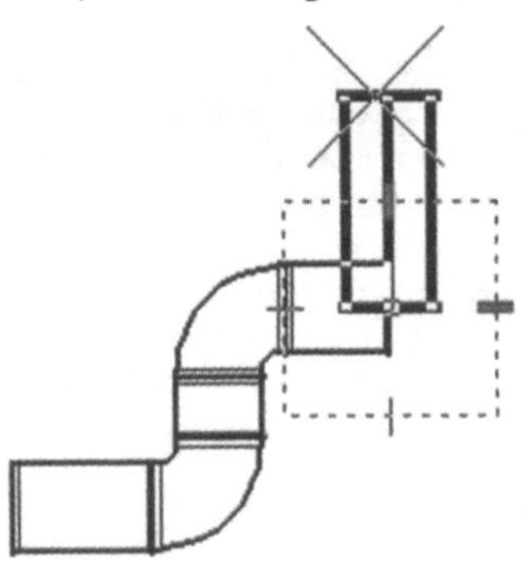

Beispiel: Planungskante **„Oben links"**

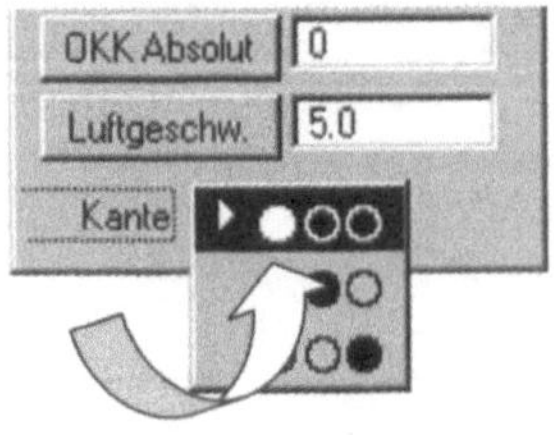

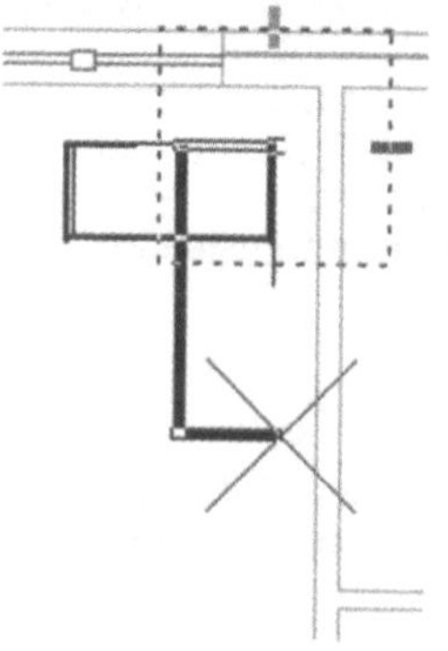

Je nach Konstruktionsrichtung kann hier die passende Planungskante angewählt werden:

72. Rahmen/Dämmung einstellen:

(VENTURIS Menü: Einstellungen → Rahmen/Dämmung)

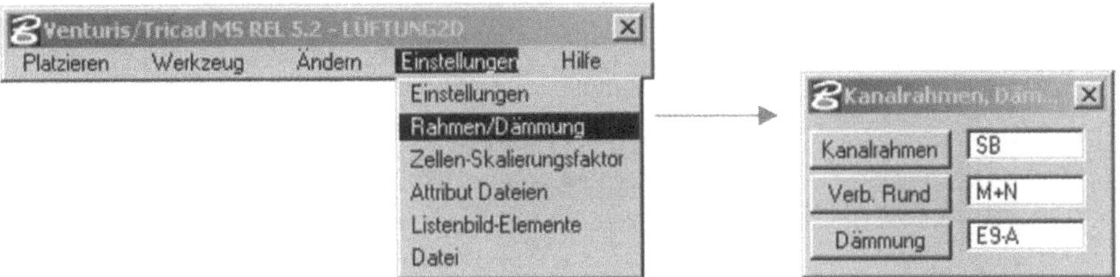

Unter **„Rahmen/Dämmung"** kann für den Verlauf der Planung/Konstruktion die „Kanalrahmenart", der „Verbund Rund" und die „Dämmung" (Isolation) voreingestellt werden. Durch Betätigen des Schalters: **„Kanalrahmen"** öffnet ein Fenster zur Auswahl der Kanalrahmen. Voreingestellt ist in VENTURIS: „SB" das Schmolz-Bickenbach Profil. Die Kanalrahmen sind in der Datei: ...env\db\vent**rahmen** bestimmt.

Durch Betätigen des Schalters: **„Verb. Rund"** öffnet ein Fenster zur Auswahl der Rohrverbindungen. Voreingestellt ist in VENTURIS: „M+N", Muffe und Nippel. Die Rohrverbindungen sind in der Datei: ...env\db\vent**rohr_verb** bestimmt.

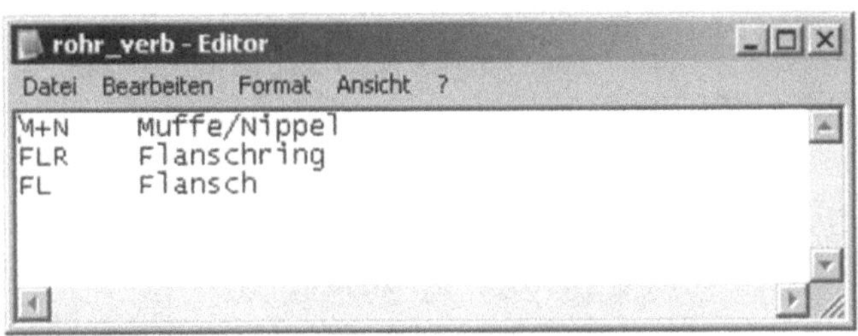

Im Beispiel: Definierte Rohrverbindungen der Datei: **„rohr_verb"** im Verzeichnis: ..Venturis\env\db\vent\

Durch Betätigen des Schalters: **„Dämmung"** öffnet ein Fenster zur Auswahl der Dämm- und Isolationsarten (Siehe dazu auch: Kapitel 44, Seite 83). Bei gesetztem Toggle-Schalter: „Dämmung" im VENTURIS Einstellungsfenster, wird die hier ausgewählte Dämmung als Voreinstellung übernommen.

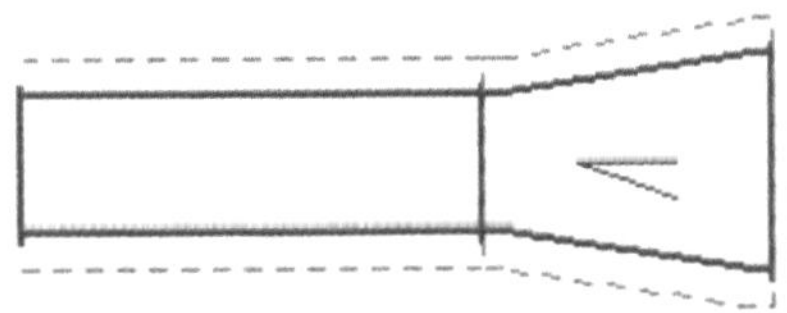

Beispiel: Kanal mit Brandschutz-Isolierung (E9-A) graphisch dargestellt.

Hinweis:
Alle oben genannten Dateien können über „Attribut Dateien" Benutzer- und Projekt-orientiert angepasst werden.

73. Zellen-Skalierungsfaktor:

(VENTURIS Menü: Einstellungen → Zellen-Skalierungsfaktor)

Siehe dazu: Kapitel 35. Zellen-Skalierungsfaktor, Seite 65.

74. Attribut Dateien ändern:

(VENTURIS Menü: Einstellungen → Attribut Dateien)

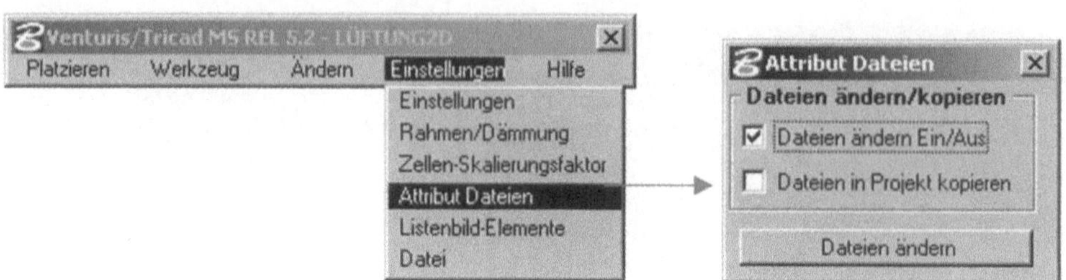

Attribut Dateien sind Dateien auf die VENTURIS beim generieren von Objekten oder bei deren Änderung zugreift. Alle relevanten Eigenschaften (Attribute) sind in den Attribut Dateien definiert. Die Dateien können Benutzer- bzw. Projektorientiert angepasst werden. Die Attribut Dateien steuern unter anderem: „Farben", „Linientypen", „Nennweiten", „Standardabmessungen für Kanäle" usw.

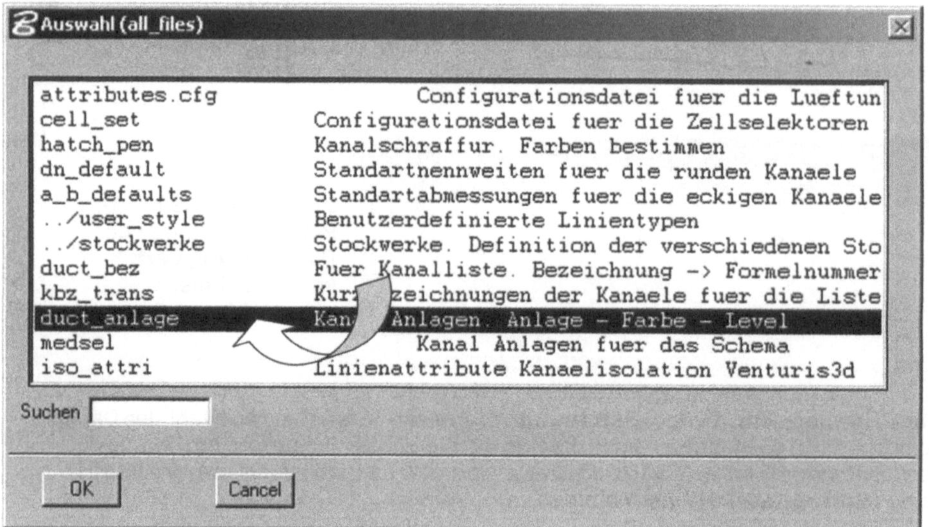

Über Schalter: **„Dateien ändern Ein/Aus"** des Dialogfensters „Attribut Dateien" können einzelne Attribut Dateien über die hervorgehobenen Schaltflächen der VENTURIS Einstellungs- und Dialogfenster aufgerufen werden. Solange der Toggle-Schalter: „Dateien ändern Ein/Aus" gesetzt ist kann keine andere VENTURIS Funktion ausgeführt werden! Beim Aufruf einer Datei erscheint eine Abfrage in der auch der Dateiname und Pfad angezeigt wird:

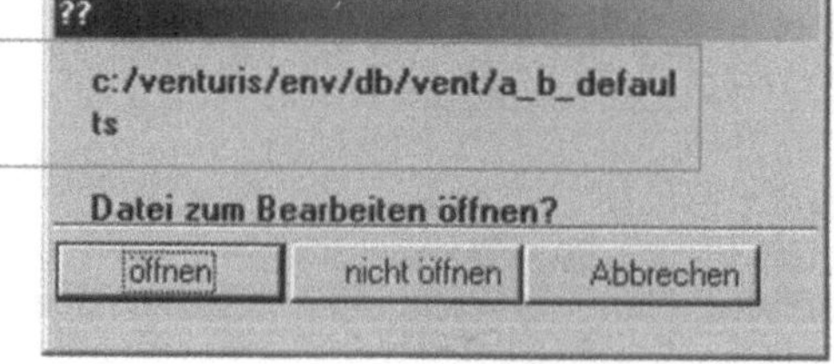

öffnen: Die Textdatei wird im Windows-Editor geöffnet und kann editiert werden. In der Datei: a_b_defaults zum Beispiel kann ein neues Kanalmaß (zur Auswahl von Breite und Höhe) gesetzt werden.
nicht öffnen: Die Datei wird nicht geöffnet.
Abbrechen: Abbruch der Aktion.

Vorgehensweise „Dateien ändern Ein/Aus" (am Beispiel a_b_defaults):

> In VENTURIS Menü: „Einstellungen → Attribut Dateien" wählen.

> Im Dialogfenster: „Attribut Dateien" Toggle-Schalter: **„Dateien ändern Ein/Aus"** betätigen.

> **Schalter „a"** oder „b" im Einstellungsfenster für Kanal/Bogen mit DATAPNT ansnappen (Es erscheint die Abfrage: „Datei zum Bearbeiten öffnen?").

> Schalter: **„öffnen"** in der Abfrage bestätigen (Datei: „a_b_defaults" wird im Windows-Editor geöffnet →).

> **Maße editieren** oder hinzufügen im Windows Editor.

> Datei **speichern**

> Im Dialogfenster: „Attribut Dateien" Toggle-Schalter: **„Dateien ändern Ein/Aus"** entfernen.

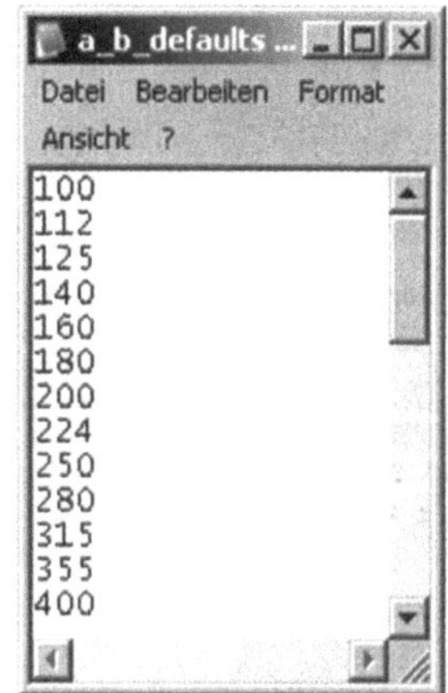

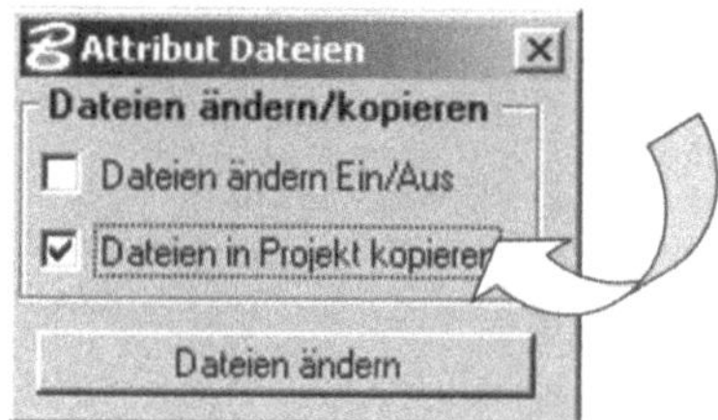

Über Schalter: **„Dateien in Projekt kopieren"** des Dialogfensters „Attribut Dateien" können Benutzerdefinierte- bzw. **Projektbezogene Attribut Dateien** in die aktive VENTURIS Sitzung bzw. in das aktuelle Projekt kopiert werden.
Ist der Toggle-Schalter: „Dateien in Projekt kopieren" gesetzt, werden die Dateien bei der Anwahl wie z.Bsp. „Anlage" im Fenster Einstellungen, auf das aktive Projekt kopiert.

Über Schalter: **„Dateien ändern"** des Dialogfensters „Attribut Dateien" können alle Attribut Dateien aufgerufen und editiert werden die *nicht* über einen Schalter angewählt werden können (Vorausgesetzt das kein Toggle-Schalter des Dialogfensters „Attribut Dateien" aktiviert ist!). Dies sind unter anderem: **„attributes.cfg"**, „hatch_pen", „dn_default" usw. (Siehe dazu Graphik: „Auswahl (all_files)" auf der vorherigen Seite).

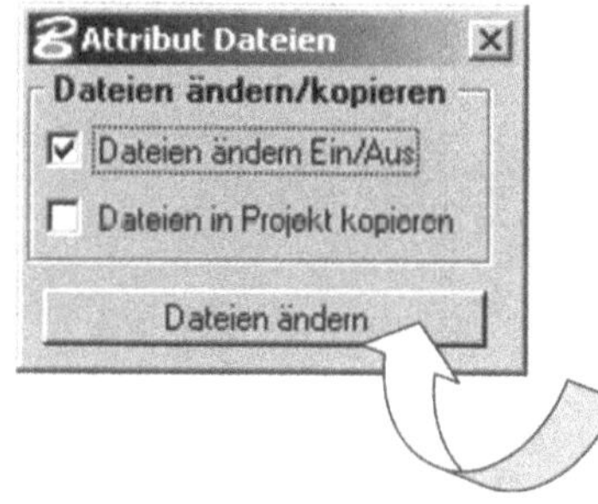

Über Schalter: **„Dateien ändern"** des Dialogfensters „Attribut Dateien" können alle Attribut Dateien aufgerufen und editiert werden die *nicht* über einen Schalter angewählt werden können.

75. Listenbild-Elemente:

(VENTURIS Menü: Einstellungen → Listenbild-Elemente)

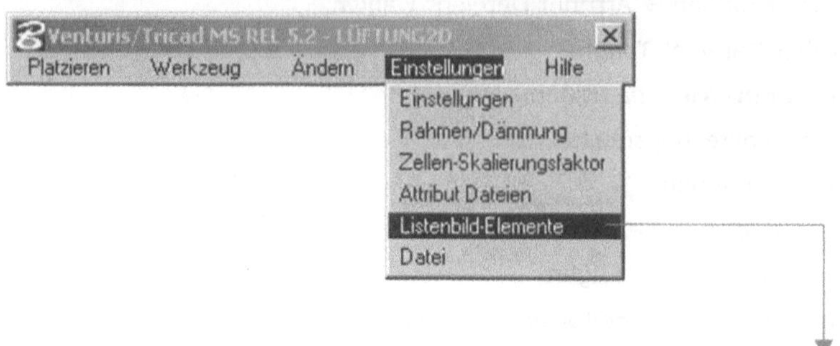

Im Einstellungsfeld: „Listen" von Listenbild-Elemente sind alle relevanten **Inhalte eines Listenbildes** (Bericht bzw. Stückliste) definiert.

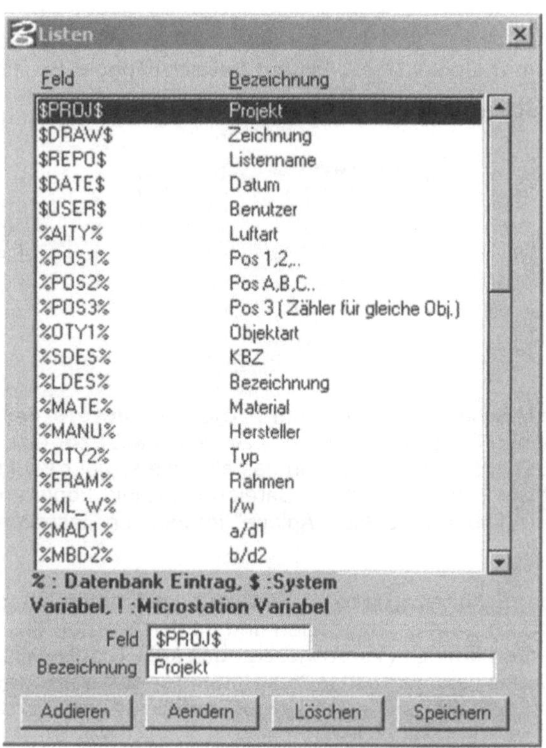

Über die Funktion: „Listenbid-Elemente" können die Inhalte der VENTURIS-Datenbank zur Übergabe an eine Schnittstelle wie ACCESS/ EXCEL oder einer belassenen ASCII-Datei definiert werden.

Durch hinzufügen oder löschen von **System-Variablen** kann der Inhalt des Listenbildes ganz individuell angepasst werden.

Im Einstellungsfeld: „Listen" wird unter dem Eingabefeld: „Feld" eine Variable mit einem $ (Dollar) Zeichen, vor und hinter dem Namen gesetzt und unter Angabe einer aussagekräftigen Bezeichnung gespeichert. Durch Anwahl einer Variablen im Feld Listen und Betätigen des Schalters: „Löschen" erscheint dieser Eintrag *nicht* im Listenbild (Siehe auch Kapitel: 52, Listen erstellen, Seite 95).

												KBZ	Oberfläche		
Lua	Mat	Pos	KZ	KB	Anz.	Rahmen	l/w	a/d1	b/d2	c/d3	h/l2/l1	ISO	K	F	I
							[°,mm]	[mm]	[mm]	[mm]	[mm]		[m2]	[m2]	[m2]
FO	V2	1	K	10	1	SB3/SB3	4311	355	900				10,8		

Im Beispiel oben, ein **Benutzerdefiniertes Listenbild.**

76. Datei-Einstellungen:

(VENTURIS Menü: Einstellungen → Datei)

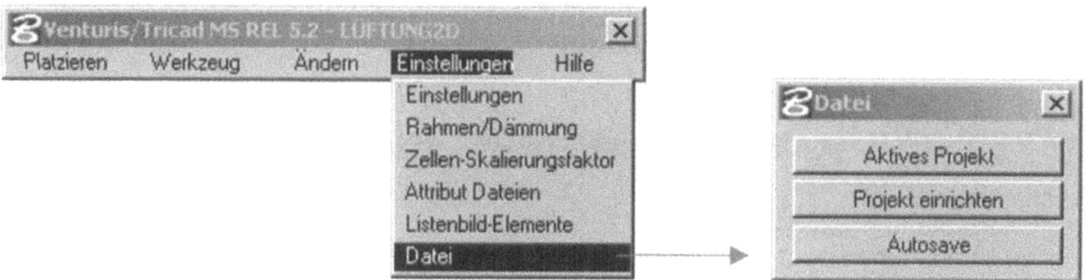

Wie eingehends beschrieben arbeitet VENTURIS mit **Umgebungsvariablen**. Die Variable "VENTURIS" muss in MicroStation gesetzt werden damit VENTURIS eingesetzt und gestartet werden kann. Gleichermaßen muss beim Einsatz von VENTURIS ein aktives Designfile unter einem Projekt liegen (Ordner **../ env** muß vorhanden sein), damit VENTURIS richtig arbeiten kann. Das Verhalten von MicroStation wird über die Konfigurationsdatei: **„msconfig.cfg"** gesteuert. Diese Datei ist in der Regel unter dem Pfad: ..Bentley\Program\MicroStation\config\ gespeichert. Das Verhalten von VENTURIS wird über die Projekt- Konfigurationsdatei: **„Name.pcf"** gesteuert. Diese Datei ist in der Regel unter dem Pfad: ..Bentley\Workspace\projects\ gespeichert.

Die **Projekteinrichtung** kann ganz individuell gestaltet sein. Diese kann Netzübergreifend in großen Firmen oder auch bei Stand-Alone Rechnern sehr komplex eingerichtet sein. Im Folgenden wird die Projekteinrichtung über die VENTURIS Funktion: **„Datei → Projekt einrichten"** erklärt.

Über Schalter: **„Aktives Projekt"** im Einstellungsfenster „Datei" kann das Projektbezogene Arbeiten in VENTURIS „aktiviert" bzw. „deaktiviert" werden. Falls noch kein Projekt aktiv ist, bzw. definiert wurde, erscheint bei Anwahl des Schalters: „Aktives Projekt" folgender Hinweis: (Siehe Graphik rechts →). Ein bereits bestehendes Projekt kann über Schalter: „Aktives Projekt" angewählt werden. Über Schalter: **„Kein Projekt"** wird ein aktives Projekt deaktiviert.

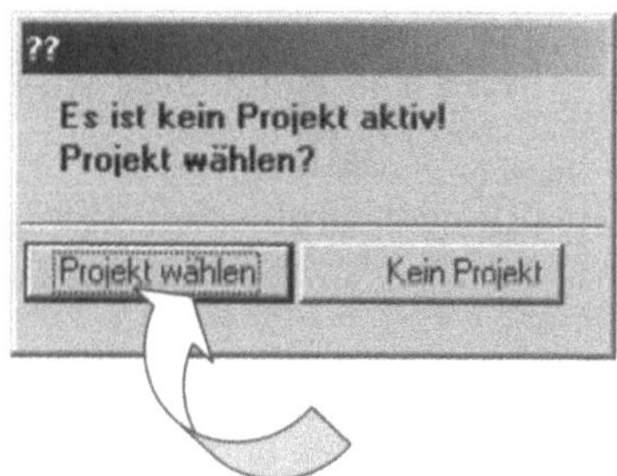

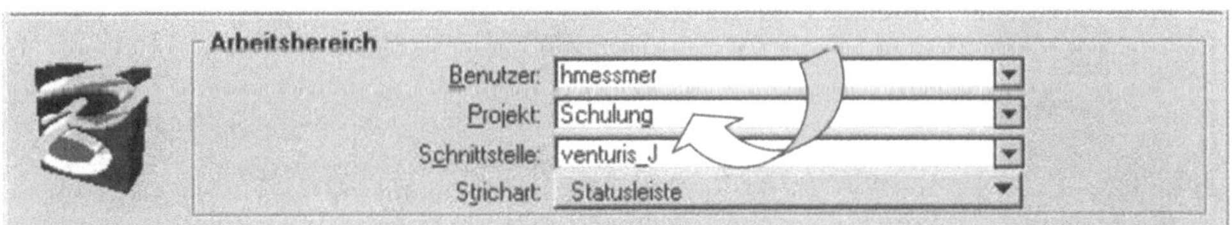

Hinweis:
Ein bereits bestehendes oder neu angelegtes Projekt wird *vor* dem Öffnen des Designfile im **MicroStation-Manager** unter Arbeitsbereich (Workspace) „Projekt" voreingestellt. Somit arbeitet VENTURIS *und* MicroStation ordnungsgemäß und Projektbezogen! Falls Benutzer- (User) orientiert gearbeitet wird, auch Benutzer-Config setzen! (Siehe Graphik oben: Arbeitsbereich/Workspace des MicroStation Managers).

Falls **kein Projekt aktiviert** wurde (Variable VENTURIS_USER_ENV *nicht* gesetzt) erscheint die Abfrage: „VENTURIS_USER_ENV auf „Pfad..." einstellen?". Durch Betätigen des Schalters: „Einstellen" wird das Projekt eingestellt (Variable VENTURIS_USER_ENV wird *gesetzt*). Durch Betätigen des Schalters: „Abbrechen" wird kein Projekt eingestellt (Variable VENTURIS_USER_ENV wird *nicht* gesetzt).

Ist ein **Projekt aktiv,** (Variable VENTURIS_USER_ENV ist *gesetzt*) erscheint nach dem öffnen des Designfile die nebenstehende Abfrage. →
Um weiterhin im Projekt zu arbeiten Schalter: „In Projekt arbeiten" betätigen.

Über Schalter: **„Projekt einrichten"** im Einstellungsfenster „Datei" kann ein neues Projekt eingerichtet und gesetzt werden.

Über „Projekt einrichten" werden alle relevanten Projekt-/Attributdateien und Verzeichnisse mit denen VENTURIS arbeitet, unter dem Ordner: **„env"** abgelegt. **Wichtig** ist das der Ordner „env" auf der gleichen Ebene wie Ordner „dgn" angelegt wird, also dem Verzeichnis in dem die Designfiles abgelegt sind.

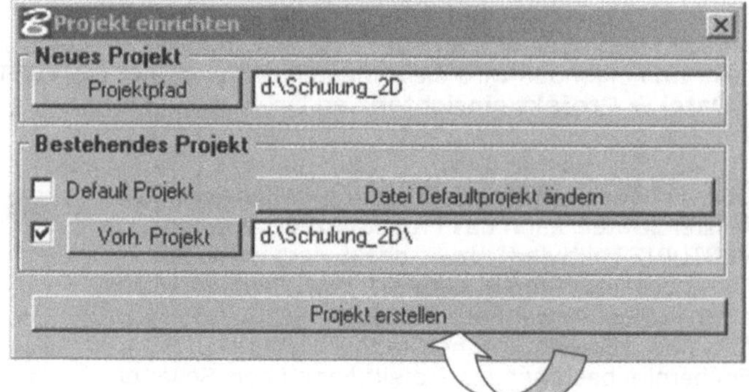

Im Einstellungsfenster „Projekt einrichten" kann über den Schalter: **„Projektpfad"** der Ordner des Projektes angewählt werden unter dem auch das Verzeichnis der Designfiles (Zeichnungsdateien) abgelegt ist.(**Wichtig** ist das der Ordner „env" auf der gleichen Ebene wie Ordner „dgn" angelegt wird!)

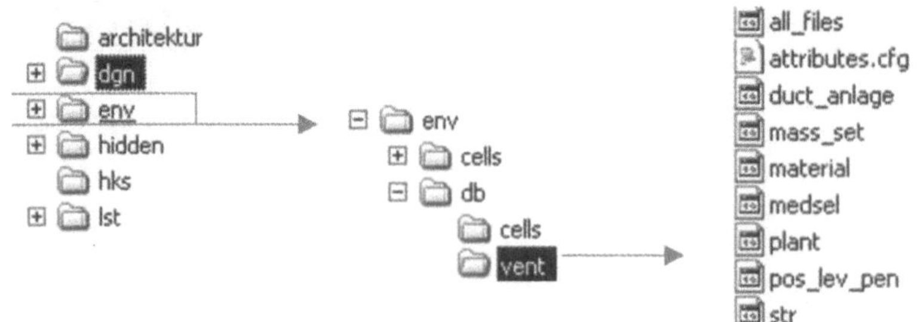

Beispiel:
Ordner „env" mit Unterverzeichnissen und Attribut-Dateien wird von VENTURIS über die Funktion: „Projekt erstellen" angelegt.

Alle relevanten Projekt-/Attributdateien und Verzeichnisse die VENTURIS in das neue Projekt kopiert, sind in der Datei **"default_project"** unter dem Pfad: „C:\VENTURIS**env**\" definiert. Diese Datei kann über Schalter: „Datei Defaultprojekt ändern" editiert werden.

„default_project" -Dateien und Verzeichnisse: (Inhalte können editiert werden)	
env/db/stockwerke	# Definition der Stockwerke
env/db/user_style	# Benutzerdefinierte Linientypen
# Lüftung	
env/db/vent/attributes.cfg	# Attribute der Lüftung
env/db/vent/hatch_pen	# Ausfüllfarbe der Kanäle/Leitungen..
env/db/vent/duct_anlage	# Kanal Luftarten FL, AL, ZL...
env/db/vent/plant	# Kanal Anlagen Anlage 1, 2, 3...
env/db/vent/medsel	# Luftart Einstrich

Ist der Toggle-Schalter: **„Default Projekt"** gesetzt, wird das VENTURIS Defaultprojekt eingerichtet wie in der Datei: "default_project" oben definiert. Diese Funktion muß gewählt werden wenn noch kein Projekt vorhanden ist.

Über Schalter: **„Datei Defaultprojekt ändern"** kann die Datei: **"default_project"** aufgerufen werden, deren Inhalte editiert und Projektorientiert angepasst werden kann.

Über Schalter: **„Vorh. Projekt"** wird ein vorhandenes Projekt dessen Variable "VENTURIS_USER_ENV" gesetzt ist, angezeigt und der Toggle-Schalter aktiviert.

Über Schalter: **„Projekt erstellen"** wird ein Projekt gemäß den gesetzten Werten eingerichtet.

Nach erfolgreichem Einrichten des Projektes erscheint die nedenstehende Information. →

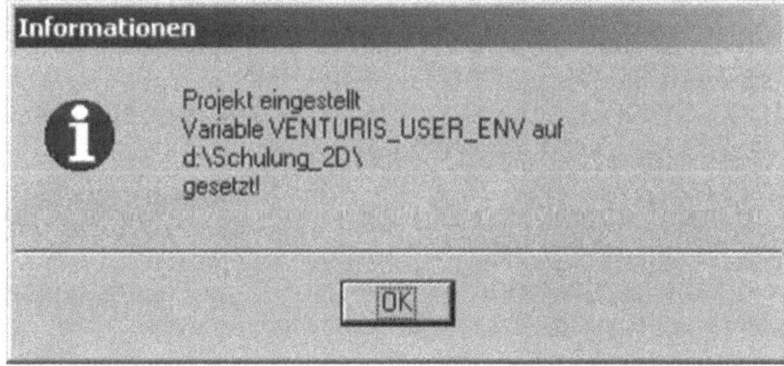

Autosave einlesen:

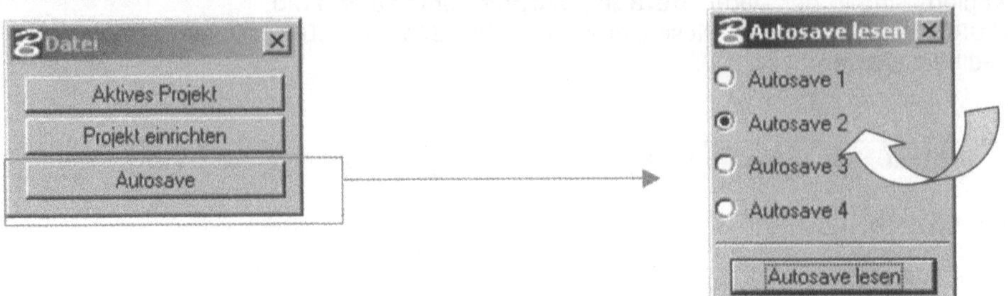

Über die Funktion **„Autosave einlesen"** kann eine Sicherheitskopie des aktiven Designfiles eingelesen werden (Falls vorhanden!). Dabei werden die aktuellen Inhalte des Designfiles durch die Autosave-Datei überschrieben! In der VENTURIS Attributs-Datei: „attributes.cfg" können die Intervalle für das Abspeichern definiert werden. Es können maximal 4 Autosaves abgespeichert werden. Die Autosave Dateien werden in der Regel unter dem Verzeichnis: C:\Temp\ abgelegt.
Über „Attribut Dateien" kann die Datei: **„attributes.cfg"** aufgerufen und editiert werden wie im Beispiel unten.

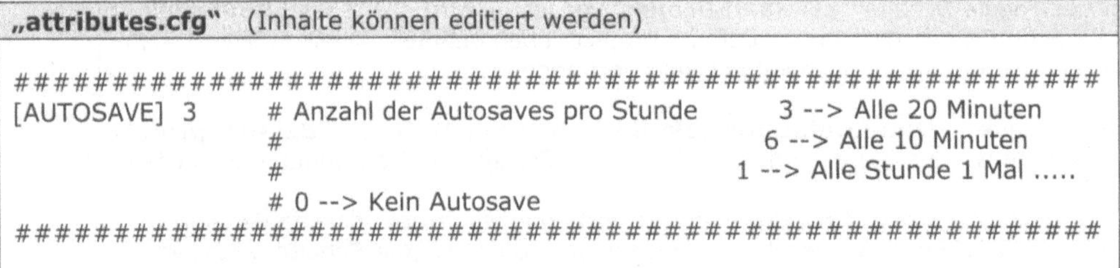

„attributes.cfg" (Inhalte können editiert werden)

```
#####################################################
[AUTOSAVE] 3    # Anzahl der Autosaves pro Stunde      3 --> Alle 20 Minuten
                #                                      6 --> Alle 10 Minuten
                #                                      1 --> Alle Stunde 1 Mal .....
                # 0 --> Kein Autosave
#####################################################
```

[AUTOSAVE] 0 = Kein Autosave anlegen.

[AUTOSAVE] 1 = 1 Mal pro Stunde wird eine Autosave angelegt.

[AUTOSAVE] 3 = 3 Mal pro Stunde wird eine Autosave angelegt (Alle 20 Minuten).

[AUTOSAVE] 6 = 6 Mal pro Stunde wird eine Autosave angelegt (Alle 10 Minuten).

lBackup anlegen über MicroStation:

Alternativ zur VENTURIS Funktion „Autosave anlegen" kann auch über die MicroStation ein „backup" manuell angelegt werden:

> In MicroStation Menü: „Hilfe → **Üb. Tastatur suchen**" aufrufen. Es erscheint das Eingabefenster: „Eingabe" für Tastatureingaben.

> Mit **DATAPNT** das Eingabefeld des Fensters „Eingabe" anwählen.

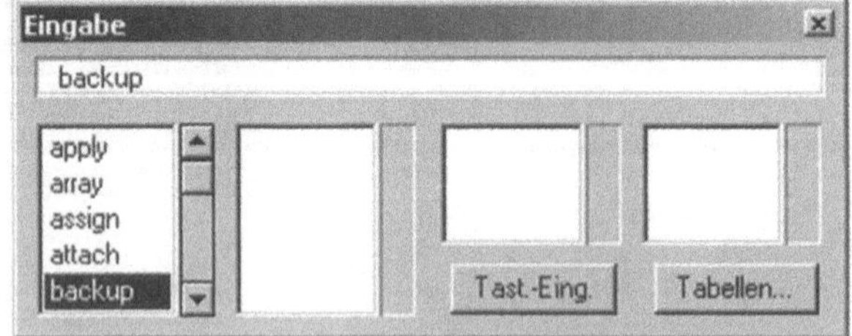

> Über Tastatureingabe ein **„b"** für **backup** setzen und mit der Bestätigen/Return -Taste der Tastatur bestätigen. Ein Backup wird in dem Verzeichnis angelegt, das in der Micro-Station-Konfiguration (MS-Config.) als „MS-Backup - Konfigurationsvariable" definiert wurde. Nicht selten ist dies das Verzeichnis: „c\temp" (Der Pfad wird beim Speichern in der Statuszeile von MicroStation angezeigt!).

77. Weitere Funktionen:

Modul- bzw. Gewerksübergreifend bietet TRICAD MS eine Toolbox: **„Diverses"** in der VENTURIS Haupttoolbox. Über den Schalter „Elementauswahl" (Cursor-Pfeil) der VENTURIS -Toolbox (siehe Grafik unten) kann die Toolbox „diverses" angewählt werden und durch gedrückt halten der linken Maustaste und gleichzeitigem ziehen, in der MicroStation-Anwendungsumgebung angedockt werden. Einige Microstation Funktionen wie Schalter „Drucken", „AccuDraw", „Element Info", „Zaunfunktionen", „Elementauswahl" und „Löschen" wurden ebenfalls in die Toolbox integriert (Im Folgenden werden nur die VENTURIS spezifischen Schalter erklärt).

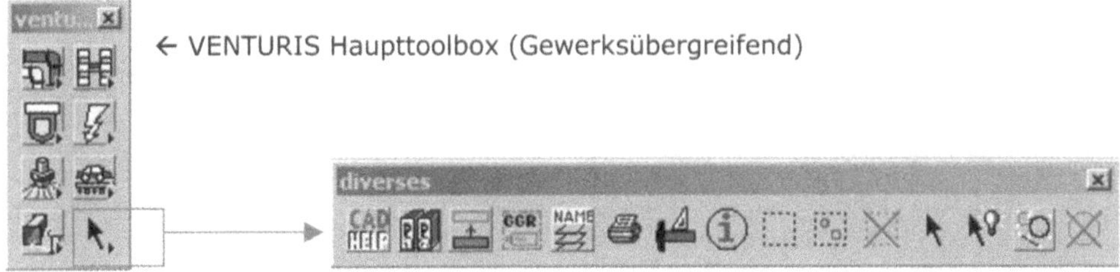

Über Schalter **„CAD-Help"** kann die VENTURIS-Online Hilfe aufgerufen werden, die auch über das Menü „Hilfe" des entsprechenden Tricad Moduls aufgerufen werden kann.

Über Schalter **„Projekt-Dateien bearbeiten"** (PP) wird der MicroStation-PROJECT-Variablen-Manager aufgerufen. Hier können die Variablen die ausschließlich Projektbezogen sind, gesetzt bzw. editiert werden.

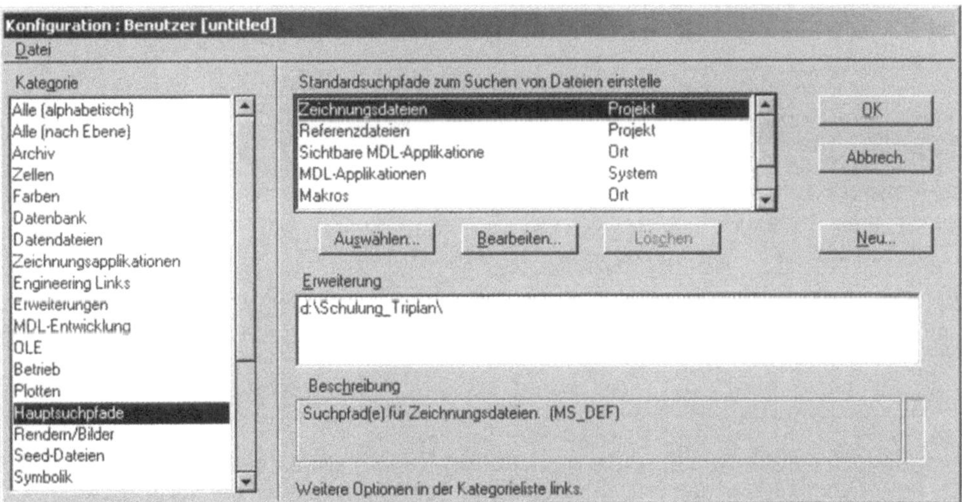

Hinweis:
Die Variablen die bereits im System oder im Arbeitsbereich gesetzt wurden haben Priorität ! (Die Konfigurationsvariablen können über den Schalter: „Bearbeiten" des MicroStation Dialog-Fensters angepasst werden).

Über Schalter **„Scharffur Datei abhängen"** wird eine Scharffur-Datei abgehängt, die über die Funktion „Schraffur" im VENTURIS-Menü „Werkzeug" erstellt wurde (Siehe dazu auch Seite 92 -„Schraffur erstellen"). Diese Funktion ist sinnvoll wenn ein Kanalsystem überarbeitet wurde und die Schraffur-Datei abweicht.

Über Schalter **„Graphische Gruppe bilden"** können mehrer Elemente zu einer Graphischen Gruppe gebildet werden, vorausgesetzt das vorher ein Zaun um die Elemente gesetzt wurde.

Über Schalter **„Ebenennamen aus Mediendefinition erstellen"** werden die Projektbezogenen Ebenenbezeichnungen (der Attributdateien "duct_anlage" oder "medsel") den bestehenden MicroStation-Levels hinzugefügt (Siehe Grafik unten, im Register Namen (Names) wurden die Gewerksspezifischen Bezeichnungen eingetragen).

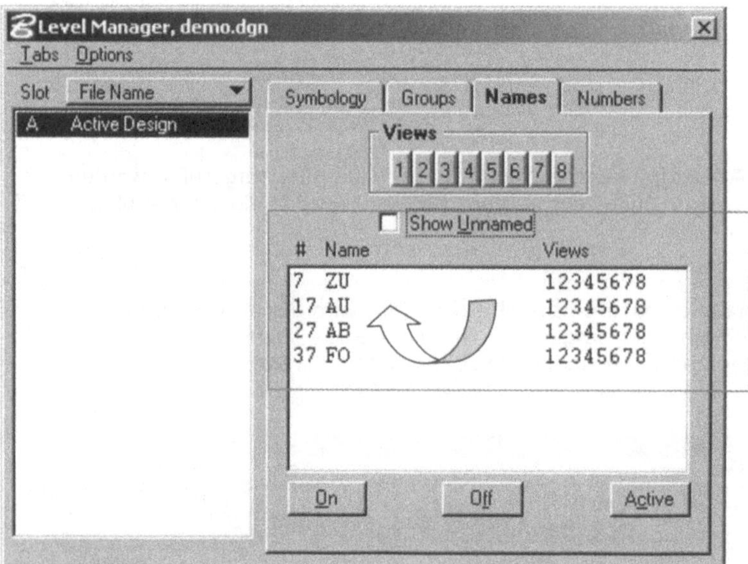

Ebenennamen der Attribut-Dateien werden den Ebenen/Levels hinzugefügt.

Level-Manager aufrufen über das MicroStation Menü: „Einstellungen (Settings) → Ebene (Level) → Manager.

> **Hinweis:**
> Der Befehl kann nur bei einem aktiven VENTURIS Modul (Lüftung, Heizung, Sanitär etc.) ausgeführt werden !

Über Schalter **„Alle Elemente auswählen"** werden alle aktiven Elemente der Zeichnung markiert und ausgewählt. Diese Funktion ist sinvoll bei der Anwendung: „alle Elemente löschen" und beim „Ändern von Textattributen". VENTURIS-Objekte können über diese Funktion ausgewählt werden um die Elemente mit Hilfe des „Beamers" von 2D nach 3D zu „beamen" oder für die Funktion „HLI-einlesen".

78. Toolboxen erweitern/anpassen (Benutzerdefiniert):

Über das MicroStation Menü: „Funktionen (Tools) → Toolboxen (Tool Boxes)" kann die Tricad MS Toolbox aufgerufen und in der MicroStation Anwedungsumgebung angedockt werden. Wie in fast jedem Programm ist auch bei VENTURIS eine Benutzerdefinierte Anpassung der Toolboxen möglich. Die Verwaltung der Toolboxen kann über das MicroStation Menü: **„Arbeitsbereich (Workspace) → Anpassen (Customize)"** aufgerufen werden.

Im **Register „Toolboxen"** stehen verschiedene Funktionen zur Verfügung.
Durch Betätigen des Toggle-Schalters: **„Funktionen alphabetisch auflisten"** werden alle Funktionen mit den entsprechenden Symbolen (Icons) im linken Fenster eingelesen und alphabetisch aufgelistet (Auswahlfenster). Im Fenster rechts kann eine bereits definierte Toolbox ausgewählt werden (Zielfenster).

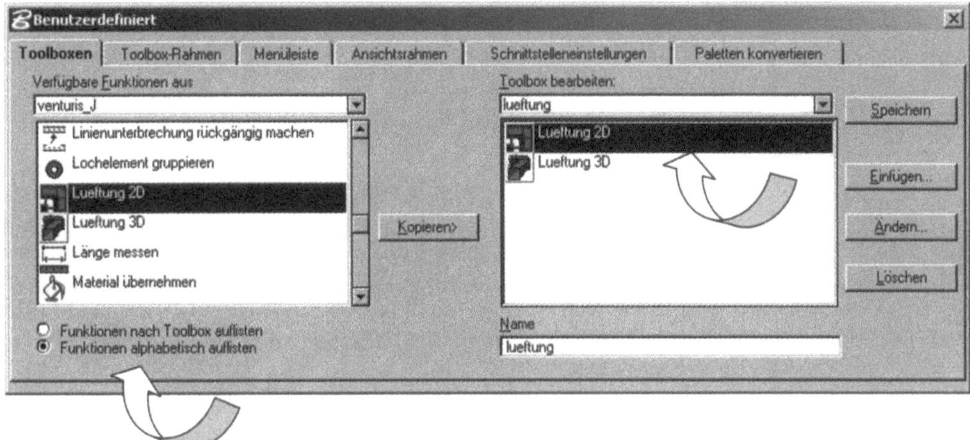

> Die Symbole/Funktionen können aus dem linken Fenster (Auswahlfenster) in das rechte Fenster (Zielfenster) gezogen werden (Schalter: **„Kopieren>"** („Copy>") und an der gewünschten Position (vor/hinter oder zwischen die bereits vorhandenen Funktionen) angeordnet werden. Eine nachträgliche Anordnung innerhalb des rechten Fensters (der Toolbox) ist möglich. Das Symbol kann einfach verschoben werden.

> Über Schalter **„Speichern"** („Save") des MicroStation Einstellungsfensters kann die neu definierte Toolbox unter Angabe eines Namens abgespeichert werden.

> Über Schalter **„Einfügen"** („Insert") kann ein benutzerdefinierter Schalter mit Funktionsverknüpfung erstellt werden. Über die zur Verfügung stehende Malpalette kann auch ein entsprechendes Symbol (Icon) erstellt bzw. geändert werden.

> Über Schalter **„Ändern"** („Modify") kann eine Funktion oder ein Symbol nachträglich noch geändert werden.

> Über Schalter **„Löschen"** („Remove") kann eine Funktion aus der Toolbox entfernt werden.

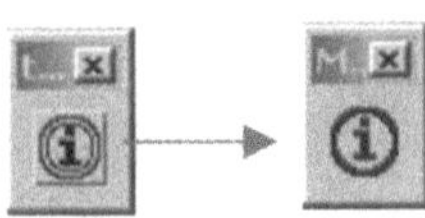

Über die **„Triinfo" Toolbox** kann der Infobutton (DB-Info) aufgerufen und in der MicroStation Anwendungsumgebung angedockt werden. Über den Infobutton ist eine Gewerksübergreifende Datenbankabfrage von VENTURIS Elementen auch dann möglich, wenn *kein* VENTURIS Modul aktiv ist.

79. Übungen:

In TRICAD MS befindet sich unter dem Verzeichnis: C (Laufwerk):\VENTURIS\env\dgn\fm\ eine Übungsdatei Namens: **„demo.dgn"**. Die Zeichnung (2D) besteht aus einem Grundriss Architektur („eg_blanko11.dgn" als Referenz) und aus den bereits vorgegebenen Gewerken: Lüftung, Heizung und Sanitär.

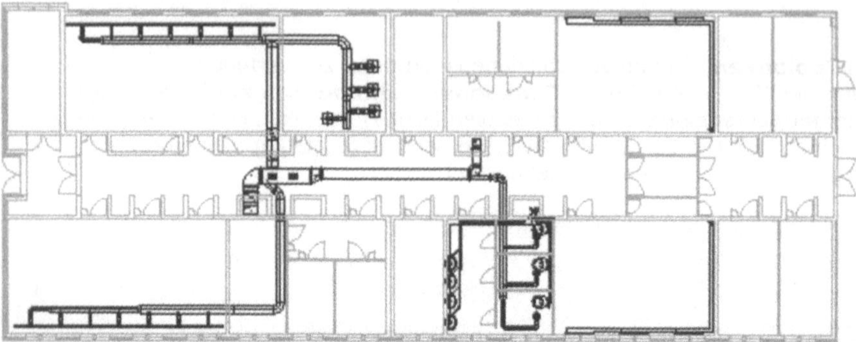

Übungszeichnung: „demo.dgn"

Die Einheiten (Working Units) der 2D-Seed Vorlagendatei sind : Haupteinheiten (Master Units) m (100 cm pro m) und die Untereinheiten (Sub Units) cm (1000 Pos. Einheiten). **Die Raumhöhe** beträgt 320 cm von OKF (Oberkante Fußboden). Das gezeichnete Fortluft-Kanalnetz ist der **Ebene** (Level) 10 zugeordnet mit der **Farbe** (Color) 4 (gelb), **Strichart** (Style) =0 und die **Strichstärke** (Weight) =1 (Einstellungen für „Attribut-Dateien" im VENTURIS Menü: „Einstellungen").

Übung 1: Bemaßen und Plotten/Drucken > als Vorlagezeichnung.

Das Kanalnetz mit den VENTURIS Funktionen: **„Mass platzieren"** bzw. „Beschriftung" montagegerecht dimensionieren. Die Maße sollten der Ebene (Level) 11 zugeordnet werden, Farbe(Color) =4 (gelb), Strichart (Style) =0, und die Strichstärke (Weight)=1 (Einstellungen für „Attribut Dateien" im VENTURIS Menü: „Einstellungen").

Aufgabenstellung Übung 1:
- Querschnitte bemaßen.
- Höhenlage (OKK) bemaßen.
- Lage der Kanäle, Auslässe und Komponente zu den Wänden bemaßen.
- Plan in übersichtlichem Maßstab plotten bzw. ausdrucken.
- Datei Speichern unter: C (Laufwerk):\VENTURIS\env\dgn\fm\ als „Übung.dgn".

Übung 2: Fortluft-Kanalnetz zeichnen > zur Festigung der Arbeitsmethodik.

Nach dem Löschen des bestehenden FO-Kanalnetzes in der Datei „Übung.dgn" kann anhand der Plottvorlage das Kanalnetz mit den Auslässen und Komponenten neu erstellt werden. (Nur zur Übung, nicht zur Strafe :-) Dabei sollten die Höhenquoten und die Abstandsmaße zu den Wänden wie in der Vorlage eingehalten werden.

Aufgabenstellung Übung 2:
- Attribut-Dateien für Kanalnetz und Bemaßung wie oben angegeben einrichten.
- Kanalnetz, Auslässe und Komponente zeichnen.
- Auslässe automatisch anschließen über die Funktion: „Auslässe anschließen".
- Montagerelevante Maße eintragen.
- Datei exportieren → 3D (Siehe nächste Seite 133).

80. Datei exportieren → 3D

Grundsätzlich kann in MicroStation (Versionsunabhängig) sowohl im 2D als auch im 3D Modus gearbeitet werden. Beim Erstellen einer neuen Zeichnungsdatei in MicroStation wird über die Seed-Datei („seed2D.dgn" oder „seed3D.dgn") bestimmt in welchem Modus gearbeitet wird. Falls in einer Projektdatei nicht anders festgelegt, wird der Zeichnung beim Export nach 3D, die MicroStation Standard-Seed: **„seed3D.dgn"** zugrunde gelegt. Diese befindet sich in dem Verzeichnis: „ C (Laufw.)\Bentley\Workspace\system\seed". Das 2 Dimensionale Zeichnen beschränkt sich auf die X- und Y-Achse, während im 3-Dimensionalen Modus die X- und Y-Achse um die Z-Achse erweitert wird.

Da der **VENTURIS „BEAMER"** nur innerhalb einer 3D-Seed Datei Volumenmodelle generieren kann, muss eine 2D-Zeichnung (mit VENTURIS Elementen) vorher nach 3D exportiert werden.

Vorgehensweise Export 2D → 3D:
> Im MicroStation Menü: „Datei (File) → Exportieren (Export) → 3D" anwählen. Das Dialogfenster für die Konvertierungseinstellungen erscheint:

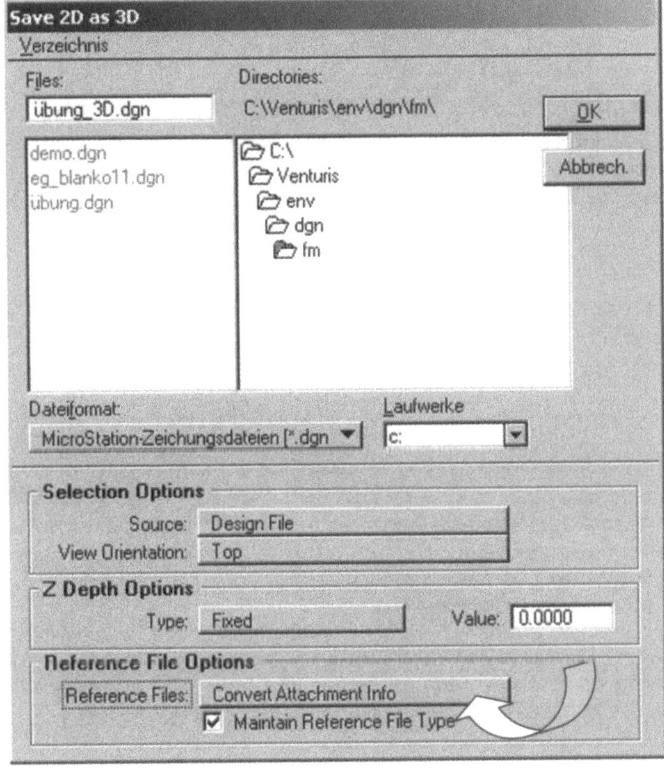

Dialogfenster für **Export 2D → 3D** MicroStation Menü: „Datei (File) → Exportieren (Export) → 3D".

> Nach Eingabe des Dateinamens können weitere Optionen festgelegt werden wie: „Selection Options", **„Z-Depth Options"** (Hier kann angegeben werden, auf welche Höhenquote die Elemente in der Z-Achse exportiert werden sollen Voreinstellung: Value „Z = 0.000").
> Um die Informationen und Pfade der angehängten Referenz zu erhalten, sollte unter den **„Reference File Options"** die Option: „Convert Attachment Info" angewählt werden. > <OK> Taste Betätigen zum exportieren der Datei (Die Anzahl der exportierten Elemente wird in der MicroStation Statusleiste unten rechts angezeigt).

81. VENTURIS Beamer:

Ein zusätzliches Modul der TRICAD MS -Software bildet unter anderem auch der Beamer. Dieser dient der automatischen Erzeugung von 3D-Volumenmodellen aus 2D Zeichnungen. Die Beamer Funktionalität beschränkt sich lediglich auf VENTURIS Elemente. Da der Beamer nur innerhalb einer 3D-Seed Datei Volumenmodelle generieren kann, muss eine 2D-Zeichnung (mit VENTURIS Elementen) vorher als 3D Datei exportiert werden (Siehe auch Kapitel: 80 Datei exportieren → 3D auf der vorherigen Seite).
Ein **2D → 3D Transfer** kann für die Gewerke Lüftung, Heizung, Sanitär und Elektro durchgeführt werden. Durch die im 2D Modus definierten Kanalquerschnittsmaße a/b und der Höhenlage(Z-Achse), sind alle Voraussetzungen zum generieren der Volumenmodelle gegeben.

Starten des VENTURIS Beamer über die Toolbox Werkzeuge oder über die Micro-Station Tastatureingabe: „mdl load beamer" (MS-SE) oder „mdl load beamerj" (MS-J) (Es erscheint die VENTURIS Beamer Maske zum festlegen der Transfer-Einstellungen).

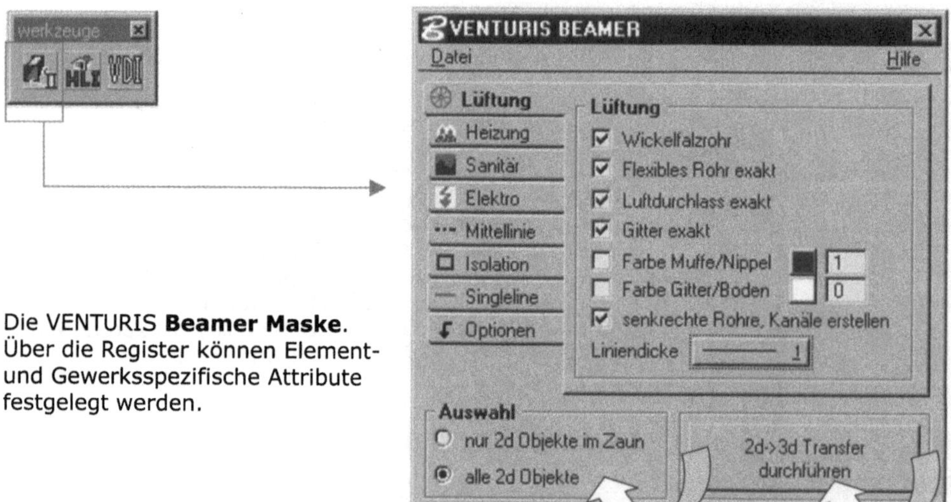

Die VENTURIS **Beamer Maske.** Über die Register können Element- und Gewerksspezifische Attribute festgelegt werden.

Der Beamer ist sehr übersichtlich aufgebaut. Über die Register: Lüftung, Heizung, Sanitär und Elektro können Gewerksspezifische Attribute und Optionen festgelegt werden.
Im **Register „Mittellinie"** und **„Isolation"** können Eigenschaften wie „... darstellen", „Farbe", „Level", „Linientyp" und „Liniendicke" gesetzt werden.
Die Darstellung der Isolation kann über die entsprechenden Toggle-Schalter beschränkt werden auf „Linien (Element) anfang", „Linienende" „oben/unten" und „rechts/links". Werden hier „alle" Toggle-Schalter gesetzt, erhält man folgendes Ergebnis (siehe Grafik).
Im **Register „Optionen"** können die Funktionen: „Durchdringungen berechnen" und „Flächensegmente" über die Toggle-Schalter gesetzt werden.

Vorgehensweise:

> In den relevanten Registern alle Eigenschaften festlegen.
> Im Bereich „Auswahl" der Beamer Maske den Toggle-Schalter für „nur 2D Objekte im Zaun" oder „alle 2D Objekte" setzen.
> Schalter „2D→3D Transfer durchführen" betätigen zum Export.

Hinweis: Das „Beamen" der VENTURIS Elemente macht nur dann Sinn, wenn im 2D Modus *genau* gearbeitet wurde. Referenzen können bei aktivem Toggle-Schalter: „Darstell." und „Lokalis." auch in das aktive Designfile gebeamt werden!

82. Einführung 3D

In MicroStation kann versionsunabhängig sowohl im 2D als auch im 3D Modus gearbeitet werden. Über die Seed-Datei („seed2D.dgn" oder „seed3D.dgn") wird bestimmt in welchem Modus gearbeitet wird.
Beim Erstellen einer „neuen" Datei (Menü: „Datei (File) → Neu (New)" kann im unteren Bereich des MicroStation Managers eine 3D Seed-Datei angewählt werden (Siehe Grafik). Durch das Anhängen der **3D Seed-Datei** als Vorlage für die neue Zeichnung wird festgelegt das MicroStation im 3D Modus startet.

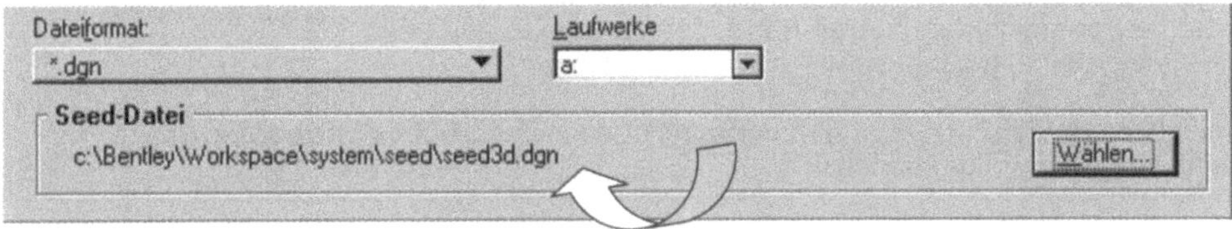

Das 2 Dimensionale Zeichnen beschränkt sich auf die X- und Y-Achse, während im 3 Dimensionalen Modus die X- und Y-Achse um die Z-Achse erweitert wird.
Zusammenfassung: **< 2D = X- und Y-Achse>** , **< 3D = X-, Y- und Z-Achse>**.

Nach dem Öffnen der neuen Zeichnung scheint die **Anwendungsumgebung** von MicroStation zunächst unverändert bis auf ein paar Funktionen:

ACCUDRAW

Die AccuDraw Funktionen des 2D Modus stehen erweitert um die Z-Achse auch im 3D Modus zur Verfügung. AccuDraw kann in der primären Symbolleiste von MicroStation aktiviert werden.

AccuDraw rechtwinklig (3D) um die Z-Achse erweitert zur Eingabe **Kartesischer Koordinaten.**

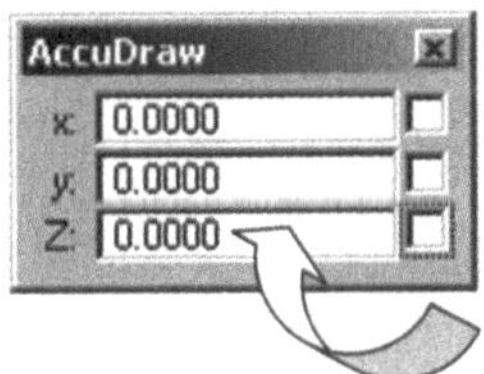

Rechtwinkliger AccuDraw zur Eingabe von Abständen entlang der x/y/z Achse (Quadratische AccuDraw Anzeige).

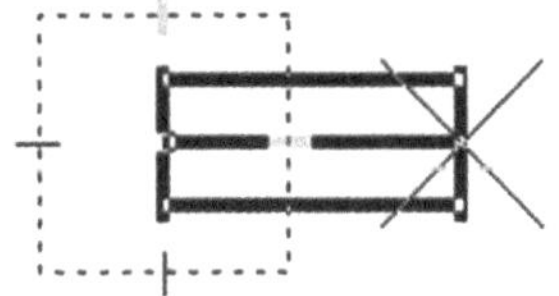

AccuDraw **Polar**(2/3D) zur Eingabe **Polarer Koordinaten.**

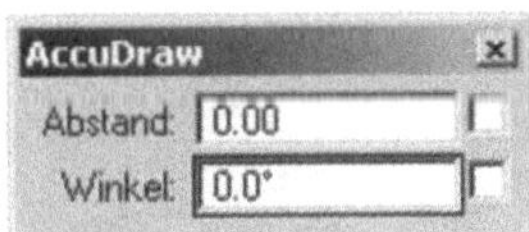

Polarer AccuDraw zur Eingabe von Abständen und Winkel (Kreisförmige AccuDraw Anzeige).

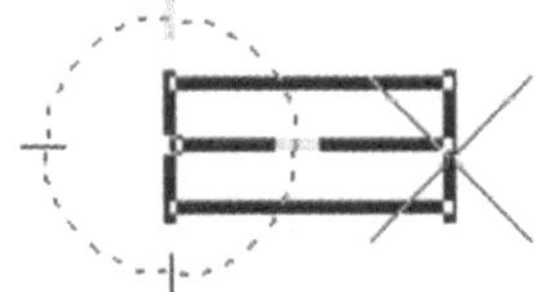

Zum Umschalten zwischen Rechtwinkligem und Polarem Koordinatensystem mit der li. Maustaste das AccuDraw-Eingabefeld antippen (fokussieren) und anschließend die <Leertaste> („Blank") drücken. Detaillierte AccuDraw Einstellungen können in MicroStation unter dem Menü: „Einstellungen (Settings) → AccuDraw" vorgenommen werden.

Buchtipp: Das Lehrbuch **MicroStation/J bzw.V8 Seminar** von Harald Kuhr und Hans-Heinrich Mett, erschienen im **Teubner-Verlag** ist sehr empfehlenswert. Im Kapitel 2 des Buches wird u. a. auch der Umgang mit den Koordinatensystemen und das Arbeiten mit AccuDraw sehr detailliert beschrieben.

Erweiterte Funktionen der Ansichtssteuerung (Panoramaleiste) im 3D Modus.
In MicroStation kann mit bis zu 8 Fenstern (Ansichtsfenster) gearbeitet werden. Diese können benutzerdefiniert angeordnet und verwaltet werden. Die Fenster können in dem MicroStation Menü: „Fenster“ (Window) angeordnet werden.

Die **Fenster-Dialogbox** zum Ein- und Ausschalten der Fenster kann unter dem Microstation Menü: „Fenster (Window) → Öffnen/Schließen (Open/Close) → Dialog“ geöffnet und in der Anwendungsumgebung angedockt werden. Jedes einzelne Fenster besitzt am linken unteren Rand, der sogenannten „Panoramaleiste“, die gängigsten Ansichtssteuerungen.

Abweichend von der 2D Ansichtssteuerung gibt es in der **3D Ansichtssteuerung** folgende zusätzliche Funktionen:

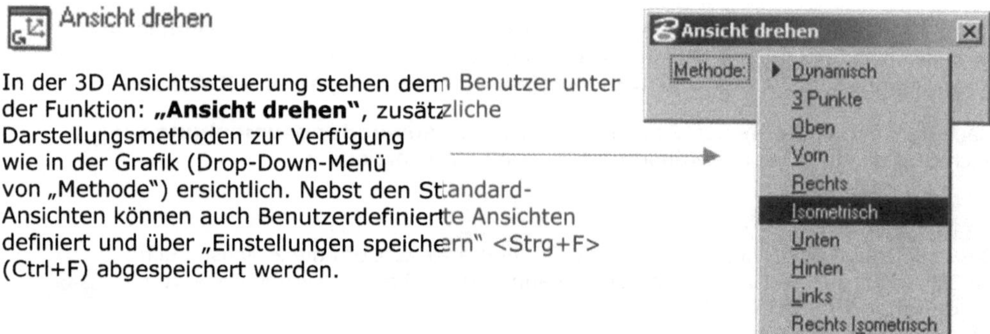

In der 3D Ansichtssteuerung stehen dem Benutzer unter der Funktion: **„Ansicht drehen“**, zusätzliche Darstellungsmethoden zur Verfügung wie in der Grafik (Drop-Down-Menü von „Methode“) ersichtlich. Nebst den Standard-Ansichten können auch Benutzerdefinierte Ansichten definiert und über „Einstellungen speichern“ <Strg+F> (Ctrl+F) abgespeichert werden.

Hinweis:
Im Lehrbuch „MicroStation/J Seminar“ gibt es im Kapitel 2-16 noch mehr Informationen über Ansichtssteuerungen und unter Kapitel 2-19 eine detaillierte Beschreibung der Ansichtsattribute!

 Perspektive der Ansicht ändern

Über diese Funktion kann die Perspektive einer Ansicht auf dynamische Weise geändert werden.

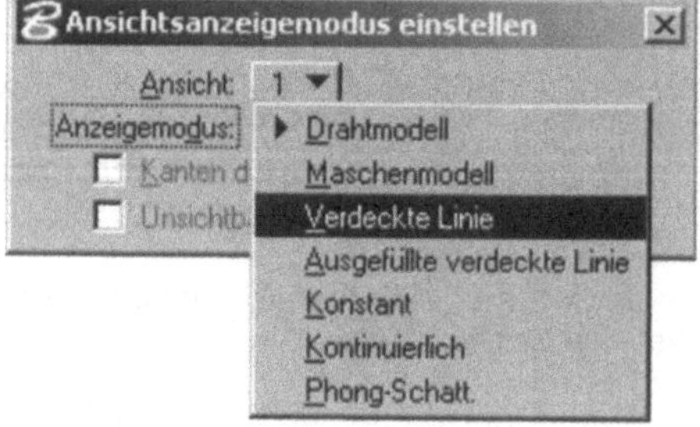

Über diese Funktion kann die Darstellungsart eines 3D Objektes als „Draht-Maschenmodel“ etc. bis hin zur „Phong-Schattierung“ festgelegt werden.

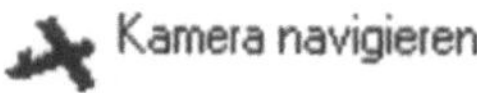

Mit der Kamera in der aktiven Ansicht perspektivisch navigieren!

Ansichtsstattribute

In jedem Fenster (Ansicht) von MicroStation befindet sich in der linken oberen Ecke ein „**B**entley" Logo und rechts daneben die Fensterbezeichnung. Das Bentley Logo dient als Schalter zur Fenstersteuerung. Durch anklicken des **„B"** -Logos erscheint das Menü zur Fenstersteuerung des aktuellen Fensters (siehe Grafik). Durch anwählen von „Ansichts-Attribute" im Menü der Fenstersteuerung, erscheint das Dialogfeld für die Einstellungen „Ansichtsattribute". Alternativ dazu kann das Dialogfeld im MicroStation Drop-down-Menü: „Einstellungen (Settings) → Ansichtsattribute (View-Attributes)" (Strg+B) aufgerufen werden. Durch Betätigen des entsprechenden Toggle-Schalters können hier die entsprechenden **Attribute ein- bzw. ausgeblendet** werden. Über Schalter: „Zuweisen" werden die gesetzten Attribute nur dem aktuellen Fenster zugewiesen. Durch Betätigen des Schalters: „Zuweisen" und *„Alle"* werden die gesetzten Attribute jedem der 8 zur Verfügung stehenden Fenster zugewiesen.

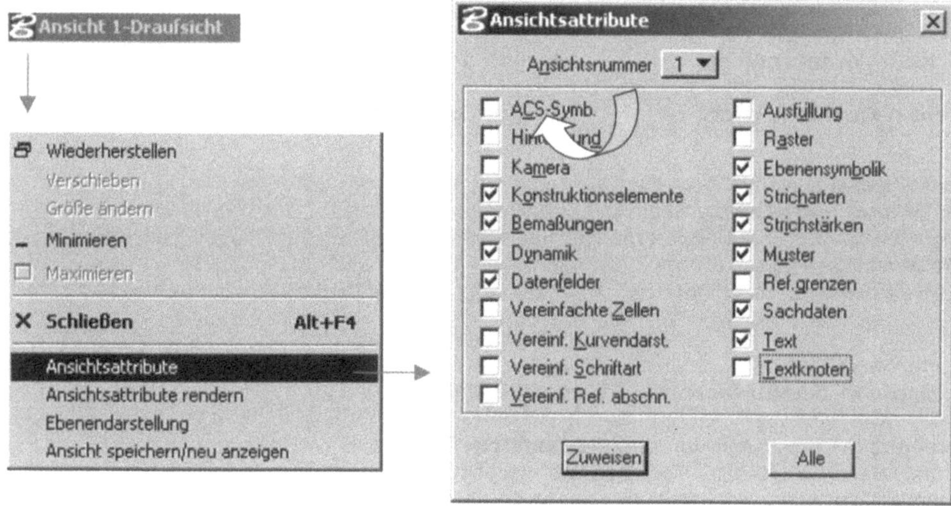

Beim Arbeiten mit zwei Bildschirmen erscheint im Menü der Fenstersteuerung auch die Funktion: **„Bildschirm wechseln"** zum verschieben des Fensters von Bildschirm-1 zu Bildschirm-2 und umgekehrt.

Über Toggle-Schalter: **„ACS-Symb."** kann das Symbol des Hilfskoordinatensystems ein- bzw. ausgeblendet werden. (ACS = **A**uxiliary **C**oordinate **S**ystem).
Über die Toolbox „ACS" kann der Benutzer das ACS steuern (ausrichten, drehen und verschieben). Unter dem MicroStation Menü: „Extras (Tools) → Hilfskoordinaten (Auxiliary Coordinates)" können Benutzerdefinierte Koordinatensysteme definiert, gespeichert und nachträglich editiert werden.

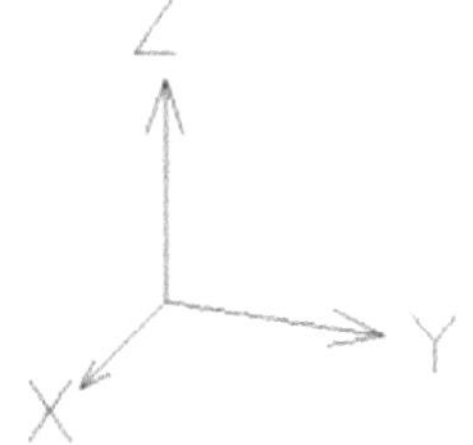

links: ACS-Symbol
rechts: Toolbox ACS Steuerung

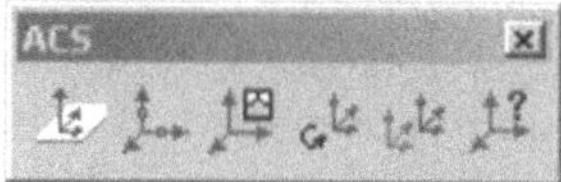

Der Bildschirmaufbau im 3D Modus.

Im 2D Modus wird meist in nur einer Ansicht gearbeitet. In der Regel ist dies die Draufsicht. Im 3D Modus hingegen ist es üblich in mindestens 4 Ansichtsfenstern zu arbeiten. Dies bietet dem Benutzer eine bessere Übersicht und beim Arbeiten in verschiedenen Achsen (z. Bsp. der Z-Achse) eine bessere Funktionskontrolle. Jedem Fenster können unterschiedliche Darstellungstiefen zugewiesen werden, was im 3-Dimensionalen Raum ein unerlässliches Hilfsmittel ist (Näheres zu den Funktionen der Darstellungstiefe unter „3D-Ansichtssteuerung").

Aufteilung der Ansichten auf Basis der Vorlage „seed3D.dgn" im Verzeichnis: „C (Laufwerk):\Bentley\Workspace\system\seed\".

- **Ansicht 1-Draufsicht** → Ansicht von **oben**
- **Ansicht 2-Isometrische Ansicht** → Isometrie **Iso**
- **Ansicht 3-Vorderansicht** → Ansicht von **vorn**
- **Ansicht 4-Rechte Ansicht** → Ansicht von **rechts**

AccuDraw Befehle können auf die jeweilige Ansicht abgestimmt werden.
Es empfiehlt sich, AccuDraw immer planar zur aktiven Ansicht auszurichten und die Achsensperre (Smart Lock) immer nur auf „die" Achse zu setzen, in der konstruiert bzw. gerastet werden soll.
Die **Isometrische Ansicht** dient nebst der räumlichen Übersicht auch zur Eingabe. Das Rasten/Fangen von Elementen ist in der Isometrie oft besser und eindeutiger.

Ausrichten von AccuDraw planar zur jeweiligen Ansicht:

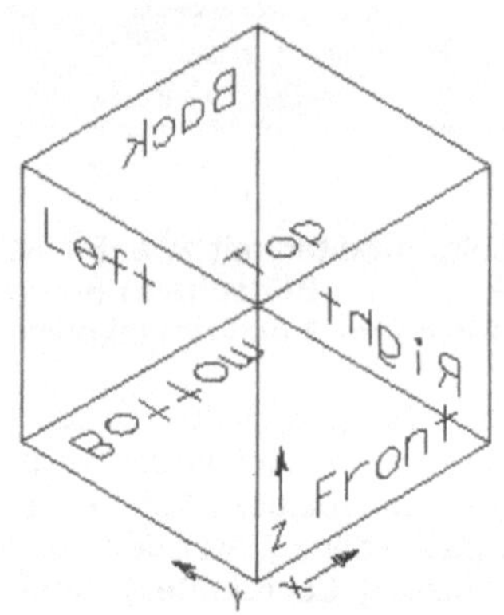

Beim arbeiten in der Ansicht von oben (**Draufsicht/Top**) AccuDraw Befehl: **„t"** (t=top) eingeben, um AccuDraw planar zur Draufsicht auszurichten (Drehung, oben).

Beim arbeiten in der Ansicht von vorn (**Vorderans./Front**) AccuDraw Befehl: **„f"** (f= front) eingeben, um AccuDraw planar zur Vorderansicht auszurichten (Drehung, vorne).

Beim arbeiten in der Ansicht von rechts (**Rechte Ansicht /Right**) AccuDraw Befehl: **„s"** (s= side) eingeben, um AccuDraw planar zur Seitenansicht auszurichten (Drehung, seitlich).

Arbeiten in der **Isometrischen Ansicht** (**Iso**):
AccuDraw Befehl: **„e"** (e= Drehungszyklus) solange betätigen bis AccuDraw in Achsrichtung des Referenzobjektes ausgerichtet ist.

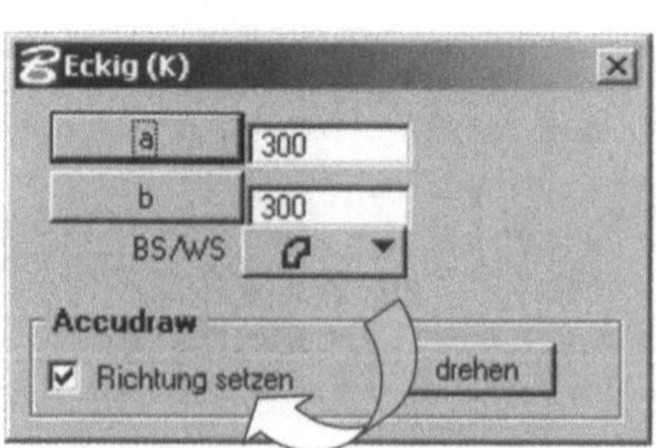

In VENTURIS lässt sich die Ausrichtung von AccuDraw (in der Isometrischen Ansicht) in Achsrichtung des Referenzobjektes über die Option: **„Richtung setzen"** und **„Drehen"** des Einstellungsfensters für Kanal eckig bzw. rund, steuern.

Arbeiten in Ansichten - Übungsbeispiele:

Die folgenden Übungsbeispiele sollen das Verhalten und die Steuerung von AccuDraw in den betreffenden Ansichten hervorheben.

Arbeiten in der Ansicht von oben (**Draufsicht/Top**):
(Die X- und Y- Achse verläuft planar zur Ansicht)

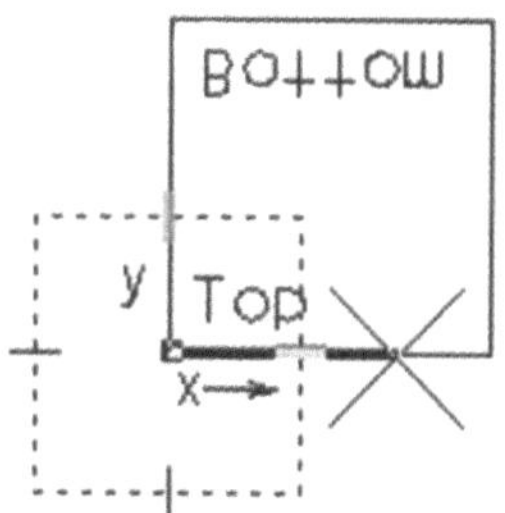

> Element über DATAPNT in der Ansicht platzieren.
> AccuDraw Befehl: **„t"** (t= top) eingeben, um AccuDraw planar zur Draufsicht auszurichten (Drehung, oben).
> Richtungsvorgabe der Achse in X-Richtung mit der Eingabetaste bestätigen für Achsensperre (Y- u. Z-Achse gesperrt).
> DATAPNT oder Abstandsangabe für Endpunkt des Elements.

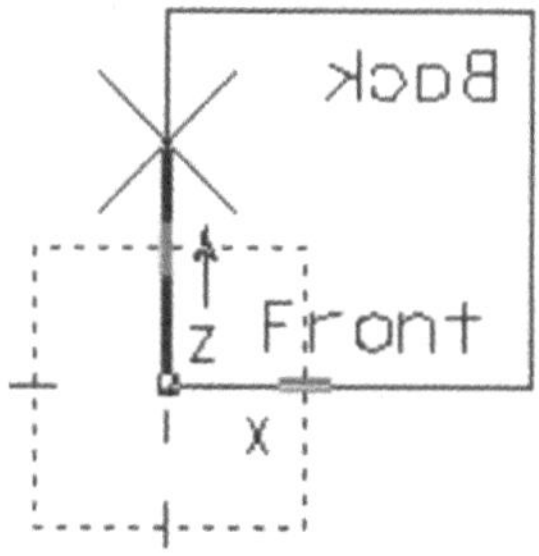

Arbeiten in der Ansicht von vorn (**Vorderansicht/Front**):
(Die X- und Z- Achse verläuft planar zur Ansicht)

> Element über DATAPNT in der Ansicht platzieren.
> AccuDraw Befehl: **„f"** (f= front) eingeben, um AccuDraw planar zur Vorderansicht auszurichten (Drehung, vorne).
> Richtungsvorgabe der Achse in Z-Richtung mit der Eingabetaste bestätigen für Achsensperre (X- u. Y-Achse gesperrt).
> DATAPNT oder Abstandsangabe für Endpunkt des Elements.

Arbeiten in der Ansicht von rechts (**Rechte Ansicht/Right**):
(Die Y- und Z- Achse verläuft planar zur Ansicht)

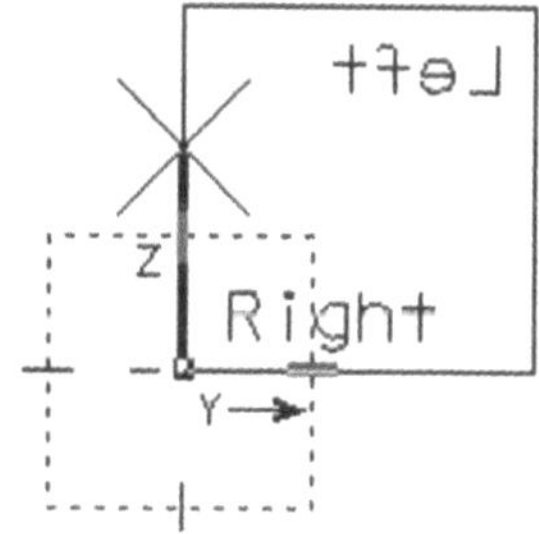

> Element über DATAPNT in der Ansicht platzieren.
> AccuDraw Befehl: **„s"** (s= side) eingeben, um AccuDraw planar zur Seitenansicht auszurichten (Drehung, seitlich).
> Richtungsvorgabe der Achse in Z-Richtung, mit der Eingabetaste bestätigen für Achsensperre (X- u. Y-Achse gesperrt).
> DATAPNT oder Abstandsangabe für Endpunkt des Elements.

Das 2-Bildschirm System:

Da im 3D Modus in mehreren Ansichten (Fenstern) gearbeitet wird, wäre es von Vorteil, mit entsprechend ausgestatteter Grafikkarte, auf einem 2-Bildschirm System zu arbeiten. Dies bietet dem Benutzer eine bessere Übersicht, und beim Arbeiten in verschiedenen Ansichten eine bessere Funktionskontrolle.
In der Regel befindet sich auf Bildschirm 1 nur die Draufsicht (Grundriss).
Auf Bildschirm 2 die Isometrische Ansicht, die Vorderansicht und die Seitenansicht.
Empfehlenswert ist, die Menüleisten, Dialogfenster und Toolboxen von Tricad MS, und zum Teil auch von MicroStation, auf Bildschirm 2 anzuordnen.

Hinweis:
Die Menüleisten, Dialogfenster und Toolboxen sollten stets eine feste Position auf dem Bildschirm einnehmen, damit ein zeitraubendes „Suchen" derselben vermieden werden kann. Damit ist dem Anwender auch ein kontinuierlicher Zugriff auf die verschiedenen Funktionen und Ansichten garantiert.

3D Ansichtssteuerung

Die Toolbox „3D-Ansichtssteuerung" kann unter dem MicroStation Menü: „Funktionen (Tools) → Ansichtssteuerung (View Control) → 3D" aufgerufen werden. Da die Ansichtssteuerung im 3-Dimensionalen Raum ein unerlässliches Hilfsmittel ist, sollte die Toolbox eine feste Position in der Anwendungsumgebung einnehmen.

Toolbox „3D-Ansichtssteuerung"

Mit den Funktionen der 3D-Ansichtssteuerung können u. a. Einstellungs- und Darstellungsfunktionen definiert werden wie z. Bsp.: die **„Darstellungstiefe"** und die **„Aktive Tiefe"**.

Erklärung der Symbole:

Zoom-Funktion zum **Ändern der Vergrößerung** des Ansichtsvolumens.

Perspektive der Ansicht ändern

Funktion zum **Ändern des perspektivischen Winkels** einer Ansicht.

Darstellungstiefe einstellen

Funktion zur graphischen **Definition der Darstellungstiefe** einer Ansicht. Diese Funktion ist ein unerlässliches Hilfsmittel zur Ansichtssteuerung im 3-dimensionalen Raum. Eine präzisere Art zur Definition der Darstellungstiefe kann über die Tastatureingabe erfolgen. Dies setzt jedoch voraus, das dem Benutzer die Koordinaten zur Definition der Abschneideebenen bekannt sind.

Erläuterung der Darstellungstiefe:

Die Darstellungstiefe besteht aus dem Abstand der Vorderseite (V) bis zur Rückseite (R) einer 3-Dimensionalen Ansicht. Diese kann über die Funktion: „Darstellungstiefe einstellen" anhand der **Abschneideebenen** (V und R) ganz individuell eingegrenzt werden.

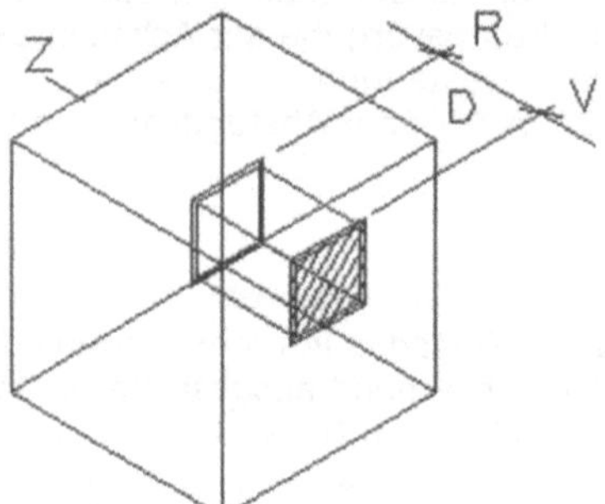

„Z" - stellt den Zeichnungsbereich dar.
„D" – stellt die Darstellungstiefe dar.
„V" – stellt die Vorderseite (Abschneideebene-1) dar.
„R" - stellt die Rückseite (Abschneideebene-2) dar.

Die **Darstellungstiefe „D"** wird über die Abstände (Abschneideebenen) „V" und „R" definiert.
Elemente vor- und hinter der Abschneideebene werden nach der Eingrenzung in der Ansicht nicht mehr dargestellt. Über die Funktion: „Ansicht einpassen" in der MicroStation Panoramaleiste kann die Eingrenzung der Darstellungstiefe wieder aufgehoben werden, so dass alle Elemente der Zeichnung in der Ansicht wieder dargestellt werden.
Damit die **Darstellungstiefe in MicroStation-V8** angezeigt werden kann, müssen die Toggle-Schalter: „Abschneiden Vorne" (Clip Front) und „Abschneiden Hinten" (Clip Back) in der Ansichtssteuerung (View -Attributes) aktiviert sein!

Merke: Die Darstellungstiefe besteht aus dem Abstand der Vorderseite (V) bis zur Rückseite (R) einer 3-Dimensionalen Ansicht. Die Abschneideebenen müssen immer kongruent zur Blickrichtung der darzustellenden Ansicht definiert werden.

Einstellen der Darstellungstiefe.

Die Darstellungstiefe kann in jeder Ansicht: „Draufsicht (Top), Vorderansicht (Front), Seitenansicht (Side)" usw. eingegrenzt werden. Die Abschneideebenen müssen immer kongruent zur Blickrichtung der darzustellenden Ansicht definiert werden.

Vorgehensweise zum Einstellen der Darstellungstiefe in der Draufsicht:
In der nebenstehenden Grafik stellt der Kubus den Zeichnungsbereich (Limiten) dar. Maß „D" stellt die einzugrenzende Darstellungstiefe dar. „X, Y und Z" sind die Achsen. Zur Definition der Darstellungstiefe für die Draufsicht sollte die Ansicht: „Draufsicht" und „Vorderansicht" geöffnet sein.

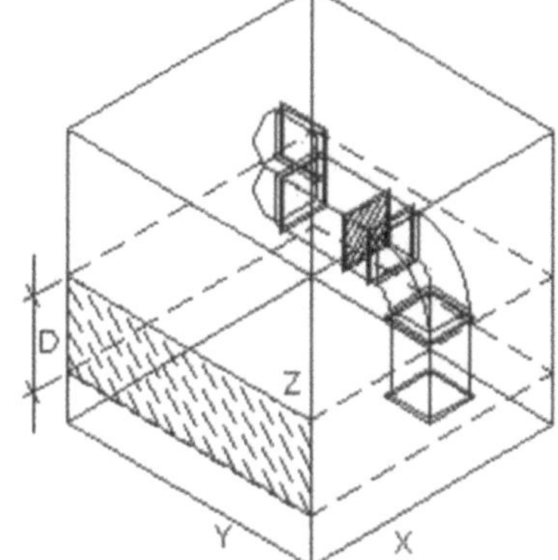

> In der 3D-Ansichtssteuerung die Funktion: „Darstellungstiefe einstellen" wählen.
> Über DATAPNT in das Fenster „Draufsicht" klicken, zur Festlegung der Ansicht.
> In der Vorderansicht die obere Abschneideebene definieren über DATAPNT.
> In der Vorderansicht die untere Abschneideebene definieren über DATAPNT.

Wird für die Obere und Untere Abschneideebene dieselbe Ebene angegeben, erscheint eine Meldung in der Statuszeile von MicroStation und die Darstellungstiefe wird nicht geändert!

Vorgehensweise zum Einstellen der Darstellungstiefe in der Vorderansicht:
In der nebenstehenden Grafik stellt der Kubus den Zeichnungsbereich dar. Maß „D" stellt die einzugrenzende Darstellungstiefe dar. „X, Y und Z" sind die Achsen. Zur Definition der Darstellungstiefe für die Vorderansicht sollte die Ansicht: „Draufsicht" und „Vorderansicht" geöffnet sein.

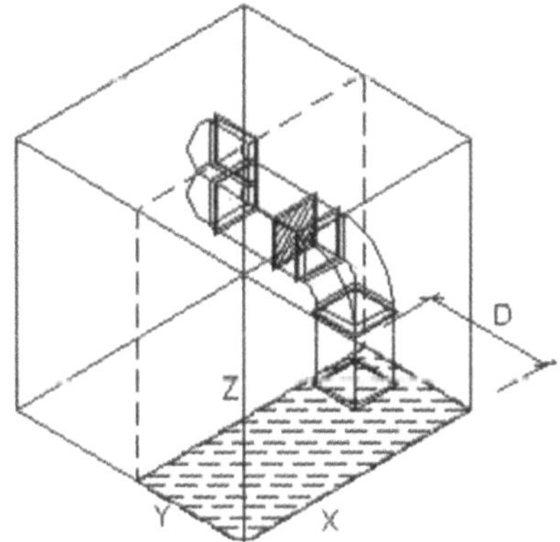

> In der 3D-Ansichtssteuerung die Funktion: „Darstellungstiefe einstellen" wählen.
> Über DATAPNT in das Fenster „Vorderansicht" klicken, zur Festlegung der Ansicht.
> In der Draufsicht die vordere Abschneideebene definieren über DATAPNT.
> In der Draufsicht die hintere Abschneideebene definieren über DATAPNT.

Wird für die Vordere und Hintere Abschneideebene dieselbe Ebene angegeben, erscheint eine Meldung in der Statuszeile von MicroStation und die Darstellungstiefe wird nicht geändert!

Merke: Die Abschneideebenen müssen immer kongruent zur Blickrichtung der darzustellenden Ansicht definiert werden. In der Draufsicht entspricht dies der Blickrichtung von „oben nach unten", in der Vorderansicht von „vorne nach hinten", in der Rechten Ansicht (Seitenansicht von rechts) von „rechts nach links" usw...

Weitere Funktionen der 3D Ansichtssteuerung:

Aktive Tiefe einstellen — Funktion zum einstellen der „Aktiven Tiefe". Da die aktive Tiefe senkrecht zur Z-Achse verläuft, wird diese auch als „Aktive Z-Tiefe" bezeichnet. Die aktive Tiefe einer Ansicht befindet sich immer in ihrer Darstellungstiefe. Nach Festlegung der „Darstellungstiefe" und der „Aktiven Tiefe" werden alle in Folge erzeugten Elemente auf die definierte „Aktive (Z) Tiefe" gesetzt (In einem mehrstöckigen Gebäude kann über diese Funktion festgelegt werden, dass zum Beispiel nur auf Ebene 0,0 (EG) Elemente (Datenpunkte) generiert werden können). Es gilt zu Beachten das allen aktiven Ansichten unterschiedliche „Aktive -Tiefen" zugewiesen werden können.

Darstellungstiefe anzeigen — Funktion zur Anzeige der **„Darstellungstiefe"** einer Ansicht. Die Darstellungstiefe wird nach der Wahl der Ansicht in der MicroStation Statusleiste angezeigt. Die Darstellungstiefe einer Ansicht wird über die Funktion der Ansichtssteuerung: „Darstellungstiefe einstellen" festgelegt.

Aktive Tiefe anzeigen — Funktion zur Anzeige der **„Aktiven –Z Tiefe"** einer Ansicht. Die aktive Tiefe wird nach der Wahl der Ansicht in der MicroStation Statusleiste angezeigt. Die aktive Tiefe einer Ansicht wird über die Funktion der Ansichtssteuerung: „Aktiven Tiefe einstellen" festgelegt.

Ansichtsrotation ändern — Funktion zum Präzisen **drehen einer Ansicht.** Alternativ zur „Ansichtssteuerung" kann mit Hilfe dieser Funktion, die Ausrichtung einer Ansicht „Absolut", „Relativ" und über „Element" gedreht werden. Die Ausrichtung kann aber auch dynamisch erfolgen, durch gedrückt halten der linken Maustaste und bewegen des Mauszeigers auf der aktiven Fläche der X-, Y- und Z-Achsen (+/-) des Fensters **„Ansichtsdrehung"**. Erst durch Betätigen des Schalters „Anwenden" werden die geänderten Einstellungen der Ansicht zugewiesen.

Die Funktion: **„Ansichtsrotation ändern"** ist eine Alternative zur Ansichtsteuerung mit präzisen Ausrichtungsmöglichkeiten. Die Ausrichtung kann auch dynamisch erfolgen, über die aktive Fläche der X-, Y- und Z-Achsen (+/-) des Fensters.

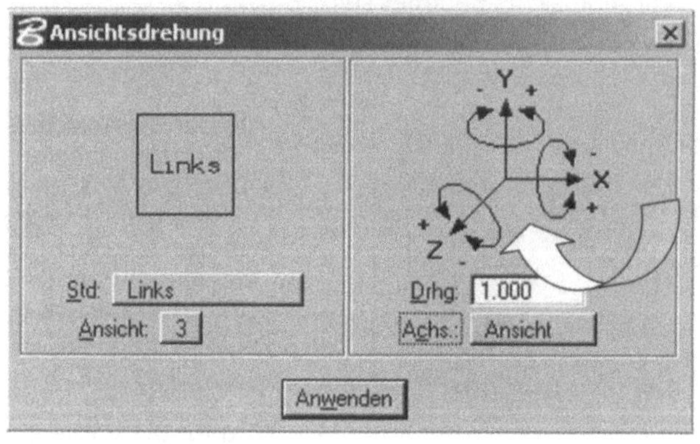

Kamera-Einstellungen — Funktion zum **Einstellen der virtuellen Kamera**. Damit kann einer Ansicht eine Kamera mit Einstellungen des Kameraobjektes und der Kameraposition zugewiesen werden.

Rendern — Funktion zum **Rendern und Schattieren**. Als Renderziel kann eine Ansicht, Elemente innerhalb eines Zaunes, oder nur ein Element gewählt werden. Über den Rendermodus können verschiedene **Renderarten** eingestellt werden wie: Verdeckte Kanten, Phong, RayTrace und andere. Dem Rendermodus können die Schattierungstypen: „Normal, Antialias uns Stereo" zugewiesen werden.

83. Arbeiten mit TRICAD® MS –VENTURIS– Modul: Lüftung 3D:

Wie in der Einführung bereits beschrieben, arbeitet VENTURIS mit Umgebungsvariablen. **Die Variable "VENTURIS"** muss in MicroStation gesetzt werden. Ohne diese Variable kann VENTURIS 3D nicht eingesetzt oder gestartet werden. Bei der Installation von TRICAD MS wird i. d. R. die Variable automatisch gesetzt. Diese verweist auf den Ordner (Installationsverzeichnis) von VENTURIS. Beim Start von MicroStation (im MicroStation-Manager) unter Arbeitsbereich (Workspace) → Schnittstelle (Interface) muss VENTURIS angewählt werden (siehe Grafik).

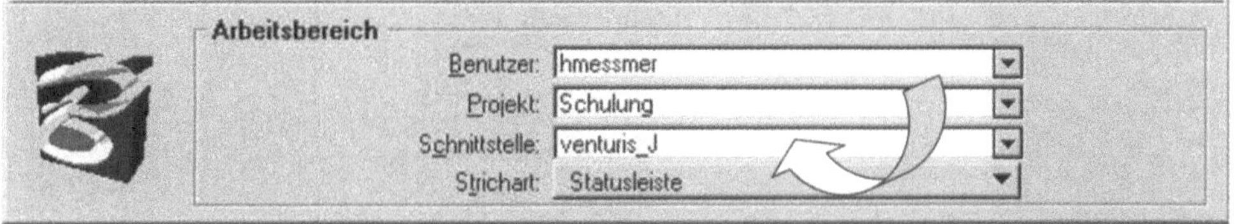

Die Variablen für VENTURIS können auch nachträglich in NT oder in MicroStation gesetzt werden. **Aus Sicherheitsgründen** werden hier auch keine weiteren Angaben gemacht, da die Systemeinrichtung (Konfiguration) und Projekteinrichtung, ob netzübergreifend oder auch Stand-Alone, zu komplex ist. Diesbezüglich sollte auf jeden Fall ein Micro-Station-Administrator oder Ihr TRICAD-Betreuer kontaktiert werden, der mit der Einrichtung vertraut ist. (Standard-Einrichtung Siehe Kapitel: 76, Seite 125 u. F.)

Allgemeines: Begriffsdefinition der Maustasten
Allgemein gesehen wird in VENTURIS zuerst mit dem TENTPNT ein Objekt/Element angesnappt und anschließend mit dem DATAPNT bestätigt. Hierbei werden alle voreingestellten Attribute des Referenzobjektes wie: Anlage , Level, Höhenlage Kanal „OKK",.. etc. übernommen.

DATAPNT: Mit dem DATAPNT (Datenpunkt/Datapoint) wird i. d. R. bestätigt oder ein Datenpunkt gesetzt. Der DATAPNT liegt normalerweise auf der linken Maustaste.

TENTPNT: Mit dem TENTPNT (Tentativpunkt/Tentativpoint) werden Objekte/Elemente oder Punkte angesnappt. Der TENTPNT liegt normalerweise auf der mittleren Maustaste.

RESET (Abbrechen): Funktionstaste zum Abbrechen. RESET liegt normalerweise auf der rechten Maustaste.

Beim Snappen der Anfangs- oder Endpunkte von Objekten muss unbedingt der Snapmode **Eigenpunkt** (Key Point Snap) verwendet werden! Der **Snapmode–Divisor** (Eigenpunkt-Fangfunktionssperre) muss auf 2 stehen! (Diese Einstellung steht in Zusammenhang mit der Planungskante von VENTURIS).

Hinweis: Die Isometrische Ansicht dient nebst der Räumlichen Übersicht auch zum gezielten Setzen von Fangpunkten. Die VENTURIS -Planungskante sollte im 3D Modus während des Planungsprozesses eines Stranges nicht geändert werden.

Starten von Modul Lüftung 3D:
Das 3D-Modul kann nur gestartet werden wenn eine **3D-Seed Datei** in MicroStation aktiv ist und eine Lizenz des 3D-Lüftungsmoduls vorhanden ist. Ist dies nicht der Fall, erscheint eine Fehlermeldung. Aus dem 2D-Modus kann über die MicroStation Funktion: „Datei (File) → Export → 3D" eine Zeichnung in den 3D Modus exportiert und aufgerufen werden, wie unter: Datei exportieren → 3D, Kapitel 80, Seite 133 beschrieben.

Das Modul kann über die entsprechende Toolbox gestartet werden, oder über die Tastatureingabe von MicroStation: **„mdl load trivent3dj"**

Die 3D Funktionalität von TRICAD MS unterscheidet sich im wesentlichen kaum von der 2-Dimensionalen. Das Erscheinungsbild des Moduls Lüftung 3D weist zunächst kaum Unterschiede zu der 2D-Version auf. Die Menüleiste und die Toolboxen sind fast identisch mit denen des 2D Lüftung Moduls.

→ Menüleiste **TRICAD MS-3D**

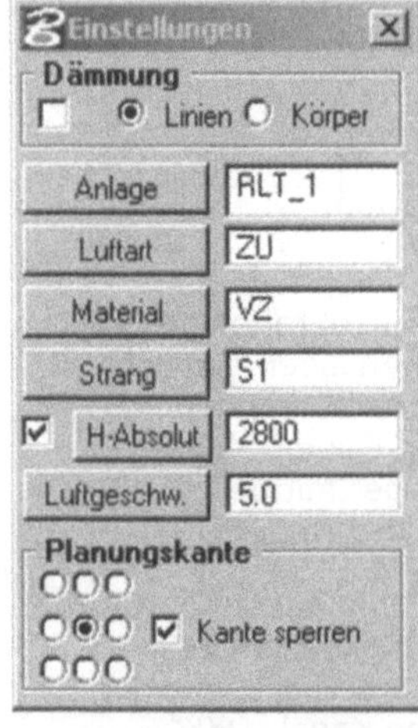

→ Dialogfeld**: Einstellungen 3D**

→ Toolbox: **Eckige Kanäle 3D**

→ Toolbox: **Runde Kanäle 3D**

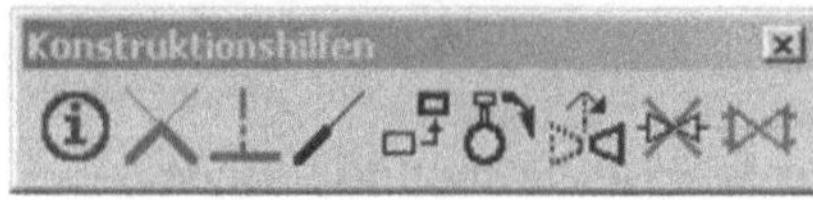

→ Toolbox: **Konstruktionshilfen 3D**

Ein wesentliches Merkmal der 3D Version stellt das Arbeiten mit **Volumenmodellen** dar, die erst in der Isometrischen Ansicht deutlich erkennbar sind. Auch die Planerstellung (Schnitt erzeugen) bildet eine Erweiterte und sehr effiziente Funktion zum generieren von Schnitten in und aus verschiedenen Ansichten.

Im Beispiel eine Isometrische Darstellung eines Volumenmodells bestehend aus einem Eckigen Kanal mit Übergang eckig-rund (RS) und einem runden Kanal/Rohr (R).

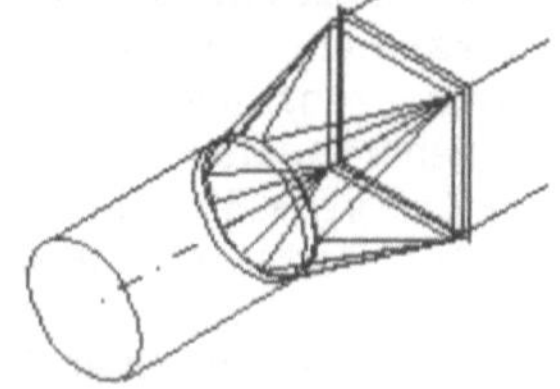

84. Menü Einstellungen:

(VENTURIS Menü: Einstellungen → Einstellungen-3D)

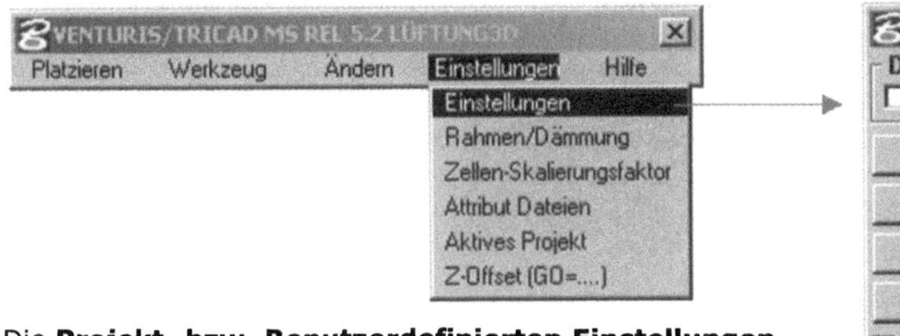

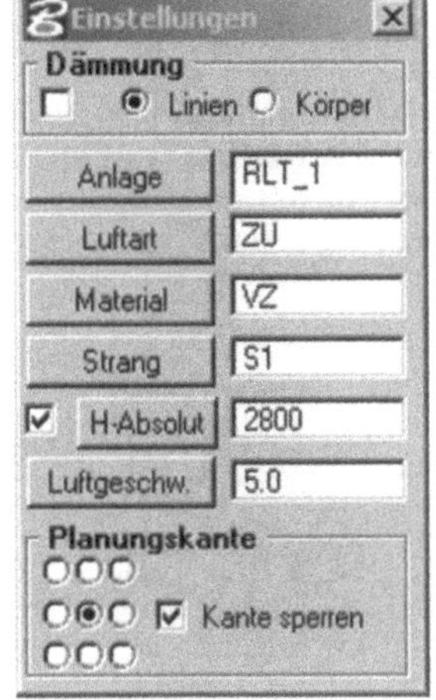

Die **Projekt- bzw. Benutzerdefinierten Einstellungen** sind bis auf die Funktionen „Dämmung" und „Planungskante sperren" (Kante sperren), identisch mit den Einstellungen des 2D Moduls, wie unter: Kapitel 71, Seite 118 „Einstellungen-Projekt- bzw. Benutzerdefiniert" beschrieben. Im Folgenden werden nur die Funktionen: „Dämmung" und „Planungskante sperren" erläutert.

Dämmung in Einstellungen 3D:

Attribute wie: Farbe und Level für die Dämmung/Isolation sind in der Datei: **„iso_attri.cfg"** bestimmt. Diese Datei befindet sich i. d. R. unter dem Pfad: ..Venturis\env\db**vent**. Die Attribute für Farbe und Level der Dämmung können wie in dem untenstehenden Beispiel (iso_attri.cfg) Benutzerdefiniert angepasst werden.

Attribute der Isolation fuer VENTURIS3d,

```
##############################################################
# Bestimmen von -> Farbe, Linienbreite, Linientyp, Level. Die Attribute werden nach
# Isolationsart und Staerke oder nur nach Isolationsart bestimmt
# Format:    Isolationsart+Staerke PEN WEIGHT STYLE LEVEL
# F2   5 0 2  12
# F3   6 0 2  12
# F    7 0 2  12    -> Wird die Art ohne Staerke gefunden, so werden diese Attribute
# verwendet (unabhaengig von der Staerke).
# Wird kein Eintrag gefunden,werden die Werte in attributes.cfg verwendet
# Steht bei einem Wert ein -1. so werden die Werte aus attributes.cfg verwendet
##############################################################
#ART  PEN   WEIGHT      STYLE LEVEL
##############################################################
A     1      0      2     -1
B     -1     0      2     -1
C     3      0      2     -1
D     4      0      2     -1
E     5      0      0     20
F     6      0      2     -1
S     7      0      2     -1
##############################################################
```

ISOLATIONSWERTE (aus **„attributes.cfg"** gelten sobald bei einem Wert -1 steht)

```
############################################################
[ISOLATION_LEVEL] -1      # Startwert fuer Isolations Level
[ISOLATION_PEN]           -1     # Startwert fuer  Isolationsfarbe
[ISOLATION_LT]            2      # Linientyp der Isolation (fest eingestellt)
[ISOLATION_WIDTH]         0      # Linienstaerke der Isoaltion (fest eingestellt)
############################################################
```

Über Toggle-Schalter: **„Dämmung"** im Fenster Einstellungen kann bereits vor dem Setzen eines Elementes eine Dämmung bzw. Isolation festgelegt werden.
Vorsicht: Bis zum Deaktivieren des Schalters „Dämmung" werden alle generierten Elemente mit der gesetzten Dämmung versehen!

Die Dämmung kann im 3D Modul nur mit Linien oder als Körper dargestellt werden. Zur Auswahl der entsprechenden Option vorher den Toggle-Schalter für „Linien" oder „Körper" setzen.

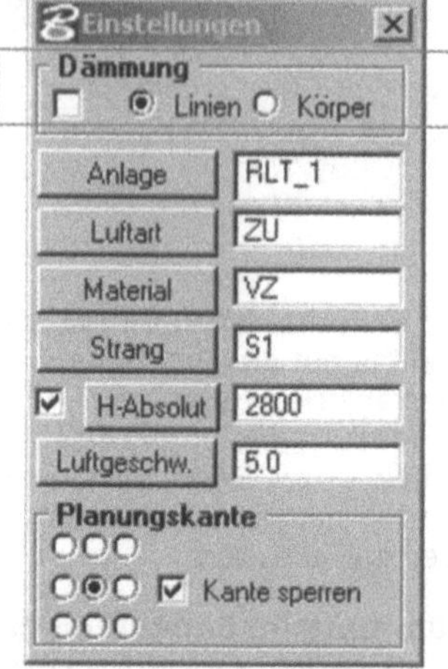

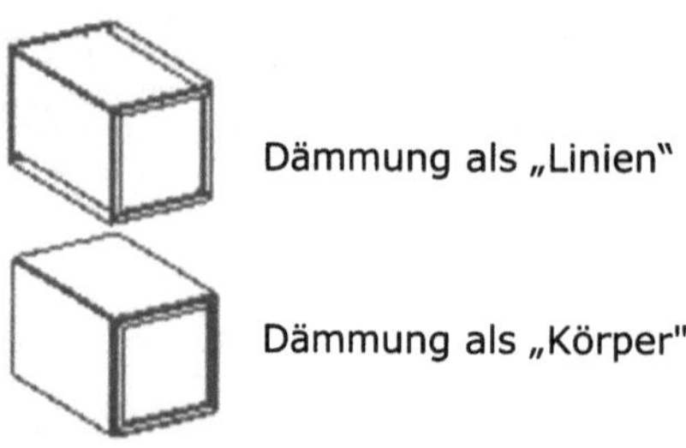

Wie alle Module von TRICAD MS arbeitet auch das 3D -Lüftungsmodul VENTURIS mit Umgebungsvariablen und mit Projekt- bzw. **Benutzerdefinierten Einstellungen**. Diese sind unter verschiedenen Einstellungsdateien wie zum Beispiel: „attributes.cfg", „duct_anlage", „medsel" usw. abgespeichert (Siehe dazu auch: Kapitel 74, Attribut-Dateien ändern, Seite 122-123).
Über die Funktion: **„Attribut Dateien"** im VENTURIS Menü: „Einstellungen" können die Dateien aufgelistet und editiert werden. Da VENTURIS beim generieren eines Objektes auf die **Einstellungsdateien** zugreift, sind diese von entscheidender Bedeutung. Sie bestimmen das Aussehen und sind entscheidende Argumente bei der Definition von Auswahl-, Einschränkungs- und Änderungskriterien von VENTURIS Objekten.

Merke: Projekteinstellungen und Attributdateien gelten für das 2D- und das 3D Modul!

Im Fenster **„Einstellungen"** können über die Schalter: „Anlage, Luftart, Material usw." folgende Kriterien festgelegt werden:

Über Schalter: **„Anlage"** des Fensters Einstellungen kann den Elementen eine Anlagen-Nummer (plant) zugewiesen werden. Damit erhalten die Elemente nicht nur eine Anlagenspezifische Zugehörigkeit, sondern ermöglichen z. Bsp. bei „Listen erstellen" eine Definition der Auflistungskriterien (RLT_1,2.. etc.). Diese Attribute sind in der Datei: ...env\db\vent**plant** bestimmt.

Über Schalter: **„Luftart"** des Fensters Einstellungen kann den Elementen ein weiteres Argument und Filterkriterium (Zuluft, Abluft, Aussenluft usw.) zugewiesen werden. Das Medium bestimmt „Farbe, Linientyp, Linienstärke und Level" der Elemente.
Diese Attribute sind in der Datei **„medsel"** oder **„duct_anlage"** unter dem Pfad: ..env\db\vent\ **duct_anlage** bestimmt. Benutzer- bzw. Projektbezogene „Linientypen" werden in der Datei "..\VENTURIS\env**user_style**" bestimmt.

Über Schalter: **„Material"** des Fensters Einstellungen kann den Elementen eine Material-eigenschaft wie: „V1 für Verzinktes Blech, Normalausführung ohne Anstrich", „V2 ... mit Anstrich", „E1 -Edelstahl-Blech- V2A" usw. zugewiesen werden. Diese Attribute sind in der Datei: ...env\db\vent**material** bestimmt.

Über Schalter: **„Strang"** des Fensters Einstellungen kann den Elementen eine Strangeigenschaft wie: „S1 –Strang 1", „S2 –Strang 2" usw. zugewiesen werden.
Diese Attribute sind in der Datei: ...env\db\vent**STR** bestimmt.

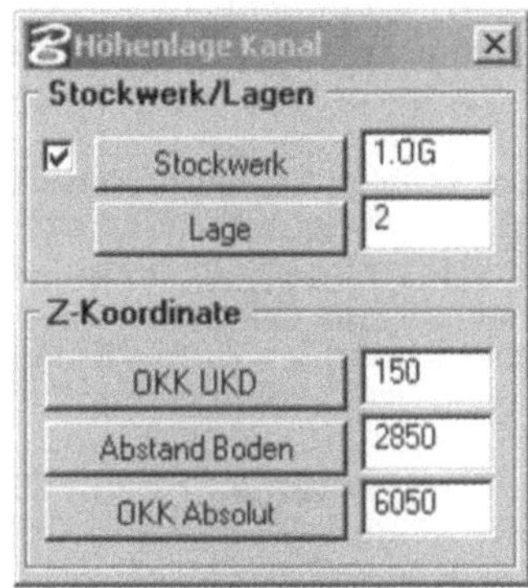

Über Schalter: **„H-Absolut"** des Fensters Einstellungen wird das Dialogfenster: „Höhenlage Kanal" aufgerufen. Hier kann den Elementen die Lage in der **„Z-Achse"** (OKK -Absolut) und das **„Stockwerk"** (EG, OG, usw.) zugewiesen werden. Das Medium bestimmt die Höhenlage- OKK" der Elemente innerhalb eines Stockwerkes oder in Bezug zu einem absoluten 0-Punkt. Durch Setzen des Toggle-Schalters: „H-Absolut" kann die Z-Koordinate bei der Kanalplanung eingefroren werden. Die Elemente sollten anschließend nur in der Draufsicht gesetzt werden, da in einer anderen Ansicht der Toggle Schalter deaktiviert wird.

Hinweis:
Wie unter den Funktionen der „3D Ansichtssteuerung" Seite 140 u. F. beschrieben, besteht über die Funktion: **„Aktive Tiefe einstellen"** eine effektive Möglichkeit die Z-Achse auf einer bestimmten Höhenquote einzufrieren. Alle in Folge erzeugten Elemente werden auf die definierte Höhenquote der Aktiven Z-Tiefe gesetzt.

Über Schalter **„Stockwerk"** wird den Elementen ein Stockwerks-Attribut zugewiesen.
Diese Attribute sind in der Datei: ...env\db**stockwerk** bestimmt.

Definition der Stockwerke, Beispiel:

```
#####################################################
# Definition der Stockwerke #
# Format : #
# (Stockwerkname) (Raumhoehe) (Absolute Hoehe der Unterkante Decke ) #
# WICHTIG:!!! Stockwerkname darf keine Leerzeichen enthalten #
#####################################################
UG    4300  -300
EG    5700  5700
OG    1400  7600
```

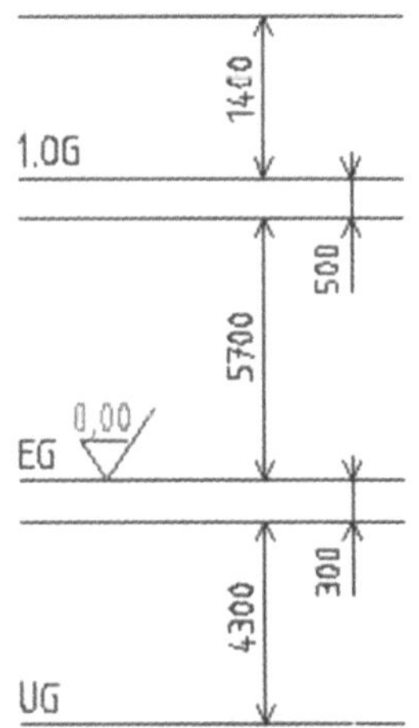

Anhand der Grafik rechts und der Einträge oben in **„Definition Stockwerke"** wird anhand eines Beispiels eine Stockwerks-Definition in der Datei: ...env\db**stockwerk** erklärt.

Die relevanten Angaben ohne „#" setzen sich zusammen aus: „Stockwerkname", „Raumhoehe" und „Absolute Hoehe der Unterkante Decke".
Die Angaben beziehen sich auf den **„0-Punkt"** (OKFB) im EG.

Wichtig:
Der „Stockwerkname" darf keine Leerzeichen enthalten und sollte möglichst nur 6 Zeichen lang sein.

Über Schalter **„Lage"** wird der Abstand des Kanals zur Decke bzw. zum Boden bestimmt. Damit ist die OKK-Absolut definiert. Die Lagen können auch Stockwerksbedingt gesetzt werden. So kann zum Beispiel die Lage_EG „UKD=150", die Lage_1.OG „UKD=200" betragen. Die Definition der Lagen ist in der Datei: ..env\db\vent**lagen** bestimmt.
Die Lage kann auch manuell bestimmt werden, durch die Eingabe der Höhenquote im Feld „OKK UKD", „Abstand Boden" oder „OKK Absolut".

Über Schalter: **„Luftgeschw."** des Fensters Einstellungen kann den Elementen das Medium „Luftgeschwindigkeit" in m/s zugewiesen werden.
Die Werte sind in der Datei **„air_speed"** unter dem Pfad: ..env\db\vent\ **air_speed** bestimmt. Nachträglich kann einem Strang/Kanalnetz über die Funktion: **„Beliebige Attribute ändern"** im VENTURIS Menü: „Ändern" eine Luftgeschwindigkeit zugewiesen werden. Das Filterkriterium hierfür ist : „v" → Luftgeschwindigkeit.

Die Planungskante: (Menü –VENTURIS: Einstellungen → Dialogfeld Einstellungen) ist die Seite/Kante des VENTURIS Objekts von der aus geplant wird. Diese kann auf 9 verschiedene Punkte eingestellt werden. Am Beispiel unten ist die Planungskante die Mitte des Objekts. Planungskante „Mitte" entspricht Divisor 2 und ist normalerweise die Standard Einstellung von VENTURIS.
Durch setzen des Toggle -Schalters: **„Kante sperren"** wird ausschließlich über die gesetzte Kante geplant. Ist der Toggle -Schalter „Kante sperren" nicht gesetzt, stellt VENTURIS die Planungskante ein, die dem Fangpunkt (TENTPNT) am nächsten liegt.

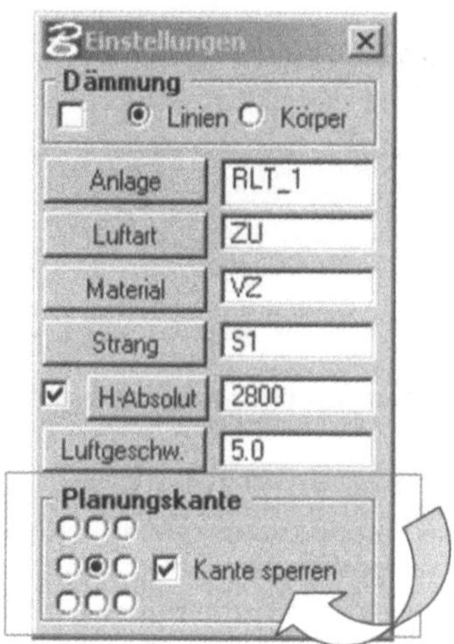

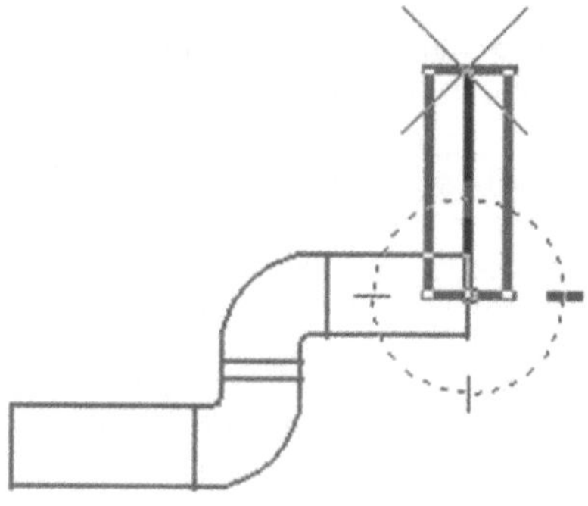

Beispiel: Planungskante **„Mitte"**

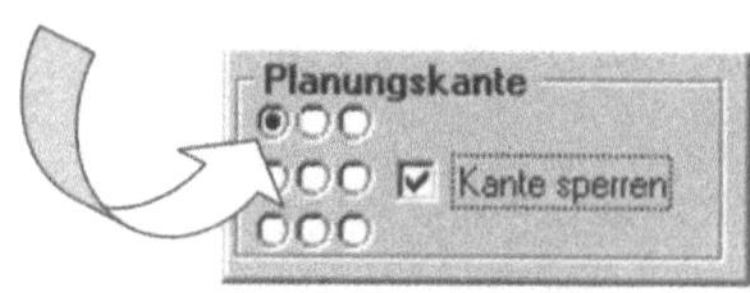

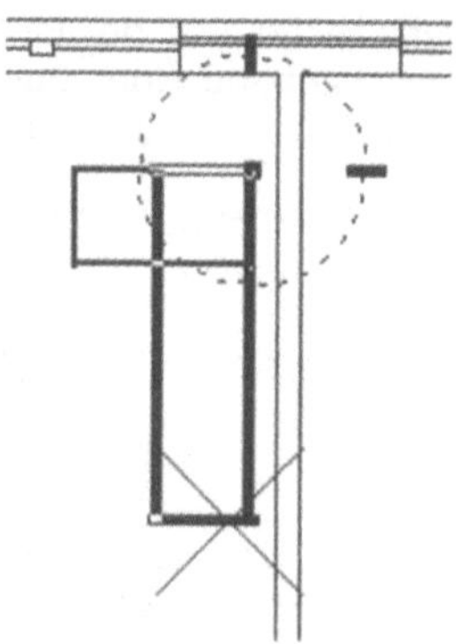

Beispiel: Planungskante **„Oben links"**

85. Planen eines eckigen 3D-Kanalteils:

(VENTURIS Menü: Platzieren → Eckig)

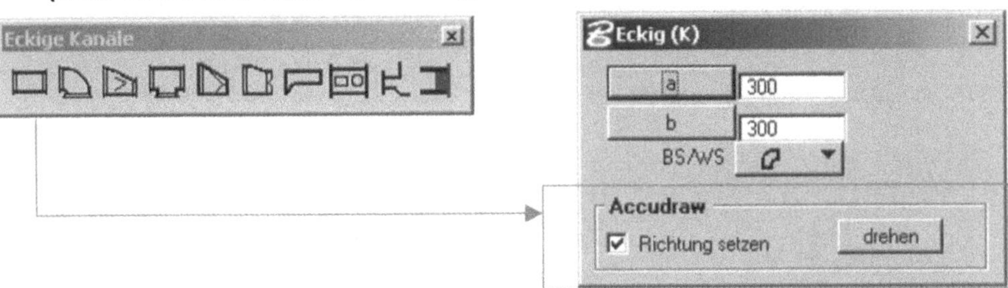

Vor dem Setzen eines Kanalteiles sollten wie im Menü „Einstellungen" beschrieben, alle relevanten Attribute festgelegt werden. Beim Arbeiten im 3- Dimensionalen Raum spielt die **„Aktive Z-Tiefe"** beim platzieren von Elementen eine wesentliche Rolle. Daher gilt zu Beachten, das der Anfang eines Stranges vor dem Setzen des ersten Kanalteiles, bereits auf die entsprechende Höhenquote gesetzt wird. Damit wird Gewährleistet, das alle in Folge gesetzten Elemente die erforderlichen Höhenquoten und Attribute besitzen.

Tipp:

Vor dem Platzieren des ersten Kanalteiles eines Stranges gibt es zwei Möglichkeiten zur **Festlegung der Höhenquote** des Kanalteiles (Stranges):

> Im VENTURIS Einstellungsfenster unter „H-Absolut" (Höhenlage Kanal)
> Über die MicroStation Funktion: **„Aktive Tiefe einstellen"** der Toolbox: „3D-Ansichtssteuerung".

Aktive Tiefe einstellen In einem mehrstöckigen Gebäude kann über die Funktion: „Aktive Tiefe einstellen" festgelegt werden, das zum Beispiel nur auf Ebene 0,0 (EG) Elemente (Datenpunkte) generiert werden können. Es gilt zu Beachten das allen aktiven Ansichten unterschiedliche „Aktive (Z) Tiefen" zugewiesen werden können.

Das Einstellungsfenster für „Kanal eckig" (3D) wurde im Vergleich zur 2D Version um die Funktion: AccuDraw → „Richtung setzen" und „drehen" erweitert.
Bei aktivem Toggle -Schalter: **„Richtung setzen"** wird AccuDraw an der Kanalführung ausgerichtet. Nach dem ansnappen eines Referenzobjektes (über TENTPNT) übernimmt AccuDraw die Achsführung des Objektes im Inkrement von 90 Grad.
Über diese Funktion wird Gewährleistet, das selbst beim Planen in der Isometrischen Ansicht eine Ausrichtung des Kanalteils in Achsrichtung erfolgt.

Beispiel: **Richtung „nicht gesetzt"**

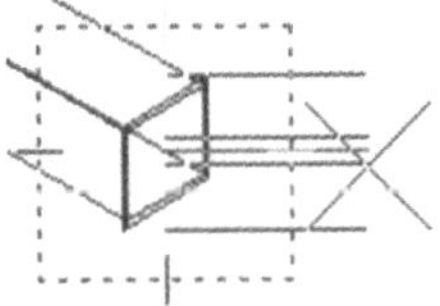

AccuDraw an der Kanalführung *nicht* ausgerichtet. AccuDraw steht parallel zur Bildschirmoberfläche.

„Richtung gesetzt"

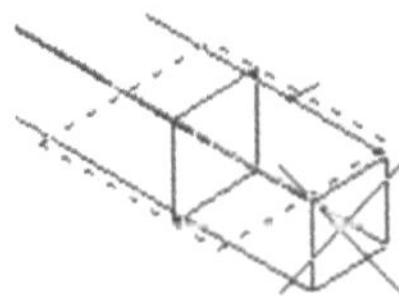

AccuDraw an der Kanalführung ausgerichtet. AccuDraw übernimmt die Achsführung des Objektes.

Über Schalter: **„drehen"** wird die Achsführung am Referenzobjekt im Inkrement von 90 Grad gedreht. Über diese Funktion wird Gewährleistet, das selbst beim Planen in der Isometrischen Ansicht eine Ausrichtung des Kanalteils in Achsrichtung erfolgt.

Beispiel: „AccuDraw **nicht gedreht**"

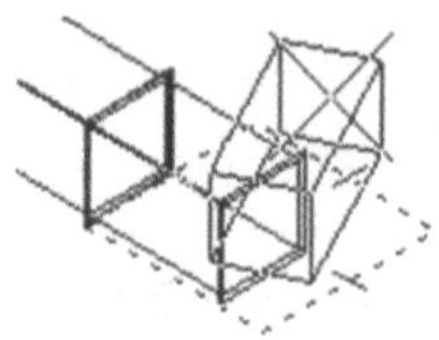

AccuDraw an der Kanalführung ausgerichtet jedoch *nicht* gedreht.

„AccuDraw **um 90° gedreht**"

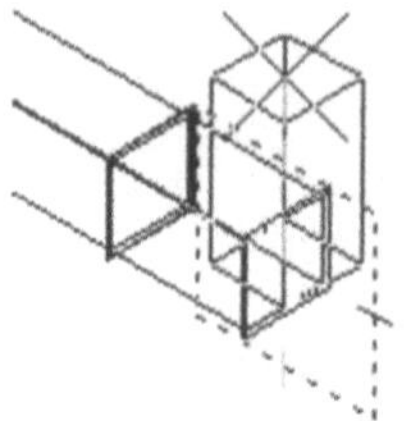

AccuDraw an der Kanalführung ausgerichtet und um 90° gedreht.

Übung: „Versprung planen" > zur Festigung der Arbeitsmethodik.
(mit den Funktionen: „Kanal planen", „Richtung setzen" und „drehen")

Voreinstellungen:

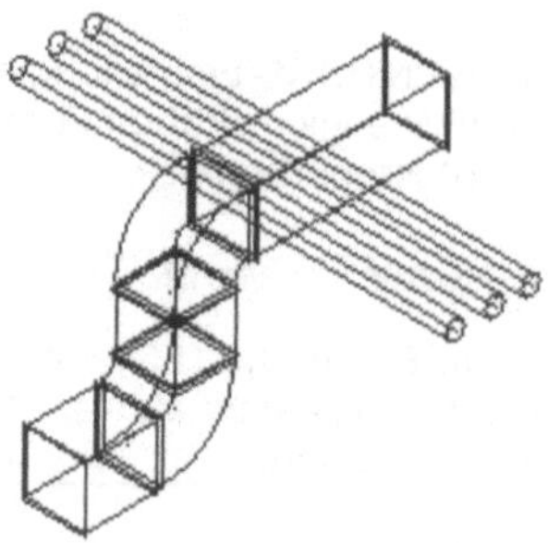

> Im Fenster **„Einstellungen"** über die Schalter: „Anlage, Luftart, Material usw." festlegen.

Festlegung der Höhenquote:
> Im VENTURIS Einstellungsfenster unter „H-Absolut" Toggle -Schalter setzen und die Höhenlage Kanal (im Kästchen „H-Absolut") auf „2800" festlegen.

Alternativ:

Höhenquote des Kanals über die MicroStation Funktion: „Aktive Tiefe einstellen" numerisch definieren.

Aktive Tiefe einstellen

>Funktion: **„Aktive Tiefe einstellen"** in der Toolbox „3D-Ansichtssteuerung" anwählen.
>In der MicroStation Tastatureingabe: <AZ=2800> eingeben und bestätigen.
>Ansicht (Draufsicht) mit DATAPNT anklicken um der Ansicht die Tiefe zuzuweisen.

Prüfen der Aktiven Tiefe über die Funktion: „Aktive Tiefe anzeigen".

Aktive Tiefe anzeigen

> Funktion: **„Aktive Tiefe anzeigen"** in der Toolbox „3D-Ansichtssteuerung" anwählen.
>Ansicht (Draufsicht) mit DATAPNT anklicken.
> In der Statusleiste von MicroStation unten rechts der Mitte wird die Tiefe angezeigt.

Achtung: Die Höhenquote bezieht sich immer auf die eingestellte **Planungskante**! Um sicherzustellen das OK-Kanal auf 2800 gesetzt wird, muss unter Planungskante, „Oben Mitte" bzw. „Oben links" oder rechts angewählt werden!

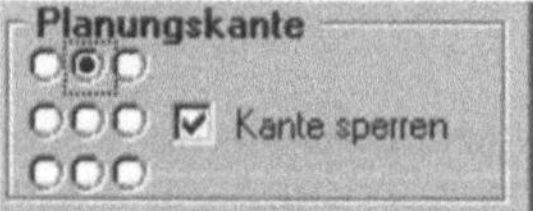

Übung: „Versprung planen" > Fortsetzung

> In der Toolbox **Gerader Kanal (K) planen** anwählen.
Im Einstellungsfenster „Eckig (K)" die Abmessungen a=500, b=500 eingeben.

> Über **DATAPNT** in der Draufsicht den Anfangspunkt des Kanalteiles bestimmen.

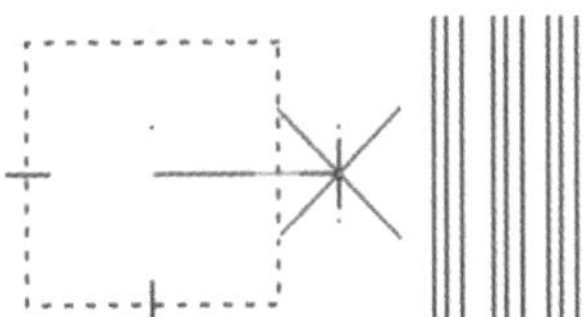

> Kanal in **Richtung** der X+ Achse ausrichten und die Achse (über „Smart Lock") sperren (Eingabetaste).

> Über **Tastatureingabe: „1000"** für die Länge des Kanals eingeben und mit DATAPNT bestätigen.

> Im Fenster „Einstellungen" die **Planungskante auf „Mitte"** setzen.

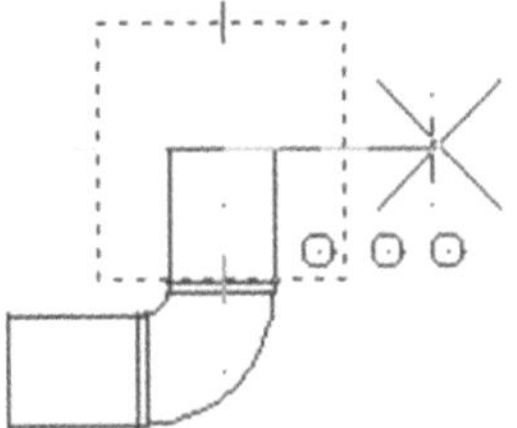

> In die Vorderansicht (Front) wechseln und Schalter **„drehen"** betätigen. AccuDraw steht nun in der Vorderansicht parallel zur Bildschirmoberfläche.

> Kanal über AccuDraw **nach oben ausrichten** und die Achse (über „Smart Lock") sperren (Eingabetaste).

> Über **Tastatureingabe: „1000"** für die Länge des Kanals eingeben und mit DATAPNT bestätigen.

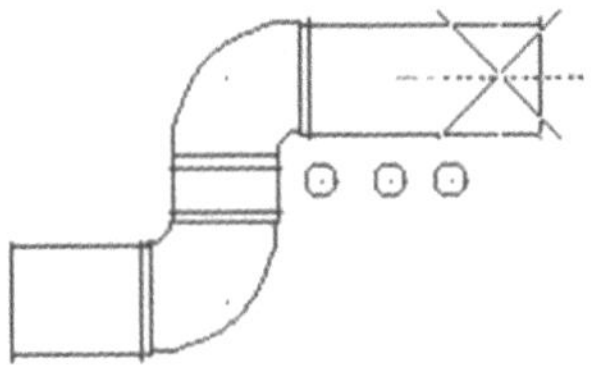

> In der Vorderansicht erneut Schalter **„drehen"** betätigen.

> Kanal über AccuDraw **nach rechts ausrichten** und die Achse (über „Smart Lock") sperren (Eingabetaste).

> Über **Tastatureingabe: „1500"** für die Länge des Kanals eingeben und mit DATAPNT bestätigen.

Hinweis: VENTURIS generiert am Schnittpunkt der Achsen automatisch einen Bogen. Optional zum Bogen (BS) kann im Einstellungsfenster „Eckig (K)" ein **„Winkelstück (Knie)"** gewählt werden. Somit wird am Schnittpunkt der Achsen automatisch ein Winkelstück (WS) gesetzt.

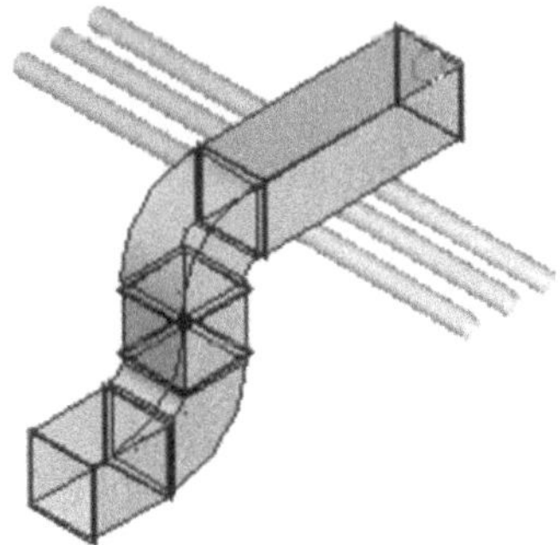

Ergebnis: das Übungsbeispiel in der Isometrischen Ansicht.

86. 3D-Bogen/Winkelstück an Kanal planen:

(VENTURIS Menü: Platzieren → Eckig→Bogen)

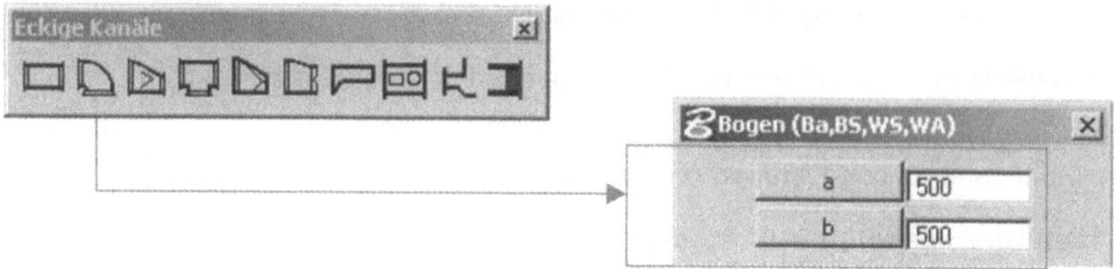

Grundsätzlich zeigt dass Einstellungsfenster die übernommenen und aktuellen Abmessungen eines Kanalteils oder Komponente an. Ein Bogen kann nicht frei gesetzt werden. Dieser kann nur über TNTPNT an ein Referenzobjekt gesetzt werden.

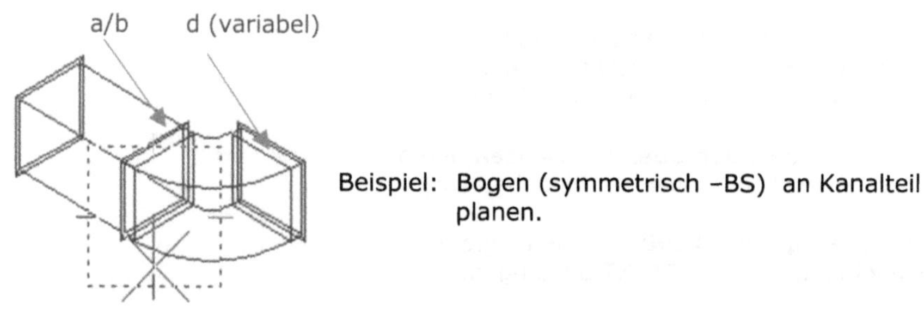

Beispiel: Bogen (symmetrisch -BS) an Kanalteil planen.

> Durch **Setzen eines TENTPNT** an das Referenzobjekt, wird ein Bogen gesetzt. Dabei werden alle Eigenschaften des Referenzobjektes übernommen und es erscheint die **VENTURIS Eingabemaske** für Bogen eckig (BS/BA/WS/WA).

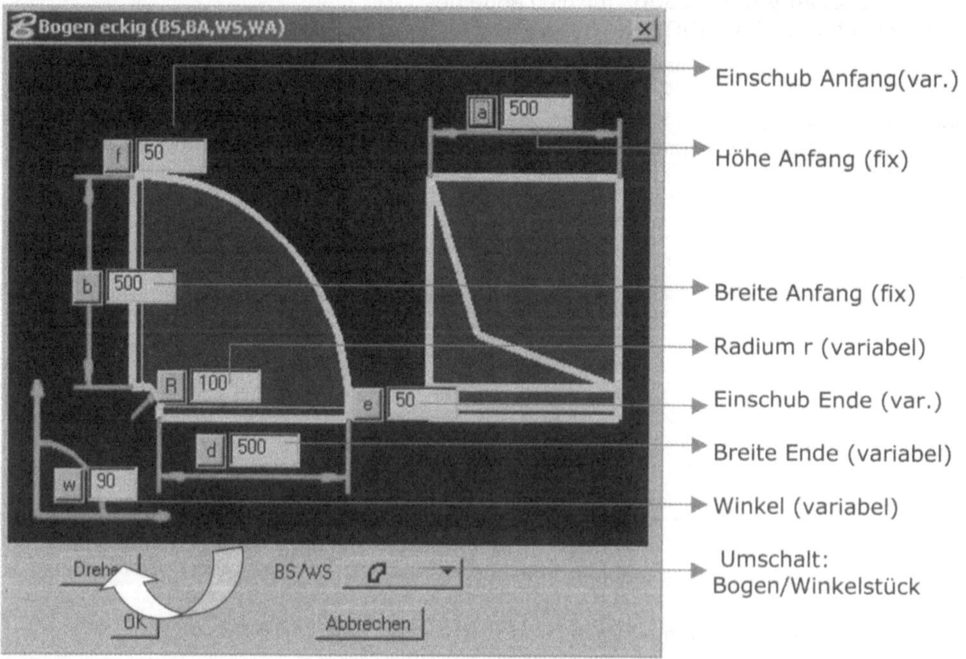

> Durch Betätigen des Schalters **„Drehen"** (Voreinstellung 90°) kann der Bogen nach Bedarf ausgerichtet werden (Die genaue Position der Drehung wird erst in der Isometrischen Ansicht deutlich).

> **Die variablen Werte** des Bogens wie: **Einschub; Winkel; Radius** und **Breite Ende** und optional: **Winkelstück**, können nun in der Bogen-Eingabemaske nach Bedarf angepasst werden (Durch Betätigen der Bestätigen/Return Taste werden die neu definierten Werte zugleich graphisch umgesetzt).

> Nachdem alle variablen Werte angepasst wurden, wird der Bogen durch Betätigen der **<OK>** -Taste in der VENTURIS Eingabemaske gesetzt.

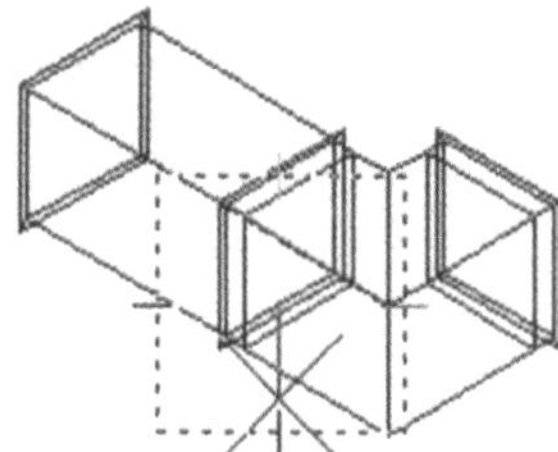

Beispiel: Winkelstück (Bei voreingestelltem Radius von 100mm + 50mm Einschub ergibt sich ein Einschub von insgesamt 150mm!).

Zusammenfassung „Bogen/Winkelstück an Kanal planen":
- In der Toolbox „Bogen eckig planen" anwählen.
- Bogen durch setzen von TENTPNT an Hauptkanal anschließen.
- Variable Werte in der VENTURIS Eingabemaske nach Bedarf anpassen.
- Bogen setzen durch Betätigen der <OK> -Taste in der VENTURIS Eingabemaske (oder über die RESET -Taste ablehnen).

Hinweis:
Leider ist im Grundriss des 3D –Modus die Ausrichtung des Bogens (bzw. Kniestück) nach oben oder nach unten, nicht durch eine deutliche Kennzeichnung des Kanalschattens (gestrichelt oder durchgezogen) möglich. Da vom Bogen Abgang, im 3D-Modus in der Z- Achse weitergeplant werden kann, macht dies durchaus Sinn.
Die Ausrichtung des Bogens/Kniestück (nach oben/unten) wird erst in der Isometrie, der Vorderansicht oder der Seitenansicht von rechts oder links, deutlich sichtbar.

87. 3D- Übergang eckig planen:

(VENTURIS Menü: Platzieren → Eckig → Ubergang)

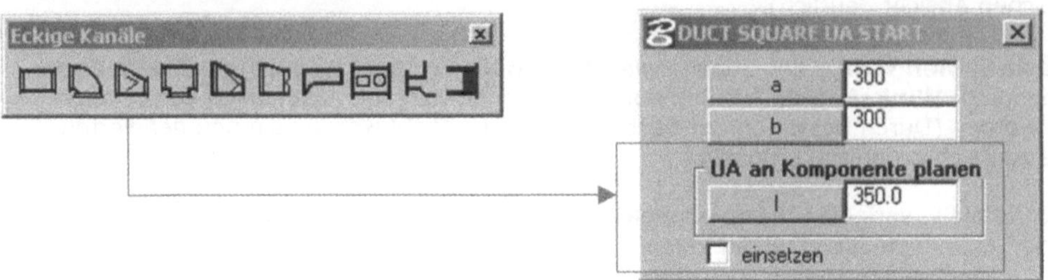

Grundsätzlich zeigt dass Einstellungsfenster die übernommenen und aktuellen Abmessungen eines Kanalteils oder Komponente an. Ein Übergang kann nicht frei gesetzt werden. Dieser kann nur über TNTPNT an ein Referenzobjekt gesetzt werden.

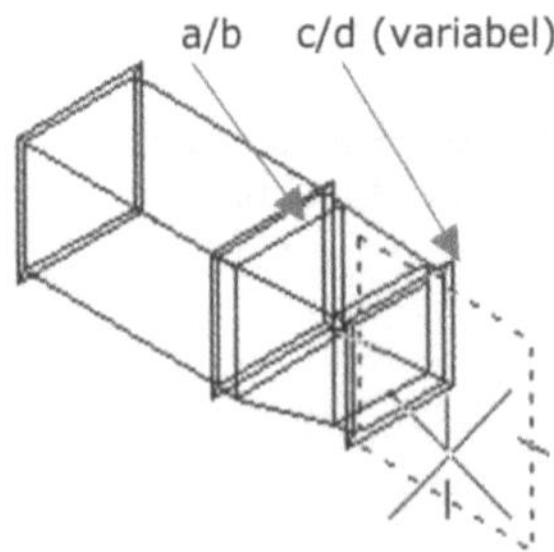

Beispiel: Übergang (asymmetrisch –UA) an Kanalteil planen.

> Durch **Setzen eines TENTPNT** an das Referenzobjekt, wird im Anschluss ein Übergang gesetzt. Dabei werden alle Eigenschaften des Referenzobjektes übernommen und es erscheint die **VENTURIS Eingabemaske** für Übergang eckig (US/UA/ES/EA).

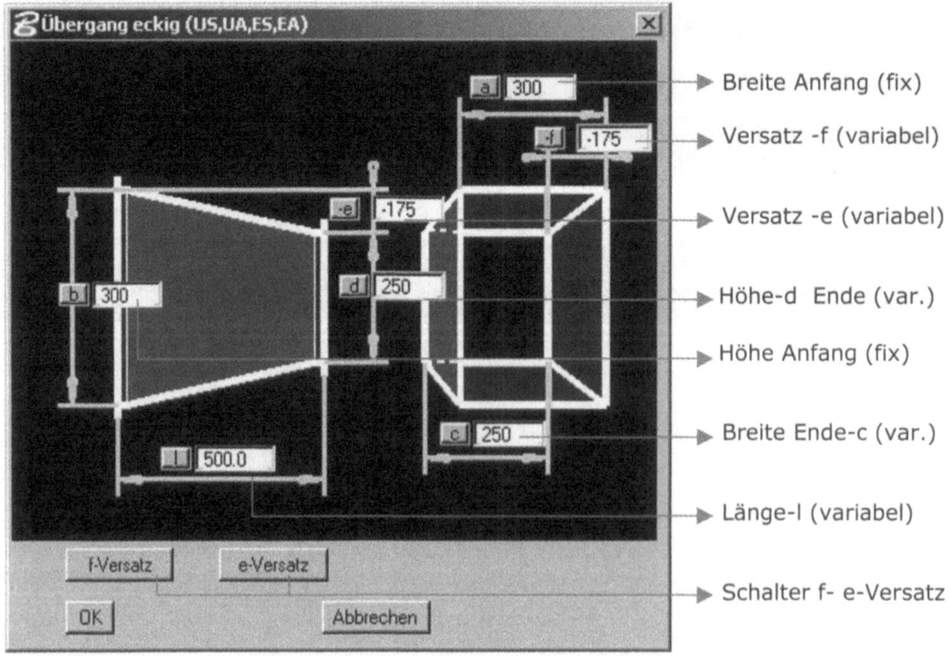

Erläuterung zu e und f-Versatz:

Durch Betätigen der Schalter **„f-Versatz"**, **„e-Versatz"** kann der Übergang nach Bedarf ausgerichtet werden.

a) Nur e-Versatz (Kanal-Querschnitt bleibt unverändert → Etage).
b) Nur f-Versatz (Kanal-Querschnitt unterschiedlich → Übergang sym./asym.).
c) e- und f-Versatz (Kanal-Querschnitt unterschiedlich → Übergang asym.).

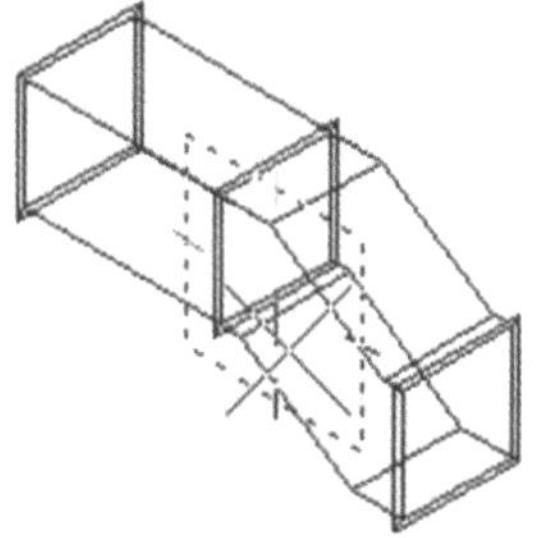

a) Nur e-Versatz (Etage):
Bei einem Versatz von <OKK> 0,00 nach <OKK> -200mm wäre der Eingabewert im e-Versatz Datenfeld: -200 [e= -200]. Bei einem Versprung in e+ Richtung wäre der Eingabewert: 200 [e= 200] also *ohne* + Zeichen.

Beispiel: Etage sym. (ES) **nur e-Versatz** = -200.

b) Nur f -Versatz (Übergang sym./asym.): Hierbei bleibt das e-Mass (OKK) unverändert. Bei einem Übergang von Mass a=600 mm nach Mass a=500 mm wäre der f -Versatz = 50mm bei symmetrisch, bei asymmetrisch =100 mm.

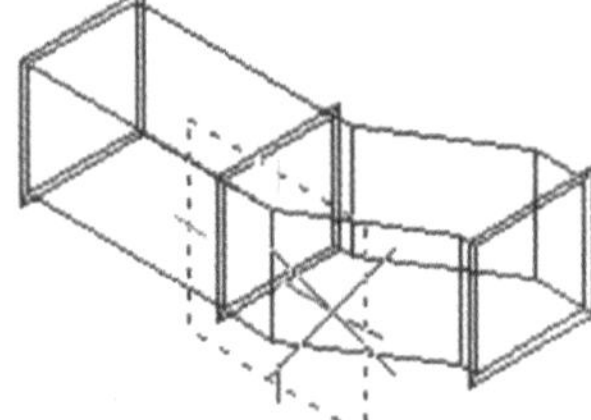

Beispiel: Übergang sym. (ES) **nur f-Versatz** = 50.

c) e- und f -Versatz (Übergang asymmetrisch): Hierbei wird sowohl das e-Mass (OKK -200 mm) als auch der f -Versatz (f= 50 mm) verändert

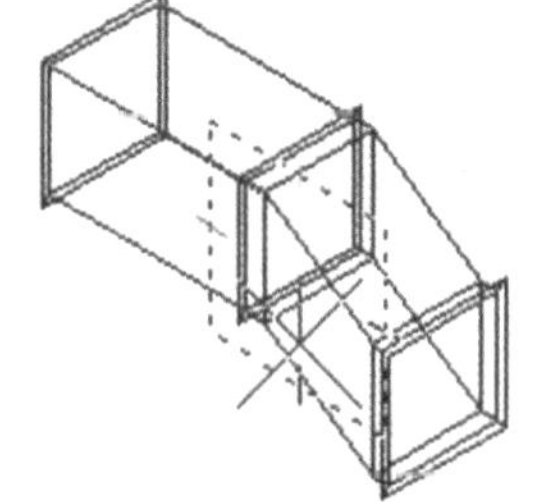

Beispiel: Übergang asym. (EA) **e und f-Versatz**.

> **Die variablen Werte** des Übergangs wie: **Einschub; Versatz- e/f; Breite Ende; Höhe Ende** sowie **Länge** können in der Übergang eckig- Eingabemaske nach Bedarf angepasst werden (Durch Betätigen der Bestätigen/Return Taste werden die neu definierten Werte zugleich graphisch umgesetzt).

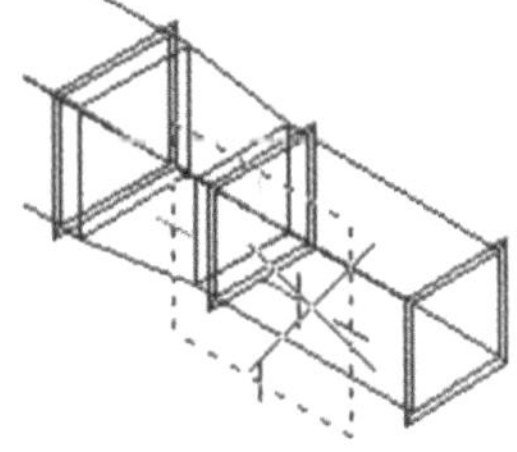

Alternativ kann der Übergang auch von Kanal zu Kanal gesetzt werden. TENTPNT (Snap) an Kanalteil-1 setzen und anschließend TENTPNT an Kanalteil-2, hierbei passt sich der Übergang (i.d.R.) den gegebenen Werten automatisch an. Eine zusätzliche Prüfung der Werte ist immer richtig!

> Nachdem alle variablen Werte angepasst wurden, wird der Übergang durch Betätigen der **<OK>** Taste in der VENTURIS Eingabemaske gesetzt.

Zusammenfassung „Übergang eckig planen":
- In der Toolbox „Übergang eckig (US/UA/ES/EA) planen" anwählen.
- Übergang durch Setzen von TENTPNT an Referenzobjekt anschließen.
- *Alternativ*: TENTPNT (Snap) an Kanal a setzen und anschl. TENTPNT an Kanal b.
- Variable Werte in der „Übergang eckig" Eingabemaske nach Bedarf anpassen.
- Übergang setzen durch Betätigen der <OK> -Taste in der VENTURIS Eingabemaske (oder über die RESET -Taste ablehnen).

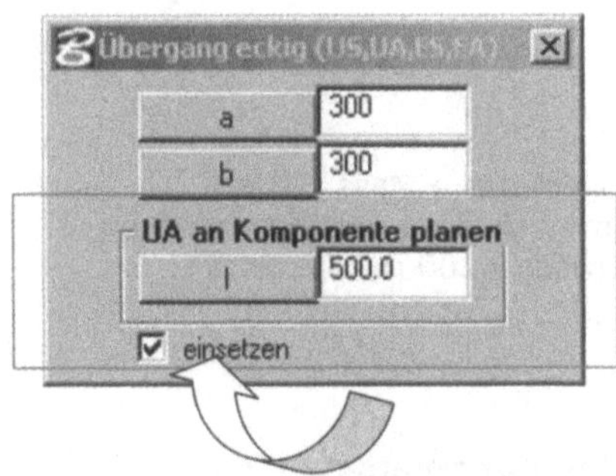

Im Einstellungsfenster von „Übergang eckig" kann über die Option: **„einsetzen"** ein Übergang *in* einen vorhandenen Kanal eingesetzt werden. Dabei wird der Übergang entlang der Achsführung des Referenzobjektes gesetzt. Die variablen Werte können anschließend in der Eingabemaske nach Bedarf angepasst werden.

Übung: „Übergang eckig in Kanal planen" > zur Festigung der Arbeitsmethodik.

> Kanal mit den Werten: „a=300, b=300 und Länge 3000mm" in der Draufsicht setzen.

> **„Übergang eckig"** in der Toolbox anwählen und im Einstellungsfenster Toggle -Schalter: „einsetzen" aktivieren.

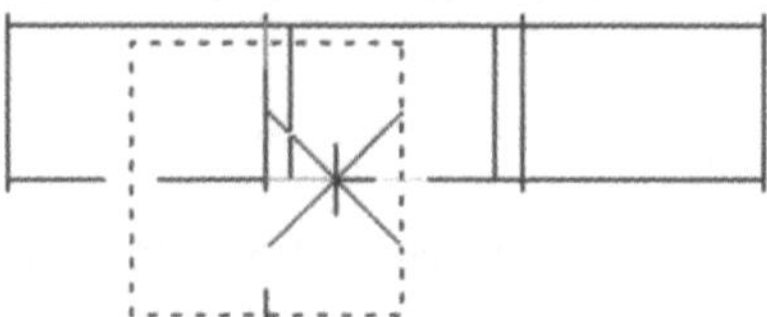

> **TENTPNT** seitlich an den Kanal setzen, um den Einfügepunkt des Übergangs zu definieren und mit DATAPNT bestätigen.

> Die **variablen Werte** des Übergangs „c" und „d" in der Eingabemaske anpassen.
„c"= 250mm und „d"= 250mm (Durch Betätigen der Bestätigen/Return Taste werden die neu definierten Werte zugleich graphisch umgesetzt).

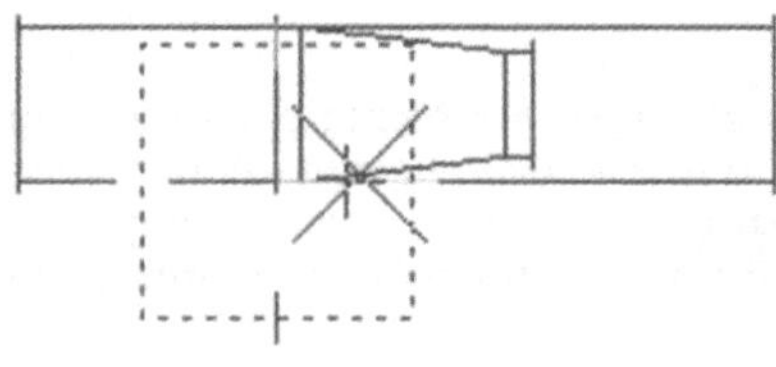

> Übergang durch Betätigen der **<OK>** -Taste in der VENTURIS Eingabemaske setzen.

> Im VENTURIS Menü: „Werkzeug" die Funktion: **„prüfen/dimensionieren"** anwählen.

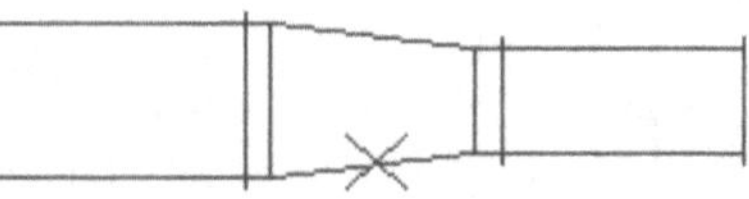

> Schalter: **„Querschnitt überprüfen"** anwählen.

> Über **„Doppelklick"** den Übergang anwählen.
Der angrenzende Kanal wird an die Maße: "c" und „d" des Übergangs angepasst.

88. 3D- T-Stück eckig planen:

(VENTURIS Menü: Platzieren → Eckig → T-Stück)

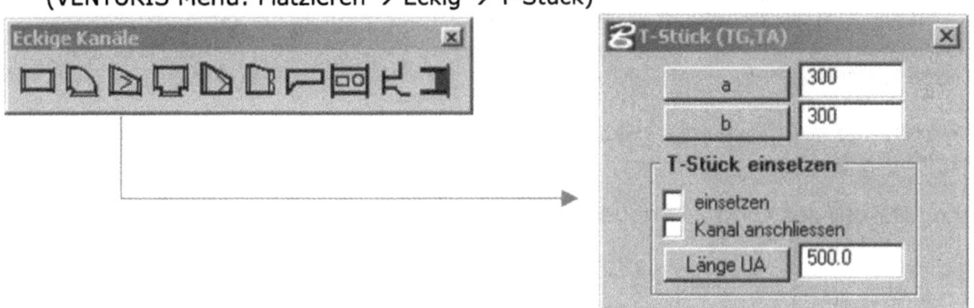

Grundsätzlich zeigt das Einstellungsfenster die übernommenen und aktuellen Abmessungen eines Kanalteils oder Komponente an. Ein T-Stück kann nicht frei gesetzt werden. Dieses kann nur über TNTPNT an ein Referenzobjekt gesetzt werden.

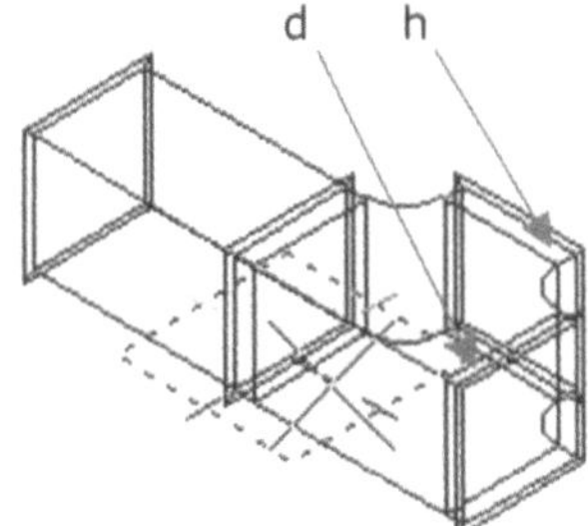

Beispiel: T-Stück (symmetrisch- TS),
Abgang „d" und „h" sind variabel einstellbar.

> Durch **Setzen eines TENTPNT** an das Referenzobjekt, wird im Anschluss ein T-Stück gesetzt. Dabei werden alle Eigenschaften des Referenzobjektes übernommen und es erscheint die **VENTURIS Eingabemaske** für T-Stück (TS/TA).

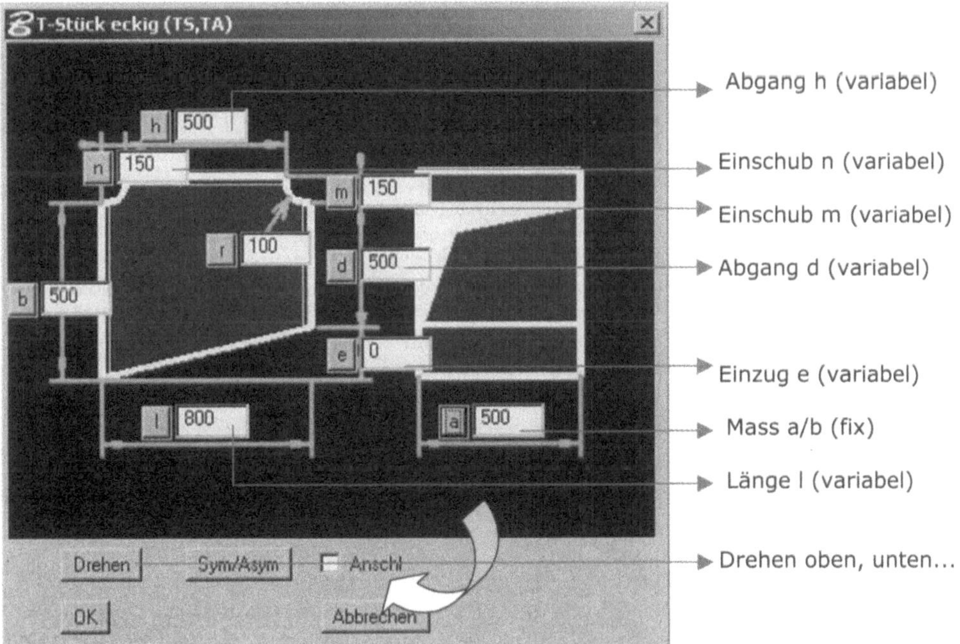

> **Die variablen Werte** des T-Stücks wie: **Abgang- h; Einschub- n; Breite Ende- d; Einzug- e; Einschub- m; Länge- l** sowie **Drehen** und **Anschl**(uss) können in der VENTURIS Eingabemaske nach Bedarf angepasst werden. Radius- „r" sollte nicht kleiner als r=50 mm betragen (Durch Betätigen der Bestätigen/Return Taste werden die neu definierten Werte zugleich graphisch umgesetzt).

> Durch Betätigen des Schalters **„Sym/Asym"** kann der Übergang nach Bedarf ausgerichtet werden.

> Durch Antippen des Kontrollkästchens: **„Anschl"** schließt das T-Stück (bei Anschluss-) optional als Verzweigung an.

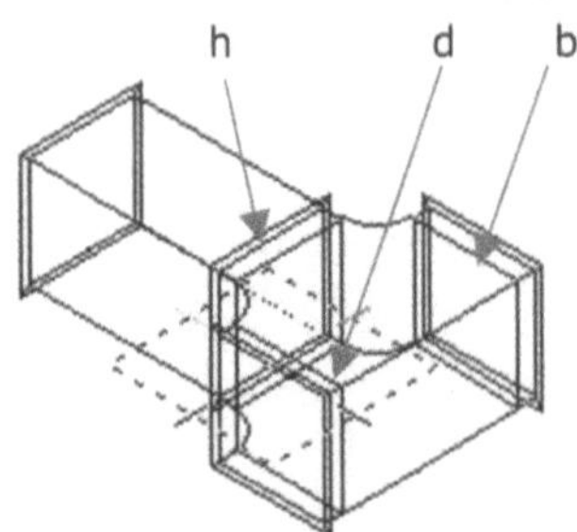

Beispiel: T-Stück an Kanalteil planen (**Anschl**uss-h).

> Nachdem alle variablen Werte angepasst wurden, wird das T-Stück durch Betätigen der **<OK>** Taste in der VENTURIS Eingabemaske gesetzt.

Zusammenfassung „T-Stück eckig planen":

- In der Toolbox „T-Stück eckig (TS/TA) planen" anwählen.
- T-Stück durch Setzen von TENTPNT an Kanal/Bogen/Komponente anschließen.
- Variable Werte in T-Stück eckig Eingabemaske nach Bedarf anpassen.
- *Alternativ*: Anschluss als Verzweigung im Kontrollkasten „Anschl".
- T-Stück setzen durch Betätigen der <OK> -Taste in der VENTURIS Eingabemaske (oder über die RESET -Taste ablehnen).

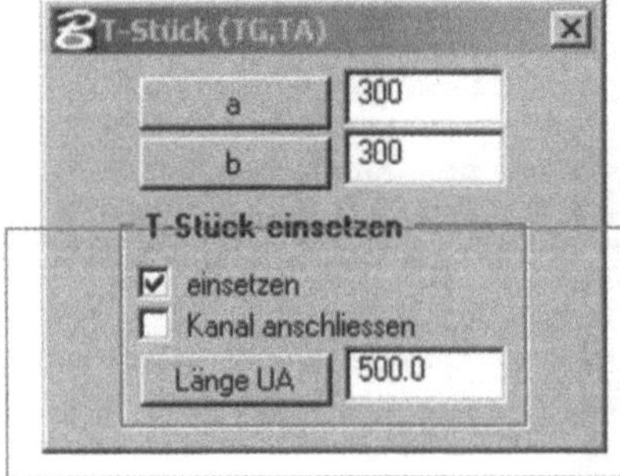

Ähnlich wie bei „Übergang eckig" kann im Einstellungsfenster von „T-Stück (TG,TA)" über die Option: **„einsetzen"** ein T-Stück in einen vorhandenen Kanal eingesetzt werden. Dabei wird das T-Stück entlang der Achsführung des Referenzobjektes gesetzt. Das T-Stück kann nach dem Einsetzen über TENTPNT an einem Abzweig ausgerichtet werden. Über die Option: „Kanal anschließen" kann ein Abzweig mit einem Bogen oder Übergang angeschlossen werden.

Beispiel: T-Stück über die Funktion „einsetzen".

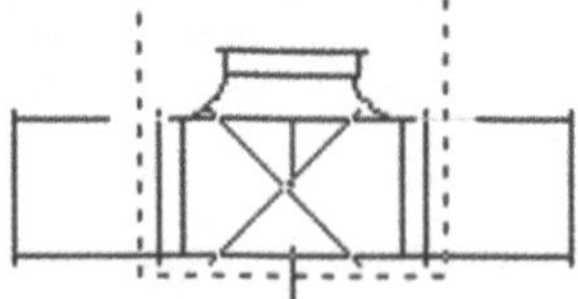

Übung: T-STück in Kanal planen > zur Festigung der Arbeitsmethodik.

> Kanal mit den Werten: „a=300, b=300 und Länge 3000mm" in der Draufsicht setzen. Einen weiteren Kanal mit den Werten: „a=250, b=250 und Länge 500mm" lotrecht zu Kanal 1 setzen. Beide Kanäle sollten auf gleicher Höhe liegen.

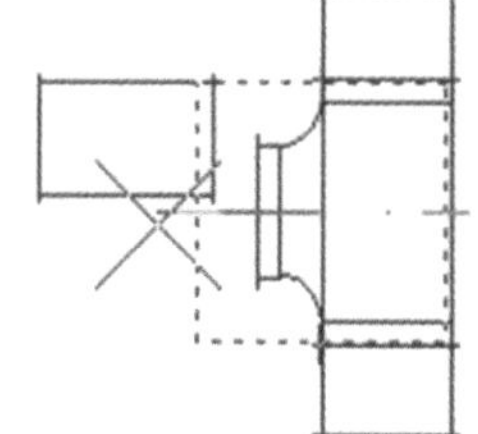

> **„T-Stück"** in der Toolbox anwählen und im Einstellungsfenster Toggle -Schalter: „einsetzen" und „Kanal anschließen" aktivieren.

> **TENTPNT** seitlich an die Kanalmitte (Kanal 1) setzen um den Einfügepunkt des Übergangs zu definieren und mit **DATAPNT** bestätigen.

> Über **TENTPNT** den lotrechten Kanal anklicken (Kanal 2). Das T-Stück wird am Kanal ausgerichtet und die Anschlusswerte werden übernommen.

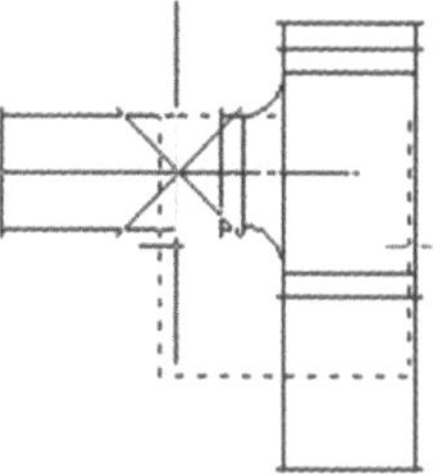

> T-Stück durch Betätigen der **<OK>** -Taste in der VENTURIS Eingabemaske setzen. VENTURIS generiert automatisch die passende Verbindung.
Zwischen Abzweig und T-Stück wurde automatisch ein Übergang gesetzt.

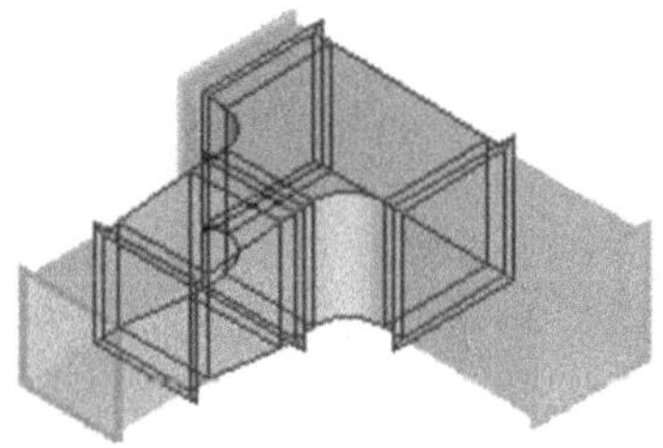

Verbindung mit Übergang
Das Übungsbeispiel in der Isometrischen Ansicht. Zwischen Abzweig und T-Stück wurde automatisch ein Übergang gesetzt.

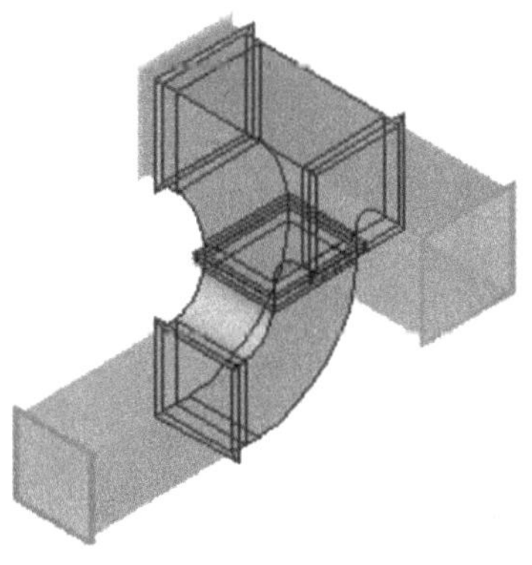

Verbindung mit Bogen
Bei Kanälen mit unterschiedlichen Höhenquoten wird der Abzweig des T-Stücks am Referenzobjekt ausgerichtet und angepasst. Als Verbindungsstück wird im Anschluss ein Bogen bzw. Übergang gesetzt.

89. 3D- Übergang eckig-rund planen:

(VENTURIS Menü: Platzieren → Eckig → Übergang eckig → rund (RS/RA) planen)

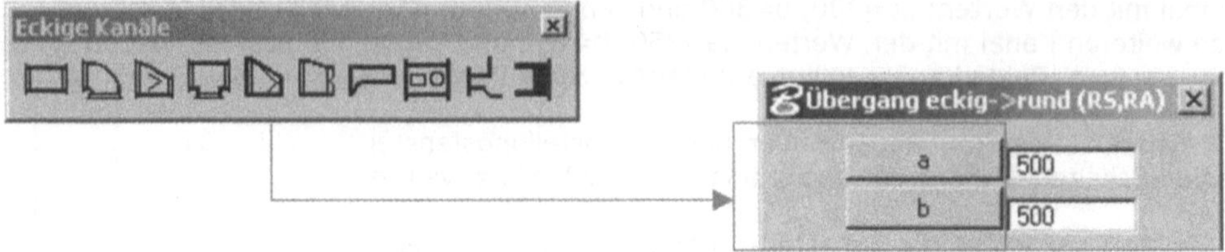

Grundsätzlich zeigt dass Einstellungsfenster die übernommenen und aktuellen Abmessungen eines Kanalteils oder Komponente an. Ein Übergang eckig-rund kann nicht frei gesetzt werden. Dieser kann nur über TNTPNT an ein Referenzobjekt gesetzt werden.

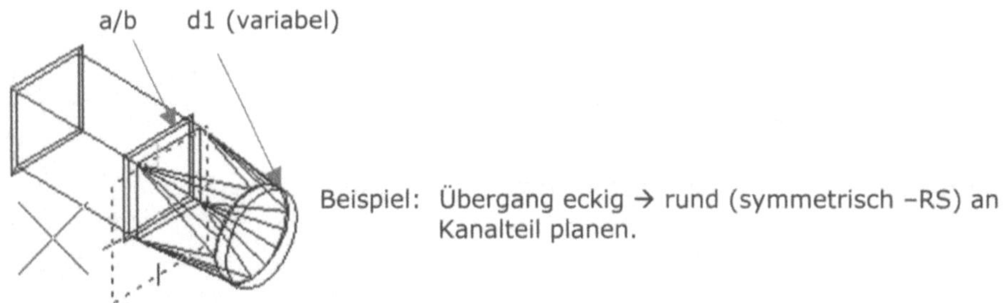

Beispiel: Übergang eckig → rund (symmetrisch -RS) an Kanalteil planen.

> Durch **Setzen eines TENTPNT** an das Referenzobjekt, wird im Anschluss ein Übergang eckig → rund gesetzt. Dabei werden alle Eigenschaften des Referenzobjektes übernommen und es erscheint die **VENTURIS Eingabemaske** für Übergang eckig → rund (RS/RA).

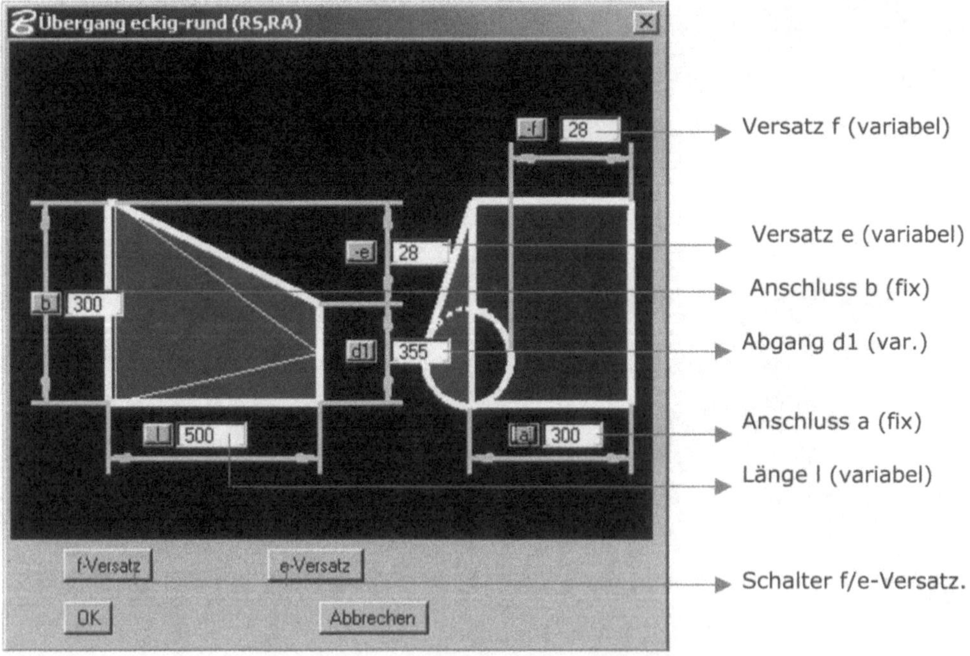

Zur Auswahl der Nennweite für Abgang rund, stehen unter dem Kästchen **„d1"** der VENTURIS Eingabemaske **genormte Standard-Nennweiten** (Rohrdurchmesser) zur Auswahl. Die Nennweiten sind in der Attribut Datei: **„dn_default"** definiert. Die Datei befindet sich (in der Regel) unter dem Pfad: „..VENTURIS/env/db/vent".

Beispiel: Auswahl der Nennweite für Abgang rund unter dem Schalter **„d1"** der VENTURIS Eingabemaske. Die Nennweiten sind in der Attribut Datei: **„dn_default"** definiert.

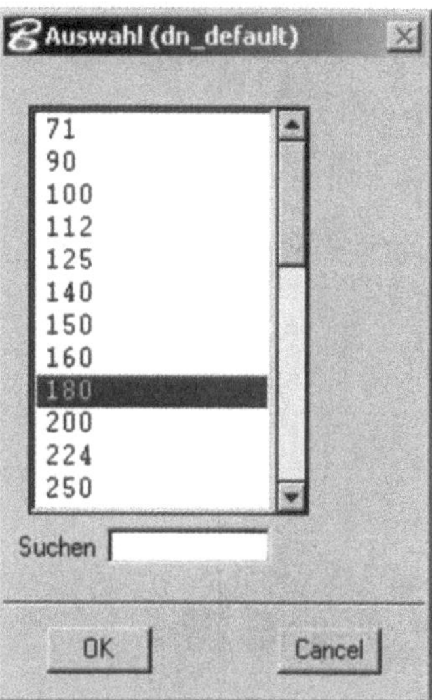

Hinweis: Der runde Abgang sollte den genormten Nennweiten entsprechen. Die Attribut-Datei: „dn_default" entspricht den allgemein üblichen Nennweiten. Daher ist es ratsam die Nennweite für Abgang rund, über den Schalter „d1" der VENTURIS Eingabemaske festzulegen.

> Nachdem alle variablen Werte angepasst wurden, wird der Übergang durch Betätigen der **<OK>** -Taste in der VENTURIS Eingabemaske gesetzt.

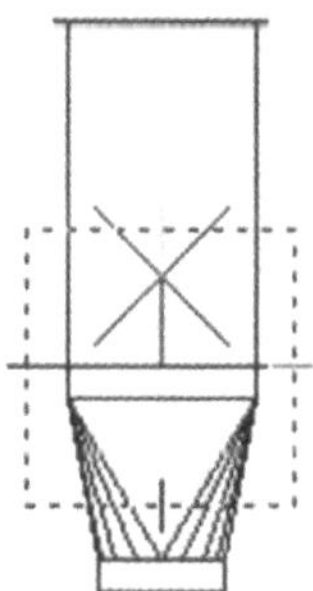

Übergang **RS** (rund-sym.)

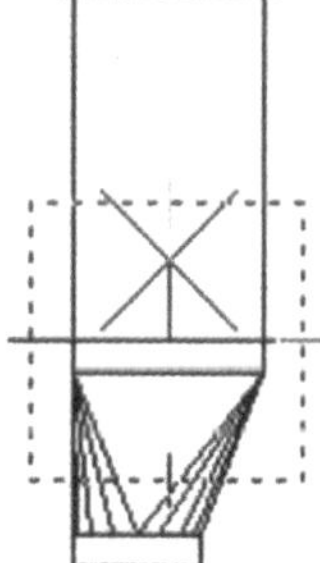

Übergang **RA** (rund-asym.)

Zusammenfassung „Übergang eckig → rund (RS/RA) planen":

- In der Toolbox „Übergang eckig → rund (RS/RA) planen" anwählen.
- Übergang durch Setzen von TENTPNT an Kanal/Komponente anschließen.
- Variable Werte in „Übergang eckig → rund" Eingabemaske nach Bedarf anpassen.
- Übergang setzen durch Betätigen der <OK> -Taste in der VENTURIS Eingabemaske (oder mit RESET ablehnen).

90. 3D- Hosenstück eckig (HS) planen:

(VENTURIS Menü: Platzieren → Eckig → Hosenstück)

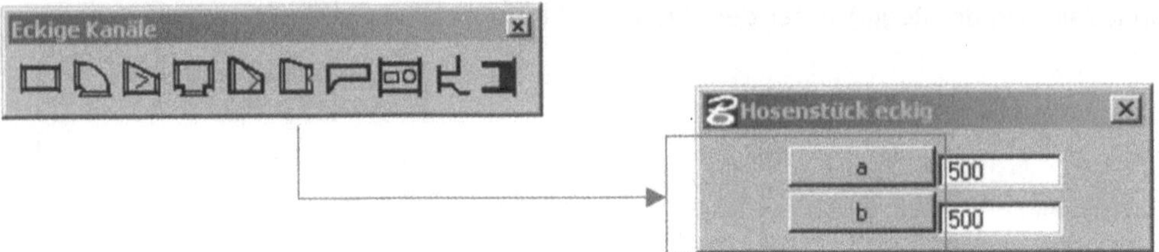

Grundsätzlich zeigt dass Einstellungsfenster die übernommenen und aktuellen Abmessungen eines Kanalteils oder Komponente an. Ein Hosenstück kann nicht frei gesetzt werden. Dieses kann nur über TNTPNT an ein Referenzobjekt gesetzt werden.

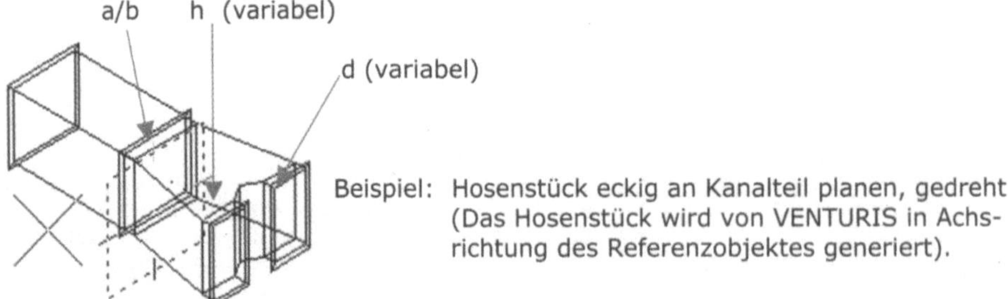

Beispiel: Hosenstück eckig an Kanalteil planen, gedreht (Das Hosenstück wird von VENTURIS in Achsrichtung des Referenzobjektes generiert).

> Durch **Setzen eines TENTPNT** an das Referenzobjekt, wird im Anschluss ein Hosenstück eckig gesetzt. Dabei werden alle Eigenschaften des angewählten Kanalteils übernommen und es erscheint die VENTURIS Eingabemaske für Hosenstück eckig (HS).

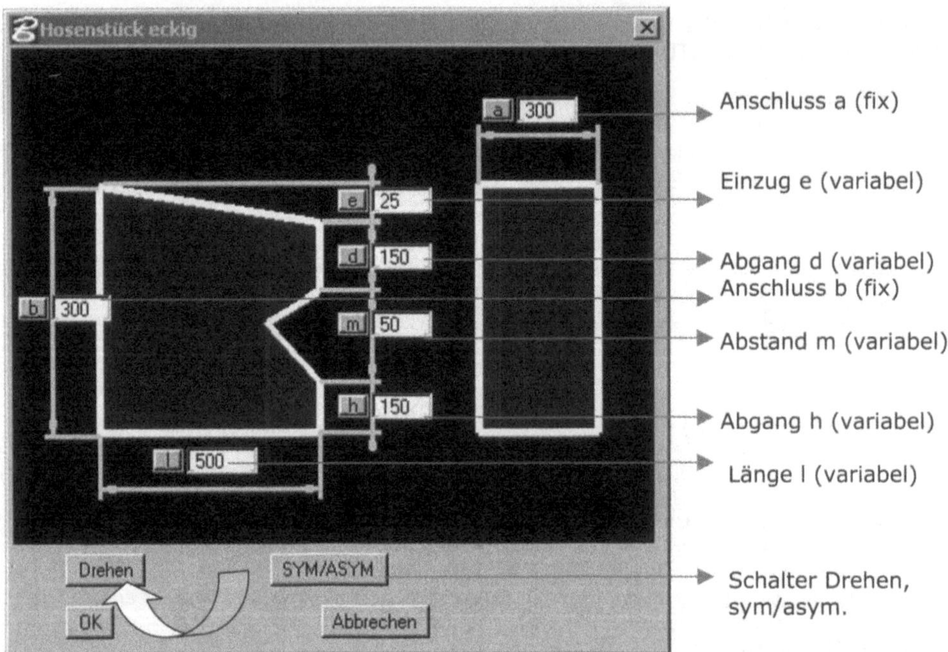

> **Die variablen Werte** des Hosenstücks wie: **Abgang- d; Einzug- e; Abstand- m; Abgang- h** sowie **Länge- l** können in der VENTURIS Eingabemaske nach Bedarf angepasst werden. Abgang „d" sollte immer zuerst angepasst werden (Durch Betätigen der Bestätigen/Return Taste werden die neu definierten Werte zugleich graphisch umgesetzt).
Im 3D-Modul können die Abgänge „d" und „h" leider nicht an vorhandene Kanäle angeschlossen werden. Dies kann aber auch nur Versionsbedingt der Fall sein.

> Durch Betätigen des Schalters **„Sym/Asym"** kann das Hosenstück nach Bedarf ausgerichtet werden. Es können aber auch Benutzerdefinierte Werte unter „e" und „h" eingegeben werden.

Zusammenfassung „Hosenstück eckig (HS) planen":
- In der Toolbox „Hosenstück eckig (HS) planen" anwählen.
- Hosenstück durch setzen von TENTPNT an Kanal anschließen.
- Variable Werte für die Abgänge in der Eingabemaske nach Bedarf anpassen.
- Hosenstück setzen durch Betätigen der <OK> -Taste in der VENTURIS Eingabemaske.

Eine **Alternative zu Hosenstück** mit mehr gestalterischem Freiraum der Abgänge bietet die Funktion: **„Separator planen"**, wie unter „3D-Separator planen", beschrieben.
Die Anbauteile des Separators können „Übereinander" oder „Nebeneinander" gesetzt werden. Optional kann die Teilung auf <2x> (2 Anbauteile) oder <3x> (3 Anbauteile) festgelegt werden. Die Abgänge können als Versand u. Anbauteile markiert werden. Dadurch wird festgelegt, das die Abgänge zu einem Teil mit gemeinsamen Rahmen zusammengebaut werden.

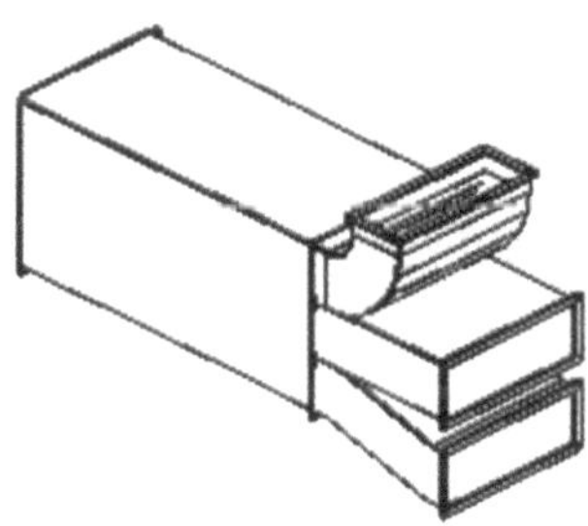

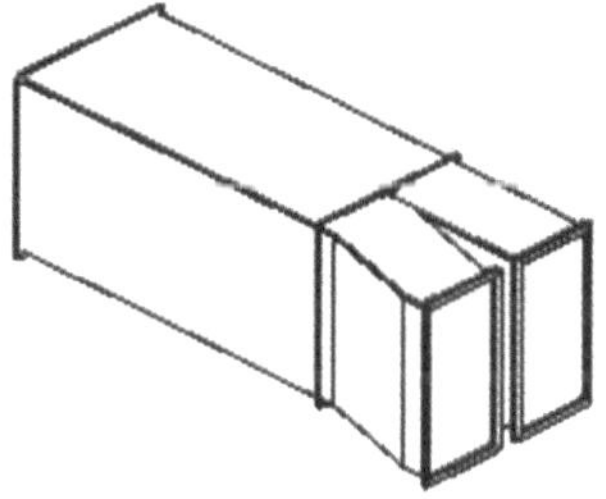

Beispiel:
(Übereinander) Separator mit 3-facher Teilung, (Nebeneinander) mit 2-facher Teilung.

Hinweis: Die Abgänge „d" und „h" sollten sinnvoll an die zulässige Geschwindigkeit (m/s) und an den größtmöglichen Volumenstrom (m3/h) angepasst werden. Hierbei kann der VENTURIS-Kanalschieber zur schnellen Berechnung benutzt werden (VENTURIS-Menü: Werkzeug → Kanalschieber. Siehe auch Berechnen eines Querschnitts mit dem „VENTURIS-Kanalschieber - Kapitel: 49, Seite 91).

91. 3D-Stutzen Übergang (SU) auf eckigen Kanal planen:

(VENTURIS Menü: Platzieren → Eckig → Stutzen Übergang (SU) planen)

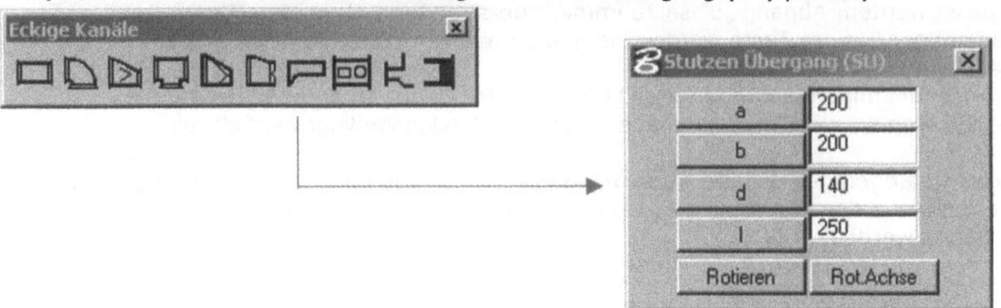

Im Einstellungsfenster **„Stutzen Übergang (SU)"** können vor dem setzen des Stutzen die Abmessungen „a= Breite; b= Höhe und d= Breite Abgang" definiert werden. Über die Maße „a" und „b" werden die Querschnittsmaße festgelegt, mit denen am Referenzkanal angeschlossen wird. Mit Maß „d" wird die Breite des Abgangs am Ende des Stutzen Übergangs definiert. Durch Doppelklick in das entsprechende Kästchen des Einstellungsfensters können die aktuellen Werte überschrieben werden. Mit der Taste Bestätigen/Return wird der eingegebene Wert übernommen und graphisch umgesetzt. Über Schalter: **„Rotieren"** wird der Übergang im Inkrement von 90° um die Kanten des Kanals gedreht. Über Schalter: **„Rot.Achse"** wird der Stutzen Übergang im Inkrement von 90° um die eigene Achse gedreht.

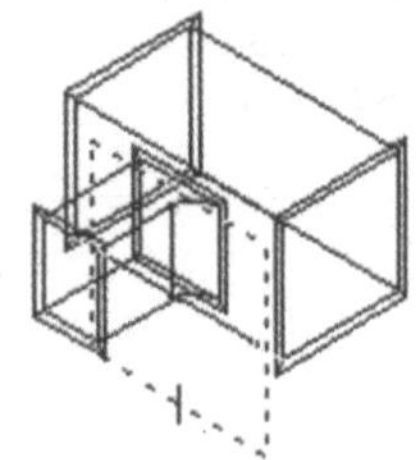

Beispiel: Stutzen Übergang (SU) seitlich an Kanalteil planen.

> Durch **Setzen eines TENTPNT** seitlich an einen vorhandenen Kanal wird im Anschluss ein Stutzen Übergang gesetzt. In der Regel ist der Querschnitt des Stutzen kleiner als der Hauptkanal, dieser wird in der Z-Achse eingemittelt. VENTURIS passt die Höhenquote automatisch an.

> Im Einstellungsfenster von Stutzen Übergang (SU) können die variablen Werte des Stutzen: **„a, b, d und Länge l"** definiert werden.

> Vor dem absetzten des Stutzen Übergangs mit **DATAPNT** kann der Stutzen über die Funktion **„Rotieren"** im Inkrement von 90° um den Kanal gedreht werden. Bei der gewünschten Lage kann der Stutzen mit DATAPNT gesetzt werden.

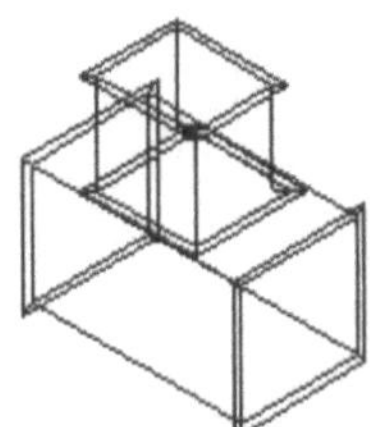

Beispiel: Stutzen Übergang (SU) über „Rotieren" gedreht.

> Vor dem absetzten des Stutzen Übergangs mit **DATAPNT** kann der Stutzen über die Funktion **„Rot.Achse"** im Inkrement von 90° auch noch um die eigene Achse gedreht werden. Bei der gewünschten Lage kann der Stutzen mit DATAPNT gesetzt werden.

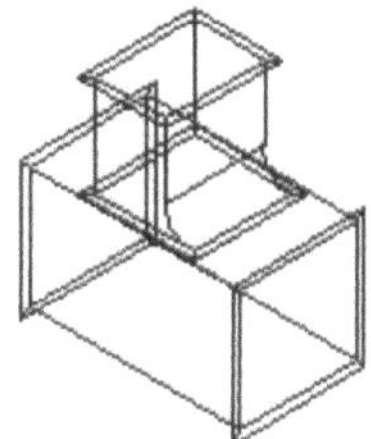

Beispiel: Stutzen Übergang (SU) über „Rot.Achse" gedreht.

Zusammenfassung „Stutzen Übergang (SU) planen":

- In der Toolbox „Stutzen Übergang (SU) planen" anwählen.
- Setzen eines TENTPNT seitlich an vorhandenen Kanal.
- Variable Werte im Einstellungsfenster nach Bedarf anpassen.
- Eventuell neuen Bezugspunkt über TENTPNT wählen.
- Bei Bedarf den Stutzen über „Rotieren" bzw. „Rot.Achse" ausrichten.
- Stutzen Übergang mit DATAPNT setzen.

Hinweis:
Der Bezugspunkt zum Referenzkanal kann vor dem Setzen des Stutzen beliebig oft über TNTPNT gewählt werden. Ein Stutzen Übergang gewährleistet im Vergleich zu einem Nietbord eine bessere Anströmung des Mediums. Die Kostengünstigere Alternative ist jedoch ein Nietbord.

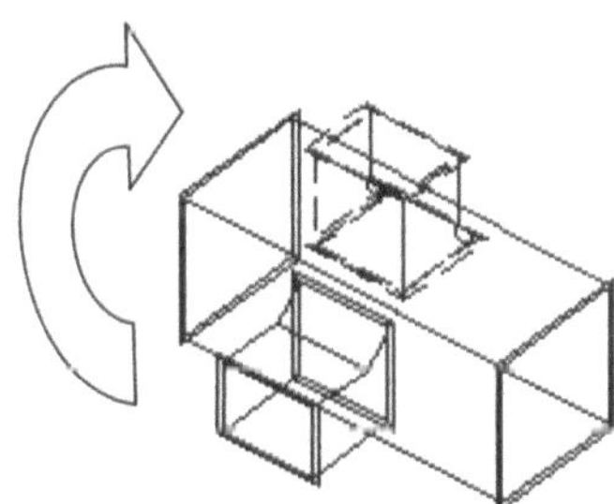

Beispiel: Über die Funktion **„Rotieren"** kann der Stutzen im Inkrement von 90° um den Kanal gedreht werden.

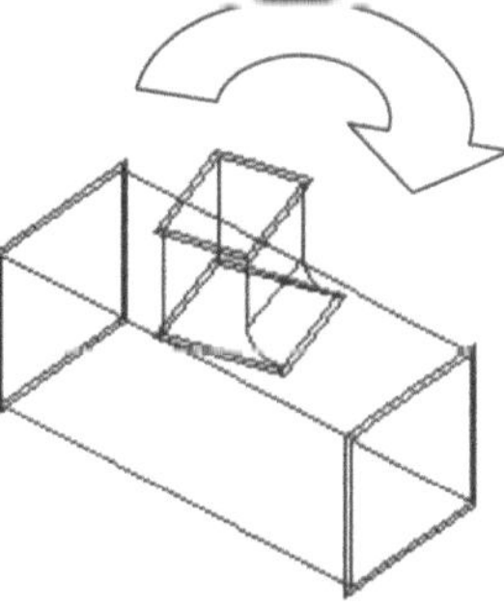

Beispiel: Über die Funktion **„Rot.Achse"** kann der Stutzen im Inkrement von 90° um die eigene Achse gedreht werden.

92. 3D-Nietbord (NB) Stutzen rund (SR) auf eckigen Kanal planen:

(VENTURIS Menü: Platzieren → Eckig → Nietbord/Stutzen rund)

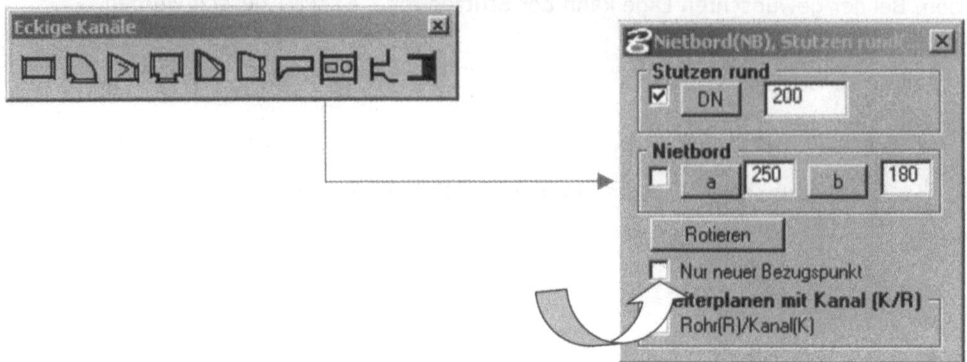

Im Einstellungsfenster **„Nietbord, Stutzen rund setzen (NB/SR)"** können vor dem setzen des Nietbords die Abmessungen „a= Breite; b= Höhe" und für Stutzen rund die Nennweite „DN" definiert werden. Durch Doppelklick in das entsprechende Kästchen des Einstellungsfensters können die aktuellen Werte überschrieben werden. Mit der Taste Bestätigen/Return wird der eingegebene Wert übernommen. Auf den hervorgehobenen VENTURIS Schaltflächen können voreingestellte Standard-Werte ausgewählt und gesetzt werden. Toggle-Schalter (Haken) auf Nietbord oder Stutzen rund setzen.

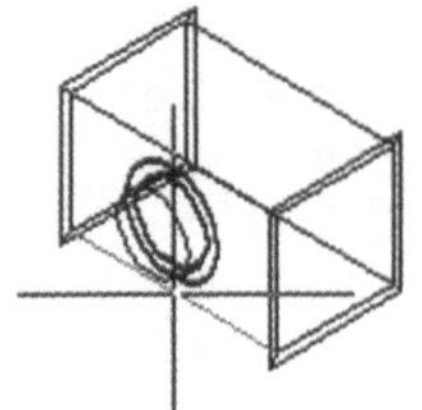

Beispiel: Stutzen rund seitlich an Kanalteil planen.

Beispiel: Nietbord seitlich an Kanal planen.

> Durch **Setzen eines TENTPNT** seitlich an einen vorhandenen Kanal wird im Anschluss ein Nietbord gesetzt. In der Regel ist der Querschnitt des Nietbords kleiner als der Hauptkanal, dieser wird in der Z-Achse eingemittelt. VENTURIS passt die Höhenquote automatisch an.

> Im Einstellungsfenster von Nietbord, Stutzen rund können die variablen Werte: **„DN"** für Stutzen rund (SR) bzw. die Querschnittsmaße: **„a und b"** für Nietbord definiert werden. Die Länge wird von VENTURIS automatisch generiert.

> Vor dem absetzten des NB oder SR mit **DATAPNT** kann das Nietbord über die Funktion **„Rotieren"** im Inkrement von 90° um den Kanal gedreht werden. Bei der gewünschten Lage kann das Nietbord/Stutzen mit DATAPNT gesetzt werden.

Beispiel: Nietbord rotiert zur Oberkante Kanal (OKK).

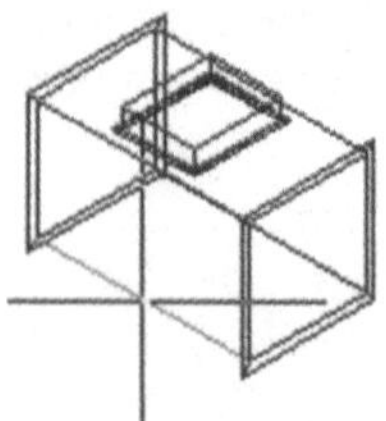

> Ein Nietbord oder ein Stutzen kann vor dem endgültigen Setzen, mit der Funktion: **„Nur neuer Bezugspunkt"** entlang seiner Koordinate (x/y-Achse) neu ausgerichtet werden. Das NB oder SR wird zu einem neuen Bezugspunkt z. Bsp.: lotrecht zum Anschluss eines Auslasses gesetzt.

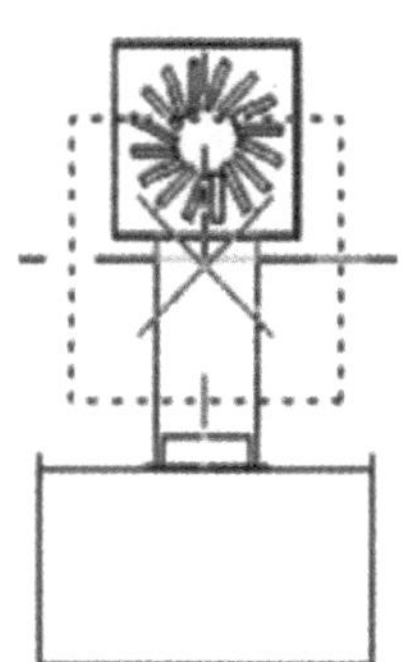

Beispiel: „Stutzen rund" lotrecht zu Auslass setzen über „Nur neuer Bezugspunkt".

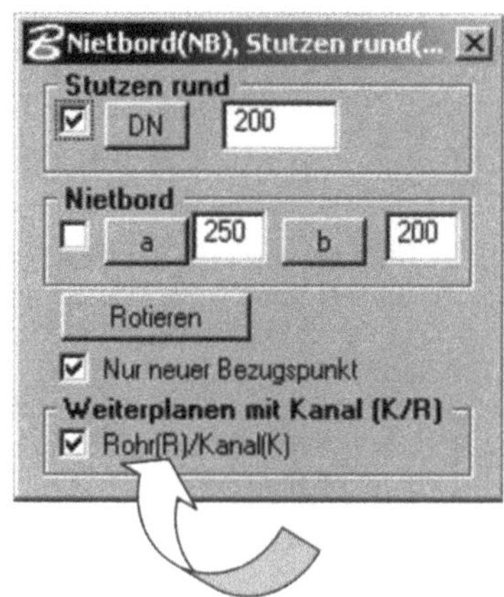

> Durch Setzen eines **TENTPNT** seitlich an den vorhandenen Kanal wird ein Stutzen rund eingesetzt, anschließend Toggel-Schalter: **„Nur neuer Bezugspunkt"** aktivieren.
Auslass/Bezugspunkt mit TENTPNT anklicken. Der Referenzpunkt (TENTPNT) des Auslasses ist der Rohrabgang des Kastens. Bestätigen mit DATAPNT. Der Stutzen wird nun entlang seiner Koordinate lotrecht zum Auslass gesetzt.

> Über die Option: **„Weiterplanen mit Kanal/Rohr (K/R)"** kann nach dem Setzen eines Nietbords über DATAPNT, automatisch mit Kanal, und beim Setzen eines Stutzen mit Rohr weitergeplant werden. Die Größe des Nietbords (DN bzw. Querschnitt) wird dabei automatisch übernommen.

Beispiel: „Weiterplanen mit Rohr" nach dem Setzen des NB über DATAPNT.

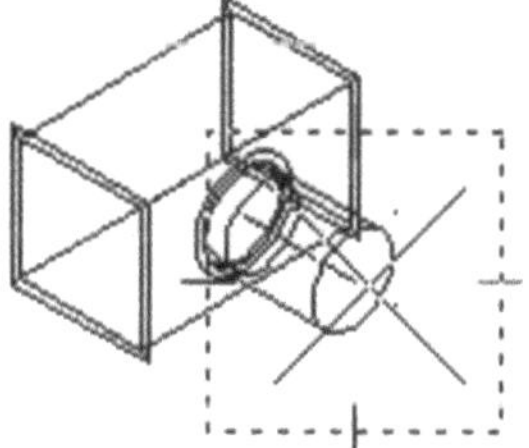

Zusammenfassung „Nietbord, Stutzen rund (NB/SR) planen":

- In der Toolbox „Nietbord, Stutzen rund (NB/SR) planen" anwählen.
- Toggle-Schalter auf „Nietbord" oder „Stutzen rund" setzen.
- Variable Werte im Eingabefenster nach Bedarf anpassen.
- Setzen eines TENTPNT seitlich an vorhandenen Kanal.

Optional:

- Toggle-Schalter: „Nur neuer Bezugspunkt aktivieren".
- Auslass/Bezugspunkt mit TENTPNT anklicken.
- Bestätigen mit DATAPNT.
- Zum „Weiterplanen mit Kanal/Rohr": Auslass/Bezugspunkt mit TENTPNT anklicken und mit DATAPNT bestätigen.

93. 3D-Separator planen:

(VENTURIS Menü: Platzieren → Eckig → Separator)

> Durch **Setzen eines TENTPNT** an einen vorh. Kanal und anschließendem **DATAPNT** erscheint im Anschluss das Einstellungsfenster „Teilung" (siehe Graphik rechts→) und die Abfrage: „Kanal teilen mit...?" Durch Betätigen des Schalters <OK> erscheint die Abfrage beim planen eines weiteren Separators erneut. Durch Betätigen des Schalters: <Meldung nicht mehr zeigen> erscheint die Abfrage erst beim Neustart von VENTURIS wieder.

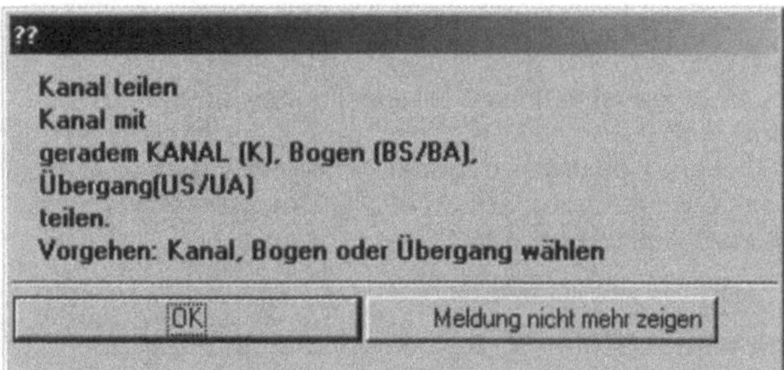

Abfrage: „Kanal teilen..?" mit Schalter <OK> bestätigen, oder mit Schalter: <Meldung nicht mehr anzeigen>

Die Anbauteile des Separators können „Übereinander" oder „Nebeneinander" gesetzt werden. Der Toggle-Schalter ist standardmäßig auf „Nebeneinander" gesetzt. Optional kann die Teilung auf <2x> (2 Anbauteile) oder <3x> (3 Anbauteile) festgelegt werden (Siehe Pfeil im Einstellungsfenster oben rechts). Über die Schalter: „links, Mitte und rechts" wird der Startpunkt des 1. Anbauteils bestimmt.

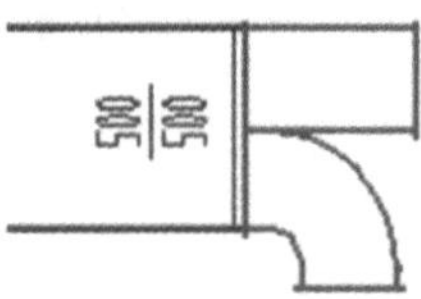

Beispiel:
Separator (Nebeneinander) mit 2-facher Teilung.

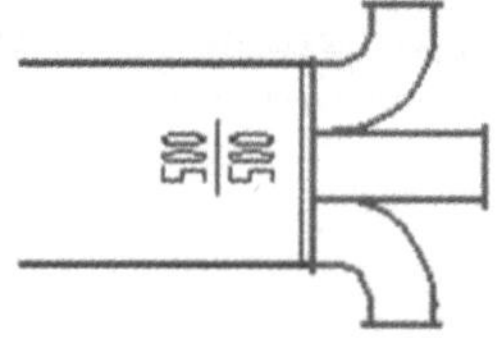

Separator mit 3-facher Teilung.

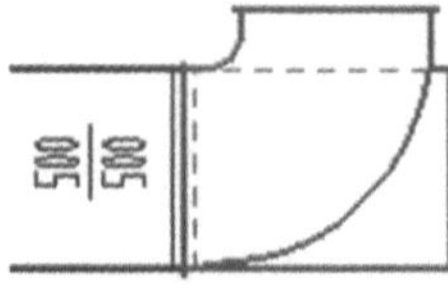

Beispiel:
Separator (Übereinander) mit 2-facher Teilung.

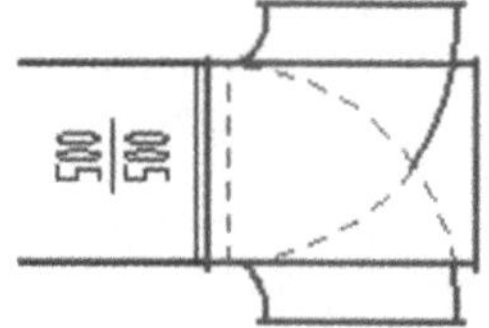

Separator mit 3-facher Teilung.

> Durch **Setzen eines TENTPNT** stirnseitig an einen vorh. Kanal und anschließendem **DATAPNT** erscheint im Anschluss das Einstellungsfenster „Teilung" und die Abfrage: „Kanal teilen mit...?" Über Schalter <OK> oder <Meldung nicht mehr zeigen> betätigen. Die Eigenschaften des Referenzobjektes wie: Anlage; Luftart; Material; Strang, OKK etc. werden automatisch übernommen.

> Die **variablen Werte** können nun im Einstellungsfenster „Teilung" definiert werden. Optional die Teilung (<2x> bzw. <3x>) und den Startpunkt („links" - „Mitte" oder „rechts") festlegen.

> Weiter mit (Teil A) **Auswahl von Kanal, Bogen oder Übergang** im Menü „Eckig".

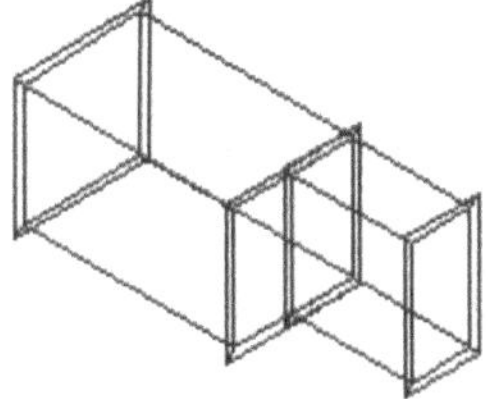

Im Beispiel:
Auswahl von Kanal mit Startpunkt „links".

> Länge des Kanalteils in AccuDraw eingeben.

> Weiter mit (Teil B) **Auswahl von Bogen oder Übergang** im Menü „Eckig".

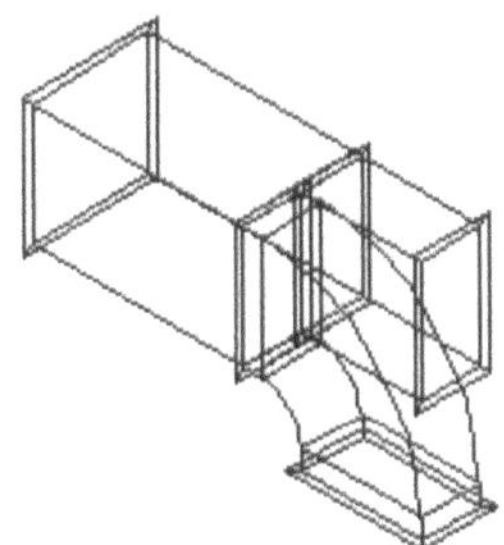

Im Beispiel: Auswahl von Bogen.

> In der **VENTURIS Eingabemaske** die Werte für Bogen oder Übergang nach Bedarf anpassen. Durch betätigen der **<OK>** -Taste in der VENTURIS Eingabemaske werden die neu definierten Werte gesetzt.

Hinweis: Durch Abbrechen (RESET) wird nur die Eingabe von Teil B abgebrochen. Eine erneute Auswahl von Kanal, Bogen oder Übergang für Teil B ist an dieser Stelle möglich. Erst durch schließen des Eingabefensters „Teilung" wird der Vorgang „Separator planen" abgebrochen.

> Nach Betätigen der **<OK>** Taste in der VENTURIS Eingabemaske erscheint die Abfrage:„Kanäle als Versand u. Anbauteile markieren?" Durch Betätigen der Taste **<OK>** werden Kanal und Bogen zu einem Teil(A+B) mit einem gemeinsamen Rahmen. Durch Betätigen von **<Cancel>** bleiben diese getrennt.

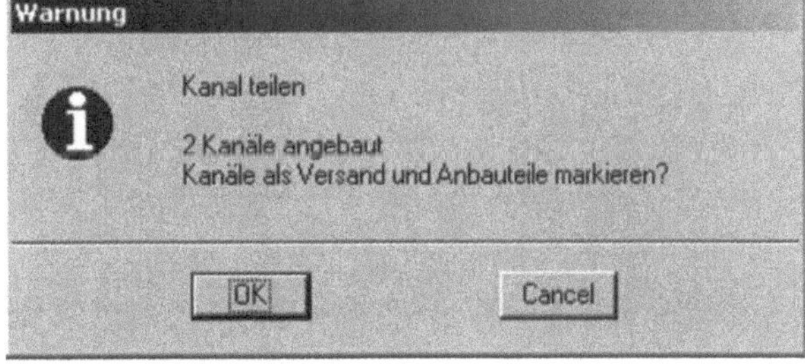

Beim planen eines 3-fachen Separators (Bestehend aus Teil A, B und C) ist die Vorgehensweise dieselbe. Lediglich Teil 3 („C" in der VENTURIS Datenbank) muß zusätzlich geplant werden. Die **Höhenquoten** für übereinanderliegende Teile werden von VENTURIS automatisch angepasst.

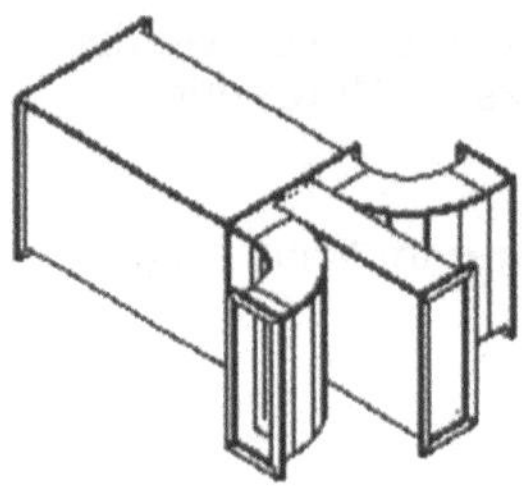

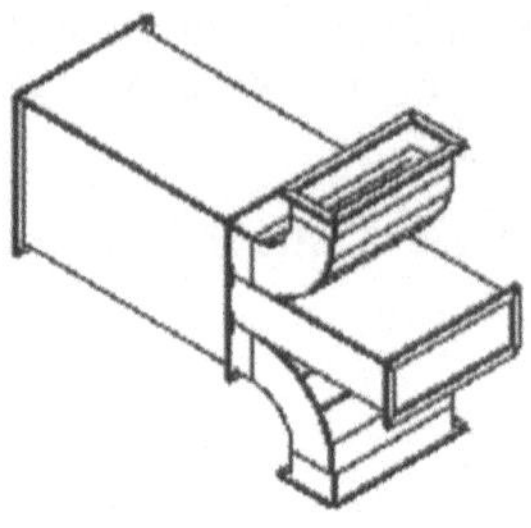

Beispiel Separator:
„Nebeneinander" mit 3-facher Teilung, „Übereinander" mit 3-facher Teilung.

Zusammenfassung „Separator planen (2x)":

- In der Toolbox „Separator planen" anwählen.
- Setzen eines TENTPNT an Kanal und anschließend DATAPNT.
- Abfrage mit Schalter <OK> oder <Meldung nicht mehr zeigen> bestätigen.
- Variable Werte im Einstellungsfenster „Teilung" anpassen.
- Auswahl von Kanal, Bogen oder Übergang für Separator-Teil A.
- Länge des Kanalteils definieren (evtl. variable Werte in der VENTURIS Eingabemaske für Separator Teil-A festlegen). Werte mit <OK> (Return) bestätigen.
- Auswahl von Kanal, Bogen oder Übergang für Separator-Teil B.
- Variable Werte in der VENTURIS Eingabemaske für Separator Teil-B anpassen.
- Werte mit <OK> (Return) bestätigen oder <Abbrechen> für neue Auswahl Teil-B.
- Abfrage: „Kanäle als Versand u. Anbauteile markieren?" mit <OK> bestätigen oder über <Cancel> ablehnen.

Information:
Die Abgänge (Teil A, B u. C) sollten sinnvoll an die zulässige Geschwindigkeit (m/s) und an den größtmöglichen Volumenstrom (m3/h) angepasst werden. Hierbei kann der VENTURIS-Kanalschieber zur schnellen Berechnung benutzt werden (VENTURIS- Menü: Werkzeug → Kanalschieber. Siehe auch Berechnen eines Querschnitts mit dem „VENTURIS -Kanalschieber" Kapitel: 49, Seite 91).

94. 3D-Endboden auf Kanal planen:

(VENTURIS Menü: Platzieren → Eckig → Endboden)

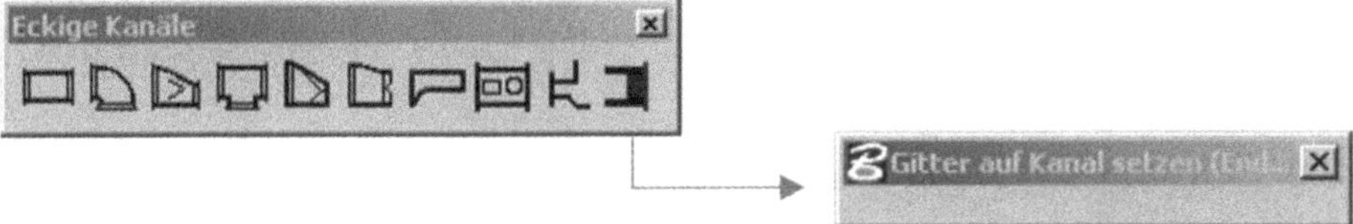

Anders als im 2D-Modul erscheint im 3D Modul kein Zellselektor zur Auswahl verschiedener Enddeckel- bzw. Endbodenarten. Im 3D-Modul wird der Endboden nach dem Setzen eines TENTPNT an das Referenzobjekt und anschließendem DATAPNT automatisch generiert. Die Eigenschaften des Referenzobjektes werden automatisch übernommen.

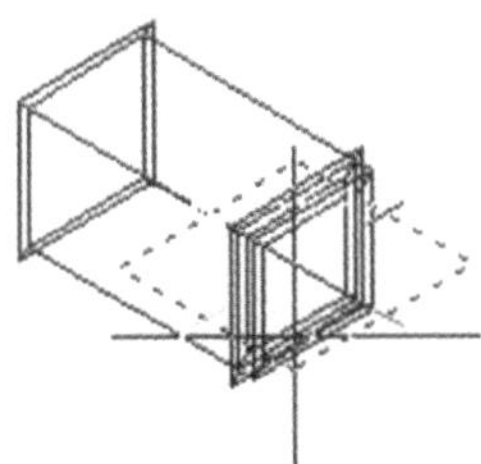

Beispiel: Enddeckel Überstehend an Kanal planen.

Hinweis:
Ein Kanal mit Enddeckel versehen erhält als Datenbankeintrag unter Rahmen: „BO/SB..." (siehe Graphik unten). BO steht für Boden (Endboden). Ein Kanalhersteller produziert diesen Kanal also <u>mit</u> Endboden. Der dazugehörige Enddeckel wäre nutzlos. Daher sollte der Enddeckel in seinem Datenbankeintrag auf Liste= 0 gesetzt werden.

Ein Kanal mit Enddeckel versehen erhält als **Datenbankeintrag** unter Rahmen: „BO/SB..."

BO= Boden (Endboden)

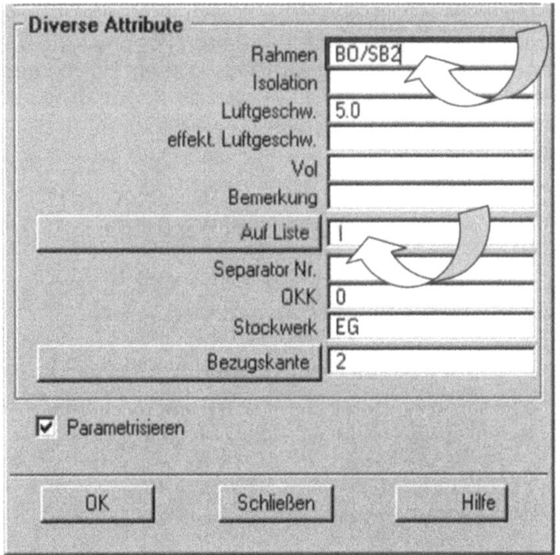

95. 3D-Runder Kanal (R) planen:

(VENTURIS Menü: Platzieren → Rund → Rohr/ Kanal rund)

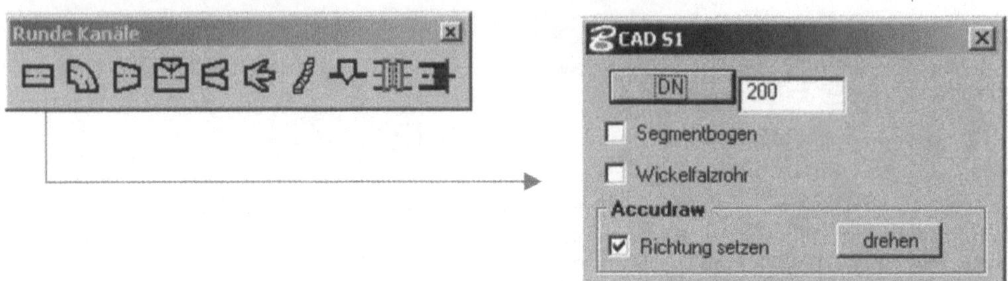

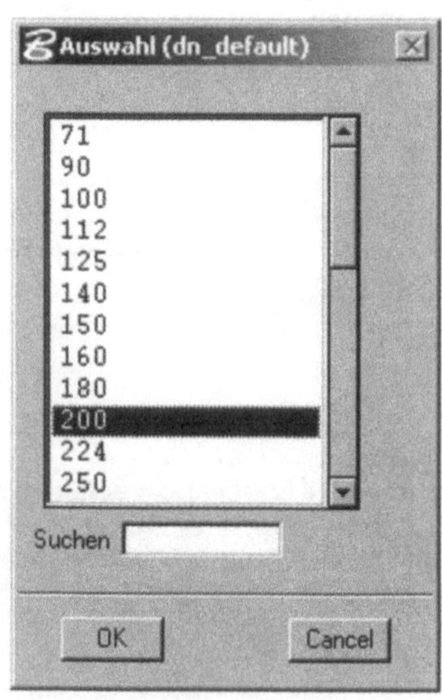

Im Einstellungsfenster **„Rohr rund planen (R)"** kann vor dem Setzen des Rohres die Nennweite (DN) definiert werden. Auf der hervorgehobenen VENTURIS Schaltfläche „DN" können voreingestellte Standard-Nennweiten ausgewählt und gesetzt werden. Durch Doppelklick in das DN -Kästchen des Einstellungs-fensters kann die Nennweite Benutzerdefiniert eingegeben werden. Mit der Taste Bestätigen /Return wird der eingegebene Wert übernommen. Es ist jedoch ratsam die Nennweite nur über **Schalter: „DN"** festzulegen, da diese Größen den allgemein üblichen und genormten Standard Nennweiten entsprechen.

Die Nennweiten sind in der Attribut -Datei: **„dn_default"** definiert. Die Datei befindet sich (in der Regel) unter dem Pfad: „..VENTURIS/env/db/vent".

Beim Planen eines Runden Kanales (Rohr) wird bei einer Richtungsänderung am Schnittpunkt der Achsen automatisch ein Bogen gesetzt. In der Voreinstellung von VENTURIS ist dies i. d. R. ein glatter Bogen. Über Toggle-Schalter: **„Segmentbogen"** kann optional festgelegt werden, das am Schnittpunkt der Achsen ein Segmentbogen gesetzt wird.

Beispiel: Bogen glatt Segmentbogen

Über Toggle-Schalter: **„Wickelfalzrohr"** des Einstellungsfensters kann optional festgelegt werden, das ein Runder Kanal (Rohr) graphisch mit Wickelfalz dargestellt wird.

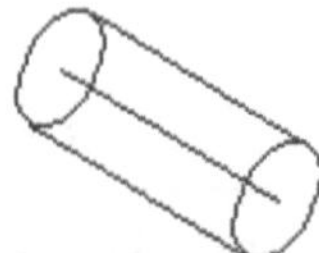

Beispiel: Runder Kanal glatt

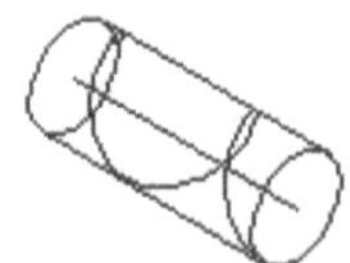

mit Wickelfalzdarstellung

Wie bereits unter „Kanal eckig" beschrieben, wird AccuDraw bei aktivem Toggle-Schalter: **„Richtung setzen"** an der Kanalführung ausgerichtet. Nach dem ansnappen eines Referenzobjektes (über TENTPNT) übernimmt AccuDraw die Achsführung des Objektes.

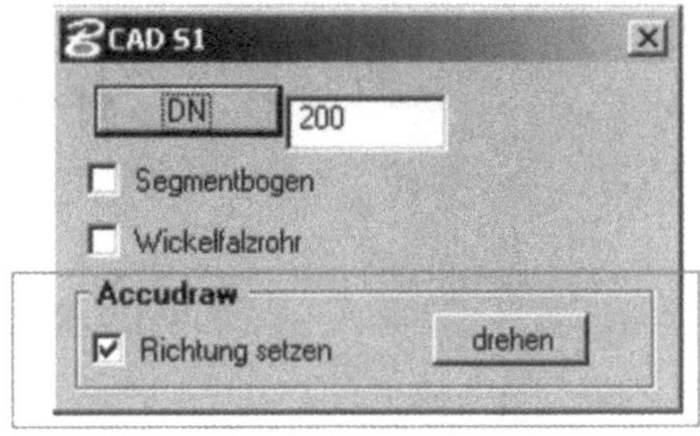

Beispiel: **Richtung „nicht gesetzt"**

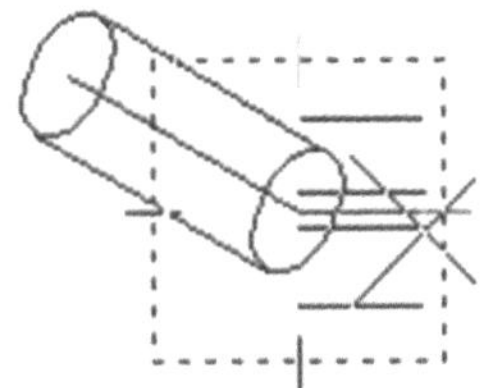

AccuDraw an der Kanalführung *nicht* ausgerichtet. AccuDraw steht parallel zur Bildschirmoberfläche.

„Richtung gesetzt"

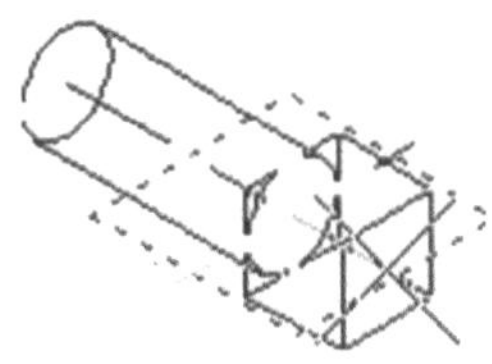

AccuDraw an der Kanalführung ausgerichtet. AccuDraw übernimmt die Achsführung des Objektes.

Über Schalter: **„drehen"** des Einstellungsfensters wird die Achsführung des Kanals am Referenzobjekt um 90 Grad gedreht.

Beispiel: „AccuDraw **nicht gedreht**"

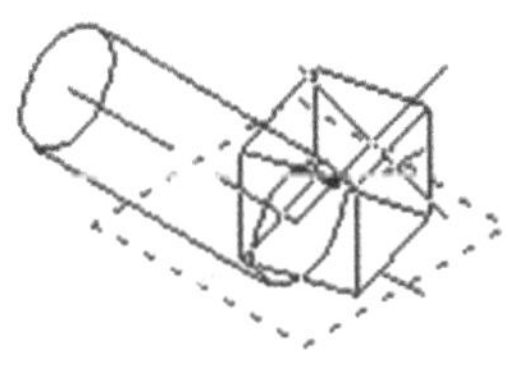

AccuDraw an der Kanalführung ausgerichtet jedoch *nicht* gedreht.

„AccuDraw **um 90° gedreht**"

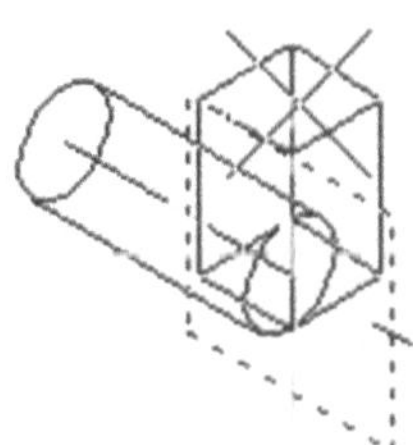

AccuDraw an der Kanalführung ausgerichtet und um 90° gedreht.

> Durch **Setzen eines DATAPNT** in der Zeichnung wird der Anfangspunkt des Rohres bestimmt.

> Nach der **Richtungsvorgabe** empfiehlt es sich, durch Betätigen der Taste: Bestätigen/Return, die Achse vorübergehend zu sperren (Smart Lock). Nun kann die **Länge des Rohres** (Endpunkt) über die Tastatur eingegeben werden z. Bsp. 3000.

Zusammenfassung „Rohr rund (R) planen":

- In der Toolbox „Rohr rund (R) planen" anwählen.
- Im Einstellungsfeld „Rohr rund" die Nennweite und die Optionen festlegen.
- Anfangspunkt des Rohres durch DATAPNT in Zeichnung setzen.
- Richtungsvorgabe und Achse mit Bestätigen/Return sperren.
- Eingabe der Länge (Endpunkt) über Tastatur und Bestätigen.

96. 3D-Bogen rund (BR) Segmentbogen (BSEG) planen:

(VENTURIS Menü: Platzieren → Rund → Bogen planen)

Ein Bogen rund kann nicht frei gesetzt werden. Dieser kann nur über TNTPNT an ein Referenzobjekt gesetzt werden.

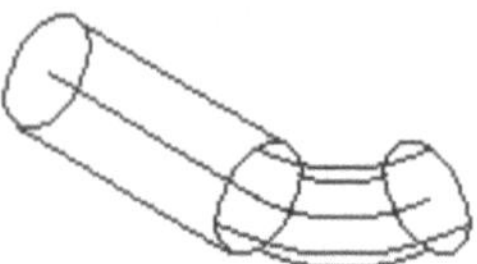

Beispiel: Bogen glatt (90°)

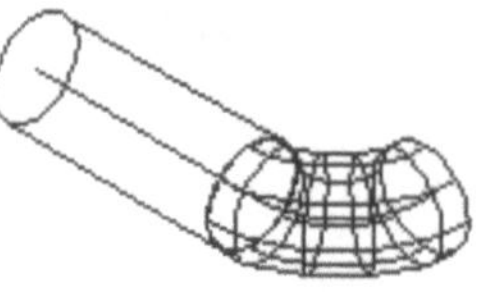

Segmentbogen (90°)

> Durch **Setzen eines TENTPNT** an das Referenzobjekt, wird im Anschluss ein Bogen gesetzt. Dabei werden alle Eigenschaften des Referenzobjektes übernommen und es erscheint die **VENTURIS Eingabemaske** für Bogen rund (BR/BSEG).

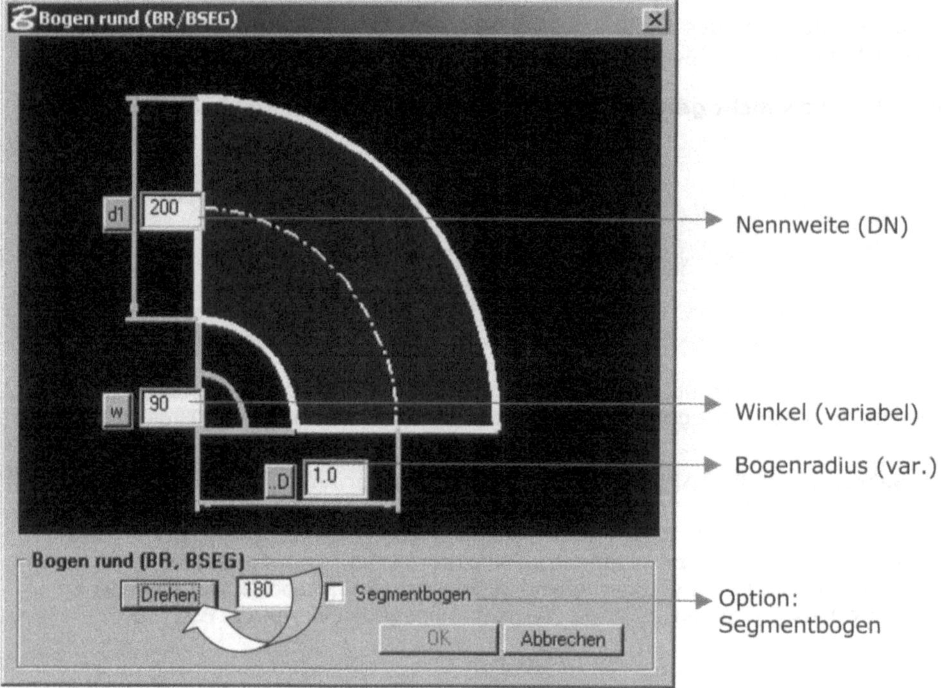

Hinweis:
Die unter Schalter **„..D"** für Bogenradius hinterlegten Größen sind Multiplikatoren des Bogendurchmessers. Beispiel: „..D=1.5" x Ø 200 = 300mm Bogenradius.

> **Die variablen Werte** des Bogens wie: **Winkel; Radius, Segmentbogen** und **Drehen** können nun in der Bogen-Eingabemaske nach Bedarf angepasst werden.

> Nachdem alle variablen Werte angepasst wurden, wird der Bogen durch Betätigen der **<OK>** -Taste in der VENTURIS Eingabemaske gesetzt.

Zusammenfassung „Bogen rund (BR) Segmentbogen (BSEG) planen":
- In der Toolbox „Bogen rund (BR) planen" anwählen.
- Bogen durch Setzen von TENTPNT an das Referenzobjekt anschließen.
- Variable Werte in der VENTURIS Eingabemaske nach Bedarf anpassen.
- Bogen setzen durch Betätigen der <OK> -Taste in der VENTURIS Eingabemaske.

Alternative: Die Funktion „zwei Leitungen/Kanäle **mit Bogen verbinden**" der Toolbox: Konstruktionshilfen, kann sowohl bei Kanal als auch bei Rohr angewandt werden. Voraussetzung jedoch ist, das sich beide Teile auf gleicher Höhenlage befinden. Kanal mit Rohr zu verbinden oder umgekehrt macht keinen Sinn, daher ist dies auch nicht möglich. Die zu verbindenden Teile sollten sich nicht überschneiden! Die Eigenschaften des Bogens werden automatisch an die Attribute des Referenzobjektes angepasst.

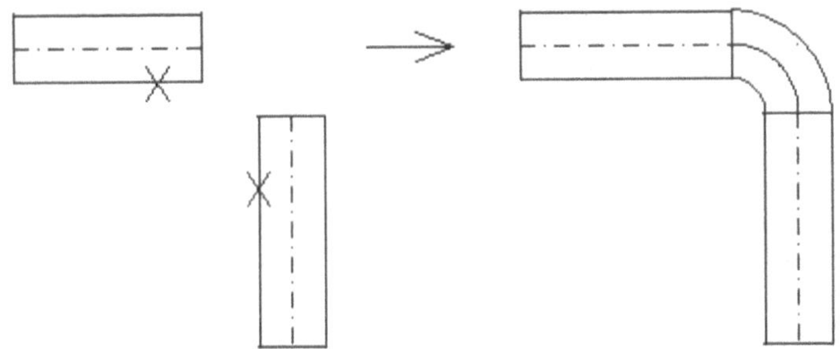

Übungsbeispiel: Rohre mit Bogen verbinden mit Hilfe der Funktion **„zwei Leitungen /Kanäle mit Bogen verbinden"**

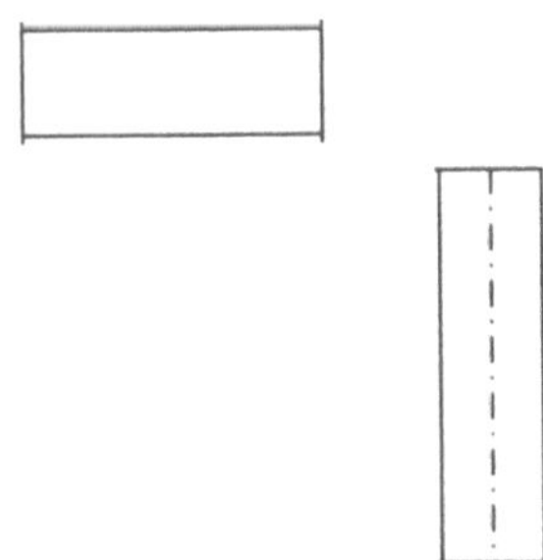

Kanal + Rohr verbinden ist nicht möglich!

97. 3D-Reduktion (RED/REDEX) planen:

(VENTURIS Menü: Platzieren → Rund → Reduktion planen)

Eine Reduktion kann nicht frei gesetzt werden. Diese kann nur über TNTPNT an ein Referenzobjekt gesetzt werden.

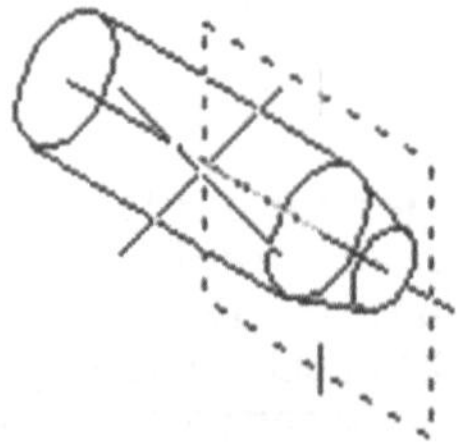

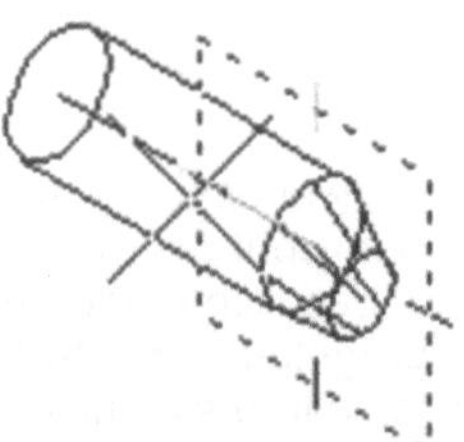

Beispiel: Reduktion (RED) Reduktion exzentrisch (REDEX)

> Durch **Setzen eines TENTPNT** an das Referenzobjekt, wird im Anschluss eine Reduktion gesetzt. Dabei werden alle Eigenschaften des Referenzobjektes übernommen und es erscheint die **VENTURIS Eingabemaske** für Reduktion (RED).

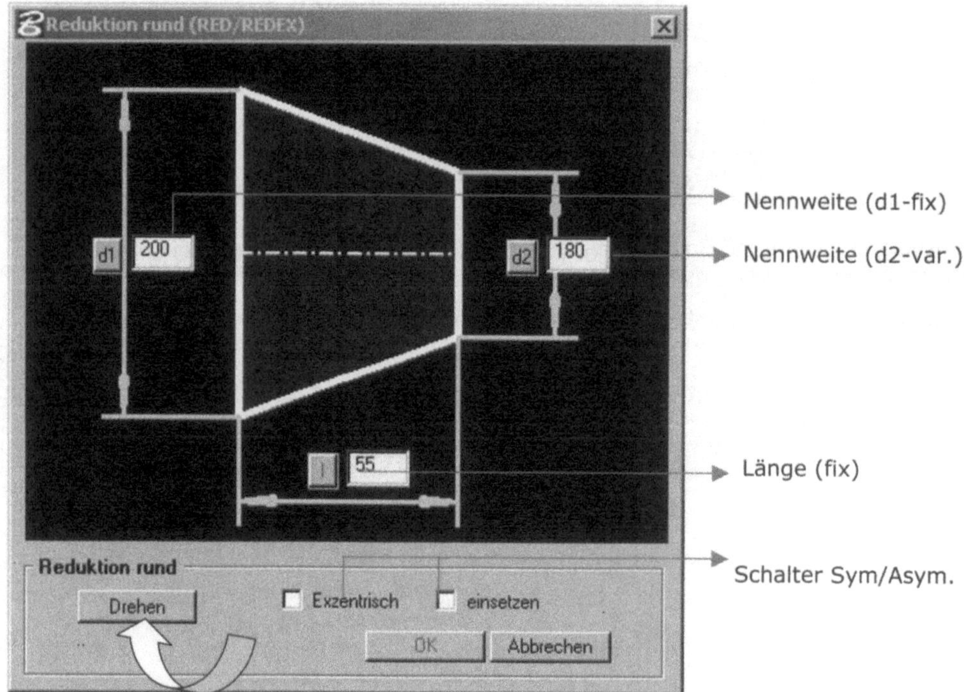

> **Die variablen Werte** der Reduktion wie: **Nennweite d2** sowie optional **Drehen** und **Exzentrisch** können in der VENTURIS Eingabemaske nach Bedarf angepasst werden.

In der VENTURIS Eingabemaske „Reduktion" können voreingestellte Standard-Werte über Schalter: „d2" ausgewählt und gesetzt werden. Die Reduktion greift auf die Datei: **red,** im Verzeichnis: ..VENTURIS/env/db/vent/ zu. In dieser Datei sind die genormten Nennweitensprünge mit den entsprechenden Längen der Reduktion definiert. Wird bei **„d2"** eine Nennweite ausgewählt die in der Datei „red" nicht definiert ist, erscheint die Warnung: „Kein Datenbankeintrag". Das heißt: der angegebene Nennweitensprung ist nicht genormt und somit auch nicht erlaubt.

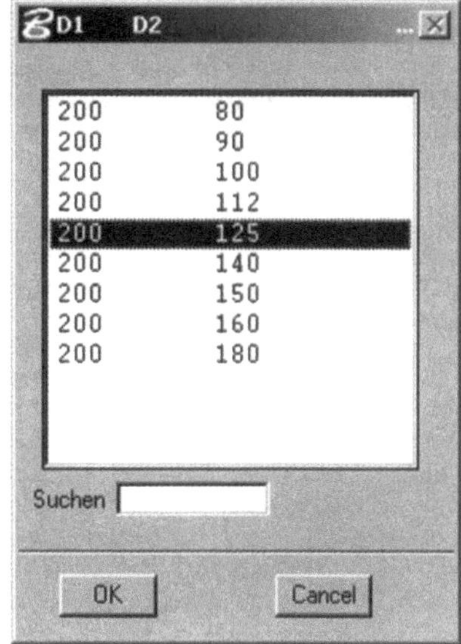

Durch Setzen einer Reduktion an einen Bogen oder Formstück wird am Anschluss automatisch eine Muffe gesetzt.

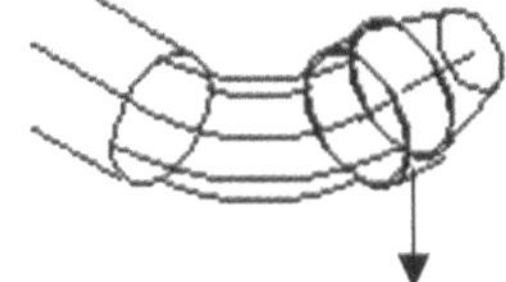

Muffe wird als Verbindung gesetzt.

Die Funktion **„Drehen"** der Reduktion ist nur möglich in Verbindung mit **„Exzentrisch"** .

Bei aktivem Toggle -Schalter: **„einsetzen"** kann eine Reduktion *in* ein vorhandenes Rohr eingesetzt werden. Dabei wird die Reduktion entlang der Achsführung des Referenz-objektes gesetzt. Die Vorgehensweise zum einsetzen einer Reduktion in ein vorhandenes Rohr, ist dem **Übungsbeispiel**: „Übergang eckig in Kanal planen" zu entnehmen.

> Nachdem alle variablen Werte angepasst wurden, wird die Reduktion durch Betätigen der **<OK>** -Taste in der VENTURIS Eingabemaske gesetzt.

Zusammenfassung „Reduktion (RED) planen":

- In der Toolbox „Reduktion (RED) planen" anwählen.
- Reduktion durch Setzen von TENTPNT an das Referenzobjekt anschließen.
- Variable Werte in der VENTURIS Eingabemaske nach Bedarf anpassen (Die Auswahl der Werte sollte vorwiegend über die Schalter „d1, d2" der Eingabemaske erfolgen!).
- Reduktion setzen durch Betätigen der <OK> -Taste in der VENTURIS Eingabemaske.

98. 3D-T-Stück rund (TSTK) planen:

(VENTURIS Menü: Platzieren → Rund → T-Stück)

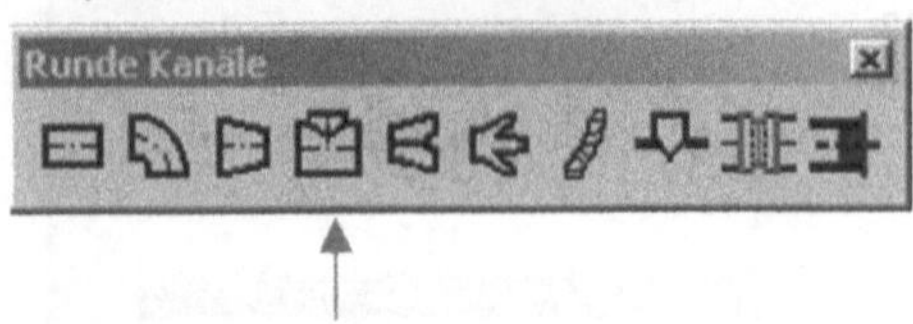

Eine T-Stück kann nicht frei gesetzt werden. Dieses kann nur über TNTPNT an ein Referenzobjekt gesetzt werden.

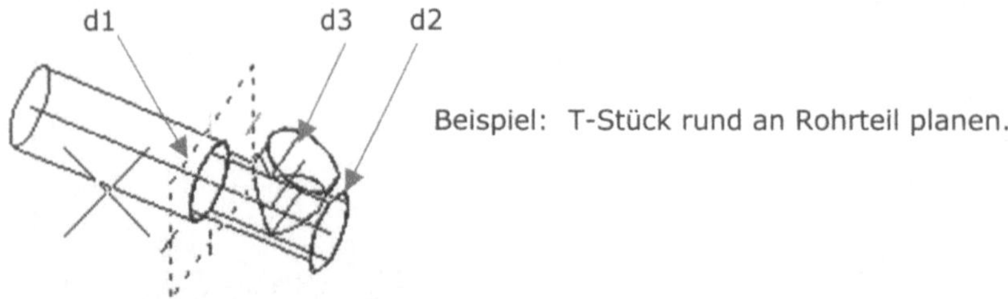

Beispiel: T-Stück rund an Rohrteil planen.

> Durch **Setzen eines TENTPNT** an das Referenzobjekt, wird im Anschluss ein T-Stück rund gesetzt. Dabei werden alle Eigenschaften des Referenzobjektes übernommen und es erscheint die **VENTURIS Eingabemaske** für T-Stück rund (TSTK).

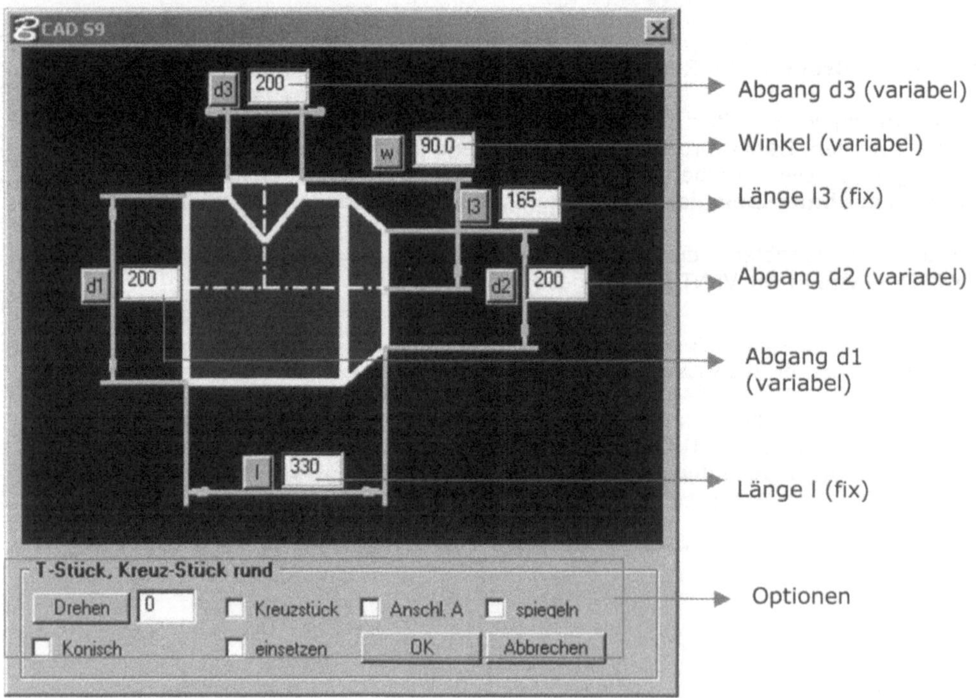

> **Die variablen Werte** des T-Stück rund wie: **Abgang d2, Abgang d3, Winkel** und optional: **Drehen; Kreuzstück; Anschl. A, spiegeln** und **Konisch** können in der VENTURIS Eingabemaske nach Bedarf angepasst werden.

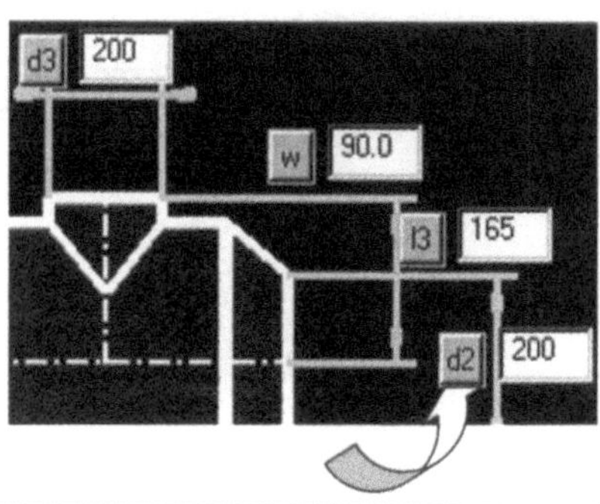

In der VENTURIS Eingabemaske „T-Stück rund" können voreingestellte Standard-Werte über die Schalter „d1, d2 und d3" ausgewählt und gesetzt werden. Das T-Stück greift auf die Dateien: **tstk_r_90, tstk_r_45, tstk_90, tstk_45,** im Verzeichnis: ..VENTURIS/env/db/vent/ zu. In diesen Dateien sind die genormten Nennweitensprünge mit den entsprechenden Längen des T-Stücks definiert. Wird im Kästchen „d1, d2 oder d3" eine Nennweite eingegeben die in den genannten Dateien nicht definiert ist, erscheint die Warnung: „Kein Datenbankeintrag".
Das heißt, das der angegebene Nennweitensprung nicht genormt und somit auch nicht erlaubt ist.

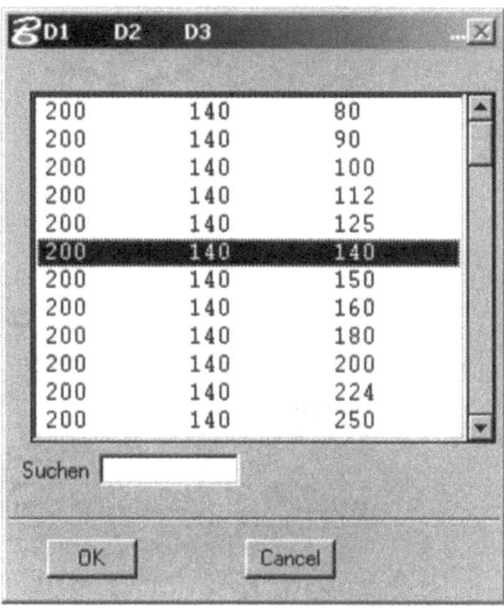

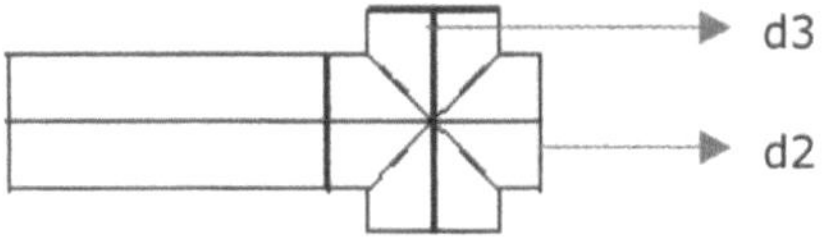

Beispiel: „Kreuzstück" rund.

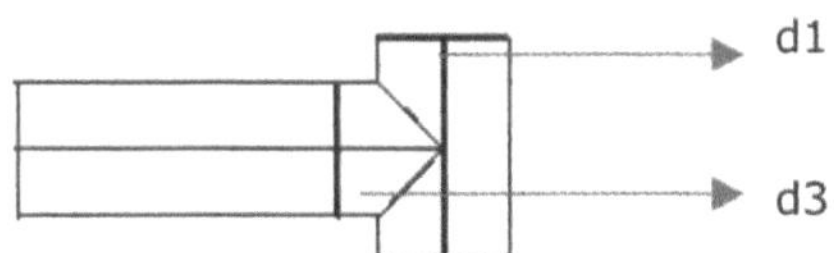

Beispiel: T-Stück rund → „Anschl. A".

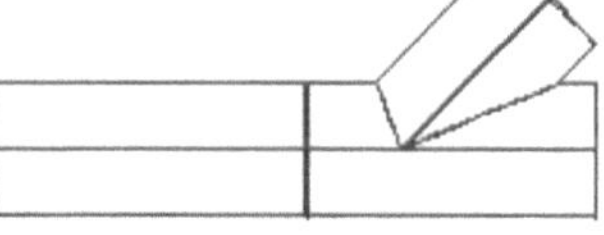

In der VENTURIS Eingabemaske „T-Stück rund" kann unter dem **Schalter „w"** (Winkel) der optionale Winkel von 45° für Abzweig „d3" gesetzt werden (Winkel nur über Schalter „w" auswählen, nicht manuell überschreiben!).

> Durch Betätigen des Schalters **„Drehen"** kann das T-Stück im Inkrement von 90° (Voreinstellung) oder Benutzerdefiniert (Wert angeben), um die Eigene Achse gedreht werden.

> Durch Betätigen des Toggle-Schalters **„Konisch"** kann auch ein konisches T-Stück gesetzt werden.

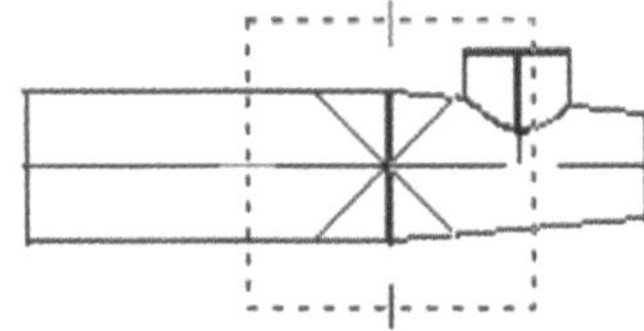

Beispiel: T-Stück 90° „konisch"

> Durch Betätigen des Toggle-Schalters **„spiegeln"** wird das T-Stück um die Achse des Abgangs „d3" gespiegelt. Unter der Option „Anschl.A" ist diese Funktion nicht effektiv.

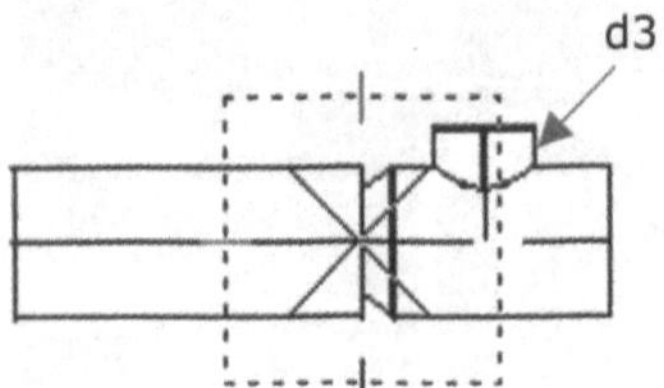

Beispiel: T-Stück 90° „gespiegelt"

> Durch Setzen eines **T-Stück an einen Bogen** oder Formstück wird am Anschluss automatisch eine Muffe gesetzt.

Beispiel: T-Stück rund an Bogen (Muffe wird automatisch gesetzt).

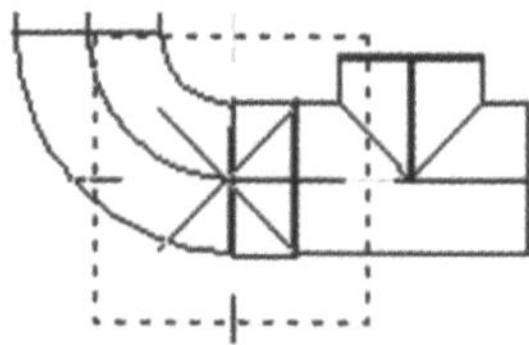

> Nachdem alle variablen Werte angepasst wurden, wird das T-Stück durch Betätigen der **<OK>** -Taste in der VENTURIS Eingabemaske gesetzt.

Zusammenfassung „T-Stück rund (TSTK) planen":

- In der Toolbox „T-Stück rund (TSTK) planen" anwählen.
- T-Stück durch Setzen von TENTPNT an Rohr/Bogen/Komponente anschließen.
- Variable Werte in der VENTURIS Eingabemaske über die Schalter „d2,d3 u. w" anpassen.
- Optional: „Drehen; Kreuzstück; Anschl. A, Konisch und spiegeln".
- T-Stück setzen durch Betätigen der <OK> -Taste in der VENTURIS Eingabemaske (oder über die RESET -Taste ablehnen).

Information:
Ein konisches T-Stück und ein Winkel von 45° an Abzweig „d3" begünstigt die Anströmung von Komponenten. Die Abgänge „d2" und „d3" sollten sinnvoll an die zulässige Geschwindigkeit (m/s) und an den größtmöglichen Volumenstrom (m3/h) angepasst werden. Die variablen Werte des T-Stücks sollten nur über die hervorgehobenen Schalter „d2,d3 und w" ausgewählt werden. Damit wird Gewährleistet das die Länge: „l" und „l3" von VENTURIS normgerecht angepasst wird!

99. 3D-Hosenstück rund (HSR) planen:

(VENTURIS Menü: Platzieren → Rund → Hosenstück rund)

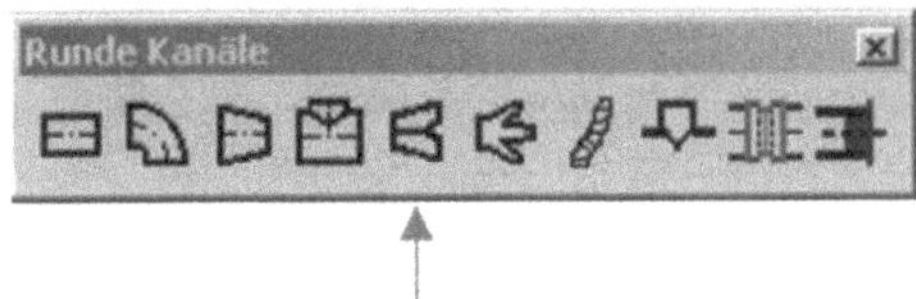

Eine Hosenstück kann nicht frei gesetzt werden. Dieses kann nur über TNTPNT an ein Referenzobjekt gesetzt werden.

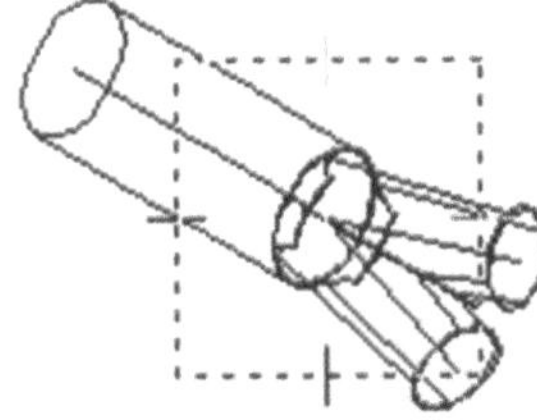

Beispiel: Hosenstück rund planen.

> Durch **Setzen eines TENTPNT** an das Referenzobjekt, wird im Anschluss ein Hosenstück rund gesetzt. Dabei werden alle Eigenschaften des Referenzobjektes übernommen und es erscheint die **VENTURIS Eingabemaske** für Hosenstück (HSR) rund.

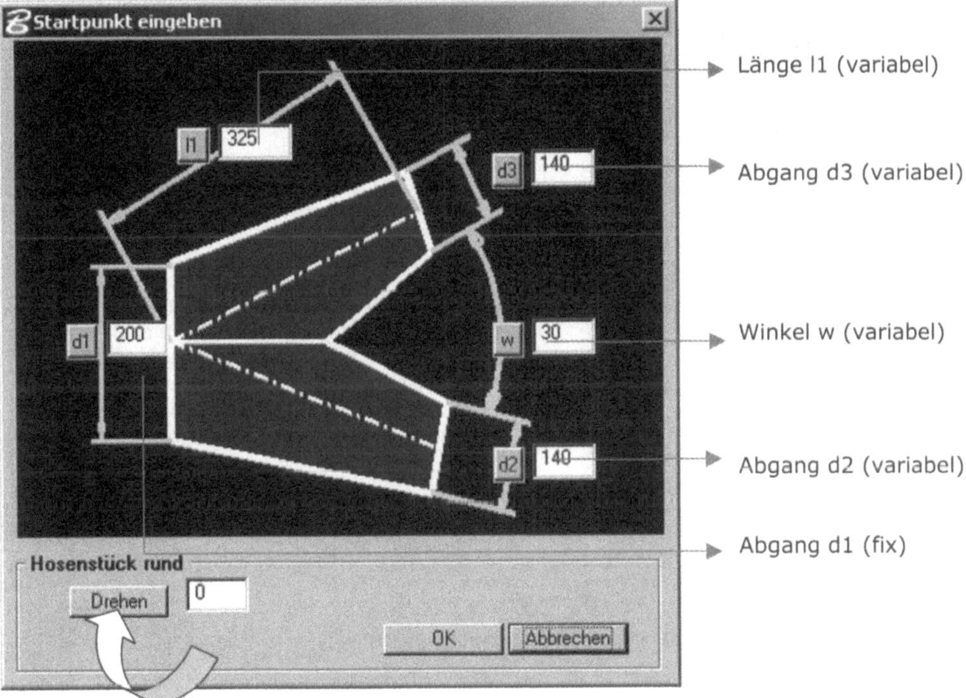

> **Die variablen Werte** des Hosenstücks wie: **Länge- l1; Abgang-d3; Winkel- w;** sowie **Abgang- d2** können in der VENTURIS Eingabemaske nach Bedarf angepasst werden. Winkel „w" sollte immer zuerst angepasst werden. Die Länge l1 passt sich automatisch an (Durch Betätigen der Bestätigen/Return Taste werden die neu definierten Werte zugleich graphisch umgesetzt).

> Durch Betätigen des Schalters **„Drehen"** der Eingabemaske, kann das Hosenstück im Inkrement von 90° (Voreinstellung) oder Benutzerdefiniert (Wert angeben) um die Eigene Achse gedreht werden.

> Durch Betätigen der **<OK>** -Taste in der Eingabemaske wird das Hosenstück gesetzt (Vorgang abbrechen über die rechte Maustaste oder „Abbrechen" in der Eingabemaske).

Zusammenfassung „Hosenstück rund (HSR) planen":

- In der Toolbox „Hosenstück rund planen" anwählen.
- Hosenstück durch Setzen von TENTPNT an Rohr anschließen.
- Variable Werte für die Abgänge in der Eingabemaske anpassen. Winkel: „w" zuerst.
- Hosenstück setzen durch Betätigen der <OK> -Taste in der VENTURIS Eingabemaske.

Information:
Ein Hosenstück begünstigt die Anströmung von Komponenten.
Die Abgänge „d3" und „d2" sollten sinnvoll an die zulässige Geschwindigkeit (m/s) und an den größtmöglichen Volumenstrom (m3/h) angepasst werden. Hierbei kann der VENTURIS Kanalschieber zur schnellen Berechnung benutzt werden (VENTURIS- Menü: Werkzeug → Kanalschieber. Siehe auch Berechnen eines Querschnitts mit dem „VENTURIS-Kanalschieber").

Übung: „Verzweigung planen" > zur Festigung der Arbeitsmethodik.

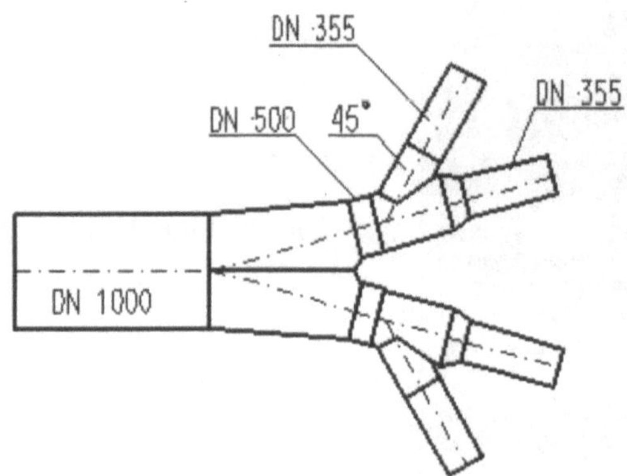

Rekonstruieren Sie die nebenstehende Verzweigung mit folgenden Teilen: 1 x Rohr, 1 x Hosenstück, 2 x Muffe und 2 x T-Stück mit Abgangswinkel w= 45°. Die Nennweiten (DN) sind der nebenstehenden Graphik zu entnehmen.

Hinweis:
Anders als bei „Hosenstück planen-2D" gibt es in der 3D-Version leider nicht die erweiterte Möglichkeit von Hosenstück an ein oder zwei Nebenrohrteile planen. Dies kann aber auch nur Versionsbedingt der Fall sein.

100. 3D-Absaug T-Stück rund planen:

(VENTURIS Menü: Platzieren → Rund → Absaug T-Stück rund)

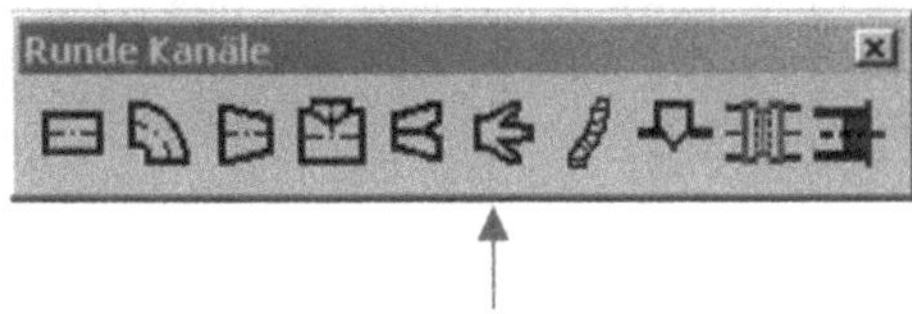

Eine Vorwiegend Strömungstechnisch bedingte Funktion die im 2D-Lüftungsmodul nicht vorhanden ist. Ein Absaug T-Stück kann nicht frei gesetzt werden. Dieses kann nur über TNTPNT an ein Referenzobjekt gesetzt werden.

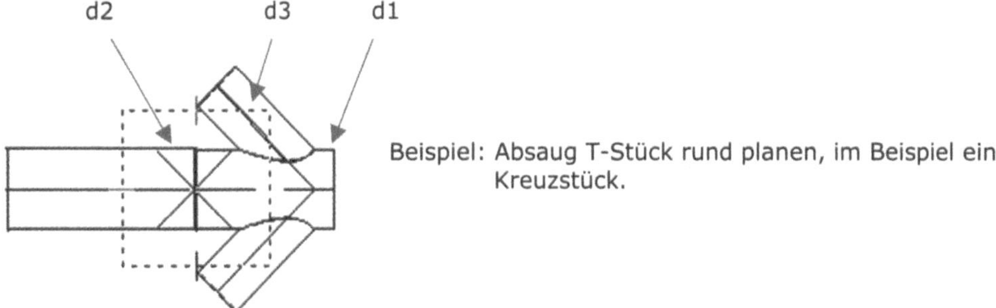

Beispiel: Absaug T-Stück rund planen, im Beispiel ein Kreuzstück.

> Durch **Setzen eines TENTPNT** an das Referenzobjekt, wird im Anschluss ein Absaug T-Stück rund gesetzt. Dabei werden alle Eigenschaften des Referenzobjektes übernommen und es erscheint die **VENTURIS Eingabemaske** für Absaug T-Stück rund.

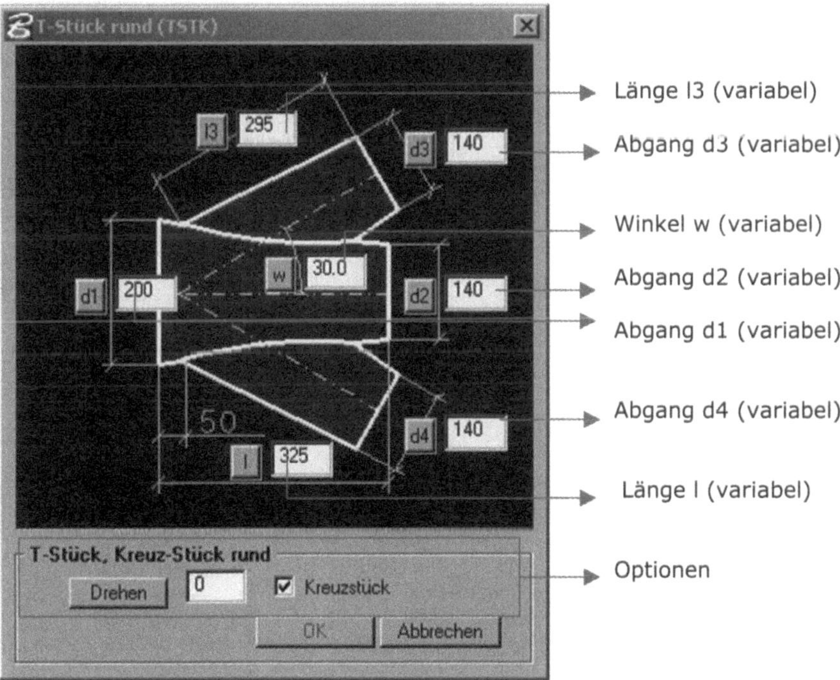

In der VENTURIS Eingabemaske „Absaug T-Stück rund" (TSTK) können voreingestellte Standard-Werte über die Schalter **„d1, d2, d3 und d4"** und **„w"** ausgewählt und gesetzt werden. Winkel „w" sollte immer zuerst angepasst werden. Die Längen l und l1 passen sich automatisch an. Durch Betätigen der Bestätigen/Return Taste werden die neu definierten Werte zugleich graphisch umgesetzt.

Das Absaug T-Stück greift auf die Dateien: **tcone_30** und **tcone_30_o** im Verzeichnis: ..VENTURIS/env/db/vent/ zu. In diesen Dateien sind die genormten Nennweitensprünge mit den entsprechenden Längen des Absaug T-Stücks definiert. Wird im Kästchen „d1, d2 d3 oder d4" eine Nennweite eingegeben die in den genannten Dateien nicht definiert ist, erscheint die Warnung: „Kein Datenbankeintrag". Das heißt, das der angegebene Nennweiten-sprung nicht genormt und somit auch nicht erlaubt ist.

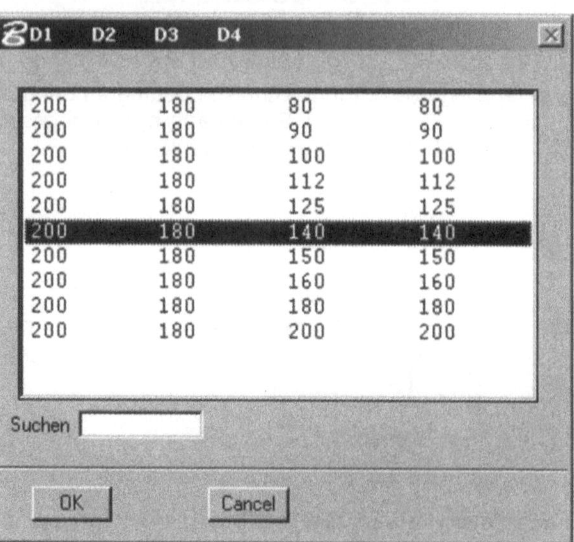

> Durch Betätigen des Schalters **„Drehen"** der Eingabemaske, kann das T-Stück im Inkrement von 90° (Voreinstellung) oder Benutzerdefiniert (Wert eingeben) um die Eigene Achse gedreht werden.

> Nachdem alle variablen Werte angepasst wurden, wird das Absaug T-Stück durch Betätigen der **<OK>** -Taste in der VENTURIS Eingabemaske gesetzt (Vorgang über die RESET –Taste abbrechen oder über „Abbrechen" in der Eingabemaske).

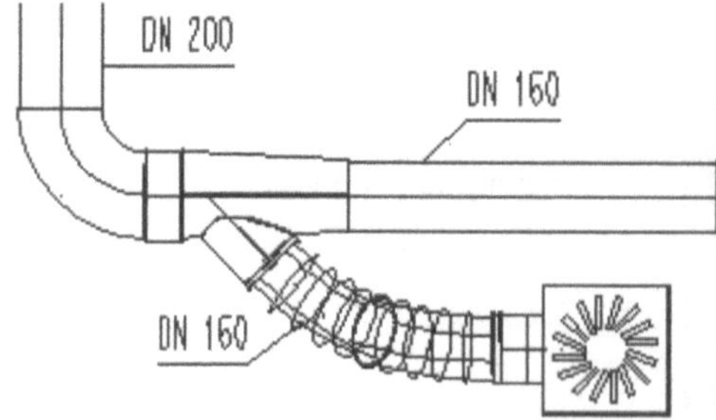

Beispiel:
Absaug T-Stück (Abgang 45°) mit Flexrohr an einen Drallauslass angeschlossen.
Durch Setzen eines T-Stück an einen Bogen oder Formstück wird am Anschluss automatisch eine Muffe gesetzt.
Ein T-Stück begünstigt die Anströmung des Auslasses!

Zusammenfassung „Absaug T-Stück rund planen":
- In der Toolbox „Absaug T-Stück rund planen" anwählen.
- T-Stück durch Setzen von TENTPNT an Rohr anschließen.
- Variable Werte für die Abgänge in der Eingabemaske anpassen. Winkel: „w" zuerst.
- T-Stück setzen durch Betätigen der <OK> -Taste in der VENTURIS Eingabemaske.

101. 3D- Flexibles Rohr (RF) planen:

(VENTURIS Menü: Platzieren → Rund → Flexibles Rohr planen)

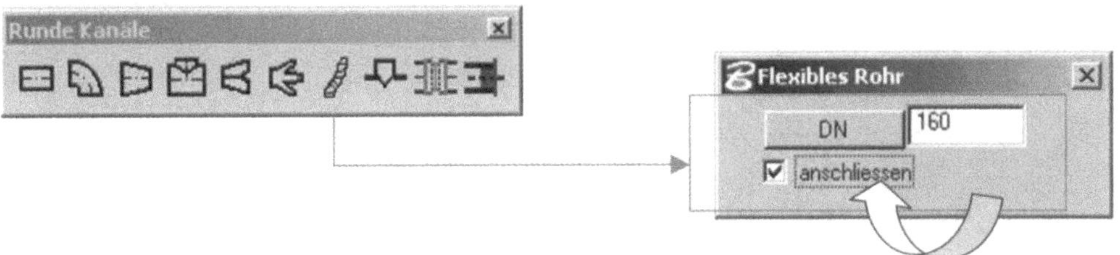

Im Einstellungsfenster **„Flexibles Rohr (RF) planen"** kann vor dem Setzen des Rohres die Nennweite (DN) definiert werden. Über **Schalter „DN"** des Einstellungsfensters können voreingestellte Standard-Werte ausgewählt und gesetzt werden. Durch Doppel-klick in das DN -Kästchen des Einstellungsfensters können die aktuellen Werte über-schrieben und gesetzt werden. Mit der Taste Bestätigen /Return wird der eingegebene Wert übernommen und zugleich graphisch umgesetzt.

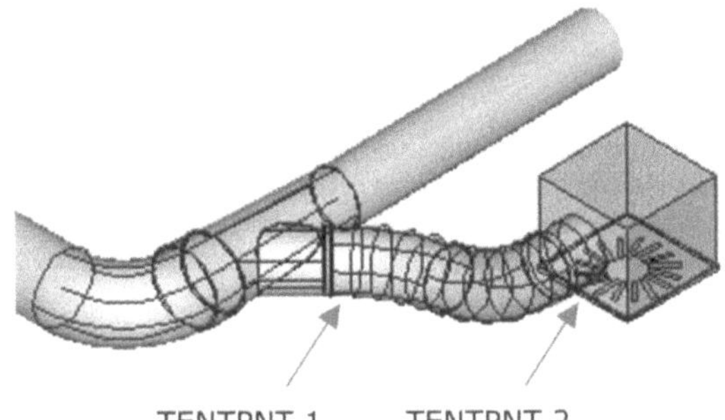

Beispiel der Option „anschließen":
Absaug T-Stück mit Flexrohr an einen Drallauslass angeschlossen.

> Bei aktivem Toggle-Schalter: **„anschließen"** des Einstellungsfensters, wird ein Auslass zu dessen Referenzobjekt mit Flexiblem Rohr verbunden. VENTURIS stellt automatisch die korrekte Verbindung der beiden Teile her, auch wenn diese unterschiedliche Höhenquoten aufweisen. Diese Funktion erspart dem Anwender die aufwendige Eingabe von Datenpunkten über verschiedenen Ansichten (Top, Side, Front).

Vorgehensweise Flexibles Rohr anschließen:

> In der Toolbox **„Flexibles Rohr planen"** anwählen.

> Im Einstellungsfenster „Flexibles Rohr (RF) planen" Toggle-Schalter: **„anschließen"** betätigen.

> Über Schalter **„DN"** die Nennweite des Flexiblen Rohres passend zur Anschlussgröße des Auslasses festlegen.

> **Setzen eines TENTPNT** an das anzuschließende Rohr, Sattelstutzen, Abgang etc.

>Setzen eines **weiteren TENTPNT** an den anzuschließenden Auslass. Der Referenzpunkt (TENTPNT) des Auslasses ist der Rohrabgang des Kastens.

> Über die **RESET -Taste** der Maus das Flexible Rohr setzen.
Das Flexible Rohr wird an die Attribute des Referenzobjektes automatisch angepasst.

102. 3D- Auslässe anschließen automatisch:

(VENTURIS Menü: Platzieren → Auslässe anschließen)

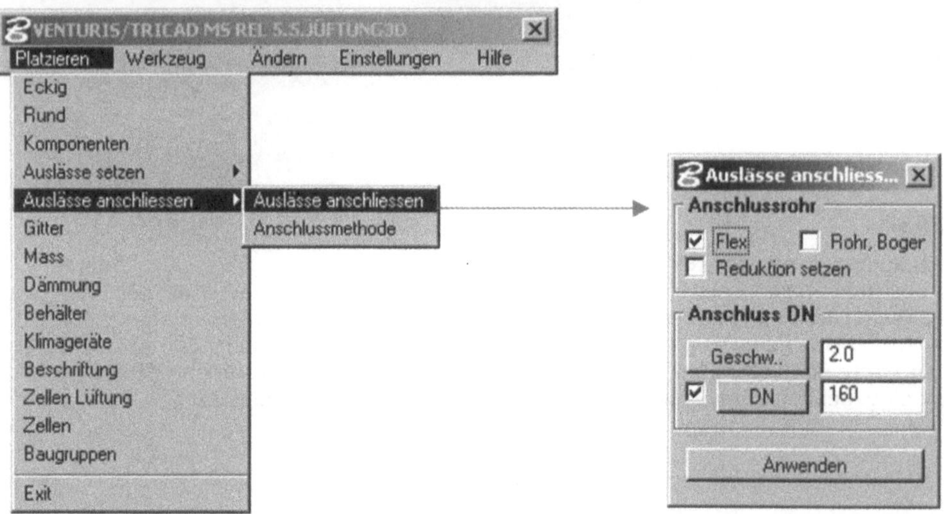

Die **automatische Methode** über Zaun (Fence) platzieren wird vorwiegend angewandt zum Anschluss eines Auslasses oder mehrer Auslässe gleichzeitig. Durch Anwählen von **Auslässe anschließen** im VENTURIS Menü „Platzieren" erscheint das Einstellungsfenster für Auslässe anschließen. Hier können die Optionen wie: (nur) „Flex", „Rohr mit Bogen" und „Reduktion setzen" über die Toggle-Schalter gesetzt werden.
Unter: **„Anschluss DN"** des Einstellungsfensters kann die „Geschw.." und die Nennweite „DN" definiert werden. Über Schalter: **„Anwenden"** können die gesetzten Werte auf die über Zaun eingegrenzten Elemente angewandt werden. Die Eingabeaufforderung wird in der Statuszeile von MicroStation angezeigt.

Erläuterung zu **„Reduktion setzen"**:
Bei aktivem Toggle-Schalter „Reduktion setzen" wird von VENTURIS, bei unterschiedlichen Nennweiten zwischen Anschlussleitung und Rohrabgang des Auslasses automatisch eine passende Reduktion gesetzt.

Erläuterung zu Schalter: **„Geschw.."** (Geschwindigkeit)
Über Schalter „Geschw.." kann die Nennweite (DN) des Flexiblen Rohres nach der Geschwindigkeit (2.0..3,5 m/s etc.) des Anschlussrohres und dem Luftvolumen des Auslasses (DB-Eintrag unter Vm3/h: =500) von VENTURIS berechnet und dimensioniert werden. Diese Funktion hat nur dann Priorität wenn Toggle-Schalter „DN" nicht gesetzt ist. Bei aktivem Toggle-Schalter **„DN"** wird nur mit der unter „DN" gewählten Nennweite angeschlossen, ohne Berücksichtigung der Werte von „Geschw..".

Beim Anschließen des Auslasses über Schalter: **„Geschw.."** kann die Nennweite (DN) des Flex-/Anschlussrohres von VENTURIS berechnet und dimensioniert werden. Bei der Abfrage der Anschlussmethodik würde dies dem Schalter: **„DN berechnen"** entsprechen.
Über Schalter: **„DN-Auslass"** wird die Nennweite des Flex-/Anschlussrohres gemäß der Anschlussgröße (DN) des Auslasses gesetzt.

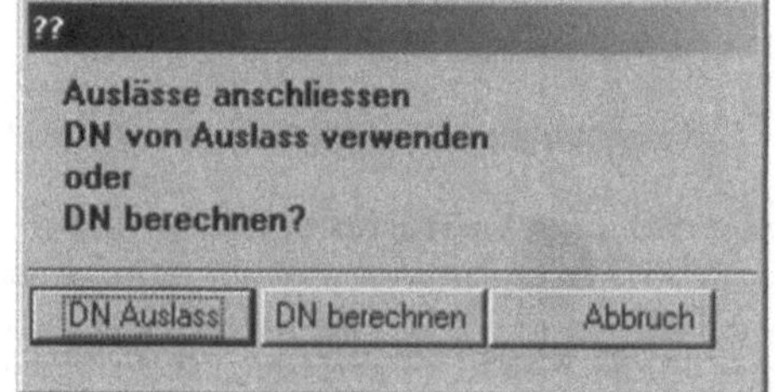

Vorgehensweise Auslässe automatisch anschließen:

> **Zaun/Fence** über alle relevanten Anschlussrohre und Auslässe setzen (Die gesamte Rohrlänge und alle Auslässe müssen sich innerhalb des Zauns/Fence befinden).

> Im Einstellungsfenster „Auslässe anschließen" unter der Überschrift: **Anschlussrohr** die entsprechenden Toggle-Schalter für „Flex" oder „Rohr/Bogen" und evtl. „Reduktion setzen" aktivieren.

> Im Einstellungsfenster unter der Überschrift: **Anschluss DN** über Schalter „Geschw.." bestimmen ob VENTURIS die Nennweite des Anschlussrohres automatisch berechnen und dimensionieren soll. Optional Toggle-Schalter: „DN" aktivieren, um die Nennweite des Anschlussrohres gemäß der Anschlussgröße (DN) des Auslasses zu setzen.

> Schalter: **„Anwenden"** im Einstellungsfenster „Auslässe anschließen" anwählen (Die Auslässe werden farblich hervorgehoben).

> Über Doppelklick (**2x DATAPNT**) an das Referenzobjekt wird der Auslass nach den gesetzten Werten automatisch angeschlossen. Bei abweichenden Nennweiten müssen weitere Datenpunkte zum Referenzobjekt gesetzt werden!

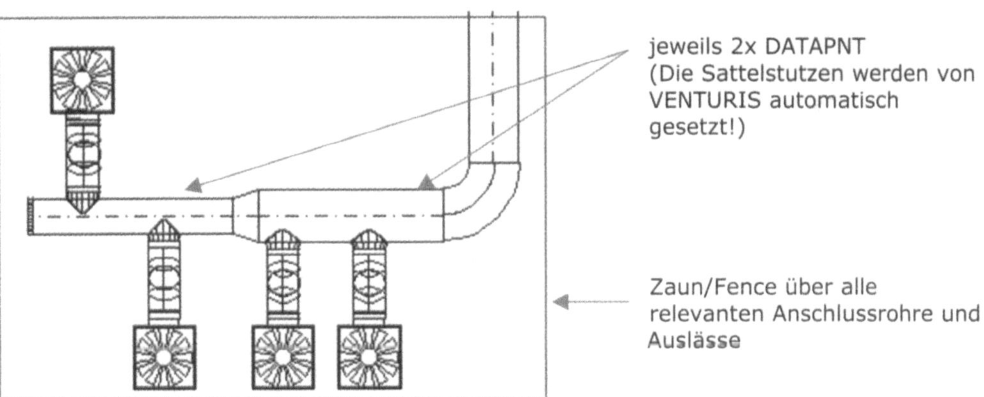

Zusammenfassung „Auslässe automatisch anschließen":
- Im VENTURIS Menü: „Platzieren → Auslässe anschließen" wählen.
- Zaun/Fence über alle anzuschließenden Auslässe und die „gesamte" Rohrlänge platzieren.
- Die Optionen: „Anschlussrohr" und „Anschluss DN" festlegen.
- „Anwenden" im Einstellungsfenster „Auslässe anschließen" anwählen.
- Abfrage entsprechend bestätigen.
- Anschluss-Rohr/Referenzobjekte doppelklicken.

Hinweis:
In der Regel sollte ein Anschluss mit flexiblem Rohr ***aus Kostengründen*** die Länge von 1,0 m max. 1,3 m nicht überschreiten.
Siehe auch „Anschlussmethode speichern/lesen" auf den nächsten Seiten!

103. 3D- Auslässe anschließen - Anschlussmethode:

(VENTURIS Menü: Platzieren → Auslässe anschließen → Anschlussmethode)

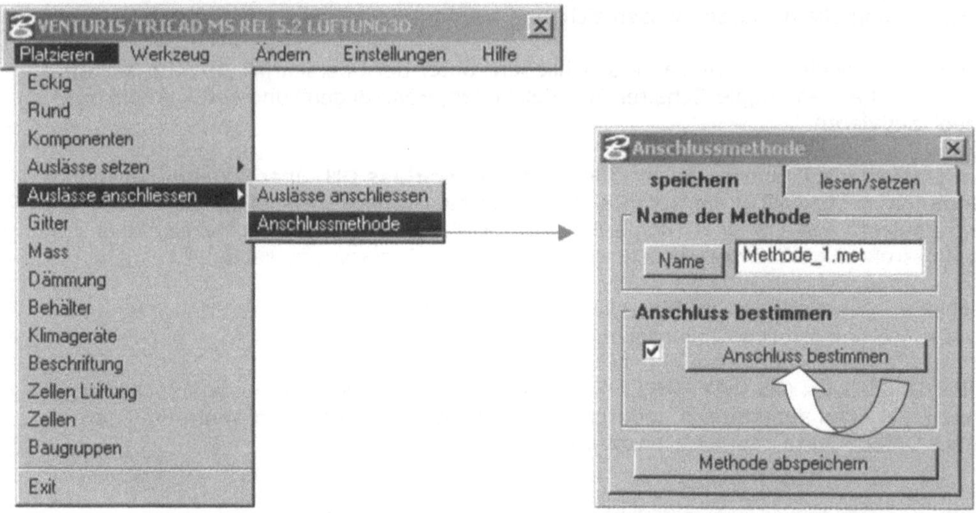

Über die Funktion: **„Anschlussmethode"** kann alternativ zu den automatisierten Funktionen von „Auslässe anschließen", auch eine Benutzerdefinierte Methode mit Formteilen und Komponenten definiert und eingesetzt werden. Diese kann im **Register „speichern"** unter Angabe eines Dateinamens und der Endung <.met > im Verzeichnis: ..VENTURIS\env\db\vent\conn_methoden\ abgespeichert werden. Die Anschlussmethode dient als Modell für weitere Anschlüsse.

Beispiel:
Formteile mit Drosselklappe als Anschlussmethode 1 unter der Datei: „Methode_1.met" gespeichert.
Die Anschlussmethode dient als Modell für weitere Anschlüsse.

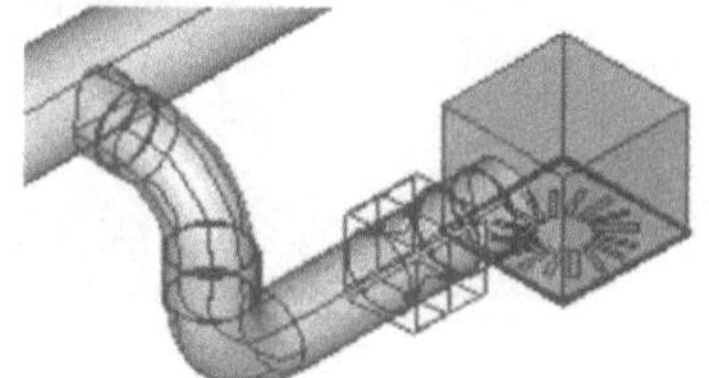

Vorgehensweise Anschlussmethode erstellen und speichern:

> **Auslass anschließen** mit den entsprechenden Formteilen und Komponenten.

> Im VENTURIS Menü: „**Platzieren** → Auslässe anschließen → Anschlussmethode" wählen.

> Im Einstellungsfenster von Anschlussmethode im **Register „speichern"** einen Dateinamen mit der Endung .met unter „Name" eingeben (z. Bsp.: Methode_1.met).

> Toggle-Schalter: **„Anschluss bestimmen"** setzen. In der Statuszeile von MicroStation erscheint die Eingabeaufforderung: „Vorlauf anklicken".

> Mit **DATAPNT** den Vorlauf anklicken (Sattelstutzen etc..) und mit einem weiteren DATAPNT bestätigen. Die Teile werden farblich hervorgehoben.

> Über Schalter: **„Methode abspeichern"** das Modell als Anschlussmethode speichern.

Im **Register „lesen/setzen"** des Einstellungsfensters für Anschlussmethode kann eine Methode eingelesen und gesetzt werden. Über Schalter: **„Name"** kann eine abgespeicherte Methode ausgewählt und als Modell für weitere Anschlüsse eingesetzt werden. Eine Anschlussmethode wird immer mit Ihren spezifischen Attributen wie Anlage, Luftart, Strang usw. abgespeichert.
Über die Toggle-Schalter: **„Anlage", „Luftart", „Material" und „Strang"** können die Attribute der Methode an die aktuellen Werte des VENTURIS Einstellungsfensters angepasst werden. Somit wird Gewährleistet das eine abgespeicherte Methode an andere Attribute angepasst werden kann.

Bei aktivem Toggle-Schalter: **„Graf. Grup."** werden alle Elemente inklusiv Auslass zu einer graphischen Gruppe zusammengefasst.

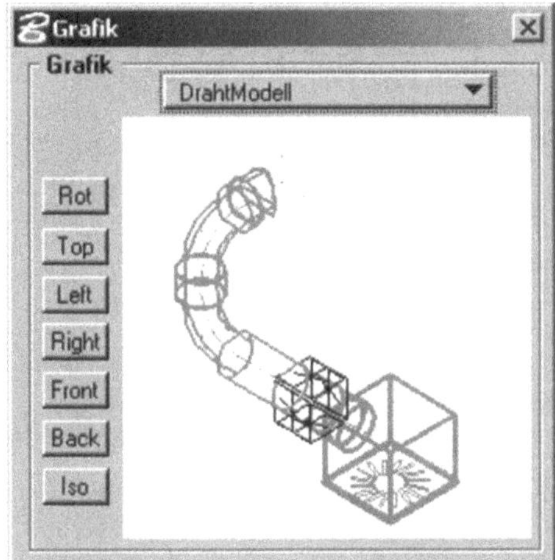

Über Schalter: **„Vorschau"** des Einstellungsfensters Anschlussmethode kann das Modell graphisch dargestellt werden. Über Schalter: „Rot" wird die Graphik automatisch rotiert. Bei erneutem betätigen des Schalters, wird die Rotation in der entsprechenden Position angehalten.
Über Schalter**: „Top"**, **„Left"**, **„Right"** usw. wird die Graphik in die entsprechende Ansicht (Draufsicht, Seitenansicht von links/rechts usw.) gedreht.
Über Schalter: **„Iso"** wird das Modell in der Isometrischen Ansicht dargestellt.
Über den Schalter oberhalb der Graphik kann der **Rendermodus** ausgewählt werden (Bei sehr komplexen Methoden kann dieser sehr nützlich sein).

Vorgehensweise Anschlussmethode einlesen und setzen:

> Unter **Schalter: „Name"** eine gespeicherte Methode auswählen.

> Unter **Schalter: „Vorschau"** die Methode eventuell Graphisch darstellen.

> Relevante **Toggle-Schalter: „Anlage", „Luftart" usw.** setzen um die Attribute der Methode an die aktuellen Werte des VENTURIS Einstellungsfensters anzupassen.

> Optional Toggle-Schalter: **„Graf. Grup."** setzen.

> **Zaun** (Fence) über alle relevanten Elemente ziehen.

> Schalter: **„Anwenden"** betätigen. In der Statuszeile von MicroStation erscheint die Eingabeaufforderung: „Element identifizieren".

> Mit **DATAPNT** das Referenzobjekt anklicken (Rohr etc.) und mit einem weiteren DATAPNT bestätigen.

104. 3D- Sattelstutzen rund (SST) planen:

(VENTURIS Menü: Platzieren → Rund → Sattelstutzen rund planen)

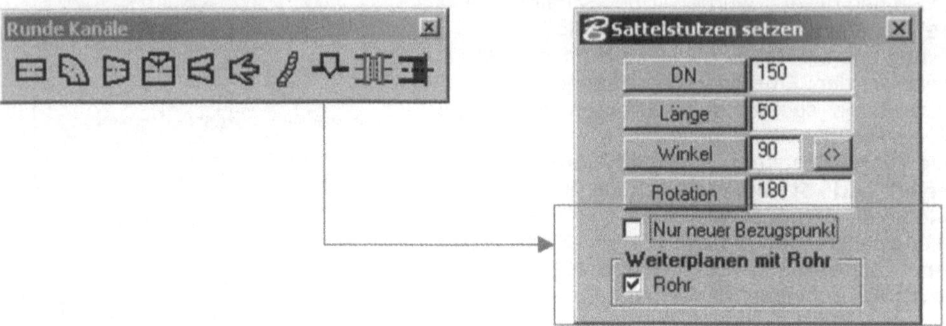

Ein Sattelstutzen kann nicht frei gesetzt werden. Dieser kann nur über TNTPNT an ein Referenzobjekt angeschlossen werden. Im Einstellungsfenster **„Sattelstutzen setzen"** können vor dem Setzen des Stutzen die Nennweite „DN und Länge" definiert werden. Durch Doppelklick in das entsprechende Kästchen des Einstellungsfensters können die aktuellen Werte überschrieben werden. Mit der Taste Bestätigen/Return wird der eingegebene Wert übernommen. Die variablen Werte des Stutzen sollten nur über die hervorgehobenen **Schalter „DN und Länge"** ausgewählt werden. Damit wird Gewährleistet das der Sattelstutzen von VENTURIS normgerecht angepasst wird!

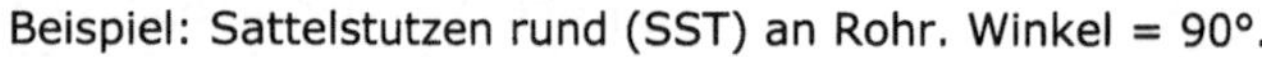

Beispiel: Sattelstutzen rund (SST) an Rohr. Winkel = 90°.

> Durch **Setzen eines TENTPNT** an das Referenzobjekt, wird im Anschluss ein Sattelstutzen rund gesetzt. Durch Setzen weiterer TENTPNT -Punkte an das Referenz-objekt kann der Bezugspunkt neu definiert werden. In der Regel ist die Nennweite (DN) des Stutzens kleiner als das Anschlussrohr. Der Stutzen wird in der Z-Achse eingemittet. VENTURIS passt die Höhenquote automatisch an.

> Im Einstellungsfenster von Sattelstutzen können die variablen Werte: **„DN"** und **„Länge"** definiert werden.

> Über Schalter **„Winkel"** kann der (Abgangs-) Winkel des Stutzens eingestellt werden. Über Schalter: **„<>"** wird der Stutzen um die eigene Achse gespiegelt (Richtungsdefinition).

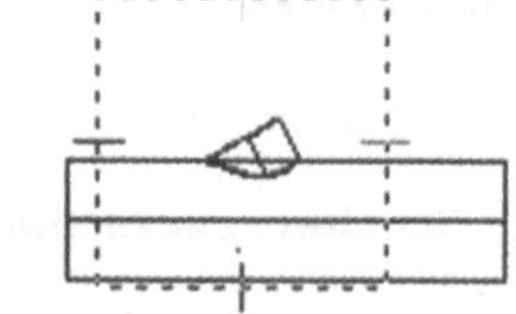

> Vor dem Absetzten des Stutzen mit **DATAPNT** kann dieser über Schalter „**Rotation**" im Voreingestellten Inkrement von 90° um die Achse des Rohres gedreht werden. Der Rotationswinkel kann aber auch Benutzerdefiniert eingegeben werden.

Beispiel: Sattelstutzen um die Achse des Anschlussrohres rotiert.

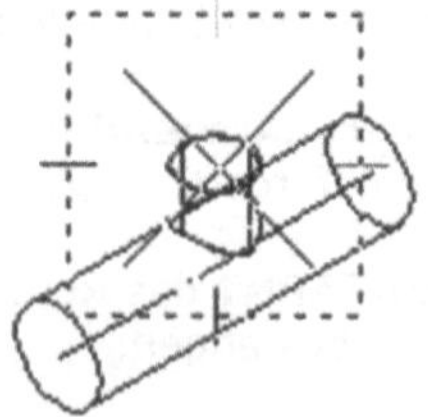

> Ein Sattelstutzen kann vor dem endgültigen Setzen, mit der Funktion: **„Nur neuer Bezugspunkt"** entlang seiner Koordinate (x/y-Achse) neu ausgerichtet werden. Der Stutzen wird zu einem neuen Bezugspunkt z. Bsp. lotrecht zum Anschluss eines Auslasses gesetzt.

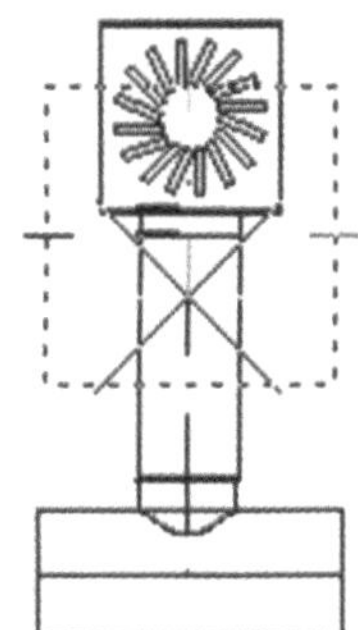

Beispiel: „Sattelstutzen rund" lotrecht zu Auslass über „Nur neuer Bezugspunkt" setzen.

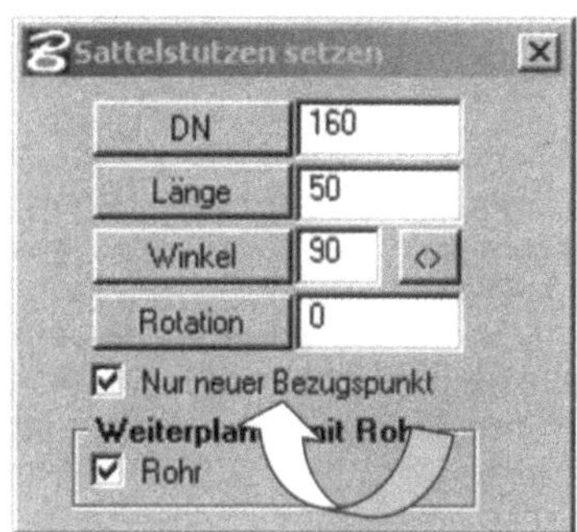

> Durch Setzen eines **TENTPNT** seitlich an ein vorhandenes Rohr wird ein „Sattelstutzen rund" eingesetzt, anschließend Toggle-Schalter: **„Nur neuer Bezugspunkt"** aktivieren. Auslass/Bezugspunkt mit TENTPNT anklicken (Der Referenzpunkt des Auslasses ist der Rohrabgang des Kastens). Bestätigen mit DATAPNT (Der Stutzen wird nun entlang seiner Koordinate lotrecht zum Auslass gesetzt).

> Über die Option: **„Weiterplanen mit Rohr"** kann nach dem Setzen des Stutzens über DATAPNT, automatisch mit Rohr weitergeplant werden. Die Nennweite (DN) des Stutzens wird dabei automatisch übernommen.

Beispiel: „Weiterplanen mit Rohr" nach dem Setzen des Stutzen über DATAPNT.

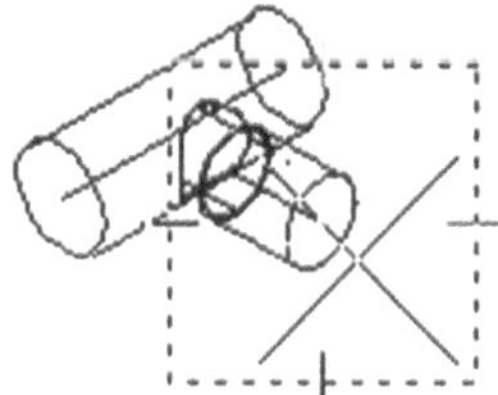

Zusammenfassung „Sattelstutzen rund (SST) planen":

- In der Toolbox „Sattelstutzen rund (SST) planen" anwählen.
- Variable Werte im Eingabefenster nach Bedarf anpassen.
- Setzen eines TENTPNT an ein vorhandenes Rohr.

Optional:

- Über Schalter: „Winkel" den (Abgangs-) Winkel des Stutzen definieren.
- Über Schalter: „Rotation" den Stutzen um die Achse des Anschlussrohres drehen.
- Toggle-Schalter: „Nur neuer Bezugspunkt aktivieren".
- Auslass/Bezugspunkt mit TENTPNT anklicken.
- Bestätigen mit DATAPNT.
- Zum „Weiterplanen mit Rohr": Auslass/Bezugspunkt mit TENTPNT anklicken und mit DATAPNT bestätigen.

105. 3D- Muffe auf Formstück (SST) setzen:

(VENTURIS Menü: Platzieren → Rund → Muffe)

Eine Muffe kann nicht frei gesetzt werden. Diese kann nur über TNTPNT an ein Referenzobjekt angeschlossen werden. In der Regel werden zwei Formstücke mit einer Muffe oder mit einem Rohrteil verbunden. Bei direktem Verbinden zweier Formstücke wird in der Praxis jedoch meist eine Muffe eingesetzt. VENTURIS setzt ab Release 3.0 automatisch eine Muffe am Anschluss zweier Formstücke. Die Eigenschaften des Referenzobjektes werden dabei automatisch übernommen.

Beispiel:
Am Anschluss zweier Formstücke setzt VENTURIS automatisch eine Muffe.

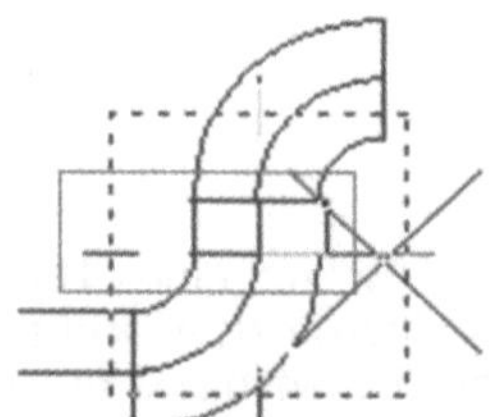

!! Jedoch nicht immer Praxisbezogen:

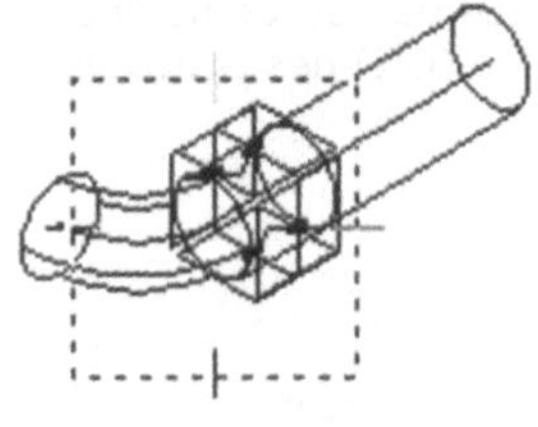

< Falsch>

Beispiel:
VENTURIS setzt am Anschluss eines Bogens an eine Komponente ***nicht*** automatisch eine Muffe. Eine Muffe ist jedoch erforderlich.

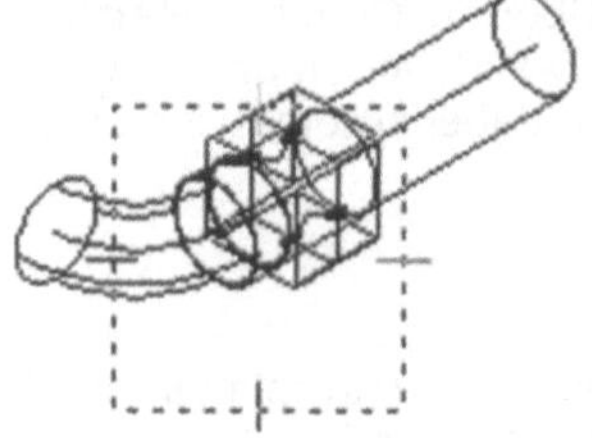

< Richtig >

Vorgehensweise Muffe manuell auf Formstück setzen:

> In der Toolbox „Muffe auf Formstück setzen" anwählen.

> Durch **Setzen eines TENTPNT** an das Referenzobjekt die Muffe anschließen.

> Mit **DATAPNT** bestätigen (Über die RESET -Taste den Vorgang abbrechen).

<u>Zusammenfassung „Muffe auf Formstück setzen":</u>

- In der Toolbox „Muffe auf Formstück setzen" anwählen.
- Setzen eines TENTPNT an Referenzobjekt.
- Mit DATAPNT bestätigen (Über die RESET -Taste den Vorgang abbrechen).

106. 3D- Enddeckel auf Rohr planen:

(VENTURIS Menü: Platzieren → Rund → Enddeckel)

Ein Enddeckel (bzw. Endgitter) kann nicht frei gesetzt werden. Dieser kann nur über TNTPNT an ein Referenzobjekt angeschlossen werden. Die Eigenschaften des Referenzobjektes werden dabei automatisch übernommen (Im 2D-Modul können verschiedene Enddeckel Varianten über einen Zell-Selektor gewählt werden. Dies ist im 3D-Modul leider nicht der Fall!).

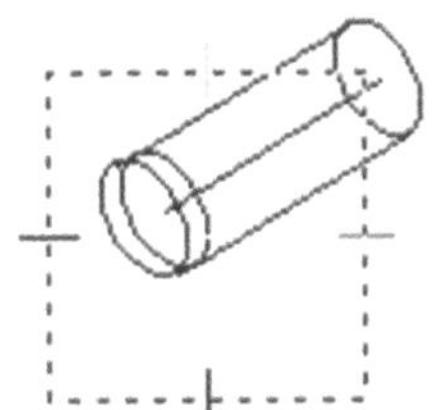

Beispiel:
Enddeckel (Boden rund) Überstehend an Rohr planen (links).
Endgitter Überstehend an Rohr planen (rechts).

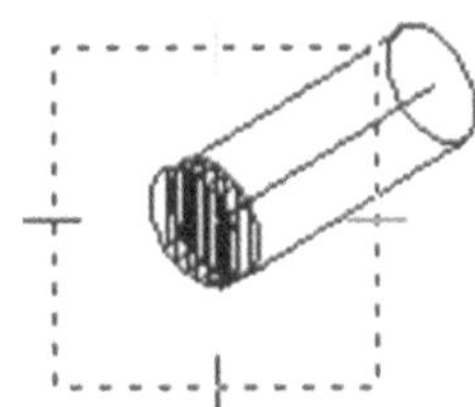

In manchen Versionen ist diese Funktion nicht in die Toolbox „Runde Kanäle" integriert. Über das MicroStation Menü: „Arbeitsbereich (Workspace) → Anpassen (Customize)", besteht die Möglichkeit, die Toolbox „Runde Kanäle" um die Funktion „Enddeckel" zu erweitern (Siehe dazu: „Kapitel 78. Toolboxen Benutzerdefiniert erweitern /anpassen").

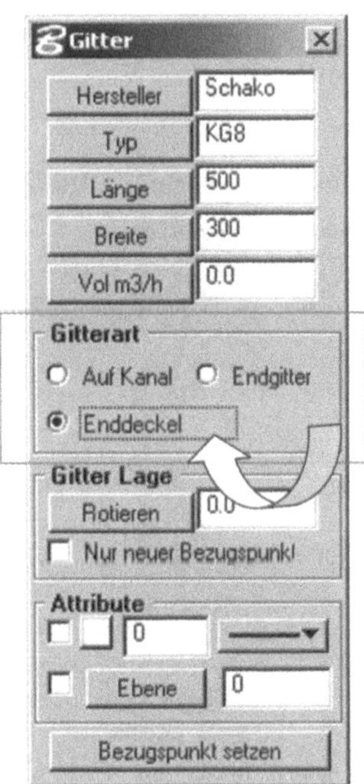

Optional:
kann auch über das VENTURIS Menü: **„Platzieren → Gitter"** ein Enddeckel bzw. Endgitter gesetzt werden.
Im Einstellungsfenster „Gitter" kann diese Funktion durch Setzen des Toggle-Schalters: „Enddeckel" aktiviert werden (siehe Graphik rechts). Über Schalter: „Bezugspunkt setzen" des Einstellungsfensters „Gitter" kann ein Enddeckel bzw. Endgitter mit TENTPNT an ein Rohrende platziert, und durch Bestätigen mit DATAPNT gesetzt werden.

> Durch **Setzen eines TENTPNT** an das Ende eines vorhandenen Rohres wird der Enddeckel platziert. Durch Setzen eines **DATAPNT** wird der Enddeckel gesetzt. Die Eigenschaften des Referenzobjektes wie: Größe; Anlage; Luftart; Material; etc. werden automatisch übernommen.

Zusammenfassung „Enddeckel auf Rohr planen":
- In der Toolbox „Enddeckel auf Rohr planen" anwählen.
- Setzen eines TENTPNT an das entsprechende Rohrende.
- Mit DATAPNT bestätigen .

107. 3D-Konstruktionshilfen:

(VENTURIS Menü: Werkzeug → Konstruktionshilfen)

Die Funktionsweise der Toolbox: „Konstruktionshilfen" des 3D-Moduls ist im wesentlichen identisch mit den Konstruktionshilfen des 2D-Moduls. Im Kapitel 25 u. F. (ab Seite 53) wird die Funktionsweise der Konstruktionshilfen beschrieben. Im Folgenden werden nur abweichende 3D-Funktionen erläutert.

Zwei Leitungen/Kanäle mit Bogen verbinden:

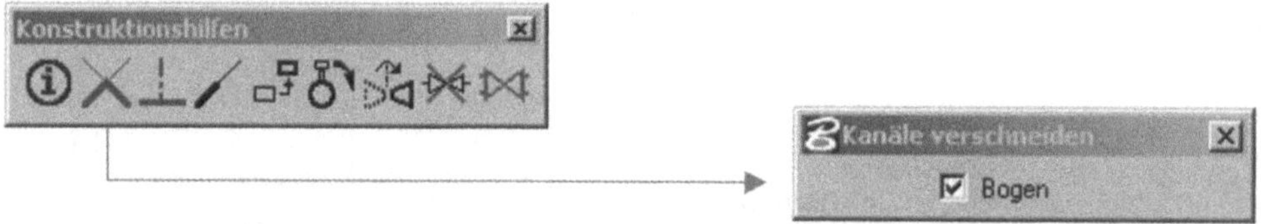

In der Funktion: „zwei Leitungen/Kanäle mit Bogen verbinden" muss Toggle Schalter: **„Bogen"** aktiviert werden um zwei Leitungen mit Bogen zu verbinden.

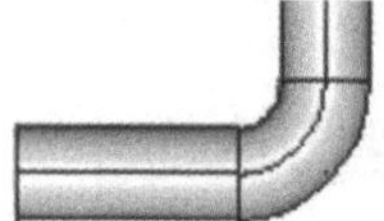

Beispiel:
Zwei Leitungen mit Bogen verbunden bei gesetztem Toggle-Schalter: „Bogen".

Leitung/Kanal mit T-Stück/Stutzen/Einschweissen verbinden:

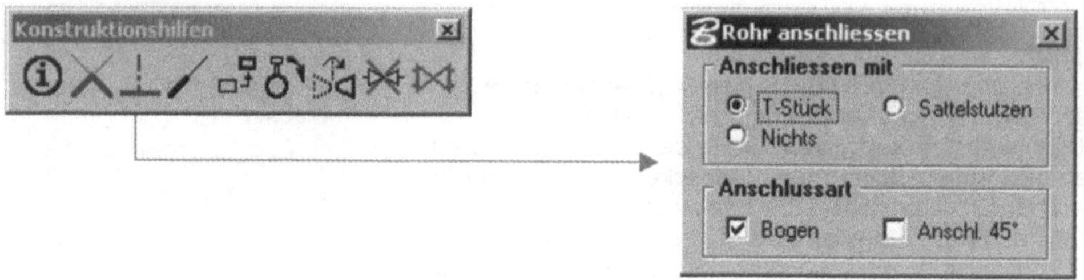

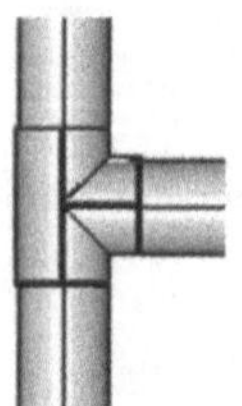

Beispiel:
Zwei lotrechte Leitungen über Toggle-Schalter: „T-Stück" verbunden (Graphik links).
Zwei lotrechte Leitungen über Toggle-Schalter: „T-Stück" und Anschlussart „Bogen" sowie „Anschl. 45°" verbunden (Graphik rechts).

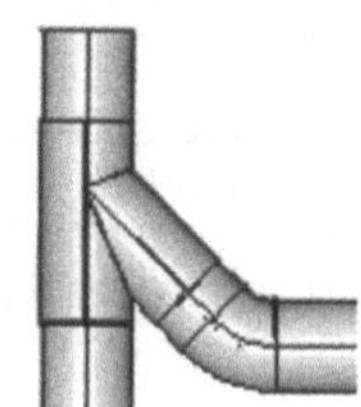

Hinweis:
Über diese Funktion können auch **parallel** zueinander liegende Leitungen verbunden, und **Verteilerstutzen** angeschlossen werden.

Elemente in Leitung/Kanal bewegen und kopieren:

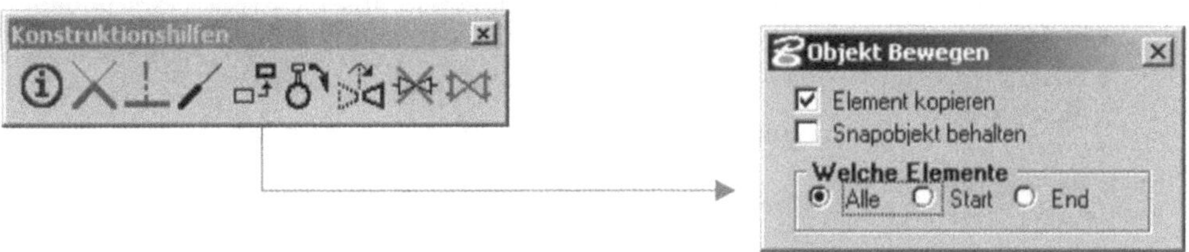

Über die Funktion **„Elemente in Leitung/Kanal bewegen"** können Texte, Komponente und Armaturen usw. bewegt, kopiert und verschoben werden. Diese Funktion bezieht sich nur auf Elemente/Zellen die über TRICAD MS generiert wurden.
Im Einstellungsfenster von Elemente in Leitung bewegen: „Objekt Bewegen" können verschiedene Optionen über die Toggle-Schalter gesetzt werden.
Unter: „Welche Elemente" **<Alle> <Start> <Ende**> kann bestimmt werden, ob aneinandergereihte Elemente/ Armaturen usw. <Alle>, oder nur die am Anfang <Start>, oder nur die am Ende <End> verschoben bzw. kopiert werden sollen.

Vorgehensweise: „Element(e) in Leitung/Kanal bewegen":
Um Elemente in einer Leitung zu bewegen darf der Toggle-Schalter: „Element kopieren" *nicht* gesetzt sein. Über die Beweg-Funktion können ganze Stränge verschoben werden. VENTURIS passt das assoziative Leitungs- bzw. Kanalnetz automatisch an.
Eine Alternative dazu ist die MicroStation Zaun (Fence) Funktion: „Dehnen (Stretch)".

> Anwählen von **„Elemente in Leitung/Kanal bewegen"** in der Toolbox von Konstruktionshilfen.

> Das zu verschiebende **Element mit DATAPNT** anwählen und mit einem weiteren DATAPNT bestätigen.

> **Richtungsvorgabe der Verschiebung** entlang der Achse des Referenzobjektes.

> Element mit **TENTPNT** zu einem Referenzpunkt der Leitung setzen oder über **DATAPNT** absetzen.

Vorgehensweise: „Element(e) in Leitung/Kanal kopieren":
Um Elemente *in* bzw. *aus* einer Leitung zu kopieren, muss der Toggle-Schalter: „Element kopieren" gesetzt sein. Über die Kopier-Funktion können einzelne Elemente und Aneinandergereihte Elemente/Armaturen (Toggle-Schalter: „Alle" setzen) einer Leitung in eine andere kopiert werden.

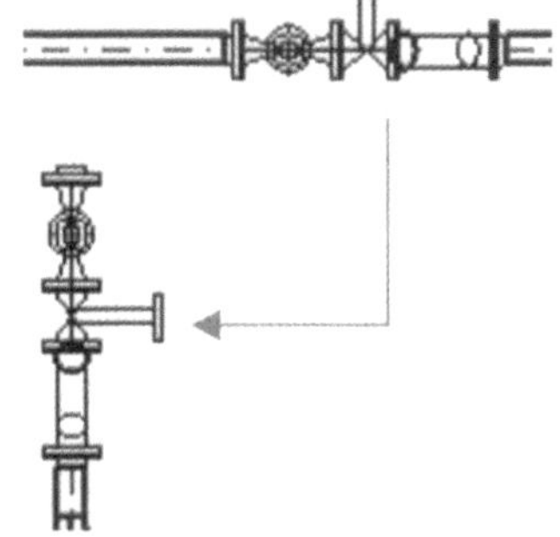

> Die zu kopierenden **Elemente mit DATAPNT** anwählen.

> Mit **TENTPNT** das Referenzobjekt/Leitung identifizieren.

> Über die **RESET –Taste** (Rechte Maustaste) die Auswahl der Elemente bestätigen.

> Die **hervorgehobenen Elemente** können nun in der Leitung ausgerichtet werden.

> Über **DATAPNT** werden die Elemente/Armaturen in die identifizierte Leitung eingesetzt.

Über die Funktion **„Snap-Objekt behalten"** können VENTURIS Komponente und Armaturen zu einem neuen Bezugspunkt, z. Bsp. lotrecht zu einem Anschlussrohr, verschoben werden. Die dazugehörige Leitung wird von VENTURIS automatisch angepasst.

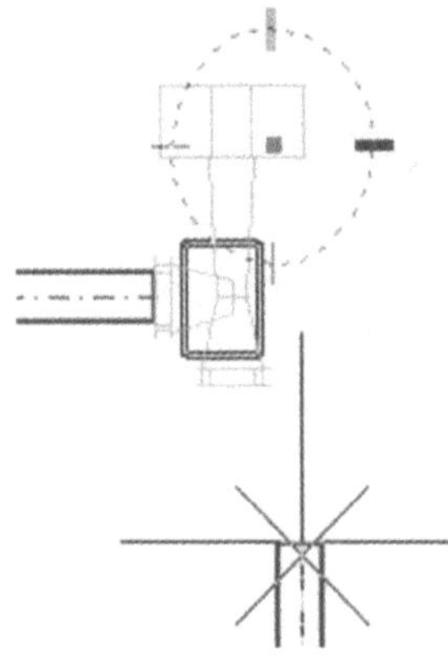

Vorgehensweise: „Snap-Objekt behalten".

> Anwählen von **„Elemente in Leitung/Kanal bewegen"** in der Toolbox von Konstruktionshilfen.

> Das zu verschiebende **Element mit DATAPNT** anwählen und mit einem TENTPNT den Anschlusspunkt/Achse des Elementes ansnappen, als Bezugspunkt zum Referenzobjekt.

> Toggle-Schalter **"Snap-Objekt behalten"** aktivieren.

> Mit **TENTPNT** die Achse des Referenzobjektes (lotrechte Leitung) anwählen. Das Element (Snap-Objekt) wird zum neuen Bezugspunkt verschoben.

Elemente in Leitung rotieren/drehen:

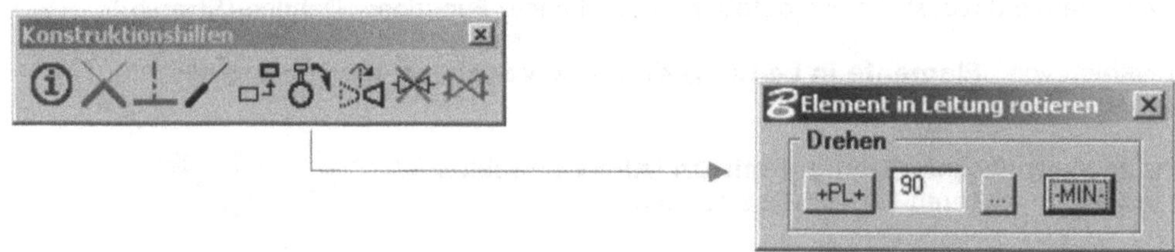

Über die Funktion **„Elemente in Leitung rotieren/drehen"** können Komponente und Armaturen usw. in einer Leitung um die eigene Achse gedreht werden. Diese Funktion bezieht sich nur auf Elemente/Zellen die über VENTURIS generiert wurden.
Die Vorgehensweise ist im wesentlichen identisch mit der gleichnamigen Funktion des 2D-Moduls. Im Folgenden werden nur Abweichende 3D-Funktionen erläutert.
Im Kapitel 31 (Modul 2D) wird die Funktionsweise dieser Konstruktionshilfe beschrieben.

> Über **Toggle-Schalter: <...>** des Einstellungsfensters „Element in Leitung rotieren" können vordefinierte Winkel ausgewählt und gesetzt werden.

> Über **Toggle-Schalter: „+PL+"** (für positive Drehung) und **„-MIN-„** (für negative Drehung) kann die Komponente/Zelle im Inkrement des gesetzten Winkels (90°) neu ausgerichtet (rotiert) werden.

Hinweis:
Diese Funktion kann nur Beendet werden über die Anwahl von „Elementauswahl" in der MicroStation Haupttoolbox (Main) oder über die Anwahl einer anderen VENTURIS Funktion.
MicroStation Befehl „Elementauswahl".
Die 3D-Funktionalität von: „Elemente in Leitung spiegeln", „Elemente in Leitung löschen" sowie „Zellselektor aufrufen" ist im wesentlichen identisch mit der des 2D-Moduls (Siehe dazu: Modul 2D -Konstruktionshilfen, Kapitel 32 bis 34).

108. 3D-Komponente der Lüftung platzieren:

(VENTURIS Menü: Platzieren → Komponente)

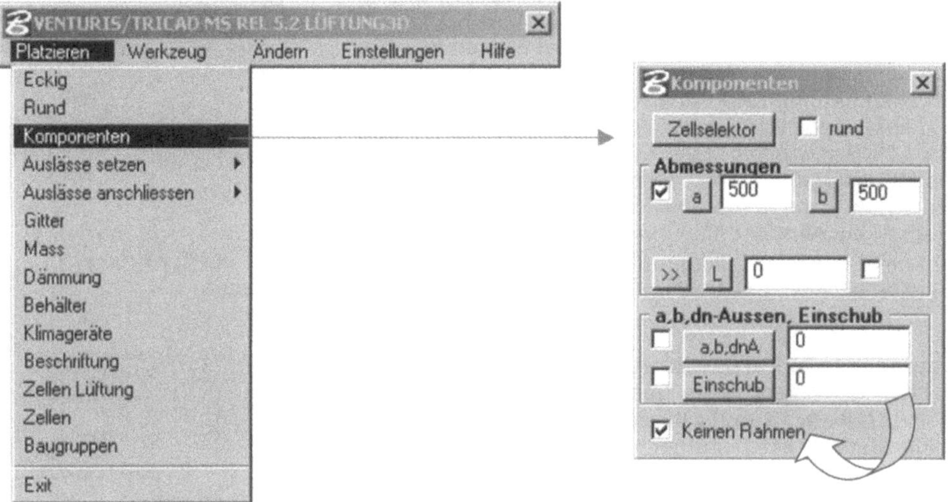

Die 3D-Funktionalität von **„Komponente platzieren"** ist im wesentlichen identisch mit der gleichnamigen Funktion des 2D-Moduls (Siehe dazu: Modul 2D-Komponente der Lüftung platzieren, Kapitel 39). Im Folgenden werden nur abweichende 3D-Funktionen erläutert.

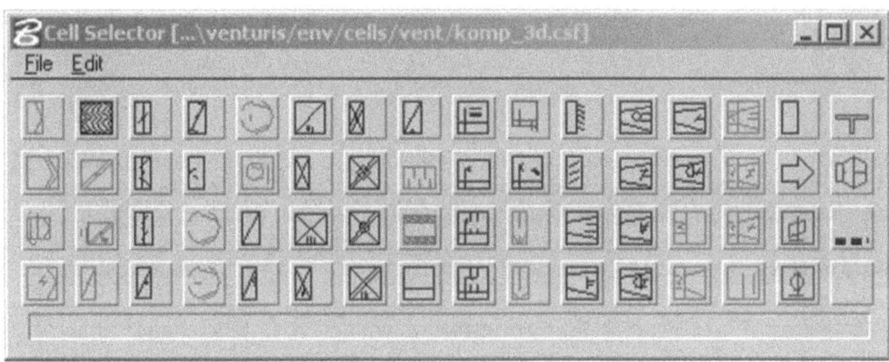

Zellselektor für **Komponente der Lüftung, Modul 3D.**

3D-Komponente können über den Zellselektor ..cells\vent\ **komp_3D.csf** angewählt und gesetzt werden. Bei den meisten Komponenten muss auf die Einbauweise (Richtung usw.) geachtet werden. Im Einstellungsfenster für „Komponenten" kann der Toggle-Schalter: **„Keinen Rahmen"** gesetzt werden.
Bei gesetztem Toggle-Schalter: „Keinen Rahmen" werden die Komponente ohne Rahmen dargestellt. Somit eignen sich die Zellen des Selektors auch zur Darstellung von Klimageräten, die in der Regel ohne SB-Rahmen dargestellt werden (Komponenten-Rahmen usw. können über die DB-Info der Toolbox „Konstruktionshilfen" angepasst und parametrisiert werden).

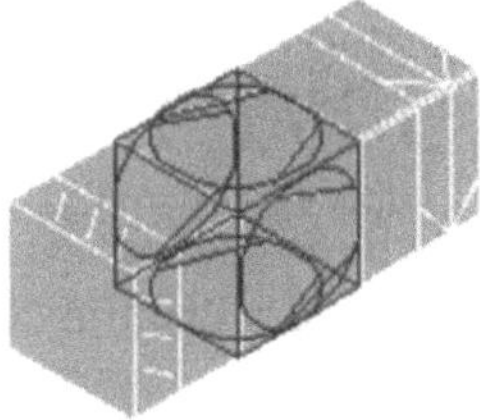

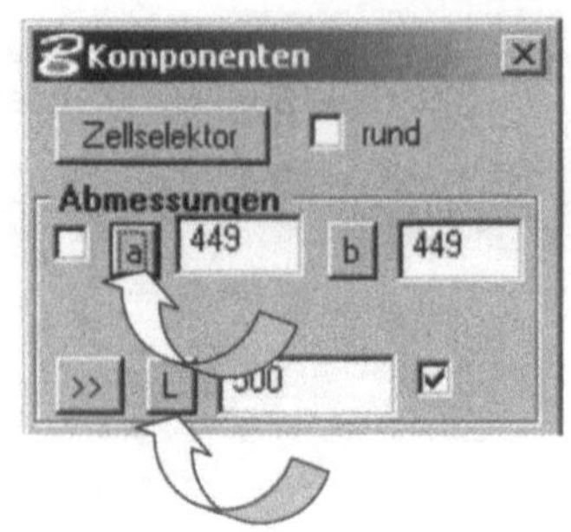

Jede Komponente hat Ihre spezifischen Maße.
Die Abmessungen der Komponenten sind in verschiedenen Dateien gespeichert. Diese Dateien befinden sich im Ordner: **„komp_default"** (Komponenten Standards) im Verzeichnis: ..VENTURIS\env\db\vent\. Im Einstellungsfenster „Komponenten" sind die Abmessungen entsprechend der gewählten Komponente über die Schalter: **„a" „b" und „L"** und bei gesetztem Toggle-Schalter „rund" unter Schalter **„DN"** anwählbar. Eine Komponente kann mit ihren spezifischen Maßen nur „frei" gesetzt werden. Sobald an ein Referenzobjekt angeschlossen wird, übernimmt VENTURIS automatisch die Abmessungen und Attribute des Referenzobjektes. Komponenten können über die DB-Info (Datenbankabfrage) der Toolbox „Konstruktionshilfen" nachträglich angepasst und parametrisiert werden.

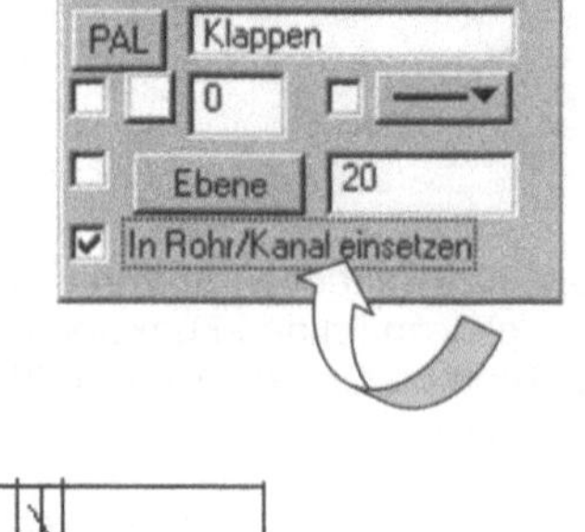

a) Komponente in Kanal einsetzen:
Im Einstellungsfenster: „Zelle Farbe, Ebene" kann der Toggle-Schalter: **„In Rohr/Kanal einsetzen"** gesetzt werden. Das Einstellungsfenster erscheint nach Anwahl einer Komponente. Bei aktivem Toggle-Schalter: „In Rohr/Kanal einsetzen" kann eine Komponente in einen vorhandenen Kanal bzw. Rohr eingesetzt werden.

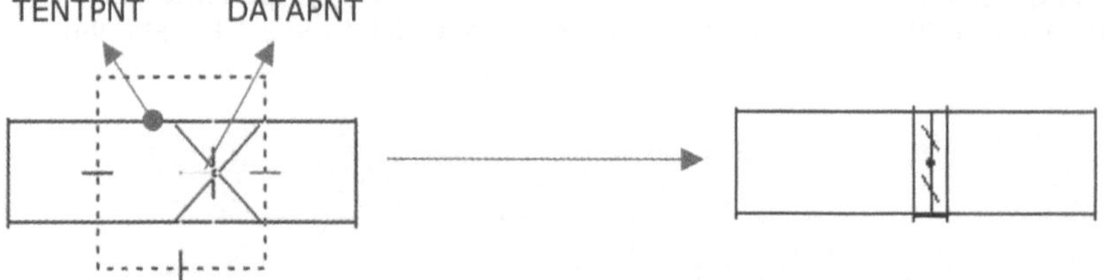

Beispiel: Eine Klappe (Komponente) wird über die Funktion: „In Rohr/Kanal einsetzen" in einen vorhandenen Kanal gesetzt. Die Klappe wird entlang der Achsführung des Kanals eingesetzt. Der Kanal wird am Einfügepunkt automatisch zweigeteilt und angepasst.

Übung: „Klappe (Komponente) einsetzen" > Zur Festigung der Arbeitsmethodik.

> In VENTURIS Menü: **„Platzieren → Komponente"** anwählen (Das Einstellungsfenster für „Komponenten", „Zelle Farbe, Ebene" und Zellselektor „komp_3D.csf" erscheint).

> Im Einstellungsfenster: „Zelle Farbe, Ebene" Toggle-Schalter: **„In Rohr/Kanal einsetzen"** aktivieren.

> Im Zellselektor „Komponente" die Schaltfläche: **Klappe anwählen**.

> **TENTPNT** seitlich an den Kanal setzen um den Einfügepunkt der Klappe zu definieren und mit DATAPNT bestätigen (VENTURIS übernimmt automatisch den Querschnitt und die Attribute des Referenzobjektes).

> **Richtungsvorgabe** der Komponente und **Längendefinition** über AccuDraw.

> Über **DATAPNT** die Eingabe bestätigen. Die Klappe wird eingesetzt, der Kanal wird am Einfügepunkt automatisch zweigeteilt und angepasst.

Übung: „Komponente planen" > Zur Festigung der Arbeitsmethodik.

> **Kanal eckig planen** mit den Querschnittsmaßen: „a=500", „b=500" und Länge „l=2000" mm. Die Oberkante Kanal (OKK) kann beliebig gesetzt werden.

> In der Toolbox: „Eckige Kanäle" die Funktion: **„Übergang eckig planen"** anwählen. Übergang am rechten Ende des Kanals mit den Abgangsmaßen: „d=565" , „c=565" und Länge „l=500" mm setzen.

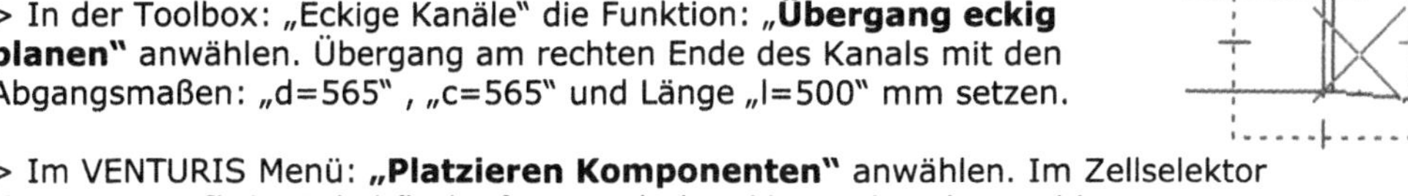

> Im VENTURIS Menü: **„Platzieren Komponenten"** anwählen. Im Zellselektor „komp_3D.csf" die Schaltfläche für Brandschutzklappe (BSK) anwählen (Die Planungskante im Einstellungsfenster sollte auf Mitte/Mitte stehen).

> Über **TENTPNT** die Brandschutzklappe an den Übergang eckig anschließen.

> Toggle-Schalter hinter: **„L"** im Einstellungsfenster „Komponenten" setzen und über Schalter „L" die Länge „500" anwählen. Mit **DATAPNT** bestätigen. Die Brandschutzklappe wird gesetzt.

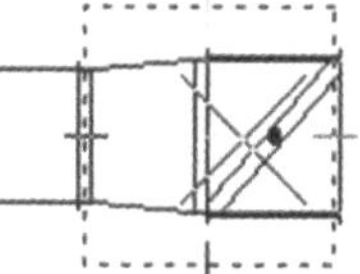

> In der Toolbox: „Eckige Kanäle" Funktion: **„Übergang eckig-rund planen"** anwählen. Übergang am linken Ende des Kanals mit den Abgangsmaßen: „d1=560" und Länge „l=500" mm setzen.

> Im VENTURIS Menü: **„Platzieren Komponenten"** anwählen. Im Zellselektor „komp_3D.csf" die Schaltfläche für Brandschutzklappe (BSK) anwählen (Die Planungskante im Einstellungsfenster sollte auf Mitte/Mitte stehen).

> Über **TENTPNT** die Brandschutzklappe an den Übergang eckig-rund anschließen.

> Toggle-Schalter: **„rund"** im Einstellungsfenster „Komponenten" setzen und über Schalter „L" die Länge „500" anwählen. Mit **DATAPNT** bestätigen. Die Brandschutzklappe wird gesetzt.

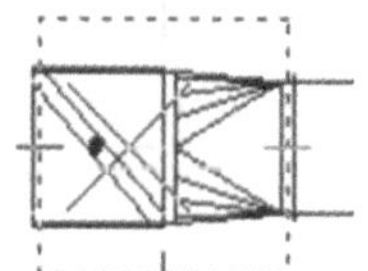

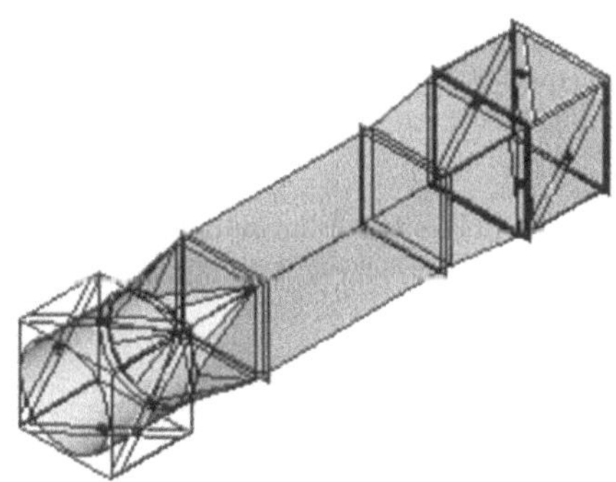

Das Übungsbeispiel „Komponente planen" in der Isometrischen Ansicht.

Zusammenfassung „Komponente der Lüftung platzieren":

- In VENTURIS Menü: „Platzieren → Komponente" anwählen.
- Im Einstellungsfenster für „Komponenten" Abmessungen und Optionen definieren.
- TENTPNT stirnseitig an Kanal/Rohr setzen.
- Richtungsvorgabe und die Länge der Komponente über Tastatur eingeben.
- Mit DATAPNT bestätigen und über RESET -Taste abbrechen.

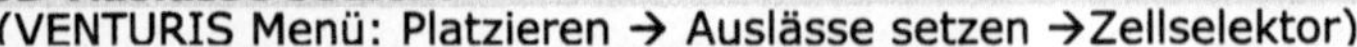

109. 3D-Auslässe setzen:

(VENTURIS Menü: Platzieren → Auslässe setzen →Zellselektor)

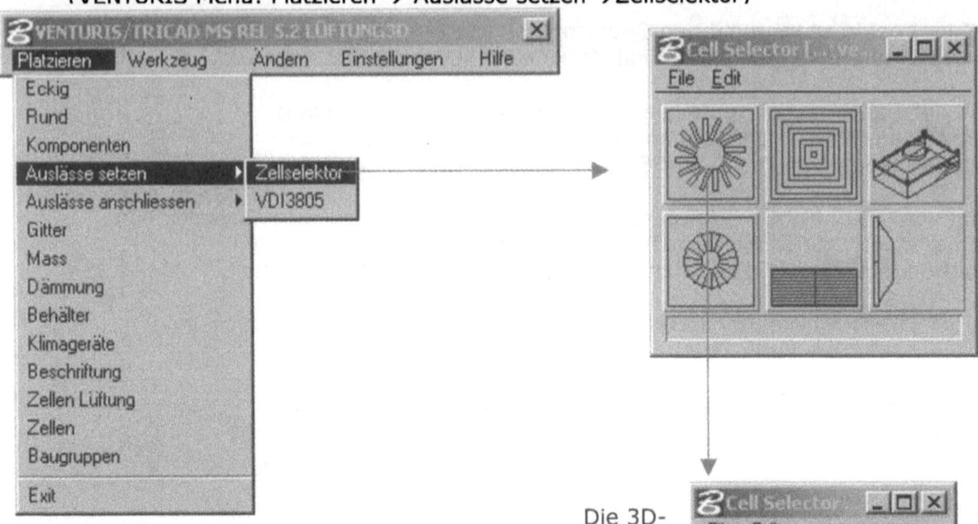

Die 3D-Funktionalität von **„Auslässe setzen"** ist im wesentlichen identisch mit der gleichnamigen Funktion des 2D Moduls. Abweichend zum Modul 2D bietet VENTURIS im Modul 3D eine umfangreichere Auswahl von Auslass-Zellen, unter anderem auch **Auslässe nach VDI 3805**. Das Dialog-feld „Z-Koordinate, Winkel" ist eine weitere zusätzliche Funk-tion, zur Platzierung und Ausrichtung der Auslässe.
Auslässe können immer nur mit den vordefinierten Standard Größen gesetzt werden. Die Attribut-Dateien mit den vor-definierten Größen der 3D-Auslässe befinden sich im Verzeichnis: VENTURIS\env\cells\vent3d\db**dralldurchlass**. Diese können über die Funktion: „Attribut Dateien" oder über den Windows-Editor, Benutzerdefiniert angepasst werden.
Über das Dialogfeld **„Z-Koordinate, Winkel"** kann ein Auslass vor dem Setzen, in der Höhenlage (Z-Koordinate) und im Winkel, präzise platziert und ausgerichtet werden. Unter dem Kästchen **„Luftvol. m3/h"** kann dem Auslass ein Wert für den Volumenstrom zugewiesen werden. Der Wert dient zur Bemaßung (Vol. m3/h) des Auslasses und auch als Auswahl- und Filterkriterium zum Ändern der Attribute.

> Bei gesetztem Toggle-Schalter: **„Stockw."** wird der Auslass auf die eingestellte Höhenquote (Z-Koordinate) platziert. Die Z-Koordinate des Auslasses bezieht sich immer auf die Unterkante des Auslasses.

> Bei gesetztem Toggle-Schalter: **„Winkel"** wird der Auslass mit dem eingestellten (aktivem) Winkel platziert. Über Schalter „+" und „-" kann der Auslass rotiert werden.

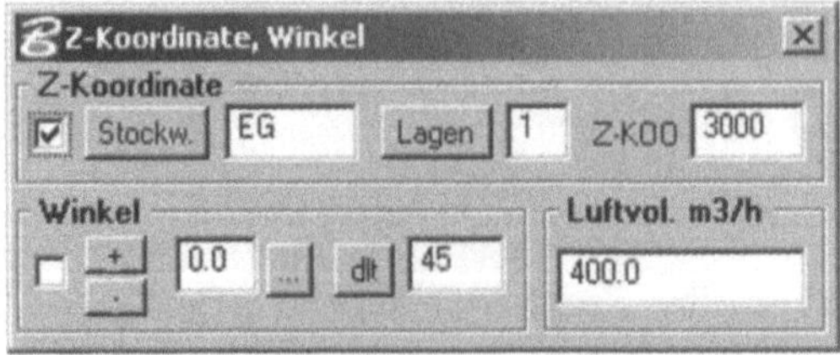

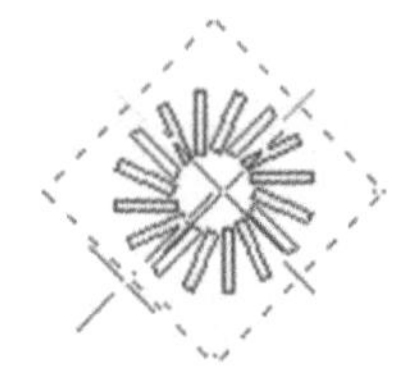

Beispiel:
Auslass gedreht.
(45°)

Vorgehensweise 3D-Auslass setzen:

> Im **VENTURIS Menü: Platzieren** → Auslässe setzen → Zellselektor anwählen.

> Im Zellselektor über die **Schaltfläche: „Dralldurchlass"** anwählen.
Im nächsten Zellselektor ebenfalls „Dralldurchlass" anwählen (Es erscheint ein Auswahlfenster mit vordefinierten Standard Größen der Auslässe).

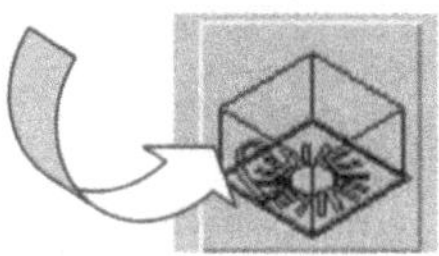

> Im **Auswahlfenster**: „Dralldurchlass VDWQZHML/600x24– 250" anwählen (Es erscheint das Dialogfeld „Z-Koordinate, Winkel" und das Einstellungsfenster: „Zelle Farbe, Ebene").

> Im **Dialogfeld: „Z-Koordinate, Winkel"** Toggle-Schalter „Stockw." setzen um die Höhenlage (Z-Koordinate) zu definieren. Im Kästchen „Z-KOO" den Wert: „3000" für die Höhenquote des Auslasses eingeben (Die Z-Koordinate des Auslasses bezieht sich immer auf die Unterkante des Auslasses). Unter dem Kästchen „Luftvol. m3/h" den Wert: „400" für den Volumenstrom eingeben. Bei gesetztem Toggle-Schalter: „Winkel" wird der Auslass mit dem eingestellten (aktiven) Winkel platziert. Über Schalter „+" und „-" kann der Auslass rotiert werden.

> Im Einstellungsfenster **„Zelle Farbe, Ebene"** können vor dem Setzen des Auslasses die Farbe, die Strichstärke und Ebene/Level definiert werden. Die Standardebene (Level) ist die Ebene der Voreingestellten Luftart.

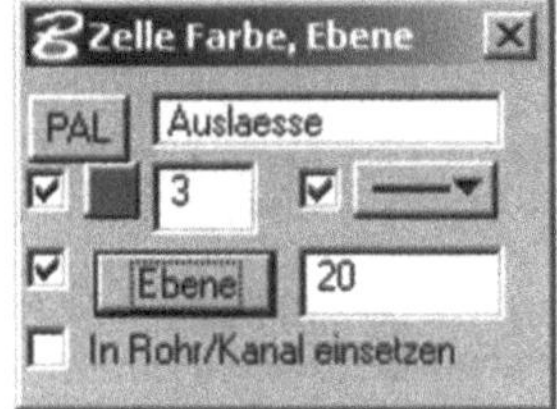

> Im Ansichtsfenster „Draufsicht" über **TENTPNT** einen Bezugspunkt zum Platzieren des Auslasses anwählen, oder einfach über DATAPNT den Auslass in der Zeichnung setzen (Eingabeaufforderung in der MicroStation -Statuszeile unten links beachten!).

> Über **DATAPNT** den Einfügepunkt des Auslasses bestätigen (Im Anschluss können weitere Auslässe unter Richtungs- und Abstandsangabe entlang der „x" und „y" Achse von AccuDraw gesetzt werden).

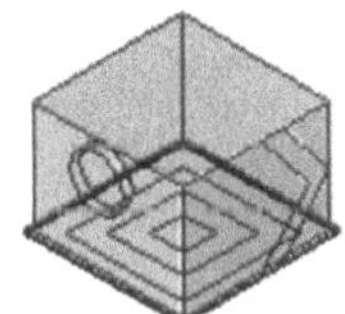

Beispiel: Schwebstoffilter -Deckenluftdurchlass (F6552GC - 200)

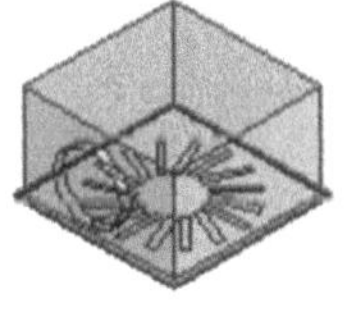

Dralldurchlass (VDWQZHML/600x24)

Zusammenfassung „3D-Auslass setzen":
- Im VENTURIS Menü: „Platzieren → Auslässe setzen →Zellselektor" anwählen.
- Auslass-Art im im Zellselektor und anschließend im Auswahlfenster anwählen.
- Im Dialogfeld: „Z-Koordinate, Winkel" die Höhenquote und Attribute definieren.
- Optional: Auslass drehen/rotieren über Dialogfeld: „Z-Koordinate, Winkel".
- über TENTPNT einen Bezugspunkt zum Platzieren des Auslasses anwählen.
- Auslass mit DATAPNT setzen.

110. 3D-Auslässe setzen nach VDI 3805:

(VENTURIS Menü: Platzieren → Auslässe setzen →VDI 3805)

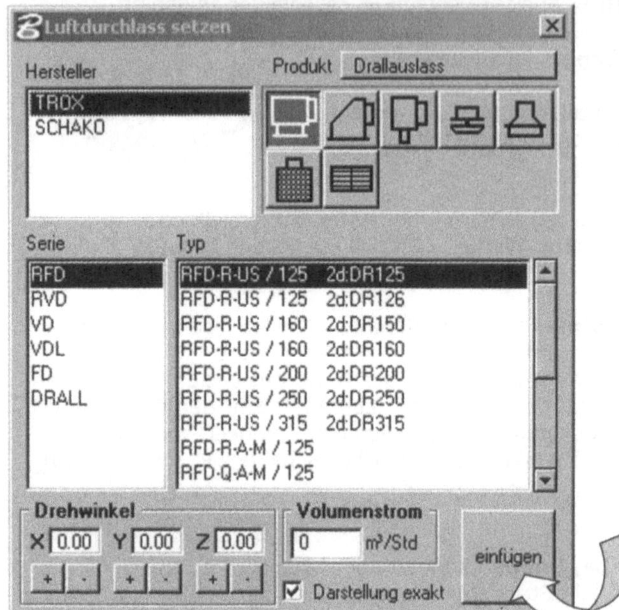

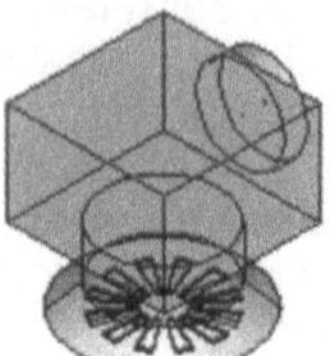

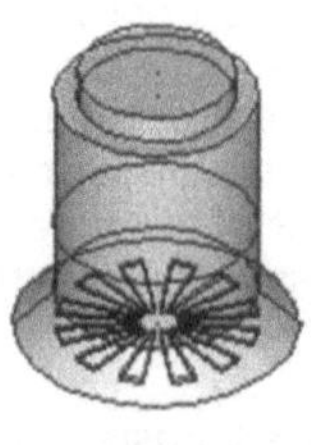

Alternativ zu Auslässe setzen über Zellselektor, bietet VENTURIS im 3D Modul noch die Möglichkeit, Auslässe verschiedener Hersteller über die Schnittstelle: „VDI-3805" zu erzeugen. Geplant ist, das in Zukunft alle Hersteller die Daten Ihrer Produkte kompatibel zur **„VDI 3805-Schnittstelle"** liefern. Somit würden dem TRICAD-MS Anwender immer die aktuellsten Produkte mit deren spezifischen Daten zur Verfügung stehen. Die Auswahl eines Auslasses erfolgt über die **Kategorien:** „Hersteller, Produkt, Serie und Typ". In der Maske „Luftdurchlass setzen" der VDI-Schnittstelle ist das Dialogfeld für „Drehwinkel und Volumenstrom" bereits integriert. Über Toggle-Schalter: **„Darstellung exakt"** kann zwischen einer vereinfachten und einer exakten graphischen Darstellung des Auslasses gewählt werden.

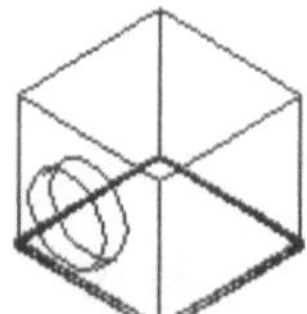

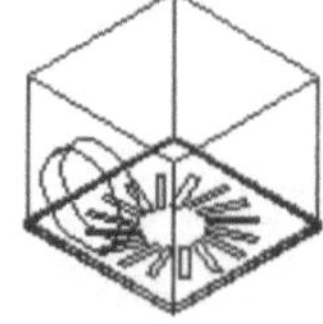

Beispiel: Vereinfachte Darstellung Exakte Darstellung

Zusammenfassung „3D-Auslass nach VDI 3805 setzen":

- Im VENTURIS Menü: „Platzieren → Auslässe setzen → VDI 3805" anwählen.
- Im Auswahlfenster die Kategorien: „Hersteller, Produkt, Serie und Typ" festlegen.
- Im Fenster Einstellungen über „H-Absolut" die Höhenquote und Attribute definieren.
- Optional: „Drehwinkel, Volumenstrom und Darstellungsart" definieren.
- über TENTPNT einen Bezugspunkt zum Platzieren des Auslasses anwählen.
- Auslass über Schalter: „einfügen" der VDI-Maske setzen.

111. 3D-Auslässe anschließen automatisch:

(VENTURIS Menü: Platzieren → Auslässe anschließen → Auslässe anschließen)
Diese Funktion ist im **Modul 3D-Kapitel 102, Seite 186** (in Zusammenhang mit der Funktion Drallauslass/Absaug T-Stück mit Flexrohr anschließen) beschrieben.

112. 3D-Gitter platzieren:

(VENTURIS Menü: Platzieren → Gitter)

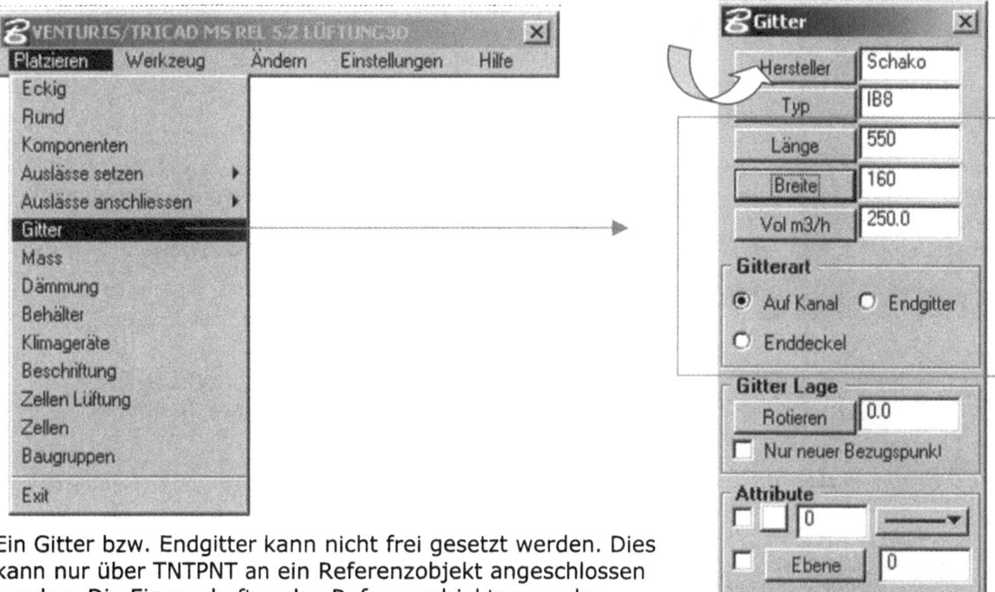

Ein Gitter bzw. Endgitter kann nicht frei gesetzt werden. Dies kann nur über TNTPNT an ein Referenzobjekt angeschlossen werden. Die Eigenschaften des Referenzobjektes werden automatisch übernommen. Priorität haben jedoch die unter **„Attribute"** des Einstellungsfensters gesetzten Werte.
Im 3D-Modul erfolgt die Auswahl der Gitter-Art nicht über Zellselektor sondern über die vordefinierten Attribut-Dateien (Schalter: „Hersteller, Typ usw.") des Gitter Einstellungsfensters. Im Einstellungsfenster **„Gitter"** können über die hervorgehobenen Schaltflächen „Hersteller, Typ (Bezeichnung), Länge und Breite sowie der Volumenstrom gewählt und gesetzt werden. Die Attribut-Dateien mit den vordefinierten Größen der Gitter befinden sich im Verzeichnis:..\VENTURIS\ env\db\vent**grid_default**.
Diese können über die Funktion: „Attribut Dateien" oder über den Windows-Editor, Benutzerdefiniert angepasst werden. Es kann auch eine Benutzerdefinierte Datenbank für Gitter angelegt werden. Dabei muss die vorgegebene Struktur der Datenbank genau eingehalten werden.

Anlegen einer neuen Datenbank für Gitter am Beispiel: „Benutzer"

Für jeden Gitter-Hersteller muß ein Ordner im Verzeichnis „grid_default" angelegt werden (In diesem Fall: „Benutzer"). In der Attributs-Datei „hersteller" muß der Name des Herstellers auch eingetragen werden (In diesem Fall: „Benutzer").

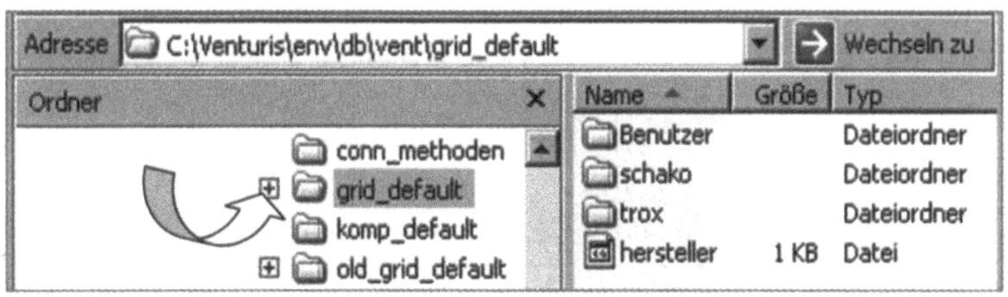

Die Datenbank der Gitter befindet sich im Verzeichnis: „grid_default". Die Datenbank kann Benutzerdefiniert erweitert werden.

Die **Attribut-Dateien** der Gitter-Typen werden in dem Ordner mit dem Namen des Herstellers (Benutzer) abgelegt. Über Schalter: „Hersteller" des Einstellungsfensters für Gitter, kann der Hersteller ausgewählt und gesetzt werden.

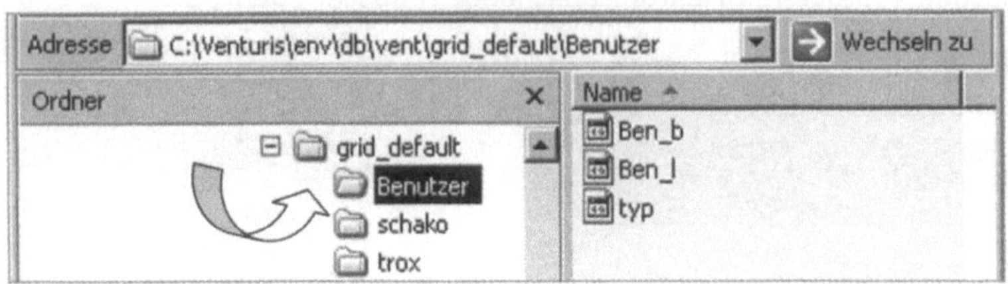

Im Ordner des Gitter-Herstellers werden die Attribut-Dateien der Gitter-Typen abgelegt.

In der Attribut-Datei: **„typ"** des Hersteller-Ordners werden die Gittertypen eingetragen. Im gleichen Verzeichnis werden die Attributs-Dateien abgelegt, in denen die Längen und Breiten (Hersteller-Maße) der Gittertypen definiert sind. Über Schalter: „Typ" des Einstellungsfensters für Gitter, kann der Gitter-Typ dann ausgewählt und gesetzt werden.

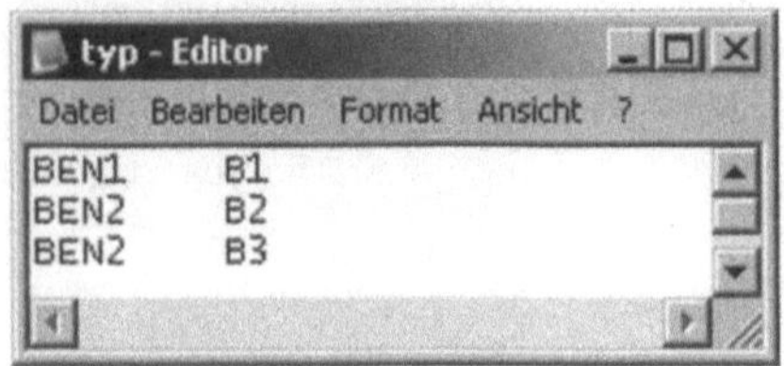

Der Eintrag: „**BEN1**, BEN2 usw." steht für die Bezeichnung (Name) des Gittertyps.
Der Eintrag: „**B1**, B2 usw." verweist auf die Dateien in denen die Längen und Breiten des Gitters definiert sind.

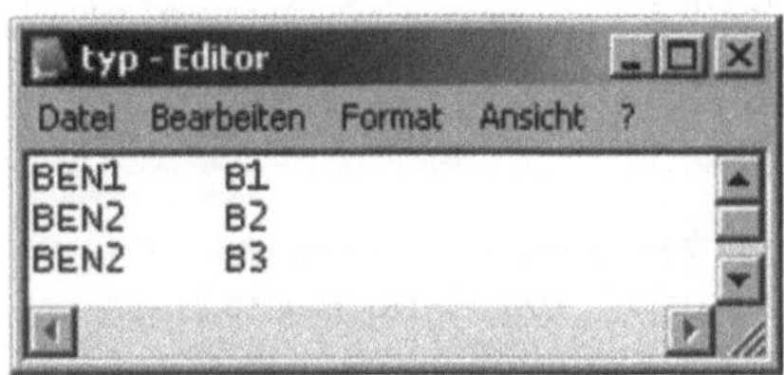

Die Längen sind in den Dateien: **„_l"** definiert.
Im Beispiel die Benutzerdefinierte Datei: „Ben_l".
Über Schalter: „Länge" des Einstellungsfensters für Gitter, kann die Gitter-Länge ausgewählt und gesetzt werden.

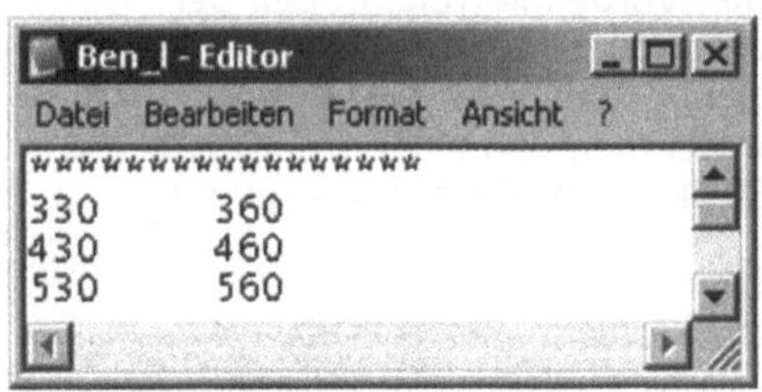

Die Breiten der Gitter sind in den Dateien: **„_b"** definiert . Im Beispiel die Benutzerdefinierte Datei: „Ben_b".
Über Schalter: „Breite" des Einstellungsfensters für Gitter, kann die Gitter-Breite ausgewählt und gesetzt werden.

Die Attribute der Benutzerdefinierten Datenbank können über die Schalter des Gitter-Einstellungsfensters (Hersteller, Typ, Länge, Breite usw.) aufgerufen werden. Über die Auswahlfenster können die entsprechenden Typen und Abmessungen (Größen) des Gitters angewählt und gesetzt werden.

Hinweis:
Die Gitter-Datenbank ist Projektunabhängig. Die Datenbank kann somit über ein Firmennetz, Benutzer- und Projektübergreifend zur Verfügung gestellt werden.

Ein Gitter bzw. Endgitter kann nicht frei gesetzt werden. Dies kann nur über TNTPNT an ein Referenzobjekt angeschlossen werden. Die Eigenschaften des Referenzobjektes werden automatisch übernommen. Priorität haben jedoch die unter „Attribute" des Einstellungsfensters gesetzten Werte. Unter **„Gitterart"** kann über die entsprechenden Toggle-Schalter festgelegt werden ob ein Gitter auf „Kanal" oder als „Endgitter" bzw. Enddeckel" platziert wird.

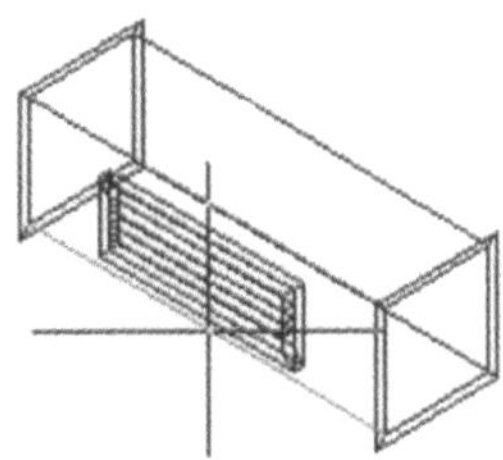

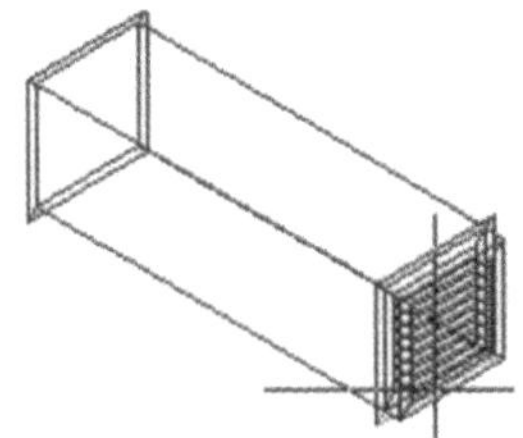

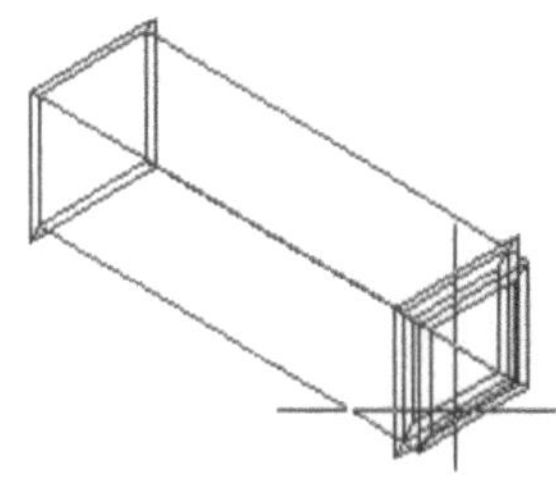

Beispiel: Gitter „Auf Kanal" „Endgitter" „Enddeckel"

Vorgehensweise 3D-Gitter setzen:

> Im VENTURIS Menü: **"Platzieren → Gitter"** anwählen.

> Im **Einstellungsfenster „Gitter"** über die entsprechenden Schalter den „Hersteller" und den Gitter- „Typ" festlegen. Die Gitterabmessungen über die Schalter: „Länge" und „Breite" festlegen.

> **Gitter-Art** über die Toggle-Schalter definieren.

> Im Einstellungsfenster „Gitter" den Schalter: **„Bezugspunkt setzen"** anwählen.

> **Setzen eines TENTPNT** an das Referenzobjekt. Über Toggle-Schalter: „Nur neuer Bezugspunkt" kann das Gitter zu einem anderen Bezugs-punkt neu gesetzt werden.

> Durch Betätigen des Schalters: **„Rotieren"** kann das Gitter neu ausgerichtet werden. Bei runden Kanälen kann durch Eingabe eines Wertes im Kästchen „Rotieren" jeder Drehwinkel eingestellt werden. Bei eckigen Kanälen wechselt das Gitter durch Betätigen des Schalters „Rotieren" jeweils zur nächsten Seite des Kanals.

> Durch **Setzen eines DATAPNT** wird das Gitter gesetzt. Über die RESET -Taste kann der Vorgang abgebrochen werden.

Zusammenfassung „Gitter setzen":

- In VENTURIS Menü: „Platzieren → Gitter" anwählen.
- Im Einstellungsfenster Gitter: „Hersteller" „Typ", „Länge", „Breite" usw.. definieren.
- Gitter-Art über entsprechenden Toggle-Schalter setzen.
- Setzen eines TENTPNT an Kanal oder Rohr, evtl. neuen Bezugspunkt setzen.
- Optional: Gitter ausrichten über Schalter: „Rotieren".
- Gitter mit DATAPNT setzen. Vorgang abbrechen über die RESET -Taste.

113. 3D-Mass platzieren:

(VENTURIS Menü: Platzieren → Mass)

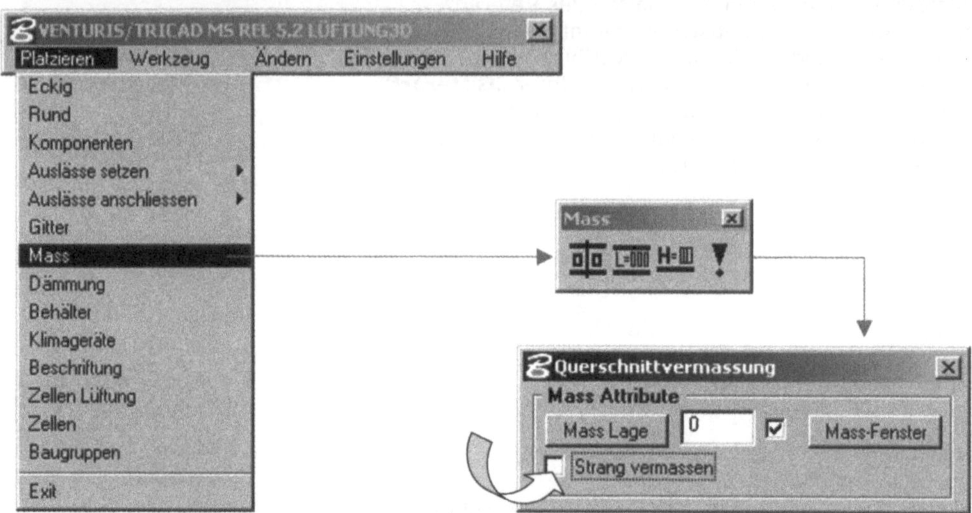

Die Funktionsweise der Toolbox: „Mass" des 3D-Moduls ist im Wesentlichen identisch mit der gleichnamigen Toolbox des 2D-Moduls. Im **Kapitel 43 u. F.** (ab Seite 78) wird die Funktionsweise von „Platzieren Mass" beschrieben. Im Folgenden werden nur die abweichenden 3D-Funktionen erläutert.
Durch Setzen des Toggle-Schalters: **„Strang vermassen"** im Einstellungsfenster: „Querschnittvermassung", kann ein ganzer Strang automatisch bemaßt werden.
Bei jeder Querschnittsveränderung setzt VENTURIS automatisch ein Querschnittsmaß. Durch identifizieren des Stranges über DATAPNT und durch Bestätigen mit einem weiteren DATAPNT werden die Querschnittsmaße mit der gesetzten „Mass Lage" gesetzt. **Die Bemaßung im 3-Dimensionalen Raum ist immer Ansichtsabhängig**. Daher müssen auch bei einer automatisierten Bemaßungsart die Bemaßungseinstellungen bereits vor dem Bemaßen eines Stranges oder Elementes passend zur jeweiligen Ansicht definiert werden. Bei der manuellen Bemaßung passt VENTURIS die Bemaßung an die jeweilige Ansicht: Draufsicht, Seiten- und Vorderansicht an.

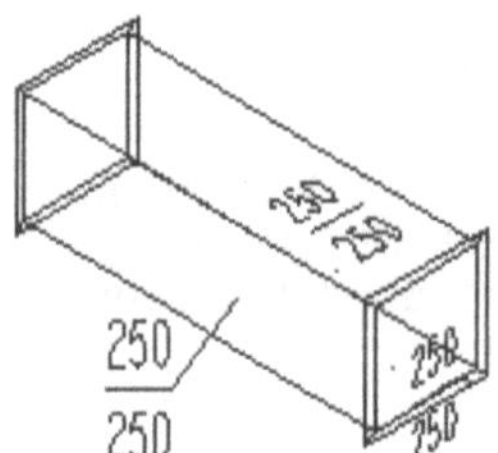

Im Beispiel: Eine manuelle Bemaßung in der Draufsicht, Vorderansicht und in der Isometrischen Ansicht.
Die Maße werden in einem bestimmten Abstand zum Referenzobjekt gesetzt (Voreinstellung = 100mm), damit diese bei einer Schattierung oder beim Exportieren der Zeichnung (als sichtbare/verdeckte Kanten usw.) sichtbar und lesbar bleiben.

Über die Funktion: **„Maße überprüfen"** der Mass-Toolbox können Maße und Positionen zu deren Referenzobjekt überprüft und aktualisiert werden. In neueren VENTURIS Versionen werden die Maße automatisch aktualisiert (Assoziative Bemaßung).

Wichtig: Beim Kopieren von VENTURIS -Objekten sollten die dazugehörigen Maße nicht mitkopiert werden, da die „ID" des kopierten Kanals nach dem Kopieren neu gesetzt wird. Das mitkopierte Maß steht somit immer noch in Assoziation zum „ursprünglichen" Referenzobjekt und verweist auf dessen Maße! Dies gilt jedoch nur bei VENTURIS Versionen mit bereits integrierter assoziativ Bemaßung!

Um eine **Bemaßung im 3-Dimensionalen Raum Ansichtsabhängig steuern** zu können ist es empfehlenswert, die Bemaßung in Abhängigkeit zur Luftart *und* Ansicht auf einen separaten Level zu legen. Dadurch können Bemaßungen über die Levelfunktionen Ansichtsabhängig gesteuert werden (In MicroStation kann die Levelbelegung für jedes Ansichtsfenster eigens definiert und abgespeichert werden). Im Grundriss zum Beispiel, sind die Maße der Seiten- und Vorderansicht nur als Linien erkennbar, was gewisse Störfaktoren in einer übersichtlichen und sauberen CAD-Zeichnung darstellt.

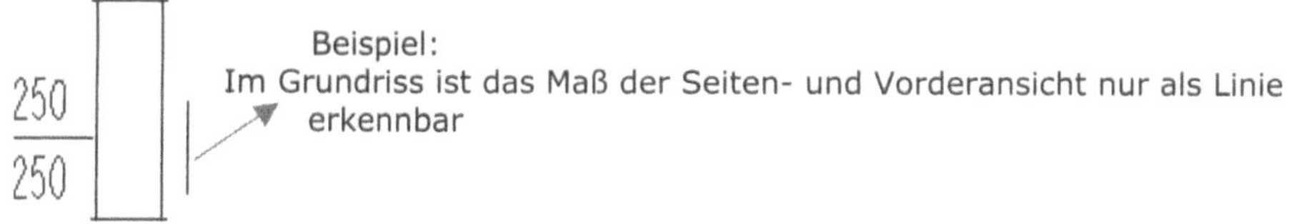

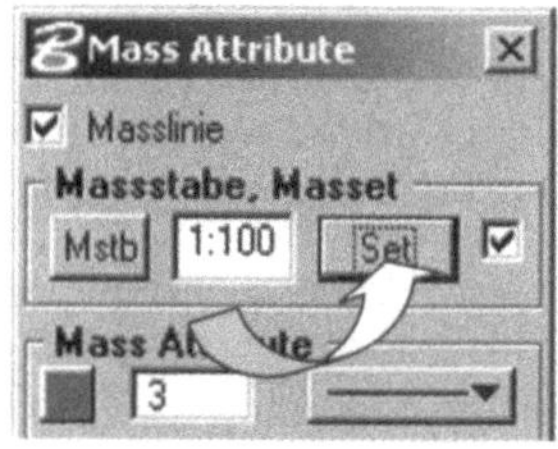

Auch beim Generieren von Schnitten ist es von entscheidender Bedeutung das Positionen und Bemaßungen, über die Level-funktionen, immer Ansichtsabhängig ein- und ausschaltbar sind. VENTURIS bietet im Einstellungsfenster: „Mass Attribute" unter **„Mass Set"** die Luftart- und Ansichtsabhängigen Attribute der Bemaßung, in einem Projektbezogenen „Set" zu speichern und aufzurufen. Das „Mass Set" kann über die VENTURIS Funktion: "Attribut Dateien" editiert werden und ist im Verzeichnis: „..\VENTURIS\env\db\vent**mass_set**" gespeichert. In der Textdatei: „mass_set" können Attribute wie: „Ansicht, Luftart, Farbe, Höhe, Breite und Level" der Bemaßung festgelegt werden. Wird der Level mit dem Wert: „-1" festgelegt, so übernimmt VENTURIS bei der Bemaßung automatisch den Level der Luftart.

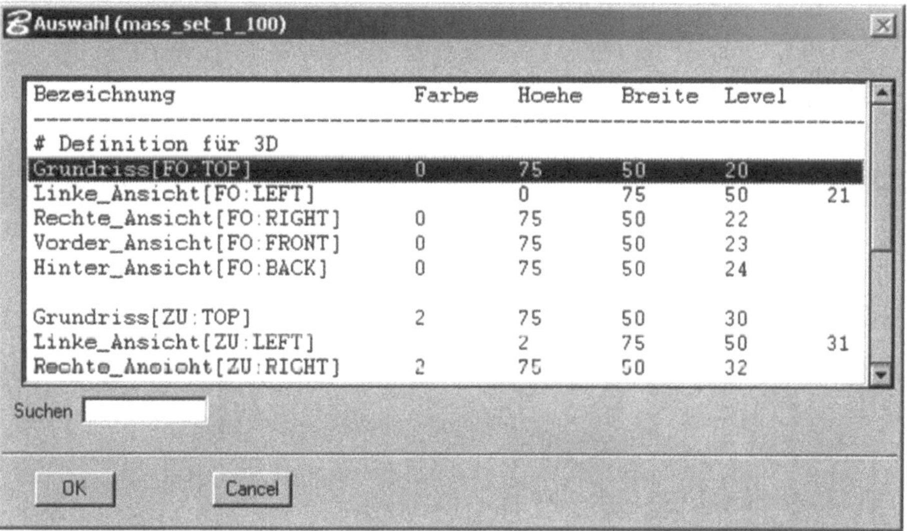

Bezeichnung	Farbe	Hoehe	Breite	Level	
# Definition für 3D					
Grundriss[FO:TOP]	0	75	50	20	
Linke_Ansicht[FO:LEFT]		0	75	50	21
Rechte_Ansicht[FO:RIGHT]	0	75	50	22	
Vorder_Ansicht[FO:FRONT]	0	75	50	23	
Hinter_Ansicht[FO:BACK]	0	75	50	24	
Grundriss[ZU:TOP]	2	75	50	30	
Linke_Ansicht[ZU:LEFT]		2	75	50	31
Rechte_Ansicht[ZU:RIGHT]	2	75	50	32	

Das „Mass-Set" kann auch **über die Luftart eines gewählten VENTURIS Elements** gesetzt werden. Dazu muss in der Textdatei: „mass_set" hinter der Ansichtsbezeichnung, die Luftart (das Medium) in eckigen Klammern stehen, zum Beispiel: [FO].
Maßstab: Das Mass Set kann ab Version 4.0 in mit der Plotgröße (z.B. 3,5 mm Höhe, Breite=70%) angegeben und anschließend über Schalter: **„Mstb"** (z.B. 1:100/1:50) auf die gewünschte Größe skaliert werden.

114. 3D-Dämmung (Isolation) darstellen/ändern:

(VENTURIS Menü: Platzieren → Dämmung)

Die Funktionsweise der „Dämmung" (Isolation) darstellen/ändern des 3D-Moduls ist im wesentlichen identisch mit der gleichnamigen Funktion des 2D-Moduls. Im Kapitel 44 u. F. (ab Seite 83) wird die Funktionsweise von „Dämmung" beschrieben. Im Folgenden werden nur die abweichenden 3D-Funktionen erläutert.

Im 3D-Modul ist das Einstellungsfenster für „Kanal Dämmung" im Dialogfeld: „Dämmung (Graphik)" um die Schalter: „Dämmung graphisch erstellen/löschen", „Teil-Dämmung" und „Dämmungs-Datei" erweitert worden.

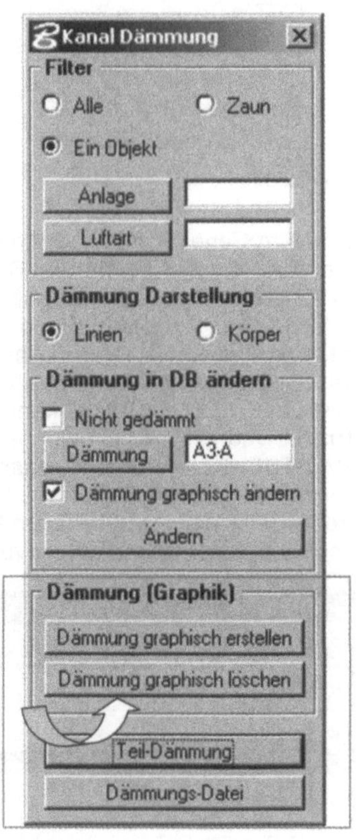

Über Schalter: **„Dämmung graphisch erstellen"** werden VENTURIS Elemente (Auswahl über Zaunfunktion oder auch Einzelobjekte) mit einer Graphischen Darstellung der Dämmung neu aufgebaut. Voraussetzung dafür ist das die Elemente (das Objekt) einen Datenbank-eintrag mit Dämmung haben.

Über Schalter: **„Dämmung graphisch löschen"** wird nur die graphische (visuelle) Darstellung der Dämmung gelöscht, der Datenbankeintrag bleibt dabei jedoch unverändert.

Über Schalter: **„Teil-Dämmung"** kann einem Kanal oder Rohr eine Dämmung mit einer bestimmten Länge zugewiesen werden. Die Dämmung (Isolation) wird vom 1. bis zum 2. Definitionspunkt entlang des Elements aufgebaut.

Über Schalter: **„Dämmungs-Datei"** kann die Attributsdatei: **„iso_attri"** für die Isolation/Dämmung aufgerufen werden, in der Attribute wie: Farbe, Linien-breite, Linientyp und Level der Isolation/Dämmung definiert sind. Die Datei befindet sich im Verzeichnis: „..VENTURIS/env/db/vent" und kann Benutzerdefiniert angepasst werden.

Vorgehensweise Teil-Dämmung setzen:

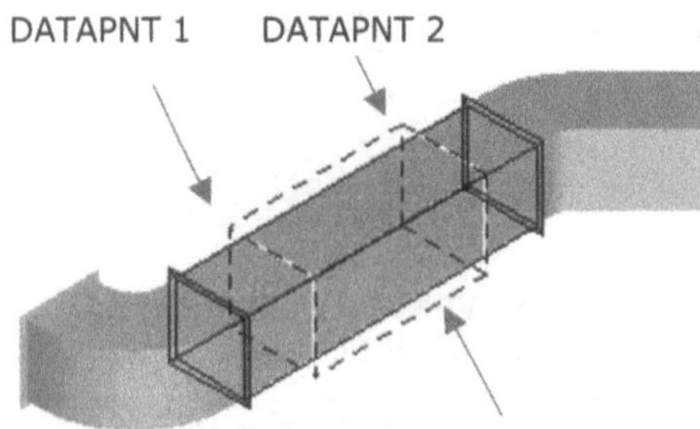

> Element anwählen (DATAPNT)

> 1. Punkt (Startpunkt) der Dämmung über DATAPNT bestimmen.

> 2. Punkt (Endpunkt) der Dämmung über DATAPNT bestimmen.

115. 3D-Klimageräte:

(VENTURIS Menü: Platzieren → Klimageräte)

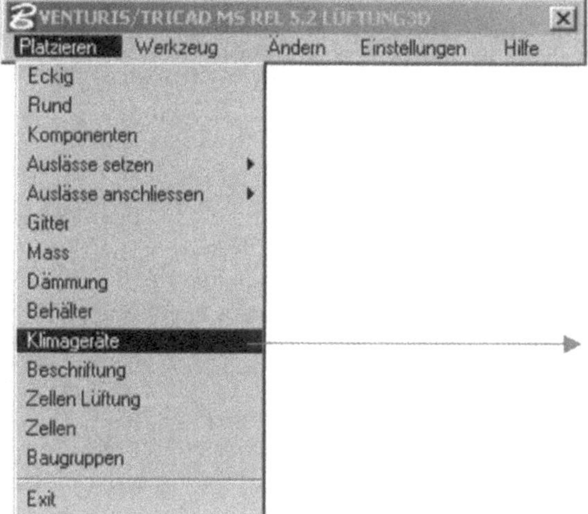

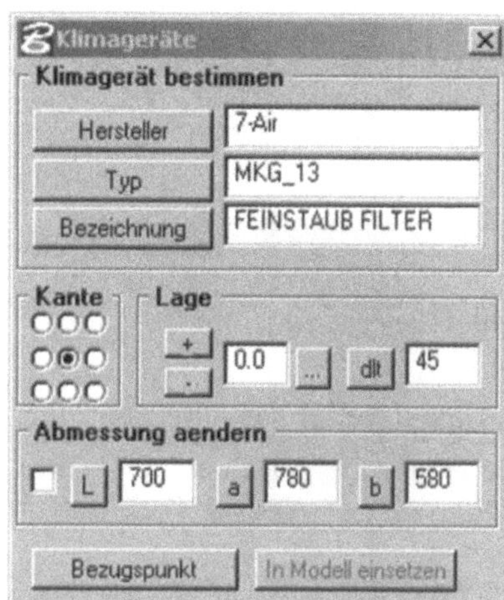

Klimageräte platzieren ist eine reine 3D-Funktion. Eine Alternative zum Erstellen von Klimageräten, auch im 2D-Modus, ist über die Funktion: „Komponente der Lüftung platzieren" gewährleistet (wie unter Kapitel: 108. „3D-Komponente der Lüftung platzieren" ab Seite 197 bereits beschrieben).
Im Einstellungsfenster: „Klimageräte" des 3D-Moduls bietet VENTURIS über die Schalter: **„Hersteller", „Typ" und „Bezeichnung"** eine Auswahl von Geräte-Komponenten der Firma „7-Air". Die VENTURIS Attributs-Datei der Hersteller: **„cell_hst.cfg"** befindet sich im Verzeichnis „..VENTURIS/env/cells". In diesem Verzeichnis befinden sich auch die Ordner der Geräte-Hersteller. Im Ordner „7-Air" befinden sich die Zellbibliotheken für die Klimageräte. Die verschiedenen Geräte-Typen sind in der Datei: **„cell_typ.cfg"** im Verzeichnis: „.. VENTURIS\env\cells\7air" gespeichert.
Über Schalter **„Bezeichnung"** wird das Auswahlfenster für die Geräte-Komponenten geöffnet. Im Auswahlfenster können die Zellen für: „Anfangsrahmen, Klappe, Ventilator, Feinstaubfilter" usw. ausgewählt werden.
Im Einstellungsfeld: **„Lage"** des Einstellungsfensters kann die Lage des Klimagerätes festgelegt werden. Über Schalter: **„dlt"** kann das Gerät um die Z-Achse gedreht werden.

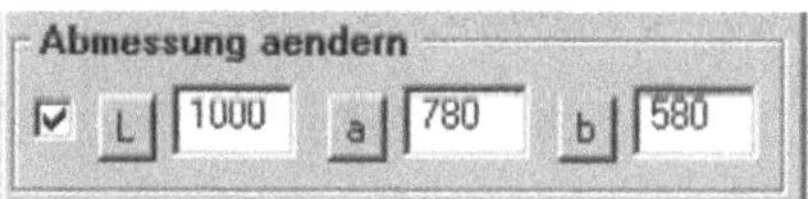

Im Einstellungsfeld: **„Abmessungen ändern"** können Benutzerdefinierte Größen der Geräte Komponenten definiert werden. Bei gesetztem Toggle-Schalter: „Abmessungen ändern" (L, a, b) wird die Komponente mit den definierten Größen im Feld gesetzt (Benutzerdefinierte Option). Ist der Toggle-Schalter nicht gesetzt, gelten die Werte der Geräte-Zellen.

Im Beispiel:
Ein **Lufterhitzer-8RR** (MKG_13) mit den Abmessungen der Geräte Zelle (500 mm) und mit der Benutzerdefinierten Option: „Abmessungen ändern" (1000 mm).

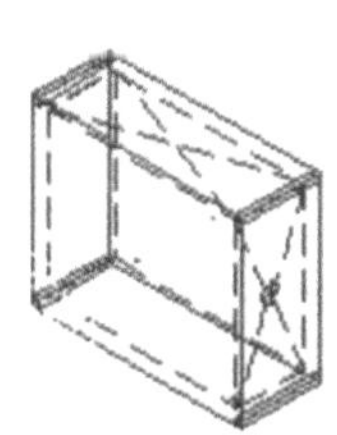

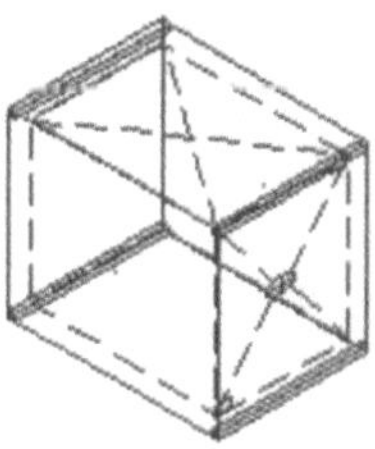

Über das Dialogfeld: **„Z-Koordinate"** kann die Lage der Geräte-Komponenten in der Z-Achse bestimmt werden. Durch Betätigen des Toggle-Schalters (vor Schalter „Stockw") werden die gesetzten Werte des Dialogfeldes „Z-Koordinate" aktiviert. Über Schalter **„Stockw."** kann die Höhenlage der Geräte-Komponenten innerhalb des Gebäudes, und über Schalter: **„Lagen"** die Höhenlage innerhalb des Stockwerkes definiert werden. Im Kasten: **„Z-KOO"** wird der definierte Abstand zur Decke (UKD) des Stockwerkes angezeigt. Im Beispiel hat das Stockwerk „EG" eine absolute Höhe von „3000 mm". Durch den gesetzten Wert: „150" unter „Z-KOO" ergibt sich somit eine Höhenlage der Geräte-Module von „OKK=2850 UKD" bei Planungskante „Oben-Mitte".

Dialogfeld zum Einstellen der Höhenlage der Geräte-Module.

Zu Beachten gilt, das die Höhenlage der Geräte-Komponente in Abhängigkeit zur gewählten Planungskante gesetzt wird. Zum Beispiel: Planungskante „Oben-Mitte" entspricht der Oberkante der Geräte-Komponente.

Ein Klimagerät besteht aus verschiedenen Komponenten, die je nach Anforderung an die Klimatischen Bedingungen und Luftqualität des Gebäudes zusammengesetzt werden. Die Auswahl einer Komponente erfolgt über die **Kategorien:** „Hersteller, Typ und Bezeichnung" des Einstellungsfensters „Klimageräte. Die Zellen der Geräte können in den Auswahlfenstern angewählt und gesetzt werden.

Vorgehensweise zum Platzieren von Geräte-Komponenten:

> Im VENTURIS Menü: **„Platzieren → Klimageräte"** anwählen.

> Im Einstellungsfenster: „Klimageräte" die Geräte-Komponente über die Kategorien: **„Hersteller, Typ und Bezeichnung"** bestimmen. Eventuell „Kante" und „Lage (Winkel)" festlegen.

> Die Lage der Komponente in der Z-Achse über Dialogfeld: **„Z-Koordinate"** festlegen.

> **Schalter: „Bezugspunkt"** betätigen und im Ansichtsfenster „Draufsicht (Top)" die gewählte Komponente über TENTPNT zum Bezugspunkt setzen. Eine Komponente kann auch über DATAPNT frei gesetzt werden.

> **Schalter: „in Modell einsetzen"** betätigen um die Geräte-Komponente in das Designfile zu übernehmen (Über die RESET -Taste ablehnen).

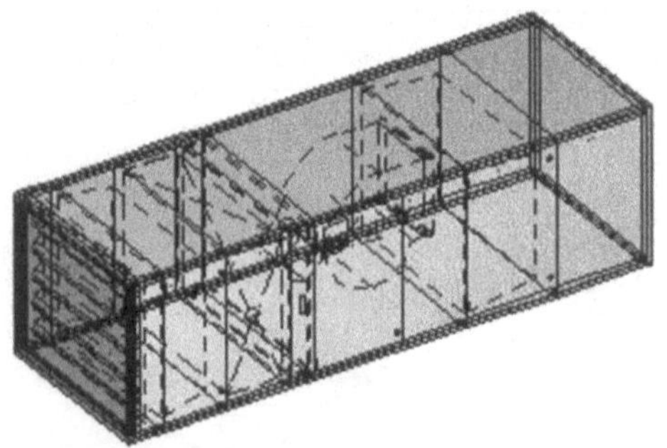

Im Beispiel ein **Klimagerät** bestehend aus: Anfangsrahmen, Klappe, Grobstaub-Filter, Luftkühler, Tropfabscheider, Ventilator, Feinstaub-Filter, Leerteil und Endrahmen.

116. 3D-Baugruppen:

(VENTURIS Menü: Platzieren → Baugruppen)

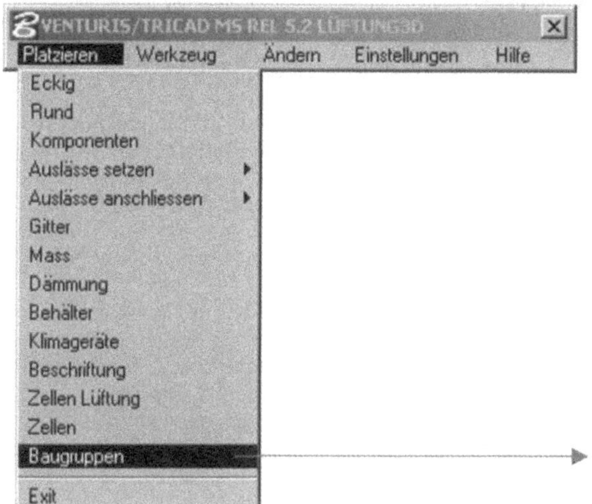

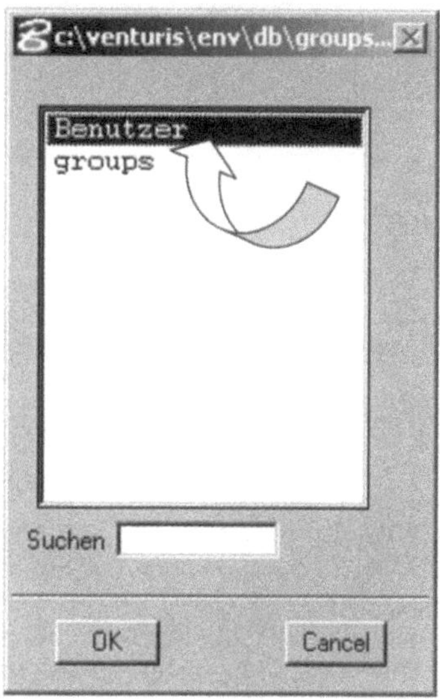

Über die Funktion **„Baugruppen"** können häufig verwendete Anordnungen verschiedener Formteile, Komponente und/oder Kanäle als Baugruppe definiert, und als Zelle abgespeichert werden. Die definierten Baugruppen (Zellen) sind Projektunabhängig und können je nach Bedarf auch in anderen Zeichnungen wieder eingesetzt werden. Das Prinzip von „Baugruppen" ist ähnlich der Funktion: „Anschlussmethode" wie unter Kapitel: „103. 3D- Auslässe anschließen - Anschlussmethode" ab Seite 186 beschrieben.

Häufig verwendete Baugruppen können in einem Benutzerdefinierten Ordner abgelegt werden. Dieser kann unter dem Verzeichnis: „.. \VENTURIS\env\db\groups\vent" erstellt werden (z. Bsp.: „Benutzer"). In diesem Ordner können dann die Baugruppen als Zellen abgespeichert werden. Beim Aufruf von „Baugruppen" im VENTURIS Menü: „Platzieren" erscheint der Ordner (Benutzer) dann zur Auswahl im Auswahlfenster „Baugruppen".

Im **Register: „Einlesen"** des Einstellungsfensters „Baugruppen" kann über Schalter: **„Pfad"** das Verzeichnis angewählt werden, in denen sich die Ordner mit den Baugruppen befinden. Über Schalter: **„Ordner"** kann der entsprechende Ordner (im Beispiel: „Benutzer") mit den relevanten Baugruppen ausgewählt werden. Im Auswahlfenster unterhalb des Schalters „Ordner" können die zur Verfügung stehenden Baugruppen (Im Beispiel: „Klimagerät") selektiert werden. Über Toggle-Schalter: **„Graphische Gruppe bilden"** werden die Objekte der Baugruppe zu einer Graphischen Gruppe gebunden und als solche in die Zeichnung gesetzt.

Über **Schalter: „Vorschau"** des Einstellungsfensters „Baugruppen" kann die selektierte Baugruppe graphisch dargestellt werden.

Vorschaufenster einer Baugruppe.
Über Schalter: „Rot" wird die Graphik automatisch rotiert. Bei erneutem betätigen des Schalters, wird die Rotation in der entsprechenden Position angehalten.
Über Schalter: **„Top"**, **„Left"**, **„Right"** usw. wird die Graphik in die entsprechende Ansicht (Draufsicht, Seitenansicht von links/rechts usw.) gedreht.
Über Schalter: **„Iso"** wird das Modell in der Isometrischen Ansicht dargestellt.
Über den Schalter oberhalb der Graphik kann der Rendermodus ausgewählt werden.
Bei sehr komplexen Baugruppen kann dieser sehr nützlich sein.

Über **Schalter: „Einlesen"** des Einstellungsfensters „Baugruppen" kann die über DATAPNT im Auswahlfenster selektierte Baugruppe eingelesen werden. Die selektierte Baugruppe hängt vorerst in vereinfachter Darstellungsform (als Rechteck oder Box) am Cursor. Nach dem Setzen der Baugruppe über TENTPNT (bei Bezugspunkt) oder DATAPNT für Einfügepunkt, wird die Baugruppe Originalgetreu dargestellt.

Nach dem Betätigen des Schalters: „Einlesen" öffnet das Einstellungsfenster **„Z-Koordinate/Winkel"**. Vor dem Setzen einer Baugruppe kann über dieses Einstellungsfenster die Z-Koordinate (Höhenlage) und der Drehwinkel der Baugruppe definiert werden. Unter: **Gebäude/Stockwerk** sind Gebäude- und Stockwerksdefinitionen hinterlegt, die Benutzerdefiniert angepasst werden können. Die Definitionen der Z- Koordinaten für Gebäude und Stockwerke befinden sich in der Attributdatei: **„build.cfg"** im Verzeichnis: \VENTURIS\env\db\layout".
Bei aktivem Toggle-Schalter: **„Z-Absolut"** hat der definierte Wert des Kästchens „Z-Absolut" Priorität. Ist der Toggle-Schalter nicht aktiv, so gelten die Gebäude und Stockwerksdefinitionen, deren Z-Koordinate aus den Werten: „Z-Gebäude + Delta-Z Stockwerk + Abstand vom Boden" berechnet wird.

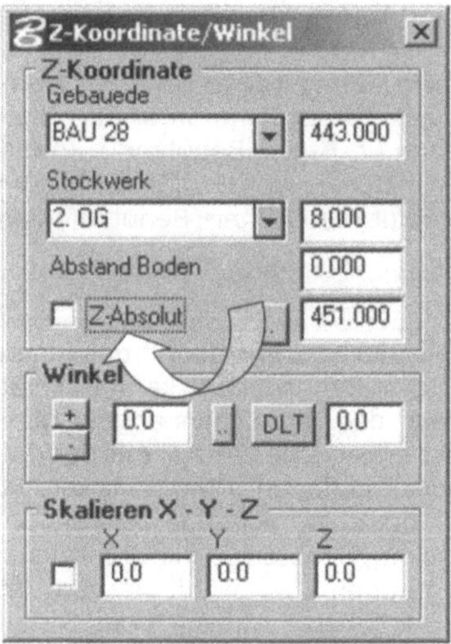

Im Dialogfeld **„Winkel"** des Einstellungsfensters: „Z-Koordinate/Winkel" kann der Drehwinkel der Baugruppe vor dem Einfügen (Einlesen) bestimmt werden. Der Winkel kann über Schalter: **"DLT"** gewählt werden. Über die Schalter **„+"** und **„-"** kann die Baugruppe im Inkrement des unter Schalter: „DLT" gesetzten Wertes gedreht werden (Der Drehwinkel kann aber auch „absolut" im Kästchen „Winkel" eingegeben werden).
Im Dialogfeld **„Skalieren X-Y-Z"** des Einstellungsfensters: „Z-Koordinate/Winkel" kann ein Skalierfaktor beim Setzen von „Zellen" definiert werden. Baugruppen können über diese Funktion leider nicht skaliert werden.

Vorgehensweise zum Definieren und Speichern einer Baugruppe.
Im folgenden Beispiel soll das unter Kapitel: „115. 3D-Klimageräte platzieren" erstellte Klimagerät als Modell zur **Definition einer Baugruppe** dienen.
Das Prinzip der VENTURIS Baugruppendefinition ist fast identisch mit der MicroStation Funktion: „Zelle erstellen" (Vor Beginn der Baugruppendefinition sollte über den Microsoft „Explorer" ein Ordner: „Benutzer" im Verzeichnis: „..\VENTURIS\env\db\groups\vent" angelegt werden!).

> Im **Register: „Speichern"** des Einstellungsfensters „Baugruppen" über **Schalter: „Pfad"** das Verzeichnis: („..\VENTURIS\env\db\groups\vent") anwählen, in dem sich die Ordner befinden.

>Über **Schalter: „Ordner"** den Ordner „Benutzer" anwählen.

> Über **Schalter: „Dateiname"** einen Dateinamen (im Beispiel: Klima-Gerät) mit der Endung .met als Name der Baugruppe eingeben.

> Im Feld: „Filter" des Einstellungsfensters den **Toggle-Schalter: „Zaun"** setzen. Zaun über die Elemente ziehen.

> **Schalter: „Speichern"** des Einstellungsfensters „Baugruppen" betätigen.
In der Statusleiste von MicroStation erscheint die Eingabeaufforderung: „ >Gruppe abspeichern: Bezugspunkt definieren".

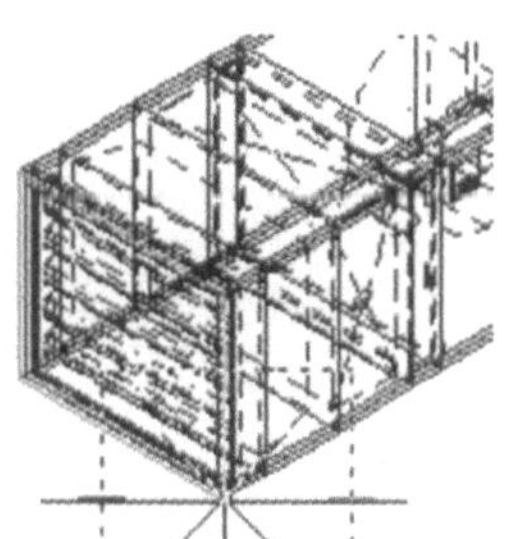

> Über **TENTPNT** einen sinnvollen Bezugspunkt (Einfügebasispunkt) der Baugruppe bestimmen. Die Baugruppendefinition wurde somit abgeschlossen und es erscheint die Information: „Gruppe abgespeichert: Pfad: .. groups\vent\Benutzer\Klima-Gerät.met."

> Im **Register: „Löschen"** des Einstellungsfensters „Baugruppen" kann über Schalter: „Löschen" die unter „Pfad". „Ordner" und „Dateiname" ausgewählte Baugruppe gelöscht werden. Zur Sicherheit kann vor dem Löschen die Baugruppe unter Schalter: „Vorschau" nochmals graphisch dargestellt werden, um eine versehentliche Löschung der Baugruppe zu vermeiden.

117. 3D-Schraffur erstellen:

(VENTURIS Menü: Werkzeug → Schraffur)

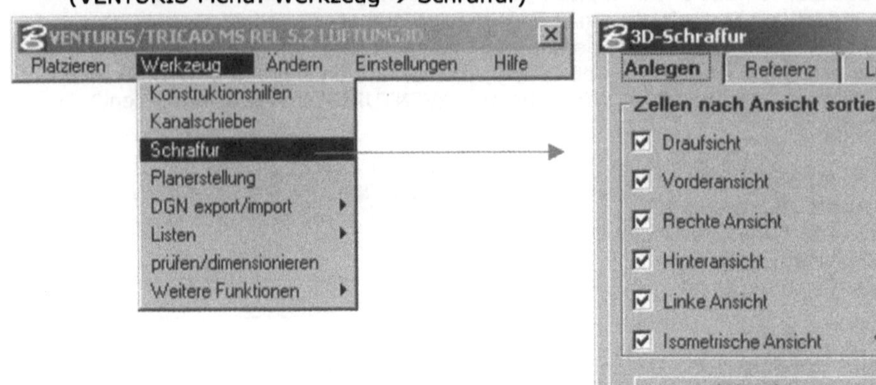

Die **Funktionsweise** des 3D-Moduls: „3D-Schraffur erstellen" ist im Prinzip identisch mit der unter Kapitel: „50. Schraffur erstellen" beschriebenen Funktion des 2D-Moduls. Ein wesentlicher Unterschied zum 2D-Modul bilden die Ansichtsabhängigen Schraffurdateien die im 3D-Modul erstellt werden können. Für jede Ansicht des 3D-Modells (Draufsicht, Vorderansicht, Rechte Ansicht, Iso.-Ansicht usw..) kann eine eigenständige Schraffurdatei (Hatch) erstellt werden. Dabei erzeugt VENTURIS aus dem aktuellen 3D-Modell ein neues 3D-Modell im **„Shape Mode"**. Die Schraffur wird für alle VENTURIS-Objekte erstellt. Die erzeugten Schraffurdateien können je nach Bedarf und Ansichtsspezifisch referenziert werden.

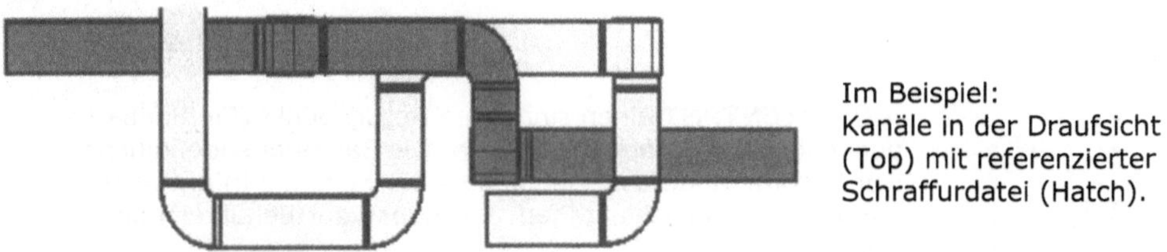

Im Beispiel:
Kanäle in der Draufsicht (Top) mit referenzierter Schraffurdatei (Hatch).

Die erzeugten 3D-Modelle werden entweder auf dem Pfad des aktuellen Designfiles abgelegt, oder auf dem Pfad, auf den die Variable: **„VENTURIS_HATCH3D"** zeigt. Die generierten Modelle werden in der Datei: „H3D_VENTURIS_3d.h3d" gespeichert und stehen über das Register: **„Referenz"** des Dialogfensters „3D-Schraffur" zur Auswahl.

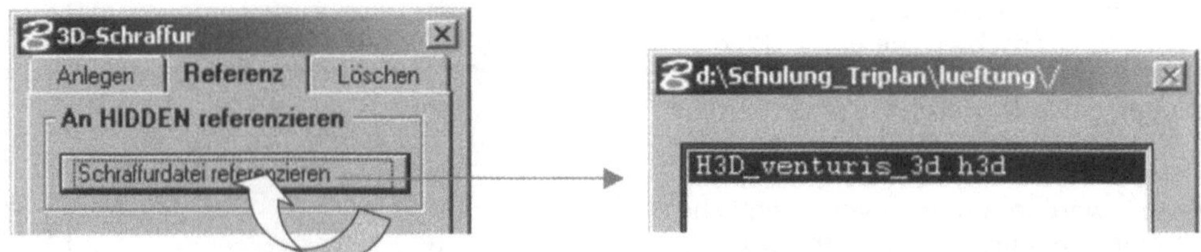

Über Schalter: **„Schraffurdatei referenzieren"** im Register „Referenz" wird die Datei (H3D_VENTURIS_3d.h3d) aller generierten Modelle aufgerufen.

Im Anschluss kann über das Auswahlfenster: **„Datei auswählen"** die entsprechende Ansicht der generierten Schraffurdatei (Hatch) referenziert werden.

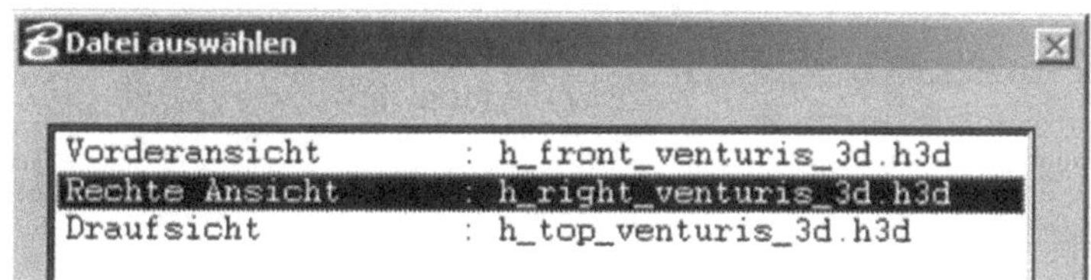

Auswahlfenster der 3D-Schraffurdateien. Alle generierten Modelle werden in diesem Fenster angezeigt.

Hinweis:
Die referenzierten Modelle werden nur dann sichtbar, wenn in der Ansichtssteuerung (View-Attributes) des MicroStation Fensters, der Toggle-Schalter: **„Ausfüllung"** (Fill) aktiv ist.

>Über **Register: „Löschen"** des Dialogfensters „3D-Schraffur" können die erzeugten Schraffurdateien wieder gelöscht werden.

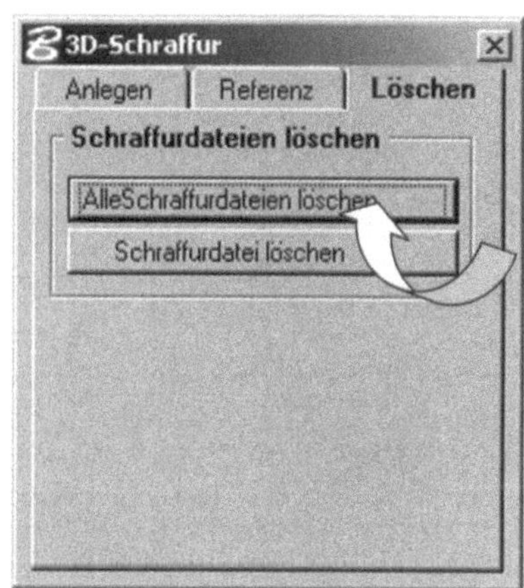

>Über Schalter: **„Alle Schraffurdateien löschen"** werden alle Schraffurdateien gelöscht, die auf den Pfad des aktuellen Designfiles, oder auf den Pfad der Umgebungsvariable: **„VENTURIS_HATCH3D"** verweisen.

Nach dem Betätigen des Schalters erscheint die Abfrage:

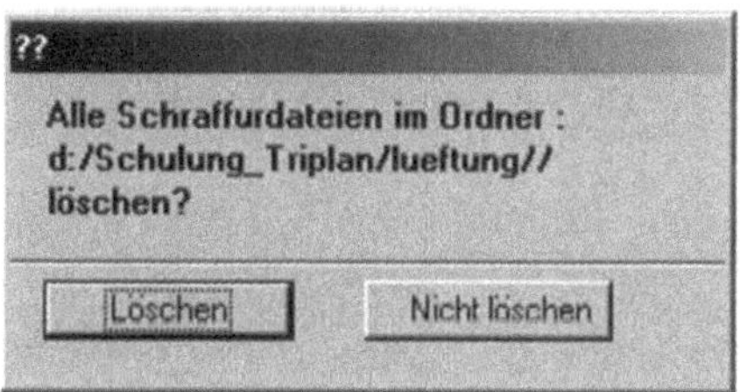

Durch Betätigen des Schalters: **„Löschen"** des Dialogfensters werden alle Schraffurdateien des angezeigten Ordners gelöscht!

>Über Schalter: **„Schraffurdatei löschen"** kann eine Schraffurdatei des Auswahlfensters gelöscht werden. Im gegebenen Beispiel wäre dies die Datei: „H3D_VENTURIS_3d.h3d". Alle Ansichten dieser Schraffurdatei werden über diese Funktion gelöscht!

Information:
Eine 3D-Schraffurdatei kann nicht an ein 2D-Designfile referenziert werden.
Über die VENTURIS Funktion „Planerstellung" kann eine Vollschraffur in eine 2D-Datei exportiert werden.

118. Planerstellung (Grundrisse und Schnitte generieren):

(VENTURIS Menü: Werkzeug → Planerstellung)

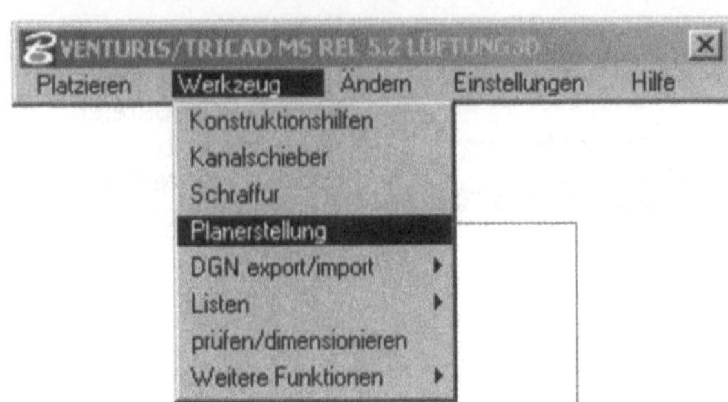

Über die **MicroStation** Funktionen im Menü: Datei → Zeichnungsaufbau können **Festansichten** und Zeichnungen anhand eines 3D-Modells erstellt werden. Da diese Funktionen oft nicht ausreichen, bietet VENTURIS eine eigene Funktion zur Planerstellung, mit dem Ziel der Neuberechnung (Update) eines Schnittes/Planes.

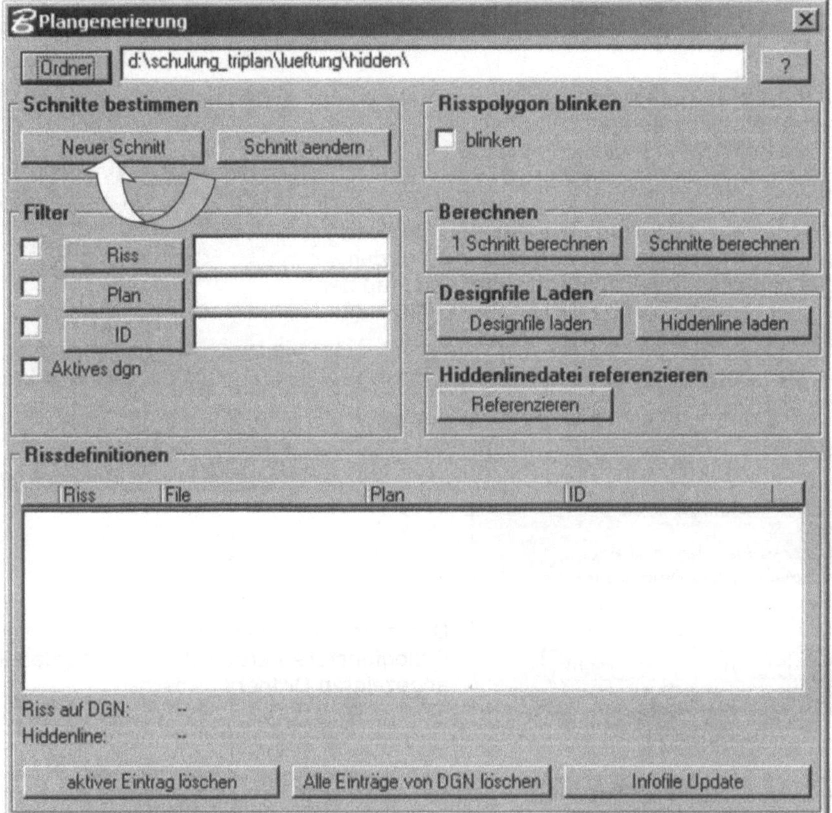

Über die Funktionen des Einstellungsfensters: **Plangenerierung** können Schnitte bestimmt und verwaltet werden.

Die Funktionsweise der Planerstellung läßt sich wie folgt zusammenfassen:

> Über die MicroStation Funktion: „Rechteck/Polygon platzieren" werden die Grenzen der „Riss"definition gesetzt.

> Dem Riss können über das VENTURIS Eingabefenster spezifische Informationen wie: „Rissname, Plan-Nr." und weitere Merkmale zugewiesen werden.

> Jeder Polygon/Riss erhält somit alle relevanten Informationen zur Schnittgenerierung.

Die VENTURIS Plangenerierung arbeitet mit zwei **Umgebungsvariablen:**

„VENTURIS_HIDDEN3D": Diese Variable wird beim Einstellen des Pfades automatisch gesetzt und sollte Projektbezogen voreingestellt werden (VENTURIS_HIDDEN3D zeigt auf den Ordner <Verzeichnis> für die Plangenerierung).

VENTURIS_H3D:
Diese Variable wird automatisch nach dem Setzen von „VENTURIS_HIDDEN3D" gesetzt (VENTURIS_H3D zeigt auf die <Hiddenline Dateien> und wird für das Referenzieren der Hiddenline Dateien verwendet).

Hinweis:
In der MicroStation Konfigurationsdatei können die Variablen unter der Kategorie: „Alle nach Ebene" (All- by Level) eingesehen und bei Bedarf editiert werden.

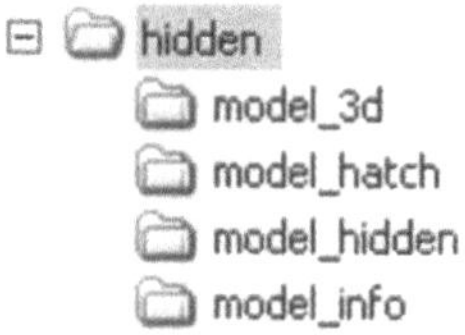

Über **Schalter: „Ordner"** des Einstellungsfensters: „Plangenerierung" wird das Verzeichnis festgelegt unter dem VENTURIS die Ordner für die Plangenerierung anlegt. Im Beispiel verweist der Pfad auf Ordner: „d:\schulung_triplan\lueftung**hidden**".

Standardmäßig legt VENTURIS folgende Ordner an:
„model_3D" - In diesem Ordner werden die 3D-Modelle abgelegt, die VENTURIS zur Schnittgenerierung benötigt. Die 3D-Modelle werden im Dateiformat: **.dgn** abgelegt.

„model_hatch" - In diesem Ordner werden die Schraffurdateien (Hatch) der Schnitte abgelegt, die VENTURIS (optional) bei der Schnittgenerierung erzeugt. Die Hatch Dateien werden im Dateiformat: **.htc** abgelegt.

„model_hidden" - In diesem Ordner werden die Hiddenline Dateien (verdeckte Kanten) abgelegt, die VENTURIS bei der Schnittgenerierung erzeugt. Die Hiddenline Dateien werden im Dateiformat: **.hln** abgelegt.

„model_info" - In diesem Ordner werden die Datei „hidden_info.cfg" und die Schnitt - Konfigurationsdateien (Name.cfg) abgelegt. Alle Rissdefinitionen der Designfiles werden in der Datei „hidden_info.cfg" gespeichert. Die Datei wird automatisch beim Aufrufen der Plangenerierung mit den Rissen des aktiven Designfiles aktualisiert.
Die Riss-Konfigurationsdateien werden im Dateiformat: **.cfg** abgelegt.

Für die Risserstellung werden 2 Makros benötigt. Standardmäßig werden die Makros bei der Installation von VENTURIS eingerichtet. Die Makros liegen unter dem Pfad „../VENTURIS/macros" und können über die MicroStation Funktion: „Makros" im Menü „Extras" über den „BASIC-Editor" editiert oder neu angelegt werden.
Attribute wie: „Linienstärke/Farbe" der verdeckten Kanten usw. können in den beiden Dateien definiert werden.

Makros für die Risserstellung:

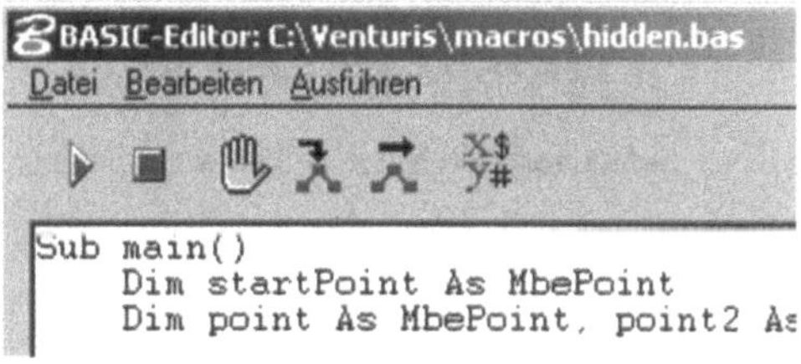

„hidden.bas" - Makro zum Erstellen der Hintergrundunterdrückung (Beim Erstellen des Makros ist es wichtig, mindestens einmal das Ansichtsfenster auszuwählen!).

„export_2d.bas" - Macro zum Exportieren der Vollschraffur in eine 2D-Datei. Das Exportieren in eine 2D-Datei ist notwendig, um die Schraffur-Datei an eine 2D-Datei referenzieren zu können.

Die **Funktionsweise der Risserstellung** läßt sich wie folgt zusammenfassen:

> Aus der gesetzten Polygonfläche (Rissdefinition) wird ein Zaun erstellt.
> Die Limiten, Blickrichtung des Ansichtsfensters in dem sich das Polygon befindet, werden eingestellt (Die sichtbare Tiefe sollte vor dem Bestimmen des Risses eingestellt werden).
> Ein 3D-Modell mit allen Elementen des Zauns wird im Ordner: „model_3d" angelegt. Als Vorlage dient die Ursprungsdatei, die bei der Rissbestimmung automatisch abgespeichert wurde. Das 3D-Modell wird mit den Einstellungen generiert , die bei der Bestimmung des Risses eingestellt waren.
> Bei gesetztem Toggle-Schalter: „Vollschraffur anlegen" (Hatch) wird aus dem neuen 3D-Modell eine Schraffurdatei im Ordner: „model_hatch" angelegt.
> Das Makro: „hidden.bas" für die Hintergrundunterdrückung wird nun ausgeführt.
> Im Anschluss wird bei gesetztem Toggle-Schalter für „Schraffur" auch das Makro: „export_2d.bas" ausgeführt. Die Schraffurdatei wird im Ordner: „model_hatch" angelegt und hinter die Hiddenline Datei (.hln) referenziert.

Bei einer erfolgreich verlaufenen Risserstellung wurden die generierten Dateien: <3D-Modell- (.dgn), Hiddenline- (.hln) und Hatch (.htc) sowie die Rissdefinitionsdatei: „hidden_info.cfg"> in die entsprechenden Ordner gespeichert.

Hinweis:
Während der Risserstellung sollten keine weiteren Aktionen am Rechner vorgenommen werden, damit der automatisierte Vorgang der Risserstellung nicht unterbrochen wird !

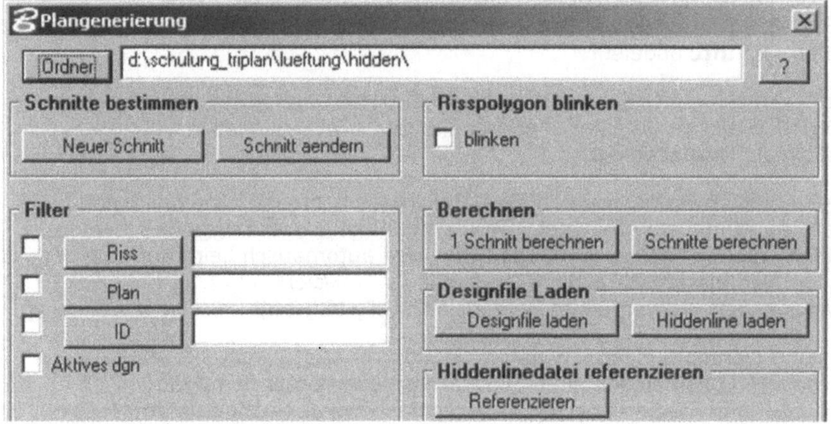

Erläuterungen der Schalter des Einstellungsfensters: „Plangenerierung":

> Über **Schalter: „Ordner"** wird das Verzeichnis festgelegt unter dem VENTURIS die Ordner für die Plangenerierung anlegt.

> Über **Schalter: „Neuer Schnitt"** wird ein neuer Schnitt definiert.

> Über **Schalter: „Schnitt ändern"** kann ein bereits vorhandener Schnitt neu definiert werden.

> Über die Toggle-Schalter im **Feld „Filter"** werden nur die Risse angezeigt, die den eingetragenen Filterkriterien: „Riss", „Plan" und „ID" entsprechen. Über Toggle-Schalter: „Aktives dgn" werden nur die Risse des aktiven Designfiles angezeigt. Ist der Toggle-Schalter deaktiviert, so werden die Risse aller Designfiles angezeigt.

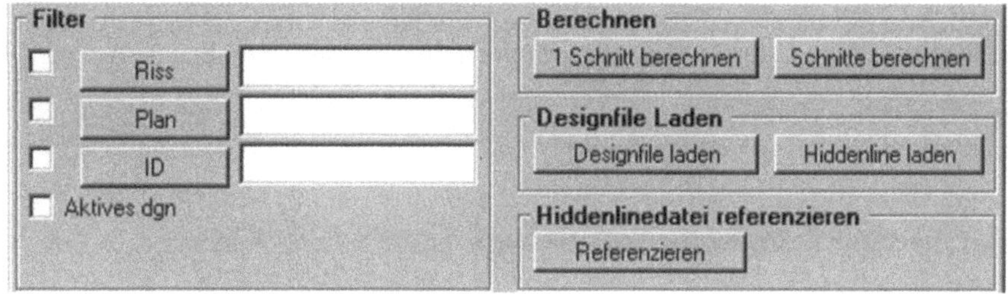

> Über **Schalter: „1 Schnitt berechnen"** wird der im Auswahlfenster gewählte Schnitt berechnet (erstellt).

> Über **Schalter: „Schnitte berechnen"** können mehrere Schnitte des aktiven Designfiles berechnet werden. Diese Funktion eignet sich zum aktualisieren der Schnitte.

> Über **Schalter: „Designfile laden"** wird das Designfile geladen, auf dem sich der aktive Riss befindet. Falls sich der aktive Riss bereits auf dem aktiven Designfile befindet, wird keine Aktion ausgeführt!

> Über **Schalter: „Hiddenline laden"** kann die Hiddenline Datei (verdeckte Kanten) des aktiven Risses geladen werden. Falls keine Hiddenline Datei angelegt wurde, findet keine Aktion statt.

> Über **Schalter: „Referenzieren"** wird die Hiddenline Datei (verdeckte Kanten) hinter das aktive Designfile referenziert. Dabei greift VENTURIS auf das Macro: **<hidden_ref>** im Verzeichnis: „../VENTURIS/macros" zu.
Das Programm legt die Umgebungsvariable: „VENTURIS_H3D an". Die Variable zeigt auf den Ordner: „model_hidden" (../projekt/hidden/model_hidden/) in dem die Hiddenline Dateien (verdeckte Kanten) abgelegt werden. Die Hiddenline Dateien werden über die Umgebungsvariable: „VENTURIS_H3D"referenziert! (Das MicroStation Fenster für die Eingabe des Logischen Namens und der Verschachtelungstiefe wird angezeigt).

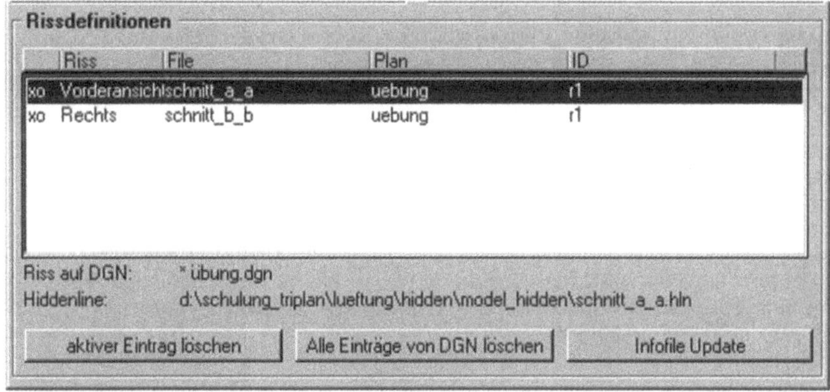

Im **Auswahlfenster: „Rissdefinitionen"** werden alle Risse angezeigt die den gesetzten Filterkriterien entsprechen.

> Über **Schalter: „aktiver Eintrag löschen"** wird der im Auswahlfenster markierte Riss aus der Riss-Konfigurationsdatei: „hidden_info.cfg" gelöscht. Befindet sich der Riss im aktiven Designfile, so wird dieser gleich wieder über die Update-Funktion eingetragen. Erst nach dem Löschen des entsprechenden Polygonzuges (Shape) eines Risses wird der Riss/Schnitt definitiv aus dem aktiven Designfile gelöscht.

> Über **Schalter: „Alle Einträge von DGN löschen"** werden alle Risse, die nicht zum aktiven Designfile gehören, aus der Riss-Konfigurationsdatei: „hidden_info.cfg" gelöscht.

> Über **Schalter: „Infofile Update"** werden alle Rissdefinitionen des aktiven Designfiles in die Riss-Konfigurationsdatei: „hidden_info.cfg" neu eingetragen und die Anzeige wird aktualisiert.

Erläuterung der Zeichen: < xo, ox, oo> des Auswahlfensters Rissdefinitionen.

x am Anfang der Zeile zeigt an, das der Riss sich auf dem aktiven Designfile befindet.

o (oder ein Leerzeichen) am Anfang der Zeile zeigt an, das der Riss sich nicht auf dem aktiven Designfile befindet.
x an 2. Stelle der Zeile zeigt an das die Hiddenline Datei des Risses referenziert ist.

Zwei **Leerzeichen** am Anfang der Zeilen zeigen an, das der Riss sich *nicht* auf dem aktiven Designfile befindet und die Hiddenline Datei auch *nicht* referenziert ist.

a) Neuer Schnitt (Bestimmen eines neuen Schnittes).

Allgemeines:
Beim Bestimmen eines neuen Riss/Schnittes wird das aktive Designfile (Ohne Elemente!) als Vorlage für die Schnittgenerierung im Projektordner: „model_info" abgespeichert. Alle für die Schnittgenerierung relevanten Attribute sollten bereits vor dem Bestimmen des Schnittes eingestellt werden, da alle eingestellten Attribute des Designfiles wie: Level On/Off, Ebenensymbolik, Limiten usw.. bei der Schnittgenerierung berücksichtigt werden. Es ist also wichtig, alle Attribute bereits vor dem Bestimmen eines Schnittes einzustellen. Über die Funktion: „Schnitt ändern" (im Einstellungsfenster: Plangenerierung) können geänderte Attributseinstellungen für die Riss/Schnittdefinition neu gesetzt werden .

Für jeden neuen Riss/Schnitt, legt VENTURIS im Projektordner: **„model_info"** zwei Dateien an:

„Name.cfg" - Konfigurationsdatei (Info Datei) des Schnittes.

"Name.dgn" - Komprimierte MicroStation Designfile (Ohne Elemente!). Die Datei dient als Vorlage für die Schnittgenerierung. Alle für die Schnittgenerierung relevanten Attribute sind in dieser Datei gespeichert.

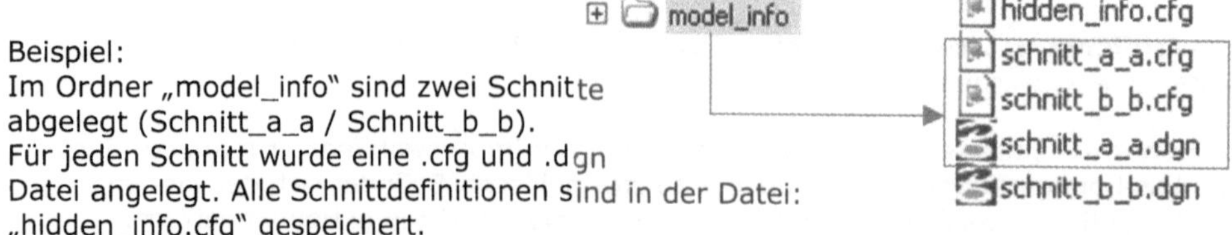

Beispiel:
Im Ordner „model_info" sind zwei Schnitte abgelegt (Schnitt_a_a / Schnitt_b_b).
Für jeden Schnitt wurde eine .cfg und .dgn Datei angelegt. Alle Schnittdefinitionen sind in der Datei: „hidden_info.cfg" gespeichert.

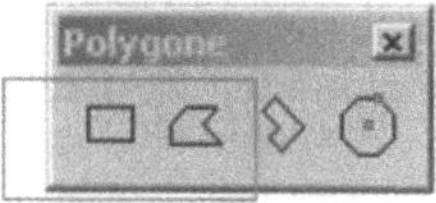

Zusammenhang von Polygonzug und Rissdefinition:
Über den Polygonzug wird der darzustellende Bereich des Risses bzw. Schnittes festgelegt. Über die Funktion: „Rechteck- bzw. → Polygon platzieren" der MS-Haupttoolbox, können die Grenzen der Rissdefinition gesetzt werden. Alle Elemente die sich *innerhalb* des Polygons/Rechteckes befinden, sind Teil der Rissdefinition und werden von VENTURIS bei der Plangenerierung berücksichtigt. Alle Elemente die sich *außerhalb* des Polygonzuges befinden, werden bis *einschließlich der Limiten* des „Ziel" -Ansichtsfensters (Fenster der Hintergrundunterdrückung) bei der Plangenerierung berücksichtigt, und sind auch Teil des (von VENTURIS zur Schnittgenerierung benötigten) 3D-Modells.

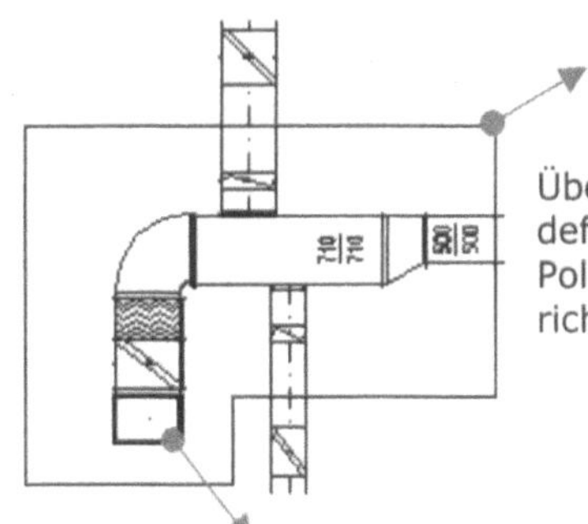

Polygonzug (Rissdefinition für eine Vorderansicht).
R (Rückseite = Hintere Abschneideebene)

Über den Polygonzug werden die Grenzen der Rissdefinition gesetzt. Bei einer **Rissdefinition** sollte der Polygonzug stets unter Berücksichtigung der Blickrichtung der darzustellenden Ansicht gesetzt werden.

V (Vorderseite = Vordere Abschneideebene)

Die Rissdefinition in Bezug zur darzustellenden Ansicht:
Analog zur MicroStation Funktion: „Darstellungstiefe einstellen" müssen die Abschneideebenen einer Rissdefinition immer kongruent zur Blickrichtung der darzustellenden Ansicht (der Hintergrundunterdrückung) gedacht und definiert werden. In der Draufsicht entspricht dies der Blickrichtung von „oben nach unten", in der Vorderansicht von „vorne nach hinten", in der Seitenansicht von rechts von „rechts nach links" usw. Bei der VENTURIS Plangenerierung für eine Hintergrundunterdrückung am Beispiel der Vorderansicht (Front) wird das 3D-Modell einer Rissdefinition nach folgenden Kriterien erstellt:

„Z" = Limiten der Plangenerierung.
„D" = Darstellungstiefe (Polygonzug).
„V" = Vorderseite (Abschneideebene-1).
„R" = Rückseite (Abschneideebene-2).

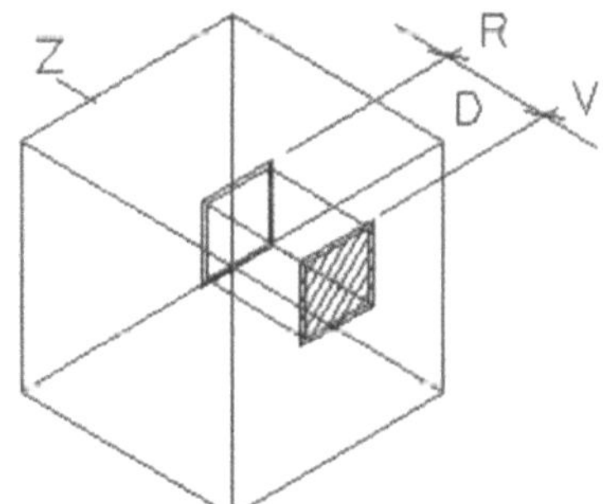

Zusammenfassung:
Über den Polygonzug wird der darzustellende Bereich, die Grenzen des Risses festgelegt. Die Abschneideebenen einer Rissdefinition müssen immer kongruent zur Blickrichtung der darzustellenden Ansicht (der Hintergrundunterdrückung) gedacht und definiert werden. Rissdefinitionen für eine Hintergrundunterdrückung in der Seiten-Vorderansicht (Front), Ansicht von Rechts (Side) usw. werden im Fenster der Draufsicht (Top) festgelegt. Rissdefinitionen für eine Hintergrundunterdrückung im Grundriss hingegen, können nur entlang der Z-Achse, also in der Seiten-Vorderansicht (Front), Ansicht von Rechts (Side) usw. festgelegt werden.

Vorgehensweise bei der Planerstellung:

Im folgenden Beispiel soll ein Plan (Schnitt) in der Vorderansicht generiert werden. Die Polygonfläche zur Rissdefinition wird demzufolge im Grundriss erstellt.
Es sollten mind. 2 Fenster geöffnet sein. Ein Fenster in dem die Grenzen der Rissdefinition festgelegt werden (Draufsicht), und ein Fenster für die Hintergrundunterdrückung (Vorderansicht). Alle für die Schnittgenerierung relevanten Attribute sollten bereits vor dem Bestimmen des Schnittes im Fenster der Hintergrundunterdrückung eingestellt werden, da alle eingestellten Attribute des Designfiles wie: Level On/Off, Ebenensymbolik, Limiten usw.. bei der Schnittgenerierung berücksichtigt werden. Über die Funktion: „Schnitt ändern" (im Einstellungsfenster: Plangenerierung) können geänderte Attributseinstellungen für die Riss/Schnittdefinition neu gesetzt werden.

> Im VENTURIS Menü: „Werkzeug → Planerstellung" anwählen. Das Einstellungsfenster: „Plangenerierung" erscheint (Erläuterungen der Schalter des Einstellungsfensters: „Plangenerierung" siehe Seite 218).

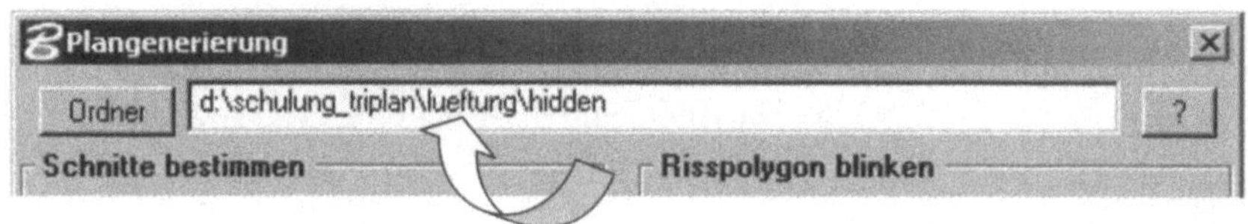

> Über **Schalter: „Ordner"** im Einstellungsfenster, das Verzeichnis festlegen unter dem die Ordner für die Plangenerierung angelegt werden sollen (Standardmäßig werden dort die Ordner: „model_3D, model_hatch, model_hidden und model_info" angelegt).

> Über **Polygonzug** den darzustellenden Bereich des Risses bzw. Schnittes im Fenster „Draufsicht (Top)" eingrenzen, mit Hilfe der Funktion: „Rechteck- bzw. Polygon platzieren" der MicroStation Haupttoolbox.

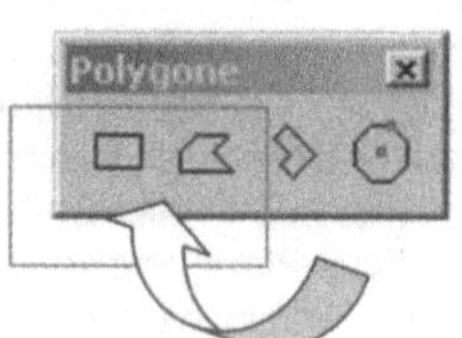

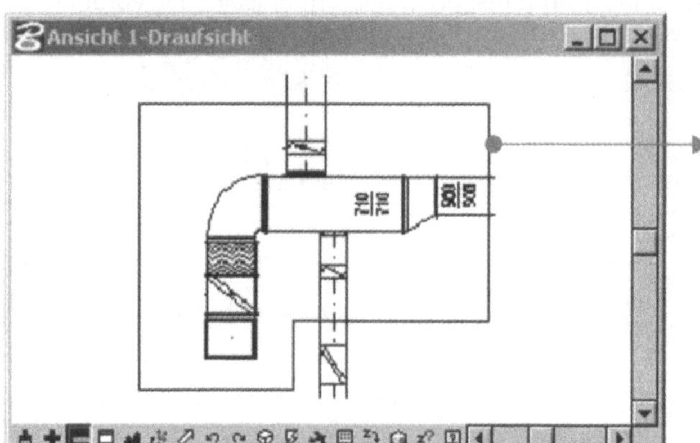

Polygonzug über alle relevanten Elemente ziehen. Der Polygonzug stellt die Grenzen der Rissdefinition dar.

> **Merke:**
> Alle Elemente die sich *innerhalb* des Polygons/Rechteckes befinden, sind Teil der Rissdefinition und werden von VENTURIS bei der Plangenerierung berücksichtigt.
> Alle Elemente die sich *außerhalb* des Polygonzuges befinden, werden bis ***einschließlich der Limiten*** des „Ziel" -Ansichtsfensters (Fenster der Hintergrundunterdrückung) bei der Plangenerierung berücksichtigt, und sind auch Teil des (von VENTURIS zur Schnittgenerierung benötigten) 3D-Modells.

> Im Einstellungsfenster: „Plangenerierung" den Schalter: **„Neuer Schnitt"** betätigen. In der MicroStation Statuszeile erscheint die Aufforderung: „> Polygonfläche anklicken".

> Den **Polygonzug mit DATAPNT anwählen** und mit einem weiteren DATAPNT bestätigen. Es erscheint die Information: „Polygonfläche für Riss gefunden! Fenster anklicken, von dem die Hintergrundunterdrückung erstellt werden soll". Info über <OK> Bestätigen.

> In der MicroStation Statuszeile erscheint die Aufforderung: „> **Fenster für Hiddenline anklicken"**. Fenster (im Beispiel die Vorderansicht) mit DATAPNT anklicken. Es erscheint das Dialogfenster: „Polygonfläche für die Planerstellung".

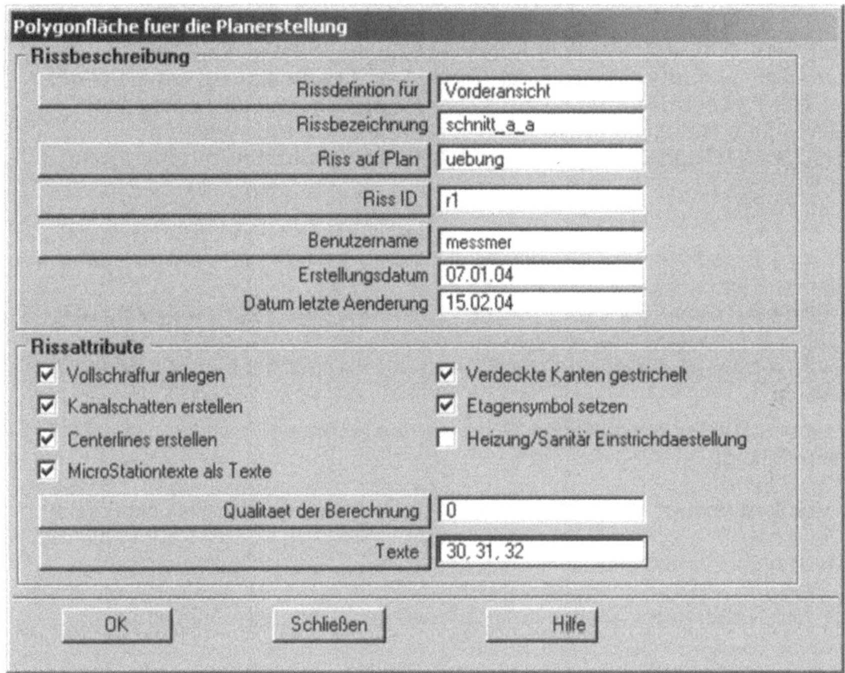

Im Feld „Rissbeschreibung" des Dialogfensters können eindeutige und aussagekräftige Angaben gemacht werden (Texte möglichst ohne Leer- und Sonderzeichen!).

Erläuterung der Felder:

Rissdefinition für: VENTURIS trägt hier automatisch das angewählte Fenster der Hintergrundunterdrückung ein.

Rissbezeichnung: Hier sollte der Benutzer eine eindeutige Rissbezeichnung eingeben.

Riss auf Plan: Jeder Riss steht in Assoziation zu einem Plan. Unter Berücksichtigung der Planzugehörigkeit kann der Benutzer hier eine entsprechende Bezeichnung eingeben. Im Feld: „Filter" des Einstellungsfensters: „Plangenerierung" dient diese Bezeichnung als Filterkriterium zur Selektion und Anzeige der Risse.

Riss ID: Hier kann der Benutzer eine übergeordnete ID -Bezeichnung eingeben. Diese Angabe dient zur Gruppierung der Risse. Im Feld: „ID" des Einstellungsfensters: „Plangenerierung" dient diese Angabe als Filterkriterium zur Selektion und Anzeige der Risse.

Benutzername: Der Ersteller des Risses sollte nicht „Inkognito" bleiben...

Erstellungsdatum: Das Datum zum Zeitpunkt der Risserstellung wird von VENTURIS automatisch eingetragen.

Feld „Rissattribute": wird der Toggle-Schalter der aufgeführten Option aktiviert , so wird die entsprechende Aktion ausgeführt.

> Vollschraffur anlegen: Kanäle und Leitungen werden mit einer Vollschraffur angelegt.

> Kanalschatten erstellen: Kanalöffnungen werden mit Kanalschatten angelegt.

> Centerlines erstellen: Die Mittellinien der Rohre werden als Mittellinie angelegt.
Bei der Plangenerierung wird die Mittellinie der Rohre/T-Stücke/Bögen etc. um den Wert von "H3D_CENTERLINE" über das Rohr gesetzt. Dies ist wichtig, da sonst der Hiddenliner von MicroStation die Mittellinie gar nicht oder aber gestrichelt darstellt!
Der Wert von "H3D_CENTERLINE" kann in der VENTURIS Attributdatei: „attributes.cfg" gesetzt werden.

Beispiel:

```
##########################################################
#CENTERLINES bei der Plangenerierung
##########################################################
[H3D_CENTERLINE]  1000 # mm über Rohrachse (Centerline)
##########################################################
```

> MicroStationtexte als Texte: MicroStation Texte werden somit als Text und nicht als verdeckte Kanten angelegt.

> Verdeckte Kanten gestrichelt: Verdeckte Kanten (Hiddenlines) werden als gestrichelte Linie angelegt. Ist dieser Toggle-Schalter nicht gesetzt, werden verdeckte Kanten *nicht* berechnet und auch nicht dargestellt!

> Etagensymbol setzen: Bei einem Höhenversprung werden Etagensymbole angelegt.

> Heizung/Sanitär Einstrichdarstellung: Alle Heizung/Sanitär -Rohrleitungen werden nur als Einstrichleitungen dargestellt.

> Qualität der Berechnung: Der Benutzer kann zwischen den Optionen: „Schnell" und „Exakt" wählen.

Option „Schnell" → niedrige Qualität jedoch kurze Berechnungszeit. Diese Option eignet sich im Stadium der Planbearbeitung zur Vorabeinsicht und Information.

Option „Exakt" → sehr hohe Qualität jedoch lange Berechnungszeit. Diese Option eignet sich zur Plangenerierung beim Abschluss eines Planungsstadiums, wenn zum Beispiel ein Montageplan oder der Revisionsstand einer Zeichnung angelegt werden sollen.

> Texte: Bei der Option „Texte" werden die Texte bei der Plangenerierung herausgefiltert und in die Hintergrunddatei kopiert. Somit wird gewährleistet das Texte beim Export nicht als Verdeckte Kanten behandelt werden.

> Durch Betätigen des Schalters **<OK>** im Dialogfenster: „Polygonfläche für die Planerstellung" wird die Rissdefinition gespeichert. Durch Betätigen des Schalters: „Infofile Update" wird die Anzeige im Auswahlfenster „Rissdefinition" aktualisiert und der neu angelegte Riss, im Beispiel: „Vorderansicht – schnitt_a_a", wird angezeigt.

Bei einer erfolgreich verlaufenen Risserstellung wurden die generierten Dateien: <3D-Modell- (.dgn), Hiddenline- (.hln) und Hatch (.htc) sowie die Rissdefinitionsdatei: „hidden_info.cfg"> in die entsprechenden Ordner gespeichert.

> Durch Betätigen des Schalters **„1Schnitt berechnen"** im Einstellungsfenster wird die Plangenerierung von „Vorderans. - schnitt_a_a" gestartet. Bei einer erfolgreich verlaufenen Schnittberechnung werden die Hiddenline- (.hln) und Hatch- (.htc) Dateien sowie das 3D-Model (.dgn) in den Ordnern: <model_3D, model_hatch, und model_hidden> des Verzeichnisses „hidden" gespeichert (Hiddenline Datei referenzieren siehe Kapitel 120).

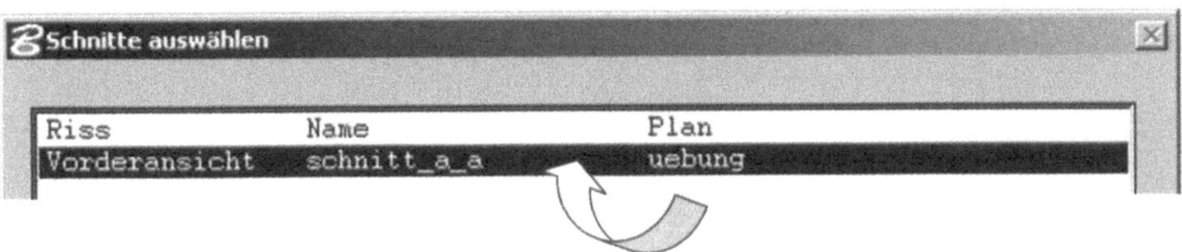

Hinweis:
Während der Risserstellung sollten keine weiteren Aktionen am Rechner vorgenommen werden, damit der automatisierte Vorgang der Risserstellung nicht unterbrochen wird !

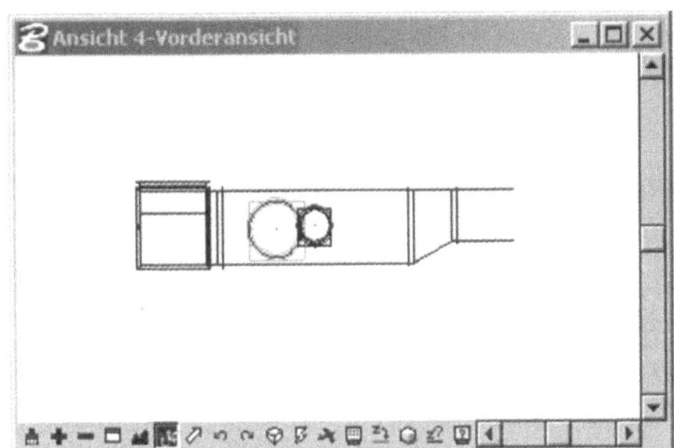

Das Ergebnis der Schnittberechnung am Beispiel der **Vorderansicht „schnitt_a_a"**. Der Schnitt kann aus dem Verzeichnis: „model_hidden" an einen Plottplan referenziert werden. Dabei sollte beachtet werden, das eine Hiddenline-Datei i. d. R. eine 2D Datei ist (ohne „intelligente" Elemente).

> Über **Schalter: „Schnitt ändern"** kann ein bereits vorhandener Schnitt neu definiert werden. Geänderte Attributseinstellungen der Fenster wie: Level On/Off, Ebenensymbolik, Limiten usw. werden bei der Neudefinition des Schnittes berücksichtigt und übernommen. Unter Beachtung der Eingabeaufforderung in der MicroStation Statuszeile lässt sich dieser Vorgang relativ einfach durchführen.

> Über **Schalter: „Schnitte berechnen"** können mehrere Schnitte des aktiven Designfiles berechnet werden. Diese Funktion eignet sich zum aktualisieren der Schnitte.

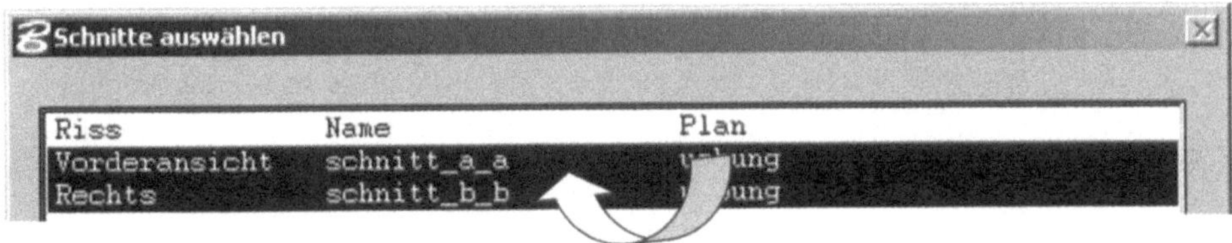

Referenzieren mit VENTURIS:

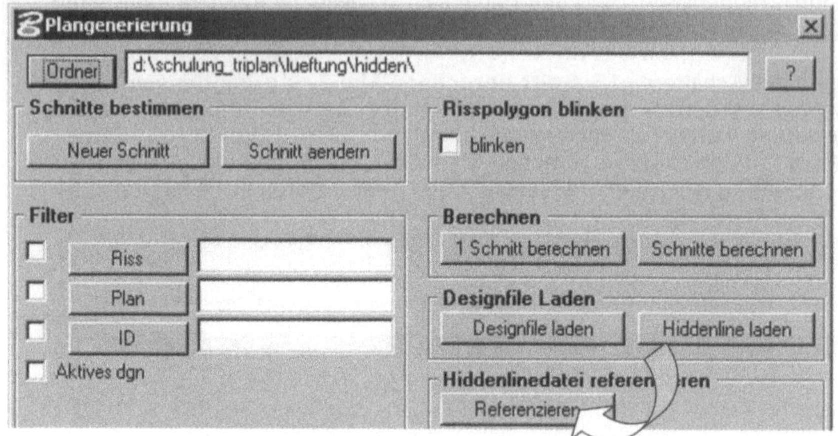

Im VENTURIS Dialogfenster Planerstellung kann über **Schalter: „Referenzieren"** die Hiddenline Datei (verdeckte Kanten) hinter das aktive Designfile referenziert werden. Die Hiddenline Dateien werden über die Umgebungsvariable: „VENTURIS_H3D" referenziert! Das MicroStation Fenster für die Eingabe des Logischen Namens und der Verschachtelungstiefe wird angezeigt. Siehe dazu auch Referenzieren mit MicroStation (nächste Seite) Kapitel: 120, Seite 227 u. F.

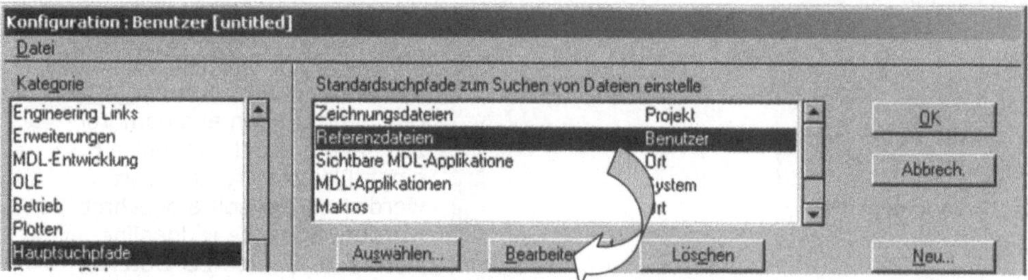

Damit die angehängten Referenzen (auch bei erneutem öffnen der Zeichnungsdatei) geladen werden können, muss die MicroStation Variable: **MS_RFDIR** auf den Pfad des Projektordners: „hidden" zeigen bzw. auf den Ordner/Verzeichnis, in dem die Referenzen abgelegt wurden. Die sogenannten Hauptsuchpfade eines Projektes können im Micro-Station Menü: Arbeitsbereich → Konfiguration..., in der Kategorie: „Hauptsuchpfade" → „Referenzdateien" festgelegt werden. Bei einer aktiven Projektkonfiguration können die Referenz-Suchpfade direkt in der Projektkonfigurationsdatei (Name.cfg) festgelegt werden, wie im Beispiel unten.

```
##############------ Reference Files Paths ------##################
MS_RFDIR = $(MS_DEF)
MS_RFDIR > $(MS_DEF)hidden/model_hidden/
MS_RFDIR > $(MS_DEF)hidden/model_hatch/
```

Hinweis:
Die Ausfüllfarben und die Farben der Kanalumrandung sollten stets so gewählt werden, dass diese beim Plotten oder Drucken gut sichtbar sind. Eine weitere Rolle spielt auch die Aktualisierungsfolge der Hatch -Datei als Referenz. In MicroStation unter Menü: Datei → (File) Referenzen (Reference) → Einstellungen (Settings) → **Aktualisierungsfolge..** (Update Sequence) entsprechend anordnen. Siehe dazu Kapitel: 120, Seite 232.

119. Listen erstellen:

Die Funktionsweise von „Listen erstellen" des 3D-Moduls ist im wesentlichen identisch mit der gleichnamigen Funktion des 2D-Moduls. Im Kapitel 52 , ab Seite 95 wird die Funktionsweise von „Listen erstellen" ausführlich beschrieben.

120. Referenzieren mit MicroStation:

Eine CAD-Zeichnung wird zu einer Referenz, wenn diese an eine andere „aktive" CAD-Zeichnung angehängt wird. Änderungen in der aktiven Zeichnung haben keinen Einfluss auf die Referenz. Lediglich die Referenz-Steuerungsfunktionen wie Referenz: Abhängen, Skalieren, Verschieben usw. haben Auswirkungen auf die Referenz, dies jedoch nur in Bezug zur aktiven Zeichnung. Die Inhalte der Referenz bleiben davon jedoch unberührt. Das anhängen mehrerer Referenzen ist üblich. In MicroStation-J können bis zu 255 Referenzen angehängt werden, in der V8 bis zu 512. Selbstverständlich wirkt sich eine hohe Anzahl von Referenzen negativ auf die Rechnerleistung aus, vor allem beim laden bzw. Neuaufbau der Datei. Im Bereich der Technischen Gebäudeausrüstung (TGA) werden einer Zeichnungsdatei i. d. R. folgende Referenzen angehängt (attached): Architektur, Planung, Durchbruchszeichnungen, Fremdgewerke (H/L/S/E), Schnitte, Legenden etc.

Plottdateien werden in MicroStation aufgrund einer Vorlagendatei (Seedfile) mit Zeichnungsrahmen (A0,A1 etc.) erstellt. An die Plottdatei werden alle relevanten Zeichnungen wie: Grundrisse, Schnitte, Hiddenline-, Hatchdateien, Details und Legenden usw. referenziert, die zur Gestaltung der Plottdatei notwendig sind. Referenzen können nach Bedarf skaliert werden. 3 Dimensionale Zeichnungen können nicht an 2 Dimensionale Zeichnungen angehängt werden. 2 Dimensionale jedoch an 3 Dimensionale!

Tipp: Im Lehrbuch **MicroStation/J (V8) Seminar** von Harald Kuhr und Hans-Heinrich Mett, erschienen im **Teubner-Verlag,** wird im Kapitel 12 der Bücher, das Thema Referenzen und Referenztechniken sehr detailiert beschrieben.

Das **Dialogfenster zur Verwaltung und Steuerung der Referenzen** wird im MicroStation Menü: Datei → (File) Referenzen (Reference) aufgerufen.

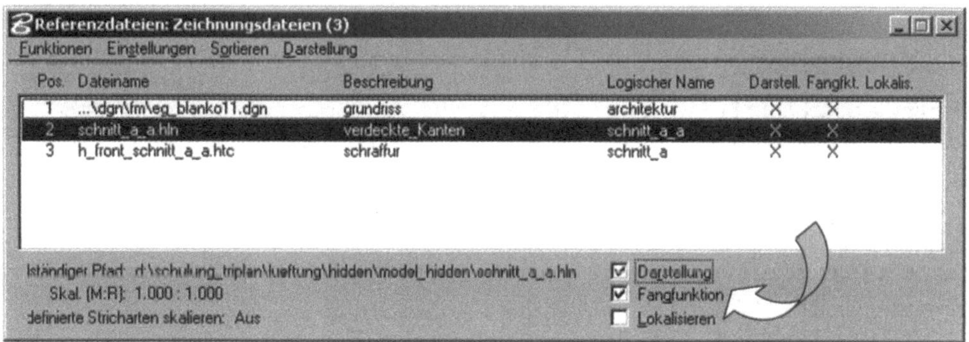

Über die Menüs: „Funktionen; Einstellungen; Sortieren und Darstellung" des Dialogfensters können die Referenzen verwaltet und gesteuert werden. Dazu mehr auf den folgenden Seiten.

> Über Toggle-Schalter: **„Darstellung"** kann die Referenzdatei ein- bzw. ausgeblendet werden. (Die Funktion ist nicht zu Verwechseln mit an- bzw. abhängen der Referenz!)

> Über Toggle-Schalter: **„Fangfunktion"** wird festgelegt, ob die Elemente der Referenz an ihren Fangpunkten (Endpunkt, Mittelpunkt, Zentrum etc.) gerastet werden können oder nicht.

> Über Toggle-Schalter: **„Lokalisieren"** wird festgelegt, ob die Elemente der Referenz identifiziert werden können oder nicht. Dadurch werden die Elemente der Referenz der aktiven Zeichnung zugänglich. **Vorsicht:** diese Funktion kann bei aktivem Toggle-Schalter zu ungewollten Ergebnissen führen. Bei einem Kopiervorgang zum Beispiel, können Teile der Referenz in die aktive Zeichnung kopiert werden!

In MicroStation können die **Referenzdatei-Voreinstellungen** unter dem Menü: „Arbeitsbereich (Workspace) → Voreinstellungen (Preferences) → Referenzdatei (Reference File)" beschränkt auf die zur Verfügung stehenden Optionen, nach Bedarf voreingestellt werden. Die Referenzdatei-Voreinstellungen gelten nicht nur für das aktive Designfile sondern allgemein (global). Im Feld: „Focusobjekt-Beschreibung" des Fensters für Voreinstellungen, werden die Auswirkungen der gewählten Option (Toggle-Schalter entsprechend betätigen) beschrieben. Detailliertere Informationen zu Referenzdatei-Voreinstellungen können dem MicroStation Handbuch bzw. der Onlinehilfe entnommen werden.

Referenzdatei(en) anhängen

(MicroStation Menü: Datei → (File) Referenzen (Reference)

In MicroStation können CAD-Zeichnungsdateien (**Vektorgrafik)** oder Rasterdateien (**Pixelgrafik)** referenziert werden. Die entsprechende Option kann im Fenster von Referenzdateien unter dem Menü: **„Darstellung"** gesetzt werden.

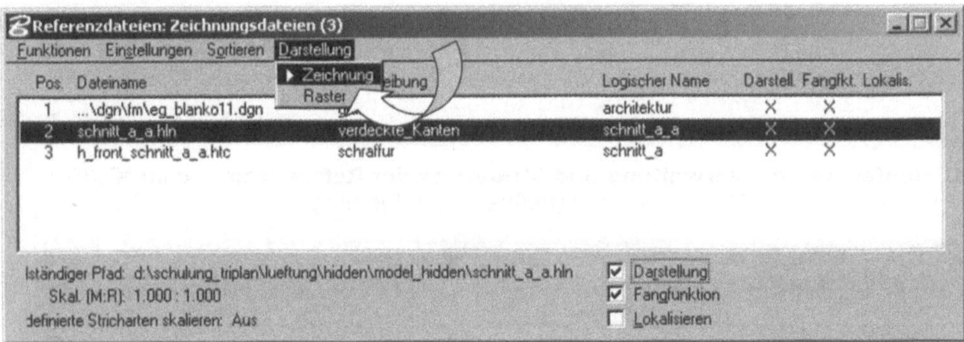

Nach der Einstellung der Darstellung einer Referenz, können alle relevanten Zeichnungs- bzw. Rasterdateien über das Menü: „Funktionen (Tools) → Anhängen (Attach)" der aktiven Zeichnung als Referenz angehängt werden. Es erscheint das Auswahl- und Vorschaufenster für die Referenzdateien.

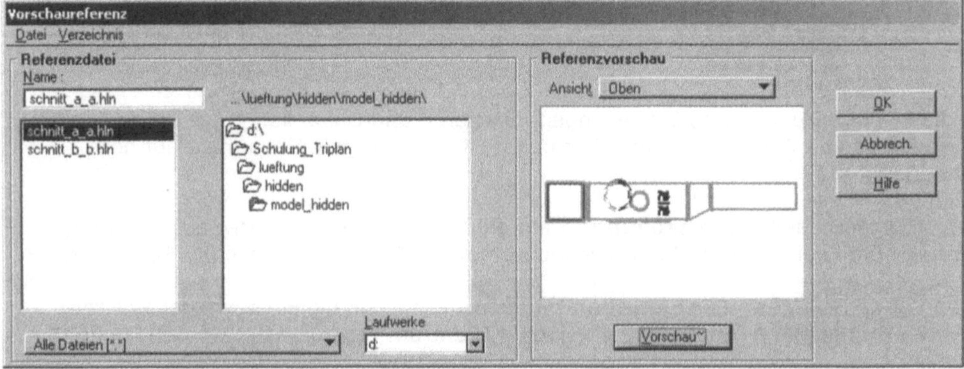

Nach Anwahl der Referenzdatei im entsprechenden Verzeichnis, erscheint das Dialogfenster: **„Referenzdatei anhängen"**.

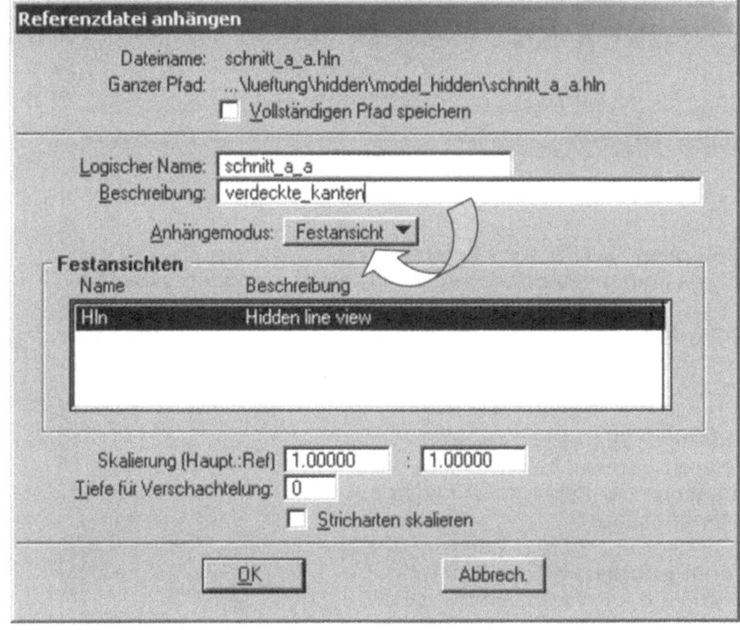

Dialogfeld: **Referenzdatei anhängen**

> Bei aktivem Toggle-Schalter: **„Vollständigen Pfad speichern"** wird die Referenzdatei ausschließlich über den zugewiesenen Pfad gelesen und geladen.
Wird der Toggle-Schalter *nicht* gesetzt, versucht MicroStation die Datei aus den Projektrelevanten Ordnern zu lesen und zu laden.

> Im Feld: **„Logischer Name"** kann eine Benutzerdefinierte (aussagekräftige) Angabe zur Referenz mit max. 20 Zeichen gemacht werden.

> Im Feld: **„Beschreibung"** kann „optional" eine Benutzerdefinierte (aussagekräftige) Beschreibung der Referenz mit max. 40 Zeichen gemacht werden.

> Über den **Anhängemodus: „Identisch"** wird die Referenz „originalgetreu", also an deren Einfügebasispunkt (0-Punkt), ohne Drehung, Skalierung, oder sonstiger Veränderung der Koordinaten an die aktive Zeichnung angehängt.
Über den Anhängemodus: **„Festansicht"** wird die Datei über die zur Verfügung stehende(n) Ansicht(en) im Feld Festansichten angehängt. Hierbei wird der Einfügepunkt am Bildschirm festgelegt.

> Im Feld: **"Tiefe der Verschachtelung"** (Nest Depth) wird die Tiefe der Anhänge einer Referenz festgelegt. Bei einer Verschachtelungstiefe von: „0" werden keine Anhänge der Referenz (Referenzen der Referenz) berücksichtigt und angehängt.
Bei einer Verschachtelungstiefe von: „1" werden die Anhänge der Referenz (Referenzen der Referenz) berücksichtigt und „mit" angehängt. Bei einer Verschachtelungstiefe von: „2" werden die Anhänge der Referenz und deren Referenzen berücksichtigt und „mit" angehängt, usw...

> Über Toggle-Schalter: **„Stricharten skalieren"** wird festgelegt, ob die Stricharten einer Referenz entsprechend des Referenz-Skalierungsfaktors vergrößert bzw. verkleinert werden.

> Über die **Funktion: „Abhängen"** des Fensters Referenzdateien, werden alle markierten Referenzen der aktiven Zeichnung abgehängt. Über die Funktion: „Alle abhängen" werden alle Referenzen der aktiven Zeichnung abgehängt (detached)!

> Über die **Funktion: „Neuladen"** des Fensters Referenzdateien, werden alle markierten Referenzen der aktiven Zeichnung neu geladen (d. h. in Ihrem Stand aktualisiert).

> Über die **Funktion: „Exchange"** des Fensters Referenzdateien, kann in die markierte Referenzdatei gewechselt werden. Dabei schließt MicroStation die aktuelle Zeichnung und öffnet die markierte Referenz als aktive Zeichnungsdatei.

> Die Funktionen: **„Verschieben, Skalieren, Drehen, Spiegeln"** des Fensters Referenzdateien, beziehen sich ausschließlich auf die Manipulation der Referenz und nicht auf die Inhalte der aktiven Zeichnungsdatei!

> Über die **Funktion: „Anhang kopieren"** des Fensters Referenzdateien, wird eine Kopie der Referenz erstellt (Es erscheint eine Abfrage über die Anzahl der zu erstellenden Kopien). Die Kopie der Referenz wird im Listenfeld der Referenzdateien angezeigt. Die Kopie wird mit den gleichen Eigenschaften der Referenz in die aktive Zeichnung kopiert.

Toolbox: Referenzdateien. Zur Manipulation und Steuerung der Referenzdateien.

> Über die **Funktion: „Zusammenfügen mit Master"** (Merge into Master) des Fensters Referenzdateien, wird der gesamte Inhalt der Referenz in die aktive Zeichnung kopiert. Die ursprüngliche Referenzdatei bleibt jedoch nach wie vor als eigenständige Zeichnungsdatei (Originalgetreu) erhalten.

> Über die **Funktion: „Abschneideumrandung"** (Clip Boundary) des Fensters Referenzdateien, kann eine Referenz zugeschnitten werden, so das lediglich nur ein Ausschnitt der Referenz sichtbar ist. Diese Funktion ist vergleichbar mit den Zaunfunktionen: „Zaun > abschneiden" und „Zauninhalt löschen".

> Die **Funktion: „Abschneidemaske"** (Clip Mask) des Fensters Referenzdateien, ist die Umkehrung der Funktion: „Abschneideumrandung". Diese Funktion ist vergleichbar mit der Zaunfunktion: „Zaun > abschneiden außen".

> Über die **Funktion: „Abschneidemaske löschen"** (Clip Mask Delete) des Fensters Referenzdateien, können gesetzte Abschneidemasken wieder gelöscht, also rückgängig gemacht werden.

> Über die Funktion: **„Abschneiden vorne"** (Clip Front) des Fensters Referenzdateien, wird die vordere Abschneideebene der Darstellungstiefe einer 3D-Referenz festgelegt.

> Über die Funktion: **„Abschneiden hinten"** (Clip Back) des Fensters Referenzdateien, wird die hintere Abschneideebene der Darstellungstiefe einer 3D-Referenz festgelegt.

Einstellungen von Referenzdateien

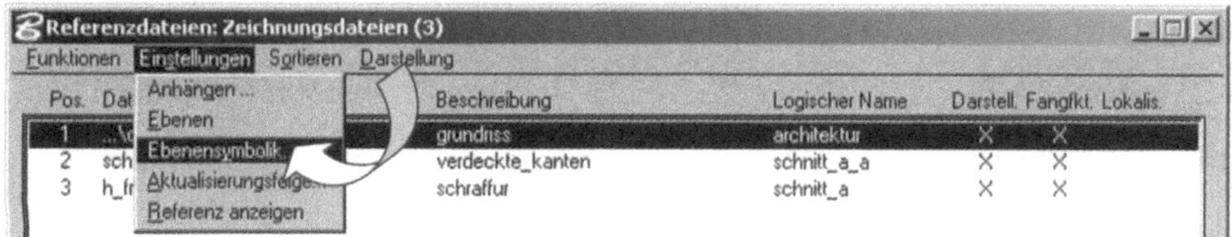

Ebenensteuerung der Referenzdatei(en):
Im Menü: „Einstellungen (Settings) → Ebenen (Levels)" des Fensters Referenzdateien, kann der Ebenenmanager aufgerufen werden. Die Steuerung der Ebenen über den „Ref. Ebenenmanager" (Ref. Levels) betrifft ausschließlich die markierte(n) Referenz(en). Die Ebenensteuerung der *aktiven* Zeichnungsdatei kann über das MicroStation Menü: „Einstellungen (Settings) → Ebene (Level) → Manager", oder über das Menü unter dem „B"-Logo eines Ansichtsfensters aufgerufen werden.

Ebenensymbolik der Referenzdatei(en):
Im Menü: „Einstellungen (Settings) → Ebenensymbolik (Level Symbology) des Fensters Referenzdateien, kann das Dialogfenster zur Steuerung der Ebenensymbolik der Referenzdateien aufgerufen werden. Die im Listenfeld des Dialogfensters markierten Ebenen können durch die im Feld: „Einstellungen" gesetzten Werte neu definiert, und über die Toggle-Schalter im Feld: „Korrekturen" der Referenz zugewiesen werden.

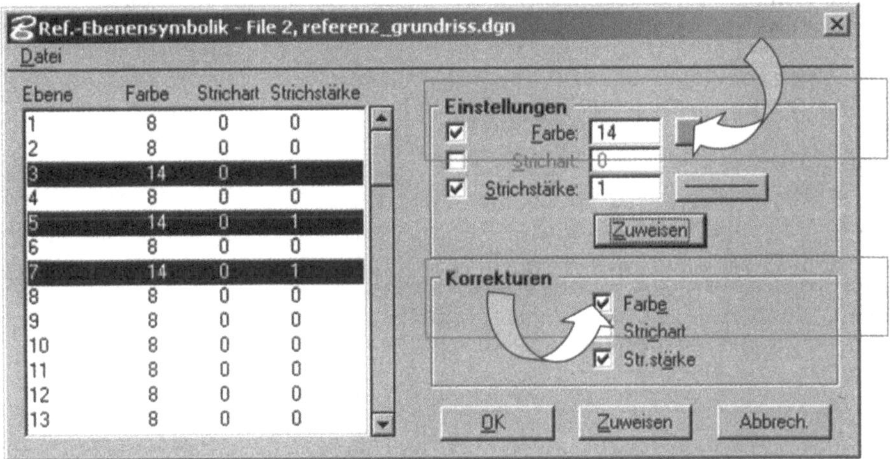

Beispiel: Ein referenzierter **Architekturplan** soll **grau eingefärbt** werden.
Schritt 1: Alle Ebenen im Listenfeld des Dialogfensters markieren (Ebene 1 anwählen, Hochstelltaste gedrückt halten, bis Ebene 63 skrollen und Ebene 63 anwählen. Die markierten Ebenen werden farblich hervorgehoben). Schritt 2: Im Feld „Einstellungen" des Dialogfeldes den Toggle-Schalter bei „Farbe" setzen und die Farbe auswählen (14?). Schalter „Zuweisen" betätigen. Schritt 3: Im Feld „Korrekturen" des Dialogfeldes den Toggle-Schalter bei „Farbe" setzen, und Schalter „Zuweisen" betätigen.

Hinweis: Zur Darstellung der Ebenensymbolik muß der Toggle-Schalter: „Ebenensymbolik" in den Ansichtsattributen des Ansichtsfensters aktiv sein. Alle Einstellungen (auch die der Referenzsteuerung) und der Ansichten, können über „Einstellungen speichern" im MicroStation Menü: „Datei (File) → Einstellungen speichern (Save Settings)" oder über die Tastenkombination (Strg + F) gespeichert werden.

Aktualisierungsfolge (Update Sequence):
Im Menü: „Einstellungen (Settings) → Aktualisierungsfolge (Update Sequence)" des Fensters Referenzdateien, kann das Dialogfenster: „Sequenz aktualisieren" zur Steuerung der Aktualisierungsfolge von Referenzen aufgerufen werden.
Im Dialogfenster kann die Darstellungsreihenfolge der Referenzen festgelegt werden.
Die Referenz an erster Stelle der Darstellungsreihenfolge wird als erste aufgebaut (An letzter Stelle der Hierarchie sollte die „aktive" Zeichnungsdatei angeordnet sein).

> Über die **Schalter: „Zuerst, Zuletzt, Nach oben, Nach unten"** kann die markierte Referenz in die entsprechende Lage der Darstellungsreihenfolge verschoben werden.

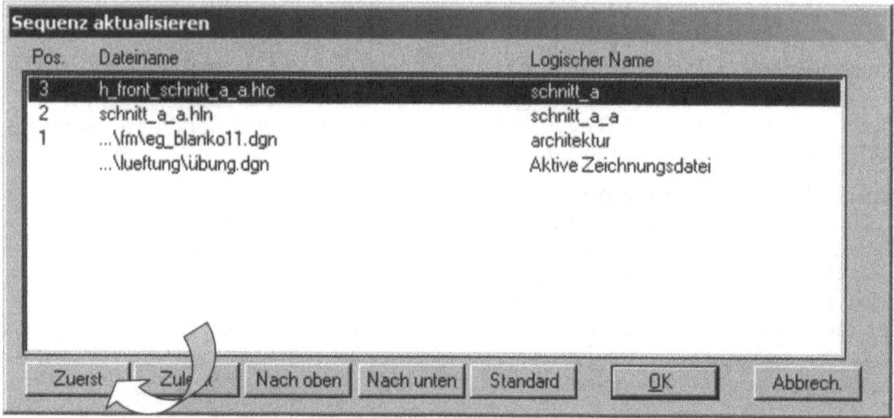

> Über **Schalter: „Standard"** wird die standardmäßige Aktualisierungssequenz wiederhergestellt.

Hinweis:
Eine Venturis Schraffurdatei (Hatch-Datei) sollte in der Liste der Aktualisierungsfolge an erster Stelle der Darstellungsreihenfolge stehen! (Hatch-Datei markieren und Schalter: „Zuerst" im Dialogfenster: „Sequenz aktualisieren" betätigen).

Damit die angehängten Referenzen (auch bei erneutem öffnen der Zeichnungsdatei) geladen werden können, muss die MicroStation Variable: **MS_RFDIR** auf den Pfad des Projektordners zeigen bzw. auf den Ordner/Verzeichnis, in dem die Referenzen abgelegt wurden. Die sogenannten Hauptsuchpfade eines Projektes können im MicroStation Menü: „Arbeitsbereich → Konfiguration...", in der Kategorie: „Hauptsuchpfade" → „Referenzdateien" festgelegt werden.
Bei einer aktiven Projektkonfiguration können die Referenz-Suchpfade direkt in der Projektkonfigurationsdatei (Name.cfg) festgelegt werden, wie im Beispiel unten.

```
##############------ Reference Files Paths ------####################
MS_RFDIR = $(MS_DEF)
MS_RFDIR > $(MS_DEF)architektur/
MS_RFDIR > $(MS_DEF)lueftung/
MS_RFDIR > $(MS_DEF)hks/
MS_RFDIR > $(MS_DEF)elektro/
MS_RFDIR > $(MS_DEF)settings/
MS_RFDIR > $(MS_DEF)hidden/model_hidden/
MS_RFDIR > $(MS_DEF)hidden/model_hatch/
```

Referenz anzeigen (View Reference):
Im Menü: „Einstellungen (Settings) → Referenz anzeigen (View Reference)“ des Fensters Referenzdateien, kann die markierte Referenz in der Übersicht angezeigt werden.

> Über das **Menü: „Ansicht“** des Fensters „Referenz anzeigen“ kann eine 3D-Zeichnung in verschiedenen Ansichten wie: <Oben, Unten, Rechts, Links usw...> angezeigt werden.

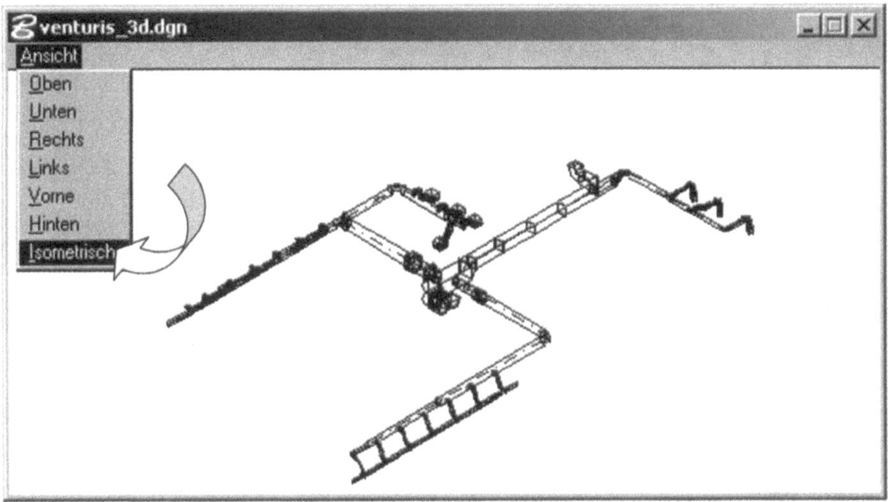

(**Isometrische Ansicht** des Übungsbeispiels aus Kapitel 79 –Seite 132)

Über das **Menü: „Sortieren“** des Fensters Referenzdateien, können die Referenzen „Nach Position, Nach Dateiname, Beschreibung und Nach logischem Name“ sortiert werden. Diese Funktion hat keine Auswirkungen auf die Aktualisierungsfolge!

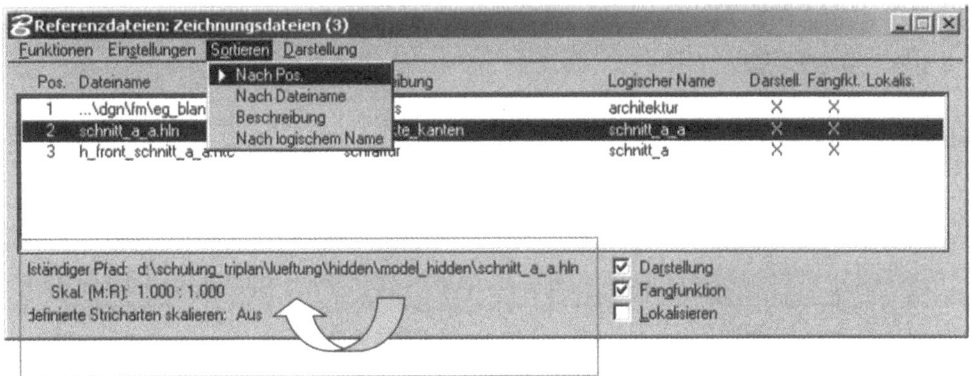

Unterhalb des Listenfeldes der Referenzdateien wird der „Vollständige Pfad“, die „Skalierung“ und die „Strichartenskalierung“ der markierten Referenz angezeigt.

A

B

C

D

E

F

G

H

N

O

P

Q

R

W

X

Y

Z